内 容 提 要

本书是学习几何学的入门教材。书中既讲解了空间解析几何的基本内容和方法(向量代数,仿射坐标系,空间的直线和平面,常见曲面等),又讲解了仿射几何学中的基本内容和思想(仿射坐标变换,二次曲线的仿射理论,仿射变换和保距变换等),还介绍了射影几何学中的基本知识,较好地反映了几何学课程的全貌。全书共分五章,每章内都附有一定数量的习题,书末附有习题答案和提示,便于读者深入学习或自学。

本书突出几何思想的教育,强调形与数的结合;方法上强调解析法和综合法并重;内容编排上采用“实例—理论—应用”的方式,具体易懂;内容选取上兼顾各类高校的教学情况,具有广泛的适用性。本书表达通顺,说理严谨,阐述深入浅出。因此,本书是一本颇具特色、为广大高校欢迎的解析几何课程教材。

本书可作为综合性大学和师范类大学数学系、物理系等相关学科的教材,对于那些对几何学有兴趣的大学生和其他读者也是一本适宜的课外读物或参考书。

章之初，我们以生动有趣的例子展现理论的背景）感受建立理论的目的，并了解其应用. 还应注意和前几章的内容联系、比较.

本书的每一节都配有丰富的习题，其中包括一些有一定难度的题. 在答案和提示中，给出了比较好的解题思路，力求自然、简捷.

解析几何是一学期的课程，根据我们以往教学实践的经验，在一学期内讲完本书的内容时间并不宽松. 如果要让教学安排得从容些，建议可放弃第五章，或者用其中的例子扼要介绍该章的思想. 在其他各章中，标有“*”号或排小字号的内容（它们或是比较复杂的论证，或是离开主线较远的内容），都可不讲，留给有兴趣的学生自己阅读.

编者在讲授该课程时，采用了北京大学数学系以前编写的两本同名教材（吴光磊、丁石孙、姜伯驹、田畴编著，解析几何，人民教育出版社，1961；丘维声编，解析几何，北京大学出版社，1996.），它们对编者几何学教学思想的形成和对本书的体系的影响是不言而喻的，本书的有些素材也是从这两本书中移植的. 在此谨向这两本书的作者们深表感谢. 段海豹教授和编者共同在北京大学数学学院讲授本课程，经常在一起研讨，使编者得益匪浅，在此谨向他表示衷心的感谢. 数学学院的包志强等年轻教师也参与了本课程的教学，在此也向他们表示衷心的感谢.

还要感谢北京大学数学学院的历届学生们，历来教学相长，在形成本书的过程中，他们给了编者很多帮助.

本书的出版只是一个阶段教学实践的总结，但愿它能成为推动几何学课程和教材向前发展的良好的基础. 但是由于编者个人的局限性，本书肯定会有许多不足之处，也难免会出现一些错误，欢迎广大读者批评指正.

尤承业

2003 年 3 月

普通高等教育"九五"教育部重点教材

解 析 几 何

尤承业 编著

北京大学出版社

·北 京·

图书在版编目 (CIP) 数据

解析几何 / 尤承业编著 . —北京：北京大学出版社，2004.1
（普通高等教育“九五”教育部重点教材）
ISBN 978-7-301-04580-0

Ⅰ. 解…　Ⅱ. 尤…　Ⅲ. 解析几何 - 高等学校 - 教材　Ⅳ. O182

中国版本图书馆 CIP 数据核字 (2003) 第 093174 号

书　　名　解析几何
著作责任者　尤承业　编著
责 任 编 辑　邱淑清
标 准 书 号　ISBN 978-7-301-04580-0/O · 0468
出 版 发 行　北京大学出版社
地　　址　北京市海淀区成府路 205 号　100871
网　　址　http://www.pup.cn　新浪微博：@ 北京大学出版社
电 子 信 箱　zpup@pup.cn
电　　话　邮购部 62752015　发行部 62750672　编辑部 62752021
印 刷 者　河北滦县鑫华书刊印刷厂
经 销 者　新华书店
850 毫米 × 1168 毫米　32 开本　10.25 印张　263 千字
2004 年 1 月第 1 版　2024 年 7 月第 18 次印刷
定　　价　35.00 元

前　言

几何学是一门古老而又保持着旺盛生命力的数学学科. 追溯历史,它是分析、代数等许多数学分支产生和发展的基础和背景;又是数学联系实际应用的重要桥梁. 它体现了形与数的结合,演绎法与解析法的结合. 它的直观性、实验性的特点启示了许多新思想、新原理的诞生. 因此几何课程对于数学类专业大学生的综合素质的培养是十分重要的,加强综合大学数学系几何课程的教学,现在已经成为一种共识,然而目前几何课程的安排还很薄弱. 为此,解析几何课程担负着培养学生几何思想,加强他们的几何观念的重要任务.

本书是为北京大学数学科学学院几何学课程的需要而编写的."解析几何"(现在称为"几何学")是数学科学学院为本院全体本科生开设的第一门几何学课程,是我院的传统重要基础课. 本书编者从 1981 年起在北京大学数学系讲授本课程,累计达十余次,对该课程有着深刻的理解,对课程内容的取舍,对各部分内容的处理和讲解方法等方面都有着丰富的经验,并积累了大量的素材. 在此基础上,为适应教学改革的要求编写了这本新教材. 编写时我们也考虑了其他综合大学和师范院校的教学情况,使得它有着广泛的适用性.

本书从内容上说不单是严格意义的空间解析几何(这部分内容只占一小半),还包含有仿射几何和射影几何的内容. 欧氏几何(传统解析几何的内容)、仿射几何和射影几何在本书中是有机地联系起来的,以仿射几何为主线,欧氏几何作为其特殊情形,射影几何看作其延伸.

加强对学生几何素质的培养是几何课程的重要目的,也是编写本书的指导思想.所有重要概念的定义都是几何本义的(近些年有的国内教材为了省事,常常用代数方法定义几何概念).还着重介绍了几个重要的几何思想,如不变量、坐标变换和点变换、几何学的分类等等,使得学生通过学习能加深对几何学的认识.在方法上,强调解析法与综合法并重,并注重几何直观与推理能力的培养.

考虑到读者是刚刚跨进大学门的学生,而几何学的有些理论对他们来说比较抽象,编写本书时,我们努力做到深入浅出,使得学生容易理解接受.我们采用"实例—理论—应用"的路线,在引进新概念、新方法之前,精选了生动有趣的例子,展现出理论产生的背景,理论的出现就显得自然,容易理解和接受.

本书共分为五章.

第一二两章是空间解析几何部分,类似于中学的平面解析几何,一般学生不会感到很困难.但是第一章中的向量法、仿射坐标系等对多数学生来说是新鲜事物.第二章中讨论图形的方程是在仿射坐标系中进行的,有别于中学,这也是仿射几何的基础.注意求图形的方程的轨迹法:分析图形上的点的几何特征并用坐标表示出来,得到图形的方程.

第三章介绍坐标变换,并用其研究二次曲线.这部分的计算有些繁杂,学习时应着眼于问题的提出和解决的思路,不要陷在繁杂的论证中,迷失了方向(有的繁杂的论证可先撇开不看).注意领会"不变量"这一重要的几何思想.

第四章讨论仿射变换(和其特殊情形:保距变换).这是仿射几何学的核心内容.本章内容较前面的抽象,方法上较多地运用逻辑推理,因此难度较大,但学生在学习中得到的提高也大.本章建立了图形的等价、度量性质、仿射性质等概念,并提出几何学的分类思想.注意这些几何思想在解决几何问题中的应用.

第五章介绍射影几何的最基本的概念,讨论几何图形的射影性质,这些都是很抽象的内容.学习这部分内容应该先从例子(本

目　　录

第一章 向量代数

解析几何的基本内涵和方法是**坐标法**.这是大家在中学的平面解析几何课程中早已熟悉的方法.概括地讲,它的基本思想是:在平面上(或空间中)建立坐标系,平面上(或空间中)的点就可用有序数组(即点的坐标)来表示,在此基础上几何图形就可以用方程——即几何图形上的点的坐标所满足的数量关系——来表示.于是,几何问题就可转化为代数问题,从而代数方法被引入几何学的研究中来.

本书中,坐标法仍然是最基本的方法,但是我们将作发展:不再局限于直角坐标系,还将要引进仿射坐标系.此外,我们还要引入一个辅助方法:**向量法**,它也是把代数运算引进几何学的方法.向量有很强的几何直观,同时又可直接进行代数运算.把几何问题用向量来表述,然后利用向量的运算来解决,这就是向量法.许多问题用向量法处理既简捷,又直观.把向量法和坐标法结合使用,能使解题思路更加灵巧简捷.向量还是建立仿射坐标系的基础.

本章我们要讨论向量的两类运算:线性运算和度量运算(内积和外积),以及它们的性质和应用.并利用向量的分解定理建立仿射坐标系,为向量法在全书中的应用打下基础.

§1 向量的线性运算

1.1 向量的概念、记号和几何表示

向量的概念最初来自物理学.许多物理量不仅有大小,还有方向,如位移、速度、力等等,现在在物理学中把这类物理量称为矢

量.抛弃它们的物理意义,只留下大小和方向两个要素,就抽象为在数学中的向量概念:既有大小,又有方向的量称为**向量**.

如果两个向量大小相等、方向相同,就说它们相等.

本书中常用黑斜体小写西文字母来命名一个向量,如向量 $\boldsymbol{\alpha}$, $\boldsymbol{\beta}$, $\boldsymbol{\gamma}$, $\boldsymbol{a}$, $\boldsymbol{b}$, $\boldsymbol{c}$ 等(对于数则用普通的小写斜体西文字母表示).用绝对值记号表示向量的大小,如 $|\boldsymbol{\alpha}|$ 表示向量 $\boldsymbol{\alpha}$ 的大小.

大小为零的向量称为**零向量**,就记作 0.零向量是惟一方向不确定的向量.

和一个向量 $\boldsymbol{\alpha}$ 大小相等、方向相反的向量称为 $\boldsymbol{\alpha}$ 的**反向量**,记作 $-\boldsymbol{\alpha}$. 显然, $\boldsymbol{\alpha}=-\boldsymbol{\alpha}$ 的充分必要条件是 $\boldsymbol{\alpha}$ 为零向量.

如果向量 $\boldsymbol{\alpha}$ 与 $\boldsymbol{\beta}$ 方向相同或相反,就说它们平行,记作 $\boldsymbol{\alpha} /\!/ \boldsymbol{\beta}$. 为了以后论述起来方便,认定零向量和任何向量都平行.

如果向量 $\boldsymbol{\alpha}$ 与 $\boldsymbol{\beta}$ 的方向互相垂直,就说它们**垂直**或**正交**,记作 $\boldsymbol{\alpha} \perp \boldsymbol{\beta}$. 认定零向量和任何向量都正交.显然,如果 $\boldsymbol{\alpha} \neq 0$,则和 $\boldsymbol{\alpha}$ 既平行,又垂直的向量只有零向量.

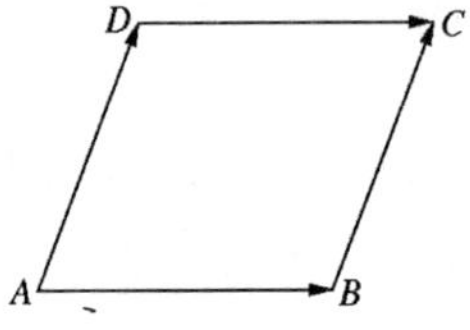

图 1.1

几何上,用有向线段表示向量.确定了方向的线段称为**有向线段**.为了表明线段的方向,只要指定线段的两个端点中哪个是起点,哪个是终点.如果有向线段的起终点分别为 A 和 B,就把它记作 $\overrightarrow{AB}$. 有向线段的长度和方向正好表示了向量的大小和方向这两个因素,以后我们就把它看作向量.按照几何学的习惯,我们把向量的大小称为长度.有向线段还有位置这个几何因素,但是当把它看作向量时,位置是不起作用的.因此,当一个有向线段作平移时,它表示的向量不改变.例如在图 1.1 中, $ABCD$ 是一个平行四边形,则

$$\overrightarrow{AB}=\overrightarrow{DC}, \quad \overrightarrow{AD}=\overrightarrow{BC}.$$

对任一向量 $\boldsymbol{\alpha}$ 和任取一点 A,存在惟一点 B,使得 $\overrightarrow{AB}=\boldsymbol{\alpha}$. 显然有

$$\overrightarrow{AB}=0 \Longleftrightarrow A=B; \quad \overrightarrow{BA}=-\overrightarrow{AB}.$$

1.2 向量的线性运算

向量的线性运算是指加(减)法和数乘这两种运算.它们都是从物理学中矢量相应的运算抽象来的.

1. 向量的加法

作用在同一物体上的两个力有合成法则,位移等其他矢量也可合成.这就是向量加法的背景.

定义 1.1 两个向量 $\boldsymbol{\alpha}$ 与 $\boldsymbol{\beta}$ 的和也是一个向量,记作 $\boldsymbol{\alpha}+\boldsymbol{\beta}$.规定如下:任取一点 A,作 $\overrightarrow{AB}=\boldsymbol{\alpha}$,$\overrightarrow{BC}=\boldsymbol{\beta}$,则 $\boldsymbol{\alpha}+\boldsymbol{\beta}=\overrightarrow{AC}$(图 1.2).

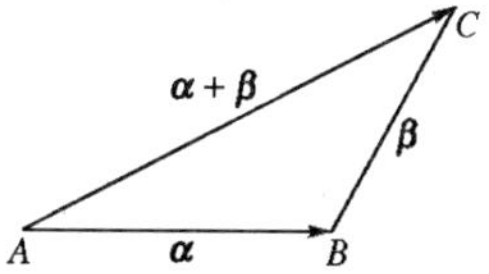

图 1.2

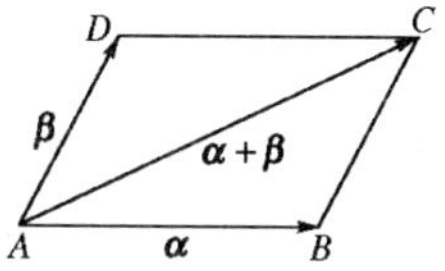

图 1.3

这种求两个向量之和的方法称为加法的**三角形法则**.容易看出,定义中 A 点的选择不会影响结果.

求两个向量之和的另一方法称为加法的**平行四边形法则**.取定一点 A,作 $\overrightarrow{AB}=\boldsymbol{\alpha}$,$\overrightarrow{AD}=\boldsymbol{\beta}$,以线段 AB 和 AD 为两边,作平行四边形 $ABCD$,则 $\boldsymbol{\alpha}+\boldsymbol{\beta}=\overrightarrow{AC}$(图 1.3).

向量的加法适合交换律和结合律,即对任意向量 $\boldsymbol{\alpha}$,$\boldsymbol{\beta}$ 和 $\boldsymbol{\gamma}$ 有等式

(1) $\boldsymbol{\alpha}+\boldsymbol{\beta}=\boldsymbol{\beta}+\boldsymbol{\alpha}$;

(2) $(\boldsymbol{\alpha}+\boldsymbol{\beta})+\boldsymbol{\gamma}=\boldsymbol{\alpha}+(\boldsymbol{\beta}+\boldsymbol{\gamma})$.

这两个等式都容易从定义推出.用平行四边形法则可直接得到(1);用三角形法则证明(2)更方便:作有向线段

$$\overrightarrow{AB}=\boldsymbol{\alpha}, \quad \overrightarrow{BC}=\boldsymbol{\beta}, \quad \overrightarrow{CD}=\boldsymbol{\gamma} \text{(图 1.4)},$$

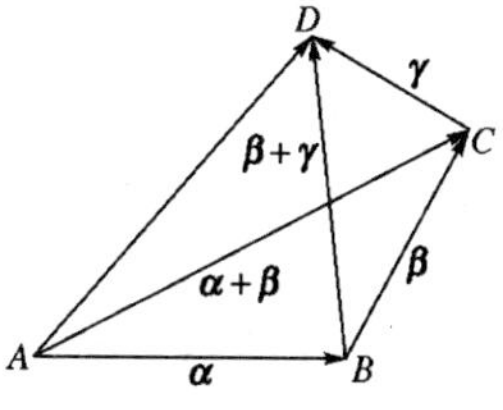

图 1.4

则

$$(\boldsymbol{\alpha}+\boldsymbol{\beta})+\boldsymbol{\gamma}=\overrightarrow{AC}+\overrightarrow{CD}=\overrightarrow{AD}=\overrightarrow{AB}+\overrightarrow{BD}=\boldsymbol{\alpha}+(\boldsymbol{\beta}+\boldsymbol{\gamma}).$$

从定义还可直接得到

$$\boldsymbol{\alpha}+0=\boldsymbol{\alpha} \quad 和 \quad \boldsymbol{\alpha}+(-\boldsymbol{\alpha})=0.$$

向量的减法是加法的逆运算. 两个向量 $\boldsymbol{\alpha}$ 与 $\boldsymbol{\beta}$ 的差也是一个向量,记作 $\boldsymbol{\alpha}-\boldsymbol{\beta}$,它满足等式:

$$(\boldsymbol{\alpha}-\boldsymbol{\beta})+\boldsymbol{\beta}=\boldsymbol{\alpha}.$$

在上述等式两边都加上 $-\boldsymbol{\beta}$,就得到

$$\boldsymbol{\alpha}-\boldsymbol{\beta}=\boldsymbol{\alpha}+(-\boldsymbol{\beta}),$$

于是减法化为加法.

利用上面的关系式,向量等式可以作移项运算,即把等式某一边的一项变号后(+变-,-变+)移到等式的另一边.

例 1.1 设 O,A,B 是空间中任意三点,则下面等式总成立:

(1) $\overrightarrow{AB}=\overrightarrow{OB}-\overrightarrow{OA}$; (2) $\overrightarrow{AB}=\overrightarrow{AO}-\overrightarrow{BO}$.

证明 (1)式可由等式

$$\overrightarrow{OA}+\overrightarrow{AB}=\overrightarrow{OB},$$

把 $\overrightarrow{OA}$ 移到右边即得到.

(2)式请读者自己证明.

例 1.2 设 A,B,C,D 是空间中任意四点,则

$$\overrightarrow{AB}+\overrightarrow{CD}=\overrightarrow{AD}+\overrightarrow{CB}.$$

证明 方法 1. 因为

$$\overrightarrow{AB}+\overrightarrow{CD}-\overrightarrow{AD}-\overrightarrow{CB}=\overrightarrow{AB}+\overrightarrow{BC}+\overrightarrow{CD}+\overrightarrow{DA}=\overrightarrow{AA}=0,$$

作移项,即得结果.

方法 2. 任意取一点 O,则所求等式的左边

$$\overrightarrow{AB}+\overrightarrow{CD}=\overrightarrow{OB}-\overrightarrow{OA}+\overrightarrow{OD}-\overrightarrow{OC},$$

等式的右边

$$\overrightarrow{AD}+\overrightarrow{CB}=\overrightarrow{OD}-\overrightarrow{OA}+\overrightarrow{OB}-\overrightarrow{OC},$$

左右两边相等.

2. 向量与数的乘积

设 $\boldsymbol{\alpha}$ 是一个向量,λ 是一个实数. $\boldsymbol{\alpha}$ 与 λ 的乘积也就是 $\boldsymbol{\alpha}$ 的 λ

倍，在物理学上其意义是明确的. 数学上把它抽象为下面的运算.

定义 1.2 向量 $\boldsymbol{\alpha}$ 与实数 λ 的乘积是一个向量，记作 $\lambda\boldsymbol{\alpha}$. 它的长度为

$$|\lambda\boldsymbol{\alpha}| = |\lambda||\boldsymbol{\alpha}|.$$

在 $\boldsymbol{\alpha}$ 和 λ 都不为 0 时(如果有一个为 0，则显然 $\lambda\boldsymbol{\alpha}=0$)，它的方向规定为：若 $\lambda>0$，则 $\lambda\boldsymbol{\alpha}$ 与 $\boldsymbol{\alpha}$ 同向；若 $\lambda<0$，则 $\lambda\boldsymbol{\alpha}$ 与 $\boldsymbol{\alpha}$ 反向.

通常把上述运算称为向量的**数乘**.

由定义，$\lambda\boldsymbol{\alpha} /\!/ \boldsymbol{\alpha}$. 反过来，如果 $\boldsymbol{\alpha}\neq 0$，并且向量 $\boldsymbol{\beta} /\!/ \boldsymbol{\alpha}$，则 $\boldsymbol{\beta}$ 一定是 $\boldsymbol{\alpha}$ 的倍数. 只要令 $\lambda=\varepsilon\dfrac{|\boldsymbol{\beta}|}{|\boldsymbol{\alpha}|}$，这里

$$\varepsilon = \begin{cases} 1, & \text{当 } \boldsymbol{\beta} \text{ 与 } \boldsymbol{\alpha} \text{ 同向时}, \\ -1, & \text{当 } \boldsymbol{\beta} \text{ 与 } \boldsymbol{\alpha} \text{ 反向时}, \end{cases}$$

就有 $\boldsymbol{\beta}=\lambda\boldsymbol{\alpha}$. 以后我们把这个数 λ 记作 $\boldsymbol{\beta}/\boldsymbol{\alpha}$. 请注意，这个记号只当 $\boldsymbol{\alpha}\neq 0$，并且 $\boldsymbol{\beta} /\!/ \boldsymbol{\alpha}$ 时才有意义，在其他情形是没有意义的. 这种写法的合理性和方便之处在于它符合分式运算的规律. 例如当 $\boldsymbol{\alpha}\neq 0$，并且 $\boldsymbol{\beta}$ 和 $\boldsymbol{\gamma}$ 都平行于 $\boldsymbol{\alpha}$ 时，

$$\frac{\boldsymbol{\beta}+\boldsymbol{\gamma}}{\boldsymbol{\alpha}} = \frac{\boldsymbol{\beta}}{\boldsymbol{\alpha}} + \frac{\boldsymbol{\gamma}}{\boldsymbol{\alpha}},$$

当 $\boldsymbol{\alpha}, \boldsymbol{\beta}, \boldsymbol{\gamma}$ 两两平行，并且 $\boldsymbol{\alpha}, \boldsymbol{\beta}$ 都不为零时，

$$\frac{\boldsymbol{\gamma}}{\boldsymbol{\beta}}\frac{\boldsymbol{\beta}}{\boldsymbol{\alpha}} = \frac{\boldsymbol{\gamma}}{\boldsymbol{\alpha}}.$$

(这些等式请读者自己证明.)

由定义容易看出：

(1) $\lambda\boldsymbol{\alpha}=0 \Longleftrightarrow \lambda=0$ 或 $\boldsymbol{\alpha}=0$；

(2) $1\boldsymbol{\alpha}=\boldsymbol{\alpha}$，$(-1)\boldsymbol{\alpha}=-\boldsymbol{\alpha}$.

向量的数乘运算还适合以下规律：对任意向量 $\boldsymbol{\alpha}, \boldsymbol{\beta}$ 和任意实数 λ, μ，有等式

(3) $\lambda(\mu\boldsymbol{\alpha})=(\lambda\mu)\boldsymbol{\alpha}$；

(4) $(\lambda+\mu)\boldsymbol{\alpha}=\lambda\boldsymbol{\alpha}+\mu\boldsymbol{\alpha}$；

(5) $\lambda(\boldsymbol{\alpha}+\boldsymbol{\beta})=\lambda\boldsymbol{\alpha}+\lambda\boldsymbol{\beta}$.

验证 (3) 两边的长度都等于$|\lambda||\mu||\boldsymbol{\alpha}|$,只须再考虑两边的方向.

不妨设$\lambda,\mu,\boldsymbol{\alpha}$都不为0(否则等式两边都为0). 如果$\lambda\mu>0$,两边的方向都和$\boldsymbol{\alpha}$一致,如果$\lambda\mu<0$,两边的方向都和$\boldsymbol{\alpha}$相反.

(4) 如果$\lambda,\mu,\boldsymbol{\alpha}$中出现0,等式明显成立. 下面假定它们都不为0. 先在λ,μ都大于0这种情形证明. 此时,$(\lambda+\mu)\boldsymbol{\alpha}$,$\lambda\boldsymbol{\alpha}$和$\mu\boldsymbol{\alpha}$的方向都和$\boldsymbol{\alpha}$一致,从而$\lambda\boldsymbol{\alpha}+\mu\boldsymbol{\alpha}$和$(\lambda+\mu)\boldsymbol{\alpha}$方向一致,并且

$$
\begin{aligned}
|\lambda\boldsymbol{\alpha}+\mu\boldsymbol{\alpha}| &= |\lambda\boldsymbol{\alpha}|+|\mu\boldsymbol{\alpha}| = |\lambda||\boldsymbol{\alpha}|+|\mu||\boldsymbol{\alpha}| \\
&= (|\lambda|+|\mu|)|\boldsymbol{\alpha}| = |\lambda+\mu||\boldsymbol{\alpha}| \\
&= |(\lambda+\mu)\boldsymbol{\alpha}|.
\end{aligned}
$$

在$\lambda,\mu,\lambda+\mu$中出现负数的情况,只用把系数为负数的项移到等式的另一边,就可化为上述情形. 例如,当$\lambda>0,\mu<0$,而$\lambda+\mu>0$时,

$$
\begin{aligned}
(\lambda+\mu)\boldsymbol{\alpha}=\lambda\boldsymbol{\alpha}+\mu\boldsymbol{\alpha} &\Longleftrightarrow \lambda\boldsymbol{\alpha}=(\lambda+\mu)\boldsymbol{\alpha}-\mu\boldsymbol{\alpha} \\
&\Longleftrightarrow (\lambda+\mu)\boldsymbol{\alpha}+(-\mu)\boldsymbol{\alpha}=\lambda\boldsymbol{\alpha},
\end{aligned}
$$

$\lambda+\mu$和$-\mu$都是正数,它们的和λ,变为已证的情形.

(5) 不妨假定$\lambda,\boldsymbol{\alpha},\boldsymbol{\beta}$都不为0.

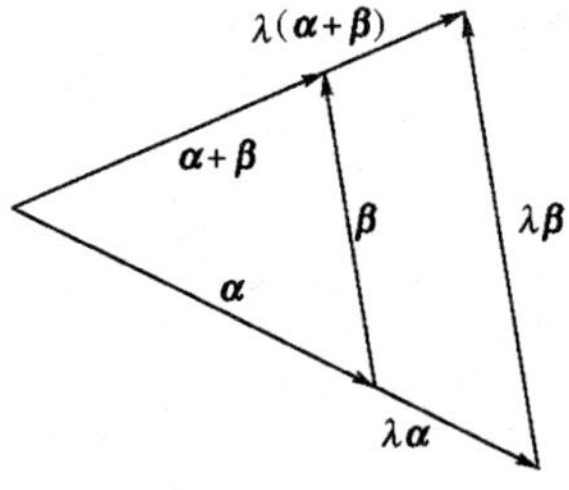

图 1.5

如果$\boldsymbol{\alpha}$与$\boldsymbol{\beta}$平行,则可设$\boldsymbol{\beta}=\mu\boldsymbol{\alpha}$,此时

$$
\begin{aligned}
\lambda(\boldsymbol{\alpha}+\boldsymbol{\beta}) &= \lambda(1+\mu)\boldsymbol{\alpha} \\
&= (\lambda+\lambda\mu)\boldsymbol{\alpha} \quad (\text{用}(4)) \\
&= \lambda\boldsymbol{\alpha}+\lambda\mu\boldsymbol{\alpha} \quad (\text{用}(3)) \\
&= \lambda\boldsymbol{\alpha}+\lambda\boldsymbol{\beta}.
\end{aligned}
$$

如果$\boldsymbol{\alpha}$与$\boldsymbol{\beta}$不平行,则用作图法可证明等式(见图1.5).

上面所介绍的向量线性运算的性质都是很有用的,要求大家熟练掌握.

长度等于1的向量称为**单位向量**. 如果$\boldsymbol{\alpha}\neq 0$,则$\boldsymbol{\alpha}/|\boldsymbol{\alpha}|$是单位向量,称为$\boldsymbol{\alpha}$的**单位化**.

1.3 向量的分解

在几何问题中应用向量的线性运算时,常常涉及到向量分解的概念.

设 $\boldsymbol{\alpha}_1,\boldsymbol{\alpha}_2,\cdots,\boldsymbol{\alpha}_n$ 是一组向量, $\lambda_1,\lambda_2,\cdots,\lambda_n$ 是一组实数,称

$$\lambda_1\boldsymbol{\alpha}_1+\lambda_2\boldsymbol{\alpha}_2+\cdots+\lambda_n\boldsymbol{\alpha}_n$$

为 $\boldsymbol{\alpha}_1,\boldsymbol{\alpha}_2,\cdots,\boldsymbol{\alpha}_n$ 的(系数为 $\lambda_1,\lambda_2,\cdots,\lambda_n$)的线性组合,它也是一个向量. 如果向量 $\boldsymbol{\beta}$ 等于 $\boldsymbol{\alpha}_1,\boldsymbol{\alpha}_2,\cdots,\boldsymbol{\alpha}_n$ 的一个线性组合,即**存在**一组实数 $\lambda_1,\lambda_2,\cdots,\lambda_n$,使得

$$\boldsymbol{\beta}=\lambda_1\boldsymbol{\alpha}_1+\lambda_2\boldsymbol{\alpha}_2+\cdots+\lambda_n\boldsymbol{\alpha}_n,$$

就说 $\boldsymbol{\beta}$ 可对 $\boldsymbol{\alpha}_1,\boldsymbol{\alpha}_2,\cdots,\boldsymbol{\alpha}_n$ 分解.

在给出有关向量分解的一个重要定理之前,先介绍向量共线和共面的概念.

如果一组向量平行于同一直线,就称它们**共线**;如果一组向量平行于同一平面,就称它们**共面**. 向量组 $\boldsymbol{\alpha}_1,\boldsymbol{\alpha}_2,\cdots,\boldsymbol{\alpha}_n$ 共线(面)也就是: 当用同一起点 O 作有向线段 $\overrightarrow{OA_i}=\boldsymbol{\alpha}_i$, $i=1,2,\cdots,n$ 时, O, $A_1,A_2,\cdots,A_n$ 共线(面).

两个向量共线就是它们平行,向量组共线也就是其中任何两个向量都平行;向量组共面也就是其中任何三个向量都共面. 因此"判别两个向量是否平行"和"判别三个向量是否共面",这两个问题是最基本的,也是在应用中是最常遇到的.

从共面的意义容易看出:

(1) 如果三个向量中有一个为零向量,或者其中有两个共线,则它们共面.

(2) 如果 $\boldsymbol{\gamma}$ 可以对 $\boldsymbol{\alpha},\boldsymbol{\beta}$ 分解,则 $\boldsymbol{\alpha},\boldsymbol{\beta},\boldsymbol{\gamma}$ 共面.

定理 1.1(向量分解定理) (1) 如果三个向量 $\boldsymbol{\alpha},\boldsymbol{\beta},\boldsymbol{\gamma}$ 共面,并且 $\boldsymbol{\alpha},\boldsymbol{\beta}$ 不平行, 则 $\boldsymbol{\gamma}$ 可以对 $\boldsymbol{\alpha},\boldsymbol{\beta}$ 分解, 并且其分解方式惟一.

(2) 如果 $\boldsymbol{\alpha},\boldsymbol{\beta},\boldsymbol{\gamma}$ 不共面,则任何向量 $\boldsymbol{\delta}$ 都可以对 $\boldsymbol{\alpha},\boldsymbol{\beta},\boldsymbol{\gamma}$ 分

解，并且分解方式惟一.

证明 (1) 令 $\overrightarrow{OA}=\boldsymbol{\alpha}$，$\overrightarrow{OB}=\boldsymbol{\beta}$，$\overrightarrow{OC}=\boldsymbol{\gamma}$. 由条件可知，$O,A,B,C$ 这四点共面，而 O,A,B 不共线. 于是，过 C 点且平行于 $\overrightarrow{OB}$ 的直线与 O,A 两点决定的直线相交，记交点为 D(图 1.6). 于是 $\overrightarrow{OD}\,/\!/\,\boldsymbol{\alpha}$，$\overrightarrow{DC}\,/\!/\,\boldsymbol{\beta}$. 由于 $\boldsymbol{\alpha}$，$\boldsymbol{\beta}$ 都不是零向量(因为它们不平行)，存在实数 λ,μ，使得 $OD=\lambda\boldsymbol{\alpha}$，$DC=\mu\boldsymbol{\beta}$. 于是

$$\boldsymbol{\gamma}=\overrightarrow{OC}=\overrightarrow{OD}+\overrightarrow{DC}=\lambda\boldsymbol{\alpha}+\mu\boldsymbol{\beta}.$$

下面用反证法说明分解方式惟一. 如果还有另一个分解式

$$\boldsymbol{\gamma}=\lambda'\boldsymbol{\alpha}+\mu'\boldsymbol{\beta}$$

($\lambda'-\lambda,\mu'-\mu$ 不全为 0). 把它和上式相减，得到

$$(\lambda'-\lambda)\boldsymbol{\alpha}+(\mu'-\mu)\boldsymbol{\beta}=0.$$

不妨设 $\mu'-\mu\neq 0$，则

$$\boldsymbol{\beta}=-\frac{\lambda'-\lambda}{\mu'-\mu}\boldsymbol{\alpha},$$

从而 $\boldsymbol{\alpha}$，$\boldsymbol{\beta}$ 平行，与条件矛盾.

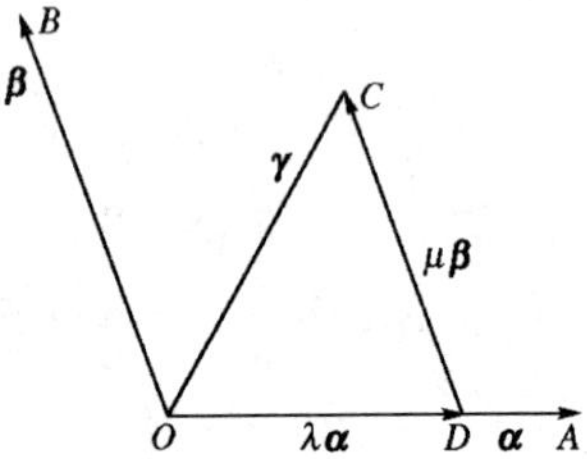

图 1.6

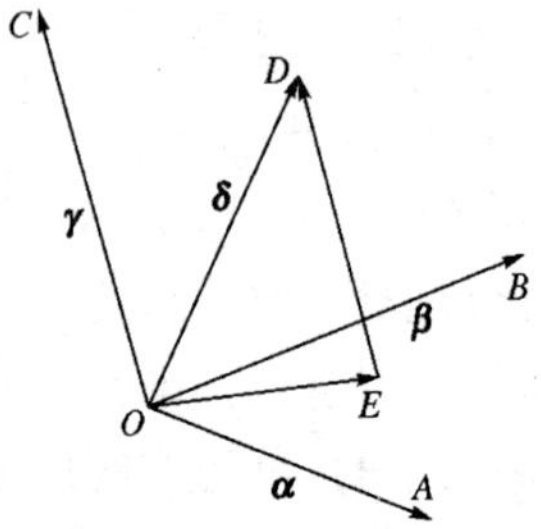

图 1.7

(2) 令 $\overrightarrow{OA}=\boldsymbol{\alpha}$，$\overrightarrow{OB}=\boldsymbol{\beta}$，$\overrightarrow{OC}=\boldsymbol{\gamma}$. 由条件可知 O,A,B,C 不共面. 设 $\overrightarrow{OD}=\boldsymbol{\delta}$，过 D 平行于 $\overrightarrow{OC}$ 的直线与 O,A,B 所决定的平面交于一点 E(图 1.7). 于是 $\overrightarrow{ED}\,/\!/\,\boldsymbol{\gamma}$，并且由(1)知道，$\overrightarrow{OE}$ 对 $\boldsymbol{\alpha}$，$\boldsymbol{\beta}$ 可分解，从而 $\boldsymbol{\delta}=\overrightarrow{OE}+\overrightarrow{ED}$ 对 $\boldsymbol{\alpha}$，$\boldsymbol{\beta}$，$\boldsymbol{\gamma}$ 可分解.

分解方式的惟一性也可用反证法来证明. 如果有两个不同的分解式

$$\boldsymbol{\delta} = \lambda\boldsymbol{\alpha} + \mu\boldsymbol{\beta} + \nu\boldsymbol{\gamma} \quad 和 \quad \boldsymbol{\delta} = \lambda'\boldsymbol{\alpha} + \mu'\boldsymbol{\beta} + \nu'\boldsymbol{\gamma},$$

则
$$(\lambda' - \lambda)\boldsymbol{\alpha} + (\mu' - \mu)\boldsymbol{\beta} + (\nu' - \nu)\boldsymbol{\gamma} = 0,$$

不妨设 $\nu' \neq \nu$，则

$$\boldsymbol{\gamma} = -\frac{\lambda' - \lambda}{\nu' - \nu}\boldsymbol{\alpha} - \frac{\mu' - \mu}{\nu' - \nu}\boldsymbol{\beta},$$

从而 $\boldsymbol{\alpha}, \boldsymbol{\beta}, \boldsymbol{\gamma}$ 共面，与假设矛盾. ▌

分解定理在本章中起到了关键的作用，它是建立仿射坐标系的理论基础(见 §2)，也可以说是仿射几何学的基础. 它还可以直接用来解某些几何问题(见 1.4). 下面用它给出判断三个向量共面的一个法则.

命题 1.1 向量 $\boldsymbol{\alpha}, \boldsymbol{\beta}, \boldsymbol{\gamma}$ 共面的充分必要条件是，存在不全为 0 的实数 λ, μ, ν，使得

$$\lambda\boldsymbol{\alpha} + \mu\boldsymbol{\beta} + \nu\boldsymbol{\gamma} = 0.$$

证明 *充分性.* 用反证法. 假如 $\boldsymbol{\alpha}, \boldsymbol{\beta}, \boldsymbol{\gamma}$ 不共面，则根据分解定理，零向量对它们有惟一的分解式. 显然

$$0\boldsymbol{\alpha} + 0\boldsymbol{\beta} + 0\boldsymbol{\gamma} = 0,$$

于是不可能存在不全为 0 的实数 λ, μ, ν，使得

$$\lambda\boldsymbol{\alpha} + \mu\boldsymbol{\beta} + \nu\boldsymbol{\gamma} = 0.$$

必要性. 如果 $\boldsymbol{\alpha} = 0$，则

$$1\boldsymbol{\alpha} + 0\boldsymbol{\beta} + 0\boldsymbol{\gamma} = 0.$$

如果 $\boldsymbol{\alpha} \neq 0$，但是 $\boldsymbol{\alpha} /\!/ \boldsymbol{\beta}$，则存在 λ，使得 $\boldsymbol{\beta} = \lambda\boldsymbol{\alpha}$. 则

$$\lambda\boldsymbol{\alpha} - \boldsymbol{\beta} + 0\boldsymbol{\gamma} = 0.$$

如果 $\boldsymbol{\alpha}, \boldsymbol{\beta}$ 不平行，由分解定理的(1)知道，$\boldsymbol{\gamma}$ 对 $\boldsymbol{\alpha}, \boldsymbol{\beta}$ 可分解，设

$$\boldsymbol{\gamma} = \lambda\boldsymbol{\alpha} + \mu\boldsymbol{\beta},$$

则
$$\lambda\boldsymbol{\alpha} + \mu\boldsymbol{\beta} + (-1)\boldsymbol{\gamma} = 0.$$ ▌

1.4 在三点共线问题上的应用

对向量的线性运算的讨论可以用来解决一些比较复杂的几何

问题，特别是有关判别点的共线、共面的问题. 比较起来，共线问题用处更大，更加基础，我们在这里只讨论有关三点共线的问题，共面问题在方法上是类似的. 有关问题作为习题留给读者.

命题 1.2 假设 O,A,B 不共线，则点 C 和 A,B 共线的充分必要条件是：向量 $\overrightarrow{OC}$ 对 $\overrightarrow{OA},\overrightarrow{OB}$ 可分解，并且分解系数之和等于 1.

证明 *必要性.* 由于 O,A,B 不共线，$\overrightarrow{OA}$ 和 $\overrightarrow{OB}$ 不平行，并且 $\overrightarrow{AB}\neq 0$. 于是

C 和 A,B 共线 $\Longrightarrow \overrightarrow{AC} \parallel \overrightarrow{AB}$

$\Longrightarrow$ 存在实数 s，使得 $\overrightarrow{AC} = s\overrightarrow{AB}$，即

$\overrightarrow{OC} - \overrightarrow{OA} = s(\overrightarrow{OB} - \overrightarrow{OA})$

$\Longrightarrow$ 存在实数 s，使得 $\overrightarrow{OC} = (1-s)\overrightarrow{OA} + s\overrightarrow{OB}$

$\Longrightarrow \overrightarrow{OC}$ 对 $\overrightarrow{OA},\overrightarrow{OB}$ 可分解，并且分解系数之和等于 1.

充分性. 设 $\overrightarrow{OC}=r\overrightarrow{OA}+s\overrightarrow{OB}$，其中 $r+s=1$，即 $r=1-s$. 于是

$$\overrightarrow{OC} = (1-s)\overrightarrow{OA} + s\overrightarrow{OB},$$

即

$$\overrightarrow{AC} = s\overrightarrow{AB},$$

从而 $\overrightarrow{AC}\parallel\overrightarrow{AB}$，$C$ 和 A,B 共线. ▌

命题 1.2 中的数 s 是反映 C 在 A,B 决定的直线上的位置的一个数量，

$$s = \frac{\overrightarrow{AC}}{\overrightarrow{AB}}.$$

C 不同，s 也不同. 当 C 取遍 A,B 所决定的直线上的所有点时，s 取遍所有实数.

s 还与点 O 无关，并且分解式

$$\overrightarrow{OC} = (1-s)\overrightarrow{OA} + s\overrightarrow{OB} \tag{1.1}$$

对任何点 O 都成立（包含 O,A,B 共线的情形），只是当 O,A,B 不共线时，$\overrightarrow{OC}$ 对 $\overrightarrow{OA},\overrightarrow{OB}$ 的分解才是惟一的.

中学几何课本里规定的**定比**概念，也是反映 C 在 A,B 决定的直线上的位置的一个数量. 本书中把它称为**简单比**，并记作 (A,B,C). 简单比只在 C,B 不同时才有意义，并且按照定义，当点 C 是线段 AB 的内点时，(A,B,C) 就是线段 AC 和 CB 的长度之比；当点 C 在线段 AB 之外时，(A,B,C) 是负数，绝对值等于线段 AC 和 CB 的长度之比. 现在我们可以用向量来表示它：

$$(A,B,C)=\frac{\overrightarrow{AC}}{\overrightarrow{CB}}.$$

关于简单比有下面两个等式：

(1) $(A,B,C)(B,A,C)=1$；

(2) $(A,B,C)+(A,C,B)=-1$.

（请读者自己证明.）

现在我们有了两个反映 C 在 A,B 决定的直线上的位置的数量：简单比和上面规定的数 s，它们的几何意义都是很明确的，在实际问题中也都是常用的，并且往往在同一问题中它们都出现. 因此要熟练掌握它们的换算关系. 下面就来推导这个换算关系.

记 $\lambda=(A,B,C)$.

$$s=\frac{\overrightarrow{AC}}{\overrightarrow{AB}}=\frac{\overrightarrow{AC}}{\overrightarrow{CB}}\cdot\frac{\overrightarrow{CB}}{\overrightarrow{AB}}=\frac{\overrightarrow{AC}}{\overrightarrow{CB}}\cdot\frac{\overrightarrow{AB}-\overrightarrow{AC}}{\overrightarrow{AB}}=\lambda(1-s),$$

由此可求出

$$\lambda=\frac{s}{1-s},\tag{1.2}$$

$$s=\frac{\lambda}{1+\lambda}.\tag{1.3}$$

λ 和 s 的换算关系(1.2)，(1.3)虽然并不复杂，但也不用死记，在具体解题时只要记住 λ 和 s 的意义，它们的关系常常可以直观地看出来，特别对于点 C 是线段 AB 的内点的情形（这也是用得最多的情形）.

例 1.3 设三角形 ABC 中，点 D,E,F 分别在 AB,BC,AC 边上，使得线段 AE,BF 和 CD 交于一点 O（见图 1.8）. 已知

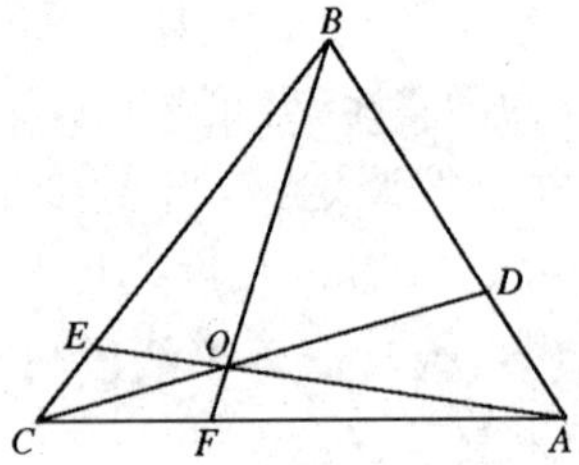

图 1.8

$$(A,B,D)=(C,A,F)=\frac{1}{2},$$

求(B,C,E),(A,E,O),(C,D,O)和(B,F,O).

解 方法1. 因为A,B,D共线,并且$(A,B,D)=\frac{1}{2}$,所以

$$\overrightarrow{CD}=\frac{2}{3}\overrightarrow{CA}+\frac{1}{3}\overrightarrow{CB}. \quad (1.4)$$

从$(C,A,F)=\frac{1}{2}$得到

$$\overrightarrow{CA}=3\overrightarrow{CF}.$$

代入(1.4)得到

$$\overrightarrow{CD}=2\overrightarrow{CF}+\frac{1}{3}\overrightarrow{CB}.$$

假设$\overrightarrow{CO}=x\overrightarrow{CD}$,则

$$\overrightarrow{CO}=2x\overrightarrow{CF}+\frac{x}{3}\overrightarrow{CB}.$$

由于B,F,O共线,C,B,F不共线,根据命题1.2,得$2x+\frac{x}{3}=1$,解之得$x=\frac{3}{7}$.代入上式,得到

$$\overrightarrow{CO}=\frac{1}{7}\overrightarrow{CB}+\frac{6}{7}\overrightarrow{CF},$$

于是

$$(B,F,O)=6.$$

又从$\overrightarrow{CO}=\frac{3}{7}\overrightarrow{CD}$,得到$\overrightarrow{OD}=\overrightarrow{CD}-\overrightarrow{CO}=\frac{4}{7}\overrightarrow{CD}$,从而

$$(C,D,O)=\frac{\overrightarrow{CO}}{\overrightarrow{OD}}=\frac{3}{4}.$$

再设$\overrightarrow{CB}=y\overrightarrow{CE}$,代入(1.4)式,得到

$$\overrightarrow{CD}=\frac{2}{3}\overrightarrow{CA}+\frac{y}{3}\overrightarrow{CE},$$

$$\overrightarrow{CO}=\frac{3}{7}\overrightarrow{CD}=\frac{2}{7}\overrightarrow{CA}+\frac{y}{7}\overrightarrow{CE}.$$

由于 A,E,O 共线，C,A,E 不共线，得出 $\frac{2}{7}+\frac{y}{7}=1$，$y=5$. 则

$$\overrightarrow{CO}=\frac{2}{7}\overrightarrow{CA}+\frac{5}{7}\overrightarrow{CE},$$

$$(A,O,E)=\frac{5}{2}.$$

由 $\overrightarrow{CB}=5\overrightarrow{CE}$，求出

$$\overrightarrow{EB}=\overrightarrow{CB}-\overrightarrow{CE}=4\overrightarrow{CE},\quad (B,C,E)=\overrightarrow{BE}/\overrightarrow{EC}=4.$$

方法 2. 设 $\overrightarrow{AO}=x\overrightarrow{AB}+y\overrightarrow{AC}$. 由 $(A,B,D)=\frac{1}{2}$ 得到

$$\overrightarrow{DB}=2\overrightarrow{AD},$$

从而

$$\overrightarrow{AB}=\overrightarrow{AD}+\overrightarrow{DB}=3\overrightarrow{AD}.$$

由 $(C,A,F)=\frac{1}{2}$ 得到

$$\overrightarrow{AC}=\frac{3}{2}\overrightarrow{AF},$$

于是

$$\overrightarrow{AO}=3x\overrightarrow{AD}+y\overrightarrow{AC}=x\overrightarrow{AB}+\frac{3}{2}y\overrightarrow{AF},$$

由于点组 C,O,D 和 B,O,F 都共线，根据命题 1.2，得到方程组

$$\begin{cases}3x+y=1,\\ x+\frac{3}{2}y=1.\end{cases}$$

解出 $x=\frac{1}{7}$，$y=\frac{4}{7}$. 于是

$$\overrightarrow{AO}=\frac{3}{7}\overrightarrow{AD}+\frac{4}{7}\overrightarrow{AC}=\frac{1}{7}\overrightarrow{AB}+\frac{6}{7}\overrightarrow{AF},$$

算出 $(C,D,O)=\frac{3}{4}$，$(B,F,O)=6$.

再设 $\overrightarrow{AE}=t\overrightarrow{AO}$，则 $\overrightarrow{AE}=\frac{t}{7}\overrightarrow{AB}+\frac{4t}{7}\overrightarrow{AC}$. 由于 B,C,E 共线，$\frac{t}{7}+\frac{4t}{7}=1$，$t=\frac{7}{5}$. 于是容易求出 $(B,C,E)=4$，$(A,E,O)=\frac{5}{2}$.

上述例 1.3 体现了向量法在解某些几何问题中的作用. 读者可以从中领悟其思路，学会在解题中灵活运用命题 1.2 的方法.

如果能熟练掌握这些方法，Ceva 定理(习题 1.1 的第 22 题)和 Menelaus 定理(习题 1.1 的第 23 题)等著名定理就不再是难题了.

习 题 1.1

1. 设 AC,BD 是平行四边形 $ABCD$ 的两条对角线，已知向量 $\overrightarrow{AC}=\boldsymbol{\alpha}$，$\overrightarrow{BD}=\boldsymbol{\beta}$，求向量 $\overrightarrow{AB}$ 和 $\overrightarrow{BC}$.

2. 设 E 和 F 分别是平行四边形 $ABCD$ 的边 BC 和 CD 的中点，已知向量 $\overrightarrow{AE}=\boldsymbol{\alpha}$，$\overrightarrow{AF}=\boldsymbol{\beta}$，求向量 $\overrightarrow{AB}$ 和 $\overrightarrow{AD}$.

3. 设 AD,BE,CF 是$\triangle ABC$ 的三条中线，已知向量 $\overrightarrow{AB}=\boldsymbol{\alpha}$，$\overrightarrow{AC}=\boldsymbol{\beta}$，求 $\overrightarrow{AD},\overrightarrow{BE},\overrightarrow{CF}$.

4. 设 $ABCD$ 是梯形，向量$\overrightarrow{AB}=2\overrightarrow{DC}$. 又设 E 是腰 BC 的中点，F 是 CD 的中点，

(1) 试用 $\overrightarrow{AB},\overrightarrow{AD}$ 表示 $\overrightarrow{AE},\overrightarrow{AF}$；

(2) 试用 $\overrightarrow{AE},\overrightarrow{AF}$ 表示 $\overrightarrow{AB},\overrightarrow{BC}$ 以及 $\overrightarrow{BD},\overrightarrow{AC}$.

5. 已知六边形 $ABCDEF$ 的三对对边都互相平行，并且$\overrightarrow{FC}=2\overrightarrow{AB}=2\overrightarrow{DE}$，又设 $\overrightarrow{AB}=\boldsymbol{\alpha}$，$\overrightarrow{BC}=\boldsymbol{\beta}$，求 $\overrightarrow{CE}$ 和 $\overrightarrow{CD}$.

6. 设 A,B,C,D 是空间的任意 4 点，P,Q 分别是线段 AB，CD 的中点，证明：$2\overrightarrow{PQ}=\overrightarrow{AC}+\overrightarrow{BD}$.

7. 对于任意取定的点组 $A_1,A_2,\cdots,A_n$，证明：

(1) 存在点 M，使得 $\overrightarrow{MA_1}+\overrightarrow{MA_2}+\cdots+\overrightarrow{MA_n}=0$；

(2) 这样的点是惟一的；

(3) 对于任意点 O，$\overrightarrow{OA_1}+\overrightarrow{OA_2}+\cdots+\overrightarrow{OA_n}=n\overrightarrow{OM}$.

(称 M 为点组 $A_1,A_2,\cdots,A_n$ 的**重心**.)

8. 设 A,B,C,D 是空间的任意 4 点，P,Q 分别是线段 AB，CD 的中点，证明线段 PQ 的中点就是 A,B,C,D 的重心.

9. 利用上题的结果，说明四面体的 3 对对棱中点的连线段(共有 3 条)相交于一点，并且此点就是四面体的 4 个顶点的重心.

10. 证明三角形的 3 个顶点的重心在每一条中线上，从而说

明三角形的重心就是它的 3 个顶点的重心.

11. 证明正多边形 $A_1A_2\cdots A_n$ 的对称中心就是 $A_1,A_2,\cdots,A_n$ 的重心.

12. (作图题)已知 A_1,A_2,A_3 的重心为 M, A_4,A_5 的重心为 N,求 A_1,A_2,A_3,A_4,A_5 的重心.

13. 作图题:

(1) 作任意给定的 6 点 A_1,A_2,A_3,A_4,A_5,A_6 的重心;

(2) 作任意给定的 5 点 A_1,A_2,A_3,A_4,A_5 的重心.

14. 设 $\mathscr{A}=\{A_1,A_2,\cdots,A_n\}$和 $\mathscr{B}=\{B_1,B_2,\cdots,B_n\}$是空间中的两个点组. 证明:对于一一对应 f: $\mathscr{A}\to\mathscr{B}$,向量$\overrightarrow{A_1f(A_1)}+\overrightarrow{A_2f(A_2)}+\cdots+\overrightarrow{A_nf(A_n)}$是相同的(和 f 的选择无关).

15. 证明:三点 A,B,C 共线的充分必要条件为:存在不全为 0 的数 λ,μ,ν,使得 $\lambda+\mu+\nu=0$,并且

$$\lambda\overrightarrow{OA}+\mu\overrightarrow{OB}+\nu\overrightarrow{OC}=0,$$

其中 O 是任意点.

16. 设 A,B,C,O 是不共面的 4 点,证明点 D 和 A,B,C 共面的充分必要条件为:向量 $\overrightarrow{OD}$ 对向量 $\overrightarrow{OA},\overrightarrow{OB},\overrightarrow{OC}$ 的分解系数之和等于 1.

17. 证明:四点 A,B,C,D 共面的充分必要条件为:存在不全为 0 的数 λ,μ,ν,ω,使得 $\lambda+\mu+\nu+\omega=0$,并且

$$\lambda\overrightarrow{OA}+\mu\overrightarrow{OB}+\nu\overrightarrow{OC}+\omega\overrightarrow{OD}=0,$$

其中 O 是任意点.

18. 设 A,B,C 是共线的 3 个不同的点,证明:

(1) $(A,B,C)(B,A,C)=1$;

(2) $(A,B,C)+(A,C,B)=-1$.

19. 设 D,E,F 依次是$\triangle ABC$ 的三边 BC,CA,AB 上的点,使得$(A,B,F)=2,(A,C,E)=1/2,(B,C,D)=1/3$,又设 G 是 AD 和 EF 的交点,求$(E,F,G),(A,D,G)$.

20. 设 D,E,F 依次是$\triangle ABC$ 的三边 BC,CA,AB 上的点,使

得 AD, BE, CF 交于一点 O，已知

$$(A,B,F) = 1/3, \quad (C,F,O) = 2,$$

求(A,D,O)，(B,C,D)，(C,A,E)，(B,E,O).

21. 设 E 是$\triangle ABC$ 的 BC 边上的点，D 是线段 AE 上的点. 对于与 A,B,C 不共面的点 O，有分解式

$$OD = \lambda OA + \mu OB + \nu OC \quad (\lambda + \mu + \nu = 1),$$

求(A,E,D)，(B,C,E).

22. (1) 设 D,E,F 依次为三角形 ABC 的边 AB,BC,CA 的内点(图 1.9)，记

$$\lambda = (A,B,D), \quad \mu = (B,C,E), \quad \nu = (C,A,F).$$

求证：三条线段 AE, BF, CD 交于一点的充分必要条件为 $\lambda\mu\nu = 1$. (Ceva 定理)

(2) 如果 D,E,F 依次是直线 AB,BC,CA 上的点(不一定是各边的内点)，结果是否还成立？

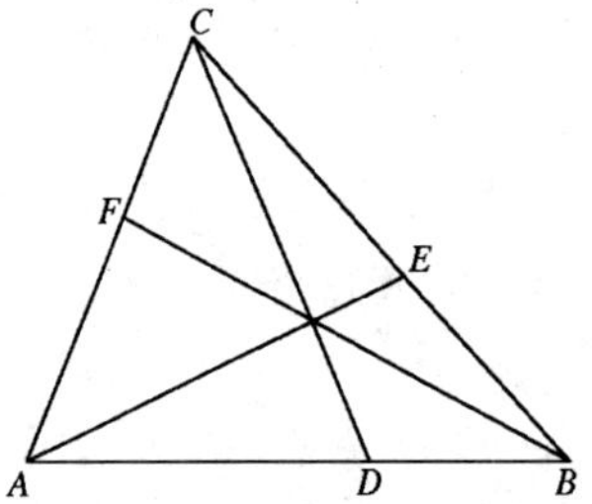

图 1.9

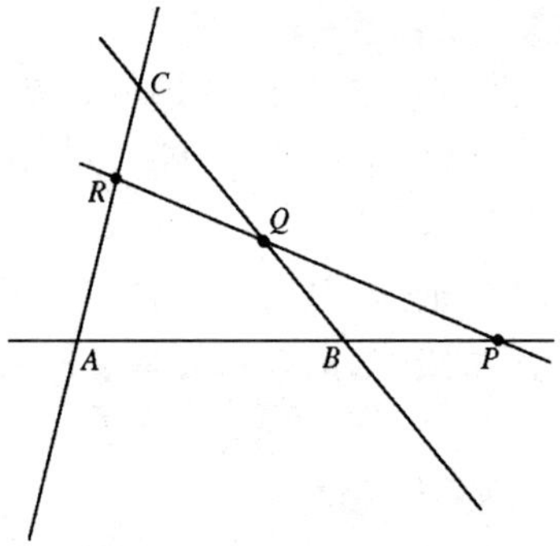

图 1.10

23. 设 A,B,C 是三个不共线的点，点 P,Q,R 依次在直线 AB,BC,CA 上(都不是 A,B,C，见图 1.10)，记

$$\lambda = (A,B,P), \quad \mu = (B,C,Q), \quad \nu = (C,A,R).$$

证明：P,Q,R 三点共线的充分必要条件为 $\lambda\mu\nu = -1$. (Menelaus 定理)

§2 仿射坐标系

坐标法的基础是建立坐标系,坐标系的实质是平面或空间的点到有序数组的对应关系. 为此首先要建立一个参考系,即坐标标架. 例如,平面上由两条互相垂直并且都以交点为零点的两条数轴构成一个平面直角标架,产生一个平面直角坐标系;在平面上取定一条射线,就得到一个平面的极坐标系. 这两种坐标系都是用距离、夹角等度量概念来规定坐标的. 现在我们用向量的分解定理建立一种新的坐标系,即仿射坐标系. 它不涉及度量概念,从而更加适应于仿射几何学.

2.1 仿射坐标系的定义

假设 $\boldsymbol{e}_1,\boldsymbol{e}_2,\boldsymbol{e}_3$ 是三个不共面的向量,则根据定理 1.1 的(2),对于任一向量 $\boldsymbol{\alpha}$,存在惟一实数组 x,y,z,使得

$$\boldsymbol{\alpha} = x\boldsymbol{e}_1 + y\boldsymbol{e}_2 + z\boldsymbol{e}_3,$$

即 x,y,z 是 $\boldsymbol{\alpha}$ 对向量组 $\boldsymbol{e}_1,\boldsymbol{e}_2,\boldsymbol{e}_3$ 的分解系数. 这样,就得到从全体向量的集合到全体三元有序数组的集合的一个对应关系. 它是一个一一对应关系,即一方面不同的向量对向量组 $\boldsymbol{e}_1,\boldsymbol{e}_2,\boldsymbol{e}_3$ 有不同的分解系数,另一方面每个三元有序数组一定是某个向量的分解系数.

取定空间中的一点 O,则又有从空间(作为点集)到全体向量的集合的一一对应关系: 点 A 对应到向量 $\overrightarrow{OA}$.

把上述两个一一对应关系结合起来,就得到从空间(作为点集)到全体三元有序数组集合的一一对应关系. 这就产生了仿射坐标系.

定义 1.3 空间中一点 O 与三个不共面向量 $\boldsymbol{e}_1,\boldsymbol{e}_2,\boldsymbol{e}_3$ 一起构成空间的一个**仿射标架**,记作$[O;\boldsymbol{e}_1,\boldsymbol{e}_2,\boldsymbol{e}_3]$. 称 O 为它的**原点**,称 $\boldsymbol{e}_1,\boldsymbol{e}_2,\boldsymbol{e}_3$ 为它的**坐标向量**. 对于空间的任意一点 A,把向量 $\overrightarrow{OA}$(称

为 A 的**定位向量**)对 $\boldsymbol{e}_1,\boldsymbol{e}_2,\boldsymbol{e}_3$ 的分解系数构成的有序数组称为点 A 关于上述仿射标架的**仿射坐标**. 这样得到的空间的点与三元有序数组的对应关系称为由仿射标架$[O;\boldsymbol{e}_1,\boldsymbol{e}_2,\boldsymbol{e}_3]$决定的**空间仿射坐标系**.

于是,点 P 的坐标是(x,y,z),就是

$$\overrightarrow{OP}=x\boldsymbol{e}_1+y\boldsymbol{e}_2+z\boldsymbol{e}_3.$$

取定仿射标架$[O;\boldsymbol{e}_1,\boldsymbol{e}_2,\boldsymbol{e}_3]$后,把经过原点 O(并且以其为零点),平行于坐标向量,并以其方向为正向的数轴称为**坐标轴**. 三条坐标轴分别称为 x 轴,y 轴和 z 轴,它们分别平行于 $\boldsymbol{e}_1,\boldsymbol{e}_2$ 和 $\boldsymbol{e}_3$;两条坐标轴决定的平面称为**坐标平面**,如 x 轴与 y 轴决定的平面叫做 xy 平面等等. 三张坐标平面将空间分割成八块,称为八个**卦限**. 它们的顺序如图 1.11 所示. 空间点的坐标 x,y,z 在各卦限中的符号如下表所示.

卦限号 / 坐标	Ⅰ	Ⅱ	Ⅲ	Ⅳ	Ⅴ	Ⅵ	Ⅶ	Ⅷ
x	+	−	−	+	+	−	−	+
y	+	+	−	−	+	+	−	−
z	+	+	+	+	−	−	−	−

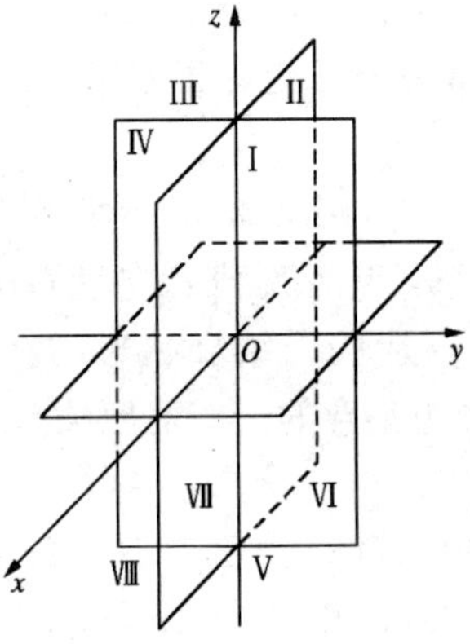

图 1.11

大家熟悉的空间直角坐标系是一种特殊的仿射坐标系，也就是坐标向量为两两互相垂直的单位向量的仿射坐标系. 在直角坐标系中，点的三个坐标的绝对值依次就是它到 yz 平面，xz 平面和 xy 平面的距离，正负性由它所在卦限决定.

实用中我们遇到的常常是平面几何问题，此时可用**平面仿射坐标系**. 设 π 是一张平面，取点 O 在 π 上，$\boldsymbol{e}_1,\boldsymbol{e}_2$ 是平行于 π 的两个不共线向量，则得到平面仿射标架$[O;\boldsymbol{e}_1,\boldsymbol{e}_2]$. π 上的点 A 关于$[O;\boldsymbol{e}_1,\boldsymbol{e}_2]$中的坐标是二元有序数组，由向量 $\overrightarrow{OA}$ 对 $\boldsymbol{e}_1,\boldsymbol{e}_2$ 的分解系数构成. 当 $\boldsymbol{e}_1,\boldsymbol{e}_2$ 是互相垂直的单位向量时，相应的坐标系就是大家早就熟悉的平面直角坐标系.

平面坐标系在性质上和空间坐标系完全一样，只是更简单. 以后我们讲坐标的性质时只说空间情形，读者应能用到平面情形中去.

2.2 向量的坐标

取定了空间仿射标架$[O;\boldsymbol{e}_1,\boldsymbol{e}_2,\boldsymbol{e}_3]$后，向量也有了坐标，就是它对 $\boldsymbol{e}_1,\boldsymbol{e}_2,\boldsymbol{e}_3$ 的分解系数. 于是点 A 的坐标也就是它的定位向量 $\overrightarrow{OA}$ 的坐标. 坐标向量 $\boldsymbol{e}_1,\boldsymbol{e}_2,\boldsymbol{e}_3$ 的坐标分别为$(1,0,0)$，$(0,1,0)$，$(0,0,1)$. 零向量的坐标为$(0,0,0)$.

平行于平面 π 的每个向量关于 π 上的仿射坐标系$[O;\boldsymbol{e}_1,\boldsymbol{e}_2]$的坐标是它对 $\boldsymbol{e}_1,\boldsymbol{e}_2$ 的分解系数.

现在我们再来说明仿射标架和仿射坐标系的关系. 它们是两个不同的概念，但是它们又是互相决定的. 一方面仿射坐标系由仿射标架来规定，另一方面仿射坐标系又决定仿射标架：原点 O 是坐标为$(0,0,0)$的点；坐标向量 $\boldsymbol{e}_1,\boldsymbol{e}_2$ 和 $\boldsymbol{e}_3$ 依次是坐标为$(1,0,0)$，$(0,1,0)$和$(0,0,1)$的向量. 为了方便，以后我们常对仿射标架和由它决定的仿射坐标系不加区别，直接称$[O;\boldsymbol{e}_1,\boldsymbol{e}_2,\boldsymbol{e}_3]$为仿射坐标系.

定理 1.2 取定一个空间仿射坐标系$[O;\boldsymbol{e}_1,\boldsymbol{e}_2,\boldsymbol{e}_3]$. 设向量 $\boldsymbol{\alpha}$，$\boldsymbol{\beta}$ 的坐标分别是(a_1,a_2,a_3)，(b_1,b_2,b_3)，则

(1) $\boldsymbol{\alpha}+\boldsymbol{\beta}$ 的坐标为$(a_1+b_1,a_2+b_2,a_3+b_3)$；

(2) 对任何实数 λ,$\lambda\boldsymbol{\alpha}$ 的坐标为$(\lambda a_1,\lambda a_2,\lambda a_3)$.

证明 (1) 由坐标的定义,

$$\boldsymbol{\alpha}=a_1\boldsymbol{e}_1+a_2\boldsymbol{e}_2+a_3\boldsymbol{e}_3,\quad \boldsymbol{\beta}=b_1\boldsymbol{e}_1+b_2\boldsymbol{e}_2+b_3\boldsymbol{e}_3,$$

于是

$$\boldsymbol{\alpha}+\boldsymbol{\beta}=(a_1+b_1)\boldsymbol{e}_1+(a_2+b_2)\boldsymbol{e}_2+(a_3+b_3)\boldsymbol{e}_3,$$

从而 $\boldsymbol{\alpha}+\boldsymbol{\beta}$ 的坐标为$(a_1+b_1,a_2+b_2,a_3+b_3)$.

(2) $\lambda\boldsymbol{\alpha}=\lambda a_1\boldsymbol{e}_1+\lambda a_2\boldsymbol{e}_2+\lambda a_3\boldsymbol{e}_3$,从而 $\lambda\boldsymbol{\alpha}$ 的坐标为

$$(\lambda a_1,\lambda a_2,\lambda a_3).\quad ▎$$

这个定理说明可以用坐标作向量的线性运算.

综合定理的(1)和(2)可得到更一般的结论：设 $\boldsymbol{\alpha}_1,\boldsymbol{\alpha}_2,\cdots,\boldsymbol{\alpha}_n$ 是一组向量，$\lambda_1,\lambda_2,\cdots,\lambda_n$ 是一组实数,如果 $\boldsymbol{\alpha}_i$ 的坐标为(x_i,y_i,z_i)，$i=1,2,\cdots,n$,则 $\boldsymbol{\alpha}_1,\boldsymbol{\alpha}_2,\cdots,\boldsymbol{\alpha}_n$ 的线性组合 $\lambda_1\boldsymbol{\alpha}_1+\lambda_2\boldsymbol{\alpha}_2+\cdots+\lambda_n\boldsymbol{\alpha}_n$ 的坐标为

$$\left(\sum_{i=1}^{n}\lambda_i x_i,\sum_{i=1}^{n}\lambda_i y_i,\sum_{i=1}^{n}\lambda_i z_i\right).$$

从定理还可得到点的坐标和向量坐标的关系.

推论 设点 A,B 的坐标分别是(a_1,a_2,a_3),(b_1,b_2,b_3),则向量 $\overrightarrow{AB}$ 的坐标为$(b_1-a_1,b_2-a_2,b_3-a_3)$.

证明 $\overrightarrow{AB}=\overrightarrow{OB}-\overrightarrow{OA}=\overrightarrow{OB}+(-1)\overrightarrow{OA}$,用定理 1.2 就得到结论. ▎

例 1.4 设 A,B,C 共线,并且$(A,B,C)=\lambda$. 又设 A,B 的坐标分别为(a_1,a_2,a_3),(b_1,b_2,b_3),求点 C 的坐标.

解 由$(A,B,C)=\lambda$,得到

$$\overrightarrow{OC}=\frac{1}{1+\lambda}\overrightarrow{OA}+\frac{\lambda}{1+\lambda}\overrightarrow{OB},$$

由定理 1.2, C 的坐标即 $\overrightarrow{OC}$ 的坐标,为

$$\left(\frac{a_1+\lambda b_1}{1+\lambda},\frac{a_2+\lambda b_2}{1+\lambda},\frac{a_3+\lambda b_3}{1+\lambda}\right).$$

例 1.5 设点 M 是点组 $A_1, A_2, \cdots, A_n$ 的重心，A_i 的坐标是 (x_i, y_i, z_i)，$i=1,2,\cdots,n$，求 M 的坐标.

解 由重心的意义(见习题 1.1 的第 7 题)，

$$\overrightarrow{MA_1} + \overrightarrow{MA_2} + \cdots + \overrightarrow{MA_n} = 0,$$

即 $(\overrightarrow{OA_1}-\overrightarrow{OM})+(\overrightarrow{OA_2}-\overrightarrow{OM})+\cdots+(\overrightarrow{OA_n}-\overrightarrow{OM})=0$，于是

$$\overrightarrow{OM} = \frac{\overrightarrow{OA_1} + \overrightarrow{OA_2} + \cdots + \overrightarrow{OA_n}}{n}.$$

利用定理 1.2，M 的坐标(即向量 $\overrightarrow{OM}$ 的坐标)为

$$\left(\frac{\sum_{i=1}^{n} x_i}{n}, \frac{\sum_{i=1}^{n} y_i}{n}, \frac{\sum_{i=1}^{n} z_i}{n}\right).$$

2.3 几何应用举例

有了仿射坐标系，可以把用向量的线性运算解决几何问题的计算过程数量化. 我们先用坐标讨论向量及点的共线问题. 下面将常常用到二阶和三阶行列式，它们的定义和性质放在附录中.

例 1.6 设在一个空间仿射坐标系中，向量 $\boldsymbol{\alpha}, \boldsymbol{\beta}$ 的坐标为 (x_1, x_2, x_3) 和 (y_1, y_2, y_3)，则

$$\boldsymbol{\alpha} \parallel \boldsymbol{\beta} \Longleftrightarrow \begin{vmatrix} x_1 & x_2 \\ y_1 & y_2 \end{vmatrix} = \begin{vmatrix} x_2 & x_3 \\ y_2 & y_3 \end{vmatrix} = \begin{vmatrix} x_1 & x_3 \\ y_1 & y_3 \end{vmatrix} = 0.$$

证明 不妨设 $\boldsymbol{\alpha} \neq 0$ (如果 $\boldsymbol{\alpha} = 0$，则显然两边都成立).

$\Longrightarrow$. 因为 $\boldsymbol{\alpha} \parallel \boldsymbol{\beta}$，所以存在 λ，使得 $\boldsymbol{\beta} = \lambda\boldsymbol{\alpha}$. 于是

$$y_i = \lambda x_i, \quad i = 1,2,3,$$

从而

$$\begin{vmatrix} x_1 & x_2 \\ y_1 & y_2 \end{vmatrix} = \begin{vmatrix} x_2 & x_3 \\ y_2 & y_3 \end{vmatrix} = \begin{vmatrix} x_1 & x_3 \\ y_1 & y_3 \end{vmatrix} = 0.$$

$\Longleftarrow$. 不妨假定 $x_1 \neq 0$，记 $\lambda = y_1/x_1$，即 $y_1 = \lambda x_1$. 则由

$$\begin{vmatrix} x_1 & x_2 \\ y_1 & y_2 \end{vmatrix} = 0 \Longrightarrow y_2 = \lambda x_2; \qquad \begin{vmatrix} x_1 & x_3 \\ y_1 & y_3 \end{vmatrix} = 0 \Longrightarrow y_3 = \lambda x_3.$$

于是 $\boldsymbol{\beta} = \lambda\boldsymbol{\alpha}$，从而 $\boldsymbol{\alpha} \parallel \boldsymbol{\beta}$.

如果在平面仿射坐标系中向量 $\boldsymbol{\alpha}$,$\boldsymbol{\beta}$ 的坐标分别为(x_1,x_2),(y_1,y_2). 则

$$\boldsymbol{\alpha} /\!/ \boldsymbol{\beta} \Longleftrightarrow \begin{vmatrix} x_1 & x_2 \\ y_1 & y_2 \end{vmatrix} = 0.$$

下面讨论平面上三点共线的条件.

例 1.7 设$[O;\boldsymbol{e}_1,\boldsymbol{e}_2]$是平面 π 上的一个平面仿射坐标系,π 上的三点 A,B,C 的坐标分别为(a_1,a_2),(b_1,b_2),(c_1,c_2),则

$$A,B,C\text{ 共线} \Longleftrightarrow \begin{vmatrix} a_1 & a_2 & 1 \\ b_1 & b_2 & 1 \\ c_1 & c_2 & 1 \end{vmatrix} = 0.$$

证明 根据行列式的性质,

$$\begin{vmatrix} a_1 & a_2 & 1 \\ b_1 & b_2 & 1 \\ c_1 & c_2 & 1 \end{vmatrix} = \begin{vmatrix} a_1 - c_1 & a_2 - c_2 \\ b_1 - c_1 & b_2 - c_2 \end{vmatrix},$$

于是

$$\begin{aligned} \begin{vmatrix} a_1 & a_2 & 1 \\ b_1 & b_2 & 1 \\ c_1 & c_2 & 1 \end{vmatrix} = 0 & \\ \Longleftrightarrow \begin{vmatrix} a_1 - c_1 & a_2 - c_2 \\ b_1 - c_1 & b_2 - c_2 \end{vmatrix} &= 0 \\ \Longleftrightarrow \overrightarrow{CA} /\!/ \overrightarrow{CB}& \\ \Longleftrightarrow A,B,C\text{ 共线}.& \end{aligned}$$

设 A,B,C 是平面 π 上的三个不同点. 取 π 上的 O 点和 A,B 不共线,作 π 上的平面仿射坐标系$[O;\overrightarrow{OA},\overrightarrow{OB}]$. 设点 C 在此坐标系中的坐标是(c_1,c_2). 则

$$\overrightarrow{OC} = c_1 \overrightarrow{OA} + c_2 \overrightarrow{OB}.$$

根据命题 1.2, C 与 A,B 共线的充分必要条件是 $c_1+c_2=1$,并且在共线时

$$(A,B,C)=\frac{c_2}{c_1}.$$

例 1.8 用坐标法证明 Menelaus 定理(见习题 1.1 的第 23 题).

证明 只用在平面仿射坐标系$[A;\overrightarrow{AB},\overrightarrow{AC}]$中求出 P,Q,R 这三点的坐标,就可利用例 1.7 的结果证明.

由 $\lambda=(A,B,P)$,即可以求出$\overrightarrow{AP}=\frac{\lambda}{1+\lambda}\overrightarrow{AB}$,于是点 P 在$[A;\overrightarrow{AB},\overrightarrow{AC}]$中的坐标为$\left(\frac{\lambda}{1+\lambda},0\right)$;

由 $\nu=(C,A,R)$,即可以求出$\overrightarrow{AR}=\frac{1}{1+\nu}\overrightarrow{AC}$,于是点 R 在$[A;\overrightarrow{AB},\overrightarrow{AC}]$中的坐标为$\left(0,\frac{1}{1+\nu}\right)$;

由 $\mu=(B,C,Q)$,可求出

$$\overrightarrow{AQ}=\frac{1}{1+\mu}\overrightarrow{AB}+\frac{\mu}{1+\mu}\overrightarrow{AC},$$

于是点 Q 在$[A;\overrightarrow{AB},\overrightarrow{AC}]$中的坐标为$\left(\frac{1}{1+\mu},\frac{\mu}{1+\mu}\right)$.

三阶行列式

$$\begin{vmatrix}\lambda/(1+\lambda) & 0 & 1\\ 0 & 1/(1+\nu) & 1\\ 1/(1+\mu) & \mu/(1+\mu) & 1\end{vmatrix}$$

$$=\frac{1}{(1+\lambda)(1+\mu)(1+\nu)}\begin{vmatrix}\lambda & 0 & 1+\lambda\\ 0 & 1 & 1+\nu\\ 1 & \mu & 1+\mu\end{vmatrix}$$

$$=\frac{-(1+\lambda\mu\nu)}{(1+\lambda)(1+\mu)(1+\nu)}.$$

由例 1.7 得到 P,Q,R 共线的充分必要条件为 $1+\lambda\mu\nu=0$,即 $\lambda\mu\nu=-1$. 即 Menelaus 定理得证.

例 1.9 用坐标法证明 Ceva 定理(见习题 1.1 的第 22 题).

证明 题中出现的是三线共点的问题,先把它转化为三点共线问题. 设 AE, CD 相交于 O 点. 于是三条线段 AE, BF, CD 交于一点等价于三点 B, O, F 共线.

在平面仿射坐标系 $[A;\overrightarrow{AD},\overrightarrow{AC}]$ 中求出 B, O, F 的坐标.

容易求出, B, C, D 的坐标依次为 $\left(\frac{1+\lambda}{\lambda},0\right)$, $(0,1)$, $(1,0)$. 利用 $(B,C,E)=\mu$, $(C,A,F)=\nu$, 计算出 E, F 的坐标分别为 $\left(\frac{1+\lambda}{\lambda(1+\mu)},\frac{\mu}{1+\mu}\right)$ 和 $\left(0,\frac{1}{1+\nu}\right)$. 设 O 的坐标为 $\left(\frac{x(1+\lambda)}{\lambda(1+\mu)},\frac{x\mu}{1+\mu}\right)$. 由 D, C, O 共线, 得到

$$\frac{x(1+\lambda)}{\lambda(1+\mu)}+\frac{x\mu}{1+\mu}=1,$$

由此求出

$$x=\frac{\lambda(1+\mu)}{1+\lambda+\lambda\mu}.$$

因此点 O 的坐标为 $\left(\frac{1+\lambda}{1+\lambda+\lambda\mu},\frac{\lambda\mu}{1+\lambda+\lambda\mu}\right)$.

于是三点 B, O, F 共线等价于

$$\begin{vmatrix} \frac{1+\lambda}{\lambda} & 0 & 1 \\ 0 & \frac{1}{1+\nu} & 1 \\ \frac{1+\lambda}{1+\lambda+\lambda\mu} & \frac{\lambda\mu}{1+\lambda+\lambda\mu} & 1 \end{vmatrix}=0,$$

即

$$\begin{vmatrix} 1+\lambda & 0 & \lambda \\ 0 & 1 & 1+\nu \\ 1+\lambda & \lambda\mu & 1+\lambda+\lambda\mu \end{vmatrix}=0.$$

左边的行列式等于 $(1+\lambda)(1-\lambda\mu\nu)=0$, 而 $1+\lambda>0$, 于是 B, O, F 共线(即线段 AE, BF, CD 交于一点)的充分必要条件为 $\lambda\mu\nu=1$. 即 Ceva 定理得证.

习 题 1.2

1. 设 P 和 Q 分别在平行四边形 $ABCD$ 的对角线 BD 和 AC

上(图 1.12),已知

$$(B,D,P)=4,\quad (A,C,Q)=5,$$

求点 P,Q 和向量 $\overrightarrow{PQ}$ 在仿射坐标系$[A;\overrightarrow{AB},\overrightarrow{AD}]$中的坐标.

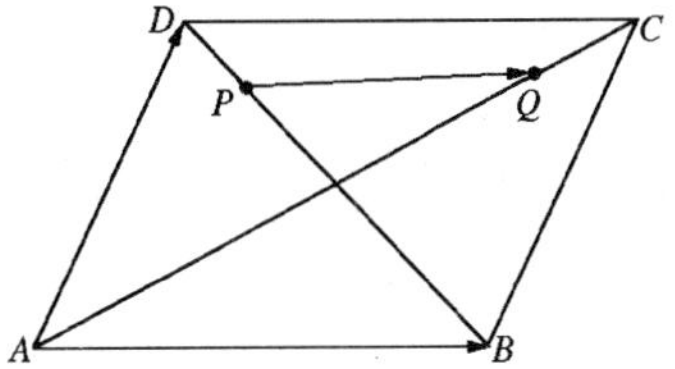

图 1.12

2. 设 E 和 F 分别是平行四边形 $ABCD$ 的边 BC 和 CD 的中点,求点 B,D,C 在仿射坐标系$[A;\overrightarrow{AE},\overrightarrow{AF}]$中的坐标.

3. 设 $ABCD$ 是梯形,向量$\overrightarrow{AB}=3\overrightarrow{DC}$. 又设 E 是腰 BC 的中点,F 是 CD 的中点,求 A,B,D 在仿射坐标系$[C;\overrightarrow{AE},\overrightarrow{AF}]$中的坐标.

4. 设 $ABCDEF$ 是正六边形.

(1) 求各顶点在仿射坐标系$[A;\overrightarrow{AB},\overrightarrow{AF}]$中的坐标;

(2) 求向量 $\overrightarrow{AB},\overrightarrow{AF}$在仿射坐标系$[A;\overrightarrow{AC},\overrightarrow{AE}]$中的坐标.

5. 设 AB,AC,AD 是平行六面体的顶点 A 处的 3 条棱,N 是此平行六面体的过 A 的对角线和 B,C,D 所在平面的交点,求 N 在仿射坐标系$[A;\overrightarrow{AB},\overrightarrow{AC},\overrightarrow{AD}]$中的坐标.

6. 已知 A,B,C 共线,其中 A,B 不重合,并且$(A,B,C)=\dfrac{5}{2}$. 又设在一个仿射坐标系中,点 A,C 的坐标分别为(3,7,3),(8,2,3),求 B 的坐标.

7. 设在一个空间仿射坐标系中,向量 $\boldsymbol{\alpha},\boldsymbol{\beta},\boldsymbol{\gamma}$ 的坐标依次为$(x_1,y_1,z_1),(x_2,y_2,z_2),(x_3,y_3,z_3)$,证明:如果 $\boldsymbol{\alpha},\boldsymbol{\beta},\boldsymbol{\gamma}$ 共面,则

$$\begin{vmatrix} x_1 & y_1 & z_1 \\ x_2 & y_2 & z_2 \\ x_3 & y_3 & z_3 \end{vmatrix}=0.$$

8. 设在一个空间仿射坐标系中，点 A,B,C 的坐标依次为 $(x_1,y_1,z_1),(x_2,y_2,z_2),(x_3,y_3,z_3)$，证明：如果 A,B,C 共线，则

$$\begin{vmatrix} x_1 & y_1 & z_1 \\ x_2 & y_2 & z_2 \\ x_3 & y_3 & z_3 \end{vmatrix} = 0.$$

9. 第 8 题的逆命题是否成立？

10. 已知 A,B,C 共线，它们在一个空间仿射坐标系中的坐标依次为 $(3,4,1),(2,5,0)$ 和 $(a,1,b)$，求 a,b 和 (A,B,C).

§3 向量的内积

向量有两种乘积运算：内积和外积，它们在长度、角度、面积等度量的计算中起着重要的作用. 我们将在本节和下节分别讨论这两种运算.

内积运算有很强的物理背景，因此有许多实际应用. 在数学的其他领域(如代数、泛函等)中它将被推广，成为那里的重要基础概念和工具.

3.1 向量的投影

物理学中常常要把一个向量分解成两个互相垂直的向量之和. 例如求一个力所作的功，先把它分解为两个力之和，第一个力平行于受力物体的运动方向，第二个力垂直于该方向(这时所求的功与第二个力无关，完全由第一个力决定). 向量的投影就是与这种“垂直分解”有关的几何概念，它是讨论内积和外积的共同的准备知识.

设 $\boldsymbol{\alpha}$ 是一个向量，取定非零向量 $\boldsymbol{e}$(它代表了一个方向). 我们先来说明 $\boldsymbol{\alpha}$ 可惟一地分解为两个向量的和，其中一个平行于 $\boldsymbol{e}$，另一个垂直于 $\boldsymbol{e}$. 作 $\overrightarrow{OA}=\boldsymbol{\alpha}$，$\overrightarrow{OE}=\boldsymbol{e}$. 记 B 是 A 在 OE 直线上的垂足

(图 1.13)，于是 $\boldsymbol{\alpha}$ 可分解为两个向量 $\overrightarrow{OB}$ 与 $\overrightarrow{BA}$ 之和，它们分别与 $\boldsymbol{e}$ 平行或垂直. 再证明这种分解是惟一的. 假设 $\boldsymbol{\alpha}=\boldsymbol{\alpha}_1+\boldsymbol{\alpha}_2$，又 $\boldsymbol{\alpha}=\boldsymbol{\alpha}_1'+\boldsymbol{\alpha}_2'$，$\boldsymbol{\alpha}_1$ 和 $\boldsymbol{\alpha}_1'$ 都平行于 $\boldsymbol{e}$，$\boldsymbol{\alpha}_2$ 和 $\boldsymbol{\alpha}_2'$ 都垂直于 $\boldsymbol{e}$，则 $\boldsymbol{\alpha}_1-\boldsymbol{\alpha}_1'=\boldsymbol{\alpha}_2'-\boldsymbol{\alpha}_2$，并且它既平行于 $\boldsymbol{e}$，又垂直于 $\boldsymbol{e}$. 因为 $\boldsymbol{e}$ 不是零向量，所以 $\boldsymbol{\alpha}_1-\boldsymbol{\alpha}_1'=\boldsymbol{\alpha}_2'-\boldsymbol{\alpha}_2=0$，即 $\boldsymbol{\alpha}_1=\boldsymbol{\alpha}_1'$，$\boldsymbol{\alpha}_2=\boldsymbol{\alpha}_2'$.

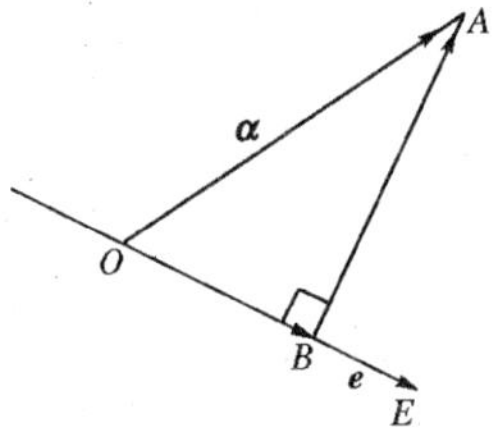

图 1.13

定义 1.4 设 $\boldsymbol{\alpha}$ 是一个向量，$\boldsymbol{e}$ 是一个非零向量，作分解式 $\boldsymbol{\alpha}=\boldsymbol{\alpha}_1+\boldsymbol{\alpha}_2$，使得 $\boldsymbol{\alpha}_1 /\!/ \boldsymbol{e}$，$\boldsymbol{\alpha}_2 \perp \boldsymbol{e}$，则称 $\boldsymbol{\alpha}_1$ 和 $\boldsymbol{\alpha}_2$ 分别为 $\boldsymbol{\alpha}$ 在 $\boldsymbol{e}$ 方向上的**内投影**和**外投影**，分别记作 $p_e\boldsymbol{\alpha}$ 和 $\bar{p}_e\boldsymbol{\alpha}$.

由定义看出，内投影和外投影都与 $\boldsymbol{e}$ 的大小无关，只与其方向有关.

设 $\boldsymbol{\alpha}$ 和 $\boldsymbol{\beta}$ 是两个非零向量，记 $\langle\boldsymbol{\alpha},\boldsymbol{\beta}\rangle$ 为它们的几何夹角(其弧度界于 0 与 π 之间).

记 $\boldsymbol{e}_0=\dfrac{\boldsymbol{e}}{|\boldsymbol{e}|}$，从几何上容易看出，$\boldsymbol{\alpha}\neq 0$ 时，

$$p_e\boldsymbol{\alpha}=|\boldsymbol{\alpha}|\cos\langle\boldsymbol{\alpha},\boldsymbol{e}\rangle\boldsymbol{e}_0,$$

即

$$\frac{p_e\boldsymbol{\alpha}}{\boldsymbol{e}_0}=|\boldsymbol{\alpha}|\cos\langle\boldsymbol{\alpha},\boldsymbol{e}\rangle.$$

命题 1.3 投影具有线性性质，即

(1) 对任意两个向量 $\boldsymbol{\alpha},\boldsymbol{\beta}$

$$p_e(\boldsymbol{\alpha}+\boldsymbol{\beta})=p_e\boldsymbol{\alpha}+p_e\boldsymbol{\beta},\quad \bar{p}_e(\boldsymbol{\alpha}+\boldsymbol{\beta})=\bar{p}_e\boldsymbol{\alpha}+\bar{p}_e\boldsymbol{\beta}.$$

(2) 对任意向量 $\boldsymbol{\alpha}$ 和实数 λ，

$$p_e(\lambda\boldsymbol{\alpha})=\lambda p_e\boldsymbol{\alpha},\quad \bar{p}_e(\lambda\boldsymbol{\alpha})=\lambda\bar{p}_e\boldsymbol{\alpha}.$$

证明 (1) 把 $\boldsymbol{\alpha}=p_e\boldsymbol{\alpha}+\bar{p}_e\boldsymbol{\alpha}$ 和 $\boldsymbol{\beta}=p_e\boldsymbol{\beta}+\bar{p}_e\boldsymbol{\beta}$ 相加，得

$$\boldsymbol{\alpha}+\boldsymbol{\beta}=p_e\boldsymbol{\alpha}+p_e\boldsymbol{\beta}+\bar{p}_e\boldsymbol{\alpha}+\bar{p}_e\boldsymbol{\beta},$$

其中 $p_e\boldsymbol{\alpha}+p_e\boldsymbol{\beta}$ 平行于 $\boldsymbol{e}$，并且从几何直观容易看出，$\bar{p}_p\boldsymbol{\alpha}+\bar{p}_e\boldsymbol{\beta}$ 垂直于 $\boldsymbol{e}$. 于是根据分解的惟一性，得到

$$p_e(\boldsymbol{\alpha}+\boldsymbol{\beta})=p_e\boldsymbol{\alpha}+p_e\boldsymbol{\beta},\quad \bar{p}_e(\boldsymbol{\alpha}+\boldsymbol{\beta})=\bar{p}_e\boldsymbol{\alpha}+\bar{p}_e\boldsymbol{\beta}.$$

(2)的验证更容易,请读者自己完成. ▌

3.2 内积的定义

两个向量的内积是一个数,它的物理背景之一是力作功的计算.功 W 是一个数量,由力 $\boldsymbol{f}$ 和受力物体的位移 $\boldsymbol{s}$ 这两个矢量决定.计算公式为

$$W=|\boldsymbol{f}||\boldsymbol{s}|\cos\theta,$$

其中 θ 是 $\boldsymbol{f}$ 和 $\boldsymbol{s}$ 的夹角.这类计算抽象成几何学中的内积运算.

定义 1.5 两个向量 $\boldsymbol{\alpha},\boldsymbol{\beta}$ 的内积是一个实数,记作 $\boldsymbol{\alpha}\cdot\boldsymbol{\beta}$.当 $\boldsymbol{\alpha},\boldsymbol{\beta}$ 中有零向量时,$\boldsymbol{\alpha}\cdot\boldsymbol{\beta}=0$;否则

$$\boldsymbol{\alpha}\cdot\boldsymbol{\beta}:=|\boldsymbol{\alpha}||\boldsymbol{\beta}|\cos\langle\boldsymbol{\alpha},\boldsymbol{\beta}\rangle.$$

显然,$\boldsymbol{\alpha}\cdot\boldsymbol{\beta}=0\Longleftrightarrow\boldsymbol{\alpha}$ 垂直于 $\boldsymbol{\beta}$.

把一个向量 $\boldsymbol{\alpha}$ 与它自己的内积 $\boldsymbol{\alpha}\cdot\boldsymbol{\alpha}$ 记作 $\boldsymbol{\alpha}^2$.按照定义,$\boldsymbol{\alpha}^2=|\boldsymbol{\alpha}|^2\geqslant 0$.于是得到用内积计算向量长度的公式

$$|\boldsymbol{\alpha}|=\sqrt{\boldsymbol{\alpha}\cdot\boldsymbol{\alpha}}.$$

还可用内积计算两个向量的夹角

$$\cos\langle\boldsymbol{\alpha},\boldsymbol{\beta}\rangle=\frac{\boldsymbol{\alpha}\cdot\boldsymbol{\beta}}{|\boldsymbol{\alpha}||\boldsymbol{\beta}|},$$

$$\langle\boldsymbol{\alpha},\boldsymbol{\beta}\rangle=\arccos\frac{\boldsymbol{\alpha}\cdot\boldsymbol{\beta}}{|\boldsymbol{\alpha}||\boldsymbol{\beta}|}.$$

以后我们还要介绍用坐标直接计算内积的办法,到那时这两个公式才有实用意义.

从定义还可看出,内积运算具有对称性,即

$$\boldsymbol{\alpha}\cdot\boldsymbol{\beta}=\boldsymbol{\beta}\cdot\boldsymbol{\alpha}.$$

设 $\boldsymbol{\beta}\neq 0$,记 $\boldsymbol{\beta}_0=\boldsymbol{\beta}/|\boldsymbol{\beta}|$,即 $\boldsymbol{\beta}$ 方向上的单位向量.则当 $\boldsymbol{\alpha}\neq 0$ 时,

$$|\boldsymbol{\alpha}|\cos\langle\boldsymbol{\alpha},\boldsymbol{\beta}\rangle=\frac{p_{\beta}\boldsymbol{\alpha}}{\boldsymbol{\beta}_0},$$

从而

$$\boldsymbol{\alpha}\cdot\boldsymbol{\beta}=\frac{p_{\beta}\boldsymbol{\alpha}}{\boldsymbol{\beta}_0}|\boldsymbol{\beta}|.$$

在 $\boldsymbol{\alpha}=0$ 时，显然上式两边都为 0，因此也成立.

3.3 内积的双线性性质

定理 1.3 对任意向量 $\boldsymbol{\alpha},\boldsymbol{\beta},\boldsymbol{\gamma}$ 和实数 λ，有等式

(1) $(\lambda\boldsymbol{\alpha})\cdot\boldsymbol{\beta}=\lambda(\boldsymbol{\alpha}\cdot\boldsymbol{\beta})=\boldsymbol{\alpha}\cdot(\lambda\boldsymbol{\beta})$；

(2) $(\boldsymbol{\alpha}+\boldsymbol{\gamma})\cdot\boldsymbol{\beta}=\boldsymbol{\alpha}\cdot\boldsymbol{\beta}+\boldsymbol{\gamma}\cdot\boldsymbol{\beta}$，$\boldsymbol{\alpha}\cdot(\boldsymbol{\beta}+\boldsymbol{\gamma})=\boldsymbol{\alpha}\cdot\boldsymbol{\beta}+\boldsymbol{\alpha}\cdot\boldsymbol{\gamma}$.

证明 当 $\boldsymbol{\beta}=0$ 时，显然各式都成立. 下面设 $\boldsymbol{\beta}\neq 0$.

(1) $(\lambda\boldsymbol{\alpha})\cdot\boldsymbol{\beta}=\dfrac{p_{\beta}(\lambda\boldsymbol{\alpha})}{\boldsymbol{\beta}_0}|\boldsymbol{\beta}|=\lambda\dfrac{p_{\beta}\boldsymbol{\alpha}}{\boldsymbol{\beta}_0}|\boldsymbol{\beta}|=\lambda(\boldsymbol{\alpha}\cdot\boldsymbol{\beta})$；

用对称性可知另一个等号也成立.

$$(2)\ (\boldsymbol{\alpha}+\boldsymbol{\gamma})\cdot\boldsymbol{\beta}=\frac{p_{\beta}(\boldsymbol{\alpha}+\boldsymbol{\gamma})}{\boldsymbol{\beta}_0}|\boldsymbol{\beta}|=\frac{p_{\beta}\boldsymbol{\alpha}+p_{\beta}\boldsymbol{\gamma}}{\boldsymbol{\beta}_0}|\boldsymbol{\beta}|$$

$$=\frac{p_{\beta}\boldsymbol{\alpha}}{\boldsymbol{\beta}_0}|\boldsymbol{\beta}|+\frac{p_{\beta}\boldsymbol{\gamma}}{\boldsymbol{\beta}_0}|\boldsymbol{\beta}|=\boldsymbol{\alpha}\cdot\boldsymbol{\beta}+\boldsymbol{\gamma}\cdot\boldsymbol{\beta}；$$

用对称性可得到另一个等式. ▌

定理说明内积运算对两个因子都有线性性质，我们称它具有**双线性性质**. 它是一个重要而深刻的性质. 有了它，我们可以用内积直接解决许多几何问题.

例 1.10 用内积运算证明余弦定理.

证明 在$\triangle ABC$ 中(图 1.14)，$\overrightarrow{AB}=\overrightarrow{AC}+\overrightarrow{CB}$，其相应边长为 a,b,c，于是

$$\begin{aligned}c^2&=\overrightarrow{AB}^2=(\overrightarrow{AC}+\overrightarrow{CB})^2\\&=\overrightarrow{AC}^2+\overrightarrow{CB}^2+\overrightarrow{AC}\cdot\overrightarrow{CB}+\overrightarrow{CB}\cdot\overrightarrow{AC}\\&=a^2+b^2+2ab\cos\langle\overrightarrow{AC},\overrightarrow{CB}\rangle.\end{aligned}$$

因为$\langle\overrightarrow{AC},\overrightarrow{CB}\rangle$和$\angle C$ 互补，所以

$$\cos\langle\overrightarrow{AC},\overrightarrow{CB}\rangle=-\cos\angle C.$$

于是得到余弦定理

$$c^2=a^2+b^2-2ab\cos\angle C.$$

例 1.11 证明三角形的三条高线交于一点.

证明 在$\triangle ABC$ 中(图 1.15)，设 CF,BE,AD 分别是 AB，

AC，BC 边上的高；又设直线 AD 和 BE 交于 O 点. 于是要证明直线 CF，BE，AD 交于一点，只需证明 C，O，F 共线，即 $CO /\!/ CF$，也就是 $\overrightarrow{CO}\cdot\overrightarrow{AB}=0$.

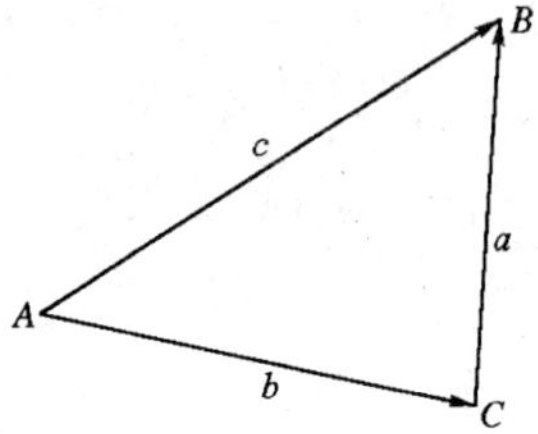

图 1.14

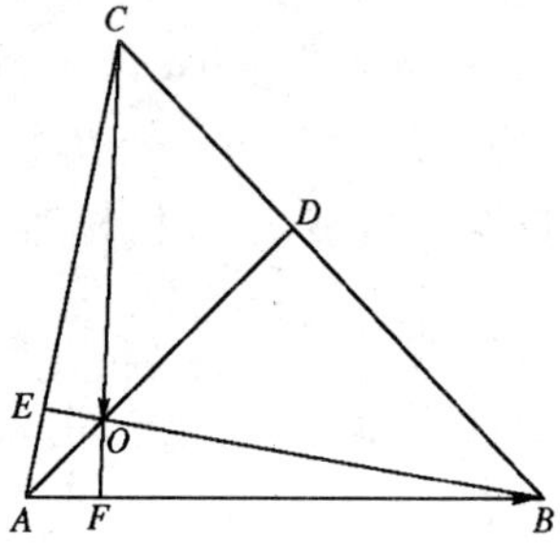

图 1.15

由条件，

$$\overrightarrow{AO}\cdot\overrightarrow{BC}=\overrightarrow{CA}\cdot\overrightarrow{OB}=0,$$

于是

$$\begin{aligned}\overrightarrow{CO}\cdot\overrightarrow{AB}&=(\overrightarrow{CA}+\overrightarrow{AO})\cdot\overrightarrow{AB}=\overrightarrow{CA}\cdot\overrightarrow{AB}+\overrightarrow{AO}\cdot\overrightarrow{AB}\\&=\overrightarrow{CA}\cdot(\overrightarrow{AO}+\overrightarrow{OB})+\overrightarrow{AO}\cdot(\overrightarrow{AC}+\overrightarrow{CB})\\&=\overrightarrow{CA}\cdot\overrightarrow{AO}+\overrightarrow{CA}\cdot\overrightarrow{OB}-\overrightarrow{AO}\cdot\overrightarrow{CA}+\overrightarrow{AO}\cdot\overrightarrow{CB}=0.\end{aligned}$$

例 1.12 设 CD 是 $\triangle ABC$ 的角 C 的分角线(图 1.16)，BC 边长为 a，AC 边长为 b. 证明 $(A,B,D)=\dfrac{b}{a}$.

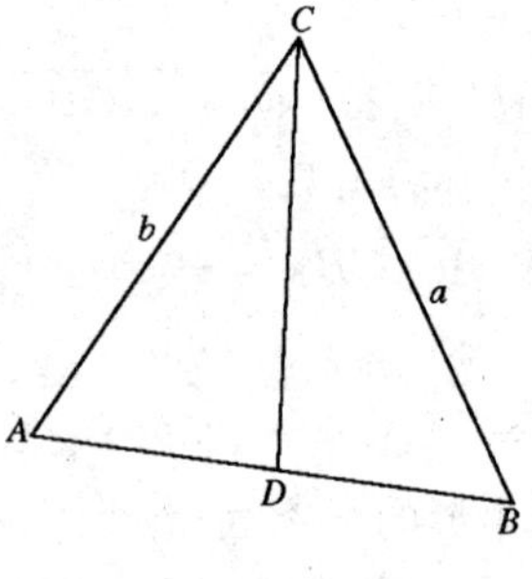

图 1.16

证明　由于 CD 是角 C 的分角线，从内积的定义不难得到 $a\overrightarrow{CA}\cdot\overrightarrow{CD}=b\overrightarrow{CB}\cdot\overrightarrow{CD}$. 设 $(A,B,D)=\lambda$，则

$$\overrightarrow{CD}=\frac{1}{1+\lambda}\overrightarrow{CA}+\frac{\lambda}{1+\lambda}\overrightarrow{CB}.$$

代入上式，得到

$$\frac{a}{1+\lambda}(\overrightarrow{CA}^2+\lambda\overrightarrow{CA}\cdot\overrightarrow{CB})=\frac{b}{1+\lambda}(\overrightarrow{CA}\cdot\overrightarrow{CB}+\lambda\overrightarrow{CB}^2),$$

即
$$a(b^2+\lambda\overrightarrow{CA}\cdot\overrightarrow{CB})=b(\overrightarrow{CA}\cdot\overrightarrow{CB}+\lambda a^2),$$

整理得

$$\lambda a(\overrightarrow{CA}\cdot\overrightarrow{CB}-ab)=b(\overrightarrow{CA}\cdot\overrightarrow{CB}-ab),$$

因为 $\overrightarrow{CA}\cdot\overrightarrow{CB}<ab$，所以可从上式解出 $\lambda=\dfrac{b}{a}$.

3.4　用坐标计算内积

上面已经提到，内积的一种重要应用是计算长度和角度. 为此，我们先介绍用坐标计算内积的方法. 设在坐标系 $[O;\boldsymbol{e}_1,\boldsymbol{e}_2,\boldsymbol{e}_3]$ 中，向量 $\boldsymbol{\alpha}$ 和 $\boldsymbol{\beta}$ 的坐标分别为 (a_1,a_2,a_3) 和 (b_1,b_2,b_3)，则

$$\boldsymbol{\alpha}=a_1\boldsymbol{e}_1+a_2\boldsymbol{e}_2+a_3\boldsymbol{e}_3,\quad \boldsymbol{\beta}=b_1\boldsymbol{e}_1+b_2\boldsymbol{e}_2+b_3\boldsymbol{e}_3.$$

于是由内积的双线性性质得到

$$\begin{aligned}\boldsymbol{\alpha}\cdot\boldsymbol{\beta}=&a_1b_1\boldsymbol{e}_1^2+(a_1b_2+a_2b_1)\boldsymbol{e}_1\cdot\boldsymbol{e}_2+(a_1b_3+a_3b_1)\boldsymbol{e}_1\cdot\boldsymbol{e}_3\\&+a_2b_2\boldsymbol{e}_2^2+(a_2b_3+a_3b_2)\boldsymbol{e}_2\cdot\boldsymbol{e}_3+a_3b_3\boldsymbol{e}_3^2.\end{aligned}$$

要继续计算，就必须知道 $\boldsymbol{e}_i\cdot\boldsymbol{e}_j(i,j=1,2,3)$ 的数值（称为此坐标系的度量参数）. 通常选用直角坐标系，此时

$$\boldsymbol{e}_i^2=1,\qquad i=1,2,3,$$
$$\boldsymbol{e}_i\cdot\boldsymbol{e}_j=0,\quad i\neq j.$$

代入上式，得到

$$\boldsymbol{\alpha}\cdot\boldsymbol{\beta}=a_1b_1+a_2b_2+a_3b_3. \tag{1.5}$$

于是，**在直角坐标系中，两个向量的内积等于它们的对应坐标乘积之和.**

有了这个结论，内积的计算就很容易了，用内积求向量的长度和角度也就有了实际可能性．设向量 $\boldsymbol{\alpha}$ 和 $\boldsymbol{\beta}$ 在直角坐标系中的坐标分别为(a_1,a_2,a_3)和(b_1,b_2,b_3)，则

$$|\boldsymbol{\alpha}| = \sqrt{a_1^2+a_2^2+a_3^2},$$

$$\cos\langle\boldsymbol{\alpha},\boldsymbol{\beta}\rangle = \frac{a_1b_1+a_2b_2+a_3b_3}{\sqrt{a_1^2+a_2^2+a_3^2}\sqrt{b_1^2+b_2^2+b_3^2}}.$$

例 1.13 设在平面直角坐标系中，三角形 ABC 的顶点 A,B,C 的坐标分别为$(1,1)$，$(7,3)$，$(2,4)$，求$\angle A$.

解 $\angle A=\langle\overrightarrow{AB},\overrightarrow{AC}\rangle$，并且向量 $\overrightarrow{AB},\overrightarrow{AC}$ 的坐标分别为$(6,2)$，$(1,3)$．于是

$$\cos\angle A = \frac{6+6}{\sqrt{40}\sqrt{10}} = 0.6,$$

$$\angle A = \arccos 0.6.$$

在一般仿射坐标系中度量参数不会这样简单，用坐标计算内积要复杂得多．

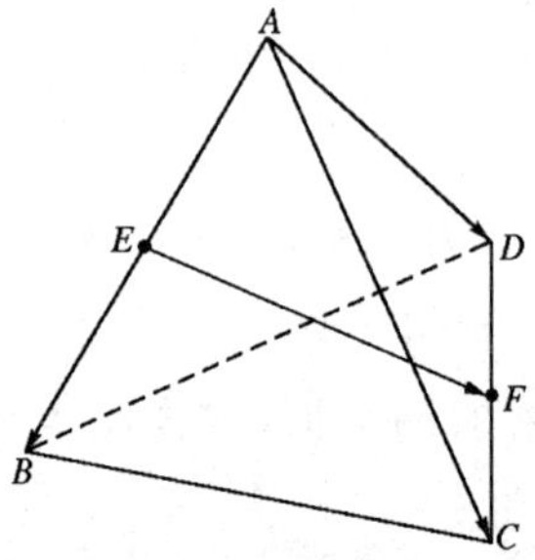

图 1.17

例 1.14 正四面体 $ABCD$ 的边长为 a，E,F 分别是棱 AB,CD 的中点(图 1.17)．求 E,F 的距离 d.

解 令 $\boldsymbol{e}_1=\overrightarrow{AB},\boldsymbol{e}_2=\overrightarrow{AC},\boldsymbol{e}_3=\overrightarrow{AD}$．作仿射坐标系$[A;\boldsymbol{e}_1,\boldsymbol{e}_2,\boldsymbol{e}_3]$．则 E,F 的坐标分别为$\left(\frac{1}{2},0,0\right)$，$\left(0,\frac{1}{2},\frac{1}{2}\right)$，从而 $\overrightarrow{EF}$ 的坐标为$(-1/2,1/2,1/2)$．因为$\langle\boldsymbol{e}_1,\boldsymbol{e}_2\rangle$，$\langle\boldsymbol{e}_1,\boldsymbol{e}_3\rangle$和$\langle\boldsymbol{e}_2,\boldsymbol{e}_3\rangle$都是$\frac{\pi}{3}$，所以

$$\boldsymbol{e}_i^2 = a^2,\quad i=1,2,3,$$

$$\boldsymbol{e}_i\cdot\boldsymbol{e}_j = \frac{a^2}{2},\quad i\neq j.$$

于是

$$\begin{aligned}\overrightarrow{EF}^2 &= (-\boldsymbol{e}_1/2+\boldsymbol{e}_2/2+\boldsymbol{e}_3/2)^2\\ &= (-\boldsymbol{e}_1+\boldsymbol{e}_2+\boldsymbol{e}_3)^2/4\\ &= (3a^2-a^2)/4 = a^2/2,\end{aligned}$$

$$d = |\overrightarrow{EF}| = \frac{\sqrt{2}}{2}a.$$

习 题 1.3

1. 设$|\boldsymbol{\alpha}|=3$，$|\boldsymbol{\beta}|=2$，$\langle\boldsymbol{\alpha},\boldsymbol{\beta}\rangle=\frac{\pi}{3}$，求$3\boldsymbol{\alpha}+2\boldsymbol{\beta}$和$2\boldsymbol{\alpha}-5\boldsymbol{\beta}$的长度，并求它们的内积.

2. 设四面体$ABCD$的棱$|AB|=|AC|=2$，$|AD|=1$，$\angle BAC=\angle BAD=\frac{\pi}{3}$，$\angle CAD=\frac{\pi}{6}$，记$BC$的中点为$P$，$\triangle BCD$的重心为$Q$. 求$|AP|$，$|AQ|$和$\overrightarrow{AP}\cdot\overrightarrow{AQ}$.

3. 设$\triangle ABC$的角A为$45°$，$|AB|=3$，$|AC|=2$，D在BC边上，$(B,C,D)=2$，求$|AD|$.

4. 在一个平面直角坐标系中，向量$\boldsymbol{\alpha}$，$\boldsymbol{\beta}$的坐标分别为$(-1,2)$，$(1,1)$，求$\boldsymbol{\alpha}$在$\boldsymbol{\beta}$方向上的内投影和外投影的坐标.

5. 在一个空间直角坐标系中，向量$\boldsymbol{\alpha}$，$\boldsymbol{\beta}$，$\boldsymbol{\gamma}$的坐标分别为$(1,0,2)$，$(1,1,1)$，$(1,0,-2)$，试把$\boldsymbol{\alpha}$分解为向量$\boldsymbol{\alpha}_1$，$\boldsymbol{\alpha}_2$的和，使得$\boldsymbol{\alpha}_1$和$\boldsymbol{\beta}$，$\boldsymbol{\gamma}$共面，$\boldsymbol{\alpha}_2$和$\boldsymbol{\beta}$，$\boldsymbol{\gamma}$都垂直.

6. 下列等式是否成立？如果不成立，请加条件，使得它成立.

(1) $|\boldsymbol{\alpha}^2|=|\boldsymbol{\alpha}|^2$；

(2) $\boldsymbol{\alpha}(\boldsymbol{\alpha}\cdot\boldsymbol{\beta})=\boldsymbol{\alpha}^2\boldsymbol{\beta}$；

(3) $(\boldsymbol{\alpha}\cdot\boldsymbol{\beta})^2=\boldsymbol{\alpha}^2\boldsymbol{\beta}^2$.

(4) $(\boldsymbol{\alpha}\cdot\boldsymbol{\beta})\boldsymbol{\gamma}=\boldsymbol{\alpha}(\boldsymbol{\beta}\cdot\boldsymbol{\gamma})$.

7. 如果$\boldsymbol{\gamma}$不是零向量，由$\boldsymbol{\alpha}\cdot\boldsymbol{\gamma}=\boldsymbol{\beta}\cdot\boldsymbol{\gamma}$能不能推出$\boldsymbol{\alpha}=\boldsymbol{\beta}$？

8. 设向量$\boldsymbol{\alpha}$，$\boldsymbol{\beta}$，$\boldsymbol{\gamma}$共面，其中$\boldsymbol{\alpha}$，$\boldsymbol{\beta}$不平行，证明：如果$\boldsymbol{\alpha}\cdot\boldsymbol{\gamma}=\boldsymbol{\beta}\cdot\boldsymbol{\gamma}=0$，则$\boldsymbol{\gamma}=0$.

9. 设向量$\boldsymbol{\alpha}$，$\boldsymbol{\beta}$，$\boldsymbol{\gamma}$不共面，已知$\boldsymbol{\alpha}\cdot\boldsymbol{\delta}=\boldsymbol{\beta}\cdot\boldsymbol{\delta}=\boldsymbol{\gamma}\cdot\boldsymbol{\delta}=0$，

证明 $\boldsymbol{\delta}=0$.

10. 证明三角形三条中线长度的平方和等于三边长度平方和的$\frac{3}{4}$.

11. 证明对任何向量 $\boldsymbol{\alpha},\boldsymbol{\beta},\boldsymbol{\gamma}$,都有

$$(\boldsymbol{\alpha}+\boldsymbol{\beta}+\boldsymbol{\gamma})^2+\boldsymbol{\alpha}^2-\boldsymbol{\beta}^2-\boldsymbol{\gamma}^2=2(\boldsymbol{\alpha}+\boldsymbol{\beta})\cdot(\boldsymbol{\alpha}+\boldsymbol{\gamma}).$$

12. 设向量 $\boldsymbol{\alpha},\boldsymbol{\beta},\boldsymbol{\gamma},\boldsymbol{\delta}$ 满足 $\boldsymbol{\alpha}+\boldsymbol{\beta}+\boldsymbol{\gamma}+\boldsymbol{\delta}=0$,证明:

$$\boldsymbol{\alpha}^2+\boldsymbol{\beta}^2=\boldsymbol{\gamma}^2+\boldsymbol{\delta}^2\Longleftrightarrow(\boldsymbol{\alpha}+\boldsymbol{\gamma})\cdot(\boldsymbol{\beta}+\boldsymbol{\gamma})=0;$$

$$\boldsymbol{\alpha}^2+\boldsymbol{\gamma}^2=\boldsymbol{\beta}^2+\boldsymbol{\delta}^2\Longleftrightarrow(\boldsymbol{\alpha}+\boldsymbol{\beta})\cdot(\boldsymbol{\beta}+\boldsymbol{\gamma})=0;$$

$$\boldsymbol{\beta}^2+\boldsymbol{\gamma}^2=\boldsymbol{\alpha}^2+\boldsymbol{\delta}^2\Longleftrightarrow(\boldsymbol{\alpha}+\boldsymbol{\beta})\cdot(\boldsymbol{\alpha}+\boldsymbol{\gamma})=0.$$

13. 对空间的任意 4 点 A,B,C,D,证明:

(1) $\overrightarrow{AB}\cdot\overrightarrow{CD}+\overrightarrow{BC}\cdot\overrightarrow{AD}+\overrightarrow{CA}\cdot\overrightarrow{BD}=0$;

(2) $\overrightarrow{AB}^2+\overrightarrow{CD}^2=\overrightarrow{AC}^2+\overrightarrow{BD}^2\Longleftrightarrow\overrightarrow{AD}\cdot\overrightarrow{BC}=0$.

14. 证明:如果一个四面体有两对对棱互相垂直,则第三对对棱也互相垂直,并且三对对棱的长度的平方和相等.

§4 向量的外积

向量的外积也有很强的物理学背景.两个向量的外积是一个向量.物理学中有很多用两个矢量决定第三个矢量的运算,例如由力和力臂决定力矩,磁场中的电流受到的力,导体切割磁力线产生电动势等等.这类运算提炼成几何学中两个向量的外积运算.由于得到的是向量,在外积的定义中比内积多了对于方向的规定.综观上述各类物理运算,所得向量的方向都垂直于给定的那两个向量.但这样的方向有两个,还要决定其中一个.为此,我们先介绍三个不共面向量的定向的概念.

4.1 三个不共面向量的定向

在平面直角坐标系上就已经有了定向的概念.如果直角坐标

系的 x 轴逆时针旋转 90°角后与 y 轴重合，就称它是右手系；x 轴顺时针旋转 90°角后与 y 轴重合，就称它是左手系. 也可这样来描述：当你面朝 x 轴的正向时，y 轴在你的左侧就是右手系；y 轴在你的右侧就是左手系. 后一种描述法可用来描述平面上的任意两个不共线向量 $\boldsymbol{\alpha}$ 和 $\boldsymbol{\beta}$ 的定向：当你面朝 $\boldsymbol{\alpha}$ 的方向时，$\boldsymbol{\beta}$ 指向你的左侧，就说 $\boldsymbol{\alpha},\boldsymbol{\beta}$ 是右手系；$\boldsymbol{\beta}$ 指向你的右侧，就说 $\boldsymbol{\alpha},\boldsymbol{\beta}$ 是左手系. 可是，如果把平面放在空间中，上述规定就有问题了：从平面的不同侧向看，左右概念是颠倒的. 为此，必须先确定一个侧向，才能规定平面上两个不共线向量的定向.

现在设 $\boldsymbol{\alpha},\boldsymbol{\beta},\boldsymbol{\gamma}$ 是空间中的三个不共面的向量. 如果把 $\boldsymbol{\alpha},\boldsymbol{\beta}$ 放在一张平面上，在 $\boldsymbol{\gamma}$ 所指的该平面的那一侧看它们，若是右手系，则称 $\boldsymbol{\alpha},\boldsymbol{\beta},\boldsymbol{\gamma}$ 是右手系；若是左手系，则称 $\boldsymbol{\alpha},\boldsymbol{\beta},\boldsymbol{\gamma}$ 是左手系. 这就是所谓三个不共面向量的定向. 于是，任何空间仿射坐标系都有定向.

三个不共面向量的定向还有一种形象的描述. 平伸出右手，让竖起的大拇指指向 $\boldsymbol{\alpha}$ 的方向，并拢的四指指向 $\boldsymbol{\beta}$ 的方向，则如果 $\boldsymbol{\gamma}$ 指向手心所对的一侧，则称 $\boldsymbol{\alpha},\boldsymbol{\beta},\boldsymbol{\gamma}$ 是右手系，否则称左手系.

排列顺序在决定三个不共面向量的定向时是重要的. 当把其中两个向量对换时，定向要改变（请读者自己检验）. 于是当 $\boldsymbol{\alpha},\boldsymbol{\beta},\boldsymbol{\gamma}$ 是右手系时，$\boldsymbol{\beta},\boldsymbol{\gamma},\boldsymbol{\alpha}$ 和 $\boldsymbol{\gamma},\boldsymbol{\alpha},\boldsymbol{\beta}$ 也是右手系；而 $\boldsymbol{\alpha},\boldsymbol{\gamma},\boldsymbol{\beta}$ 是左手系，$\boldsymbol{\beta},\boldsymbol{\alpha},\boldsymbol{\gamma}$ 和 $\boldsymbol{\gamma},\boldsymbol{\beta},\boldsymbol{\alpha}$ 也都是左手系.

当向量组中的某一个向量用它的负向量代替时，定向要改变（也请读者验证）.

4.2 外积的定义

定义 1.6 两个向量 $\boldsymbol{\alpha},\boldsymbol{\beta}$ 的**外积**是一个向量，记作 $\boldsymbol{\alpha}\times\boldsymbol{\beta}$，它的长度

$$|\boldsymbol{\alpha}\times\boldsymbol{\beta}| = |\boldsymbol{\alpha}||\boldsymbol{\beta}|\sin\langle\boldsymbol{\alpha},\boldsymbol{\beta}\rangle$$

（即 $\boldsymbol{\alpha},\boldsymbol{\beta}$ 的所夹平行四边形的面积，因此当 $\boldsymbol{\alpha},\boldsymbol{\beta}$ 平行时 $\boldsymbol{\alpha}\times\boldsymbol{\beta}=0$），

当 $\boldsymbol{\alpha},\boldsymbol{\beta}$ 不平行时,它和 $\boldsymbol{\alpha},\boldsymbol{\beta}$ 都垂直,并且 $\boldsymbol{\alpha},\boldsymbol{\beta},\boldsymbol{\alpha}\times\boldsymbol{\beta}$ 构成右手系.

由定义立即可得出,

$$\boldsymbol{\alpha}\times\boldsymbol{\beta}=0\Longleftrightarrow\boldsymbol{\alpha}/\!/\boldsymbol{\beta}.$$

外积没有交换性.从定义容易看出,$\boldsymbol{\alpha}\times\boldsymbol{\beta}$ 与 $\boldsymbol{\beta}\times\boldsymbol{\alpha}$ 的大小相等,并且都垂直于 $\boldsymbol{\alpha}$ 和 $\boldsymbol{\beta}$,但是 $\boldsymbol{\beta},\boldsymbol{\alpha},\boldsymbol{\beta}\times\boldsymbol{\alpha}$ 是右手系,而 $\boldsymbol{\beta},\boldsymbol{\alpha},\boldsymbol{\alpha}\times\boldsymbol{\beta}$ 是左手系,这说明

$$\boldsymbol{\beta}\times\boldsymbol{\alpha}=-\boldsymbol{\alpha}\times\boldsymbol{\beta}.$$

这个性质称为外积的**反交换性**.

4.3 外积的双线性性质

下面先给出外积运算的一些几何直观,为进一步讨论外积的性质做准备.

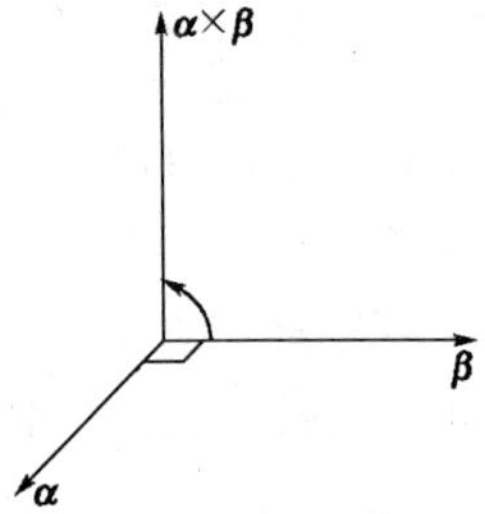

图 1.18

如果 $\boldsymbol{\alpha}$ 为单位向量,并且 $\boldsymbol{\alpha}$ 垂直于 $\boldsymbol{\beta}$,那么 $\boldsymbol{\alpha}\times\boldsymbol{\beta}$ 就是 $\boldsymbol{\beta}$ 绕 $\boldsymbol{\alpha}$ 旋转 90°而得到的向量(图 1.18).

如果 $\boldsymbol{\alpha}\neq 0$,记 $\boldsymbol{\alpha}_0$ 为 $\boldsymbol{\alpha}$ 方向的单位向量.用定义可看出,$\boldsymbol{\alpha}\times\boldsymbol{\beta}$ 和 $\boldsymbol{\alpha}_0\times\boldsymbol{\beta}$ 有相同的方向,但

$$|\boldsymbol{\alpha}\times\boldsymbol{\beta}|=|\boldsymbol{\alpha}||\boldsymbol{\alpha}_0\times\boldsymbol{\beta}|,$$

于是
$$\boldsymbol{\alpha}\times\boldsymbol{\beta}=|\boldsymbol{\alpha}|\boldsymbol{\alpha}_0\times\boldsymbol{\beta}.$$

从定义还可看出,$\boldsymbol{\alpha}\times\overline{p}_{\alpha}\boldsymbol{\beta}$ 和 $\boldsymbol{\alpha}\times\boldsymbol{\beta}$ 的方向和大小都相同,即

$$\boldsymbol{\alpha}\times\boldsymbol{\beta}=\boldsymbol{\alpha}\times\overline{p}_{\alpha}\boldsymbol{\beta}.$$

综上所述,得到

引理 如果 $\boldsymbol{\alpha}\neq 0$,则 $\boldsymbol{\alpha}\times\boldsymbol{\beta}$ 就是 $\overline{p}_{\alpha}\boldsymbol{\beta}$ 绕 $\boldsymbol{\alpha}$ 旋转90°而得到的向量的$|\boldsymbol{\alpha}|$倍.

定理 1.4 对任意向量 $\boldsymbol{\alpha},\boldsymbol{\beta},\boldsymbol{\gamma}$ 和实数 λ,有等式

(1) $\boldsymbol{\alpha}\times(\lambda\boldsymbol{\beta})=\lambda(\boldsymbol{\alpha}\times\boldsymbol{\beta})=(\lambda\boldsymbol{\alpha})\times\boldsymbol{\beta}$;

(2) $\boldsymbol{\alpha}\times(\boldsymbol{\beta}+\boldsymbol{\gamma})=\boldsymbol{\alpha}\times\boldsymbol{\beta}+\boldsymbol{\alpha}\times\boldsymbol{\gamma}$, $(\boldsymbol{\alpha}+\boldsymbol{\gamma})\times\boldsymbol{\beta}=\boldsymbol{\alpha}\times\boldsymbol{\beta}+\boldsymbol{\gamma}\times\boldsymbol{\beta}$.

证明 (1) 先证左面的等式.

如果 $\boldsymbol{\alpha}$ 是单位向量，则

$$\boldsymbol{\alpha} \times (\lambda\boldsymbol{\beta}) = \boldsymbol{\alpha} \times \overline{p}_{\alpha}(\lambda\boldsymbol{\beta}) = \boldsymbol{\alpha} \times \lambda\overline{p}_{\alpha}\boldsymbol{\beta}$$

是 $\lambda\overline{p}_{\alpha}\boldsymbol{\beta}$ 绕 $\boldsymbol{\alpha}$ 旋转 90° 所得向量，即 $\overline{p}_{\alpha}\boldsymbol{\beta}$ 绕 $\boldsymbol{\alpha}$ 旋转90° 所得向量的 λ 倍，也就是 $\lambda(\boldsymbol{\alpha} \times \boldsymbol{\beta})$. 于是

$$\boldsymbol{\alpha} \times (\lambda\boldsymbol{\beta}) = \lambda(\boldsymbol{\alpha} \times \boldsymbol{\beta}).$$

如果 $\boldsymbol{\alpha} \neq 0$，则

$$\boldsymbol{\alpha} \times (\lambda\boldsymbol{\beta}) = |\boldsymbol{\alpha}|\boldsymbol{\alpha}_0 \times (\lambda\boldsymbol{\beta}) = \lambda|\boldsymbol{\alpha}|\boldsymbol{\alpha}_0 \times \boldsymbol{\beta} = \lambda(\boldsymbol{\alpha} \times \boldsymbol{\beta}).$$

如果 $\boldsymbol{\alpha} = 0$，等式显然成立.

用外积的反对称性和第一个等式可证明第二个等式：

$$(\lambda\boldsymbol{\alpha}) \times \boldsymbol{\beta} = -\boldsymbol{\beta} \times (\lambda\boldsymbol{\alpha}) = -\lambda\boldsymbol{\beta} \times \boldsymbol{\alpha} = \lambda(\boldsymbol{\alpha} \times \boldsymbol{\beta}).$$

(2) 只证第一个等式，第二个等式的处理方法同(1). 不妨设 $\boldsymbol{\alpha} \neq 0$.

设 $\boldsymbol{\alpha}_0$ 是 $\boldsymbol{\alpha}$ 的单位化，

$$\boldsymbol{\alpha} \times (\boldsymbol{\beta} + \boldsymbol{\gamma}) = |\boldsymbol{\alpha}|\boldsymbol{\alpha}_0 \times \overline{p}_{\alpha}(\boldsymbol{\beta} + \boldsymbol{\gamma}) = |\boldsymbol{\alpha}|\boldsymbol{\alpha}_0 \times (\overline{p}_{\alpha}\boldsymbol{\beta} + \overline{p}_{\alpha}\boldsymbol{\gamma}),$$

它是 $\overline{p}_{\alpha}\boldsymbol{\beta} + \overline{p}_{\alpha}\boldsymbol{\gamma}$ 绕 $\boldsymbol{\alpha}_0$ 旋转 90° 所得向量的 $|\boldsymbol{\alpha}|$ 倍，也就是 $\overline{p}_{\alpha}\boldsymbol{\beta}$ 和 $\overline{p}_{\alpha}\boldsymbol{\gamma}$ 分别绕 $\boldsymbol{\alpha}_0$ 旋转 90° 所得向量之和的 $|\boldsymbol{\alpha}|$ 倍，即

$$|\boldsymbol{\alpha}|\boldsymbol{\alpha} \times \boldsymbol{\beta} + |\boldsymbol{\alpha}|\boldsymbol{\alpha} \times \boldsymbol{\gamma} = \boldsymbol{\alpha} \times \boldsymbol{\beta} + \boldsymbol{\alpha} \times \boldsymbol{\gamma}.$$

于是得到等式

$$\boldsymbol{\alpha} \times (\boldsymbol{\beta} + \boldsymbol{\gamma}) = \boldsymbol{\alpha} \times \boldsymbol{\beta} + \boldsymbol{\alpha} \times \boldsymbol{\gamma}. \quad \blacksquare$$

4.4 用坐标计算外积

设 $[O;\boldsymbol{e}_1,\boldsymbol{e}_2,\boldsymbol{e}_3]$ 是一个仿射坐标系，则

$$\boldsymbol{e}_1 \times \boldsymbol{e}_1 = \boldsymbol{e}_2 \times \boldsymbol{e}_2 = \boldsymbol{e}_3 \times \boldsymbol{e}_3 = 0.$$

设向量 $\boldsymbol{\alpha}$ 和 $\boldsymbol{\beta}$ 的坐标分别为 (a_1,a_2,a_3) 和 (b_1,b_2,b_3)，则用外积的性质得到

$$\begin{aligned}\boldsymbol{\alpha} \times \boldsymbol{\beta} &= (a_1\boldsymbol{e}_1 + a_2\boldsymbol{e}_2 + a_3\boldsymbol{e}_3) \times (b_1\boldsymbol{e}_1 + b_2\boldsymbol{e}_2 + b_3\boldsymbol{e}_3) \\ &= a_1b_2\boldsymbol{e}_1 \times \boldsymbol{e}_2 + a_1b_3\boldsymbol{e}_1 \times \boldsymbol{e}_3 + a_2b_1\boldsymbol{e}_2 \times \boldsymbol{e}_1 + a_2b_3\boldsymbol{e}_2 \times \boldsymbol{e}_3 \\ &\quad + a_3b_1\boldsymbol{e}_3 \times \boldsymbol{e}_1 + a_3b_2\boldsymbol{e}_3 \times \boldsymbol{e}_2 \\ &= (a_1b_2 - a_2b_1)\boldsymbol{e}_1 \times \boldsymbol{e}_2 + (a_2b_3 - a_3b_2)\boldsymbol{e}_2 \times \boldsymbol{e}_3\end{aligned}$$

$$+ (a_3b_1 - a_1b_3)\boldsymbol{e}_3 \times \boldsymbol{e}_1$$

$$= \begin{vmatrix} a_2 & a_3 \\ b_2 & b_3 \end{vmatrix} \boldsymbol{e}_2 \times \boldsymbol{e}_3 - \begin{vmatrix} a_1 & a_3 \\ b_1 & b_3 \end{vmatrix} \boldsymbol{e}_3 \times \boldsymbol{e}_1 + \begin{vmatrix} a_1 & a_2 \\ b_1 & b_2 \end{vmatrix} \boldsymbol{e}_1 \times \boldsymbol{e}_2.$$

如果$[O;\boldsymbol{e}_1,\boldsymbol{e}_2,\boldsymbol{e}_3]$是右手直角坐标系，则

$$\boldsymbol{e}_1 \times \boldsymbol{e}_2 = \boldsymbol{e}_3, \quad \boldsymbol{e}_2 \times \boldsymbol{e}_3 = \boldsymbol{e}_1, \quad \boldsymbol{e}_3 \times \boldsymbol{e}_1 = \boldsymbol{e}_2.$$

于是 $$\boldsymbol{\alpha} \times \boldsymbol{\beta} = \begin{vmatrix} a_2 & a_3 \\ b_2 & b_3 \end{vmatrix} \boldsymbol{e}_1 + \begin{vmatrix} a_3 & a_1 \\ b_3 & b_1 \end{vmatrix} \boldsymbol{e}_2 + \begin{vmatrix} a_1 & a_2 \\ b_1 & b_2 \end{vmatrix} \boldsymbol{e}_3.$$

即向量 $\boldsymbol{\alpha} \times \boldsymbol{\beta}$ 的坐标为

$$\left(\begin{vmatrix} a_2 & a_3 \\ b_2 & b_3 \end{vmatrix}, \begin{vmatrix} a_3 & a_1 \\ b_3 & b_1 \end{vmatrix}, \begin{vmatrix} a_1 & a_2 \\ b_1 & b_2 \end{vmatrix} \right). \tag{1.6}$$

例 1.15 设在右手直角坐标系中，点 A,B,C 的坐标依次为 $(1,-1,2),(3,2,2),(1,0,5)$. 求三角形 ABC 的面积 S.

解 $S=\frac{1}{2}|\overrightarrow{AB}\times\overrightarrow{AC}|$.

$\overrightarrow{AB}$ 和 $\overrightarrow{AC}$ 的坐标分别为 $(2,3,0)$ 和 $(0,1,3)$. 用公式(1.6)求出 $\overrightarrow{AB}\times\overrightarrow{AC}$ 的坐标

$$\left(\begin{vmatrix} 3 & 0 \\ 1 & 3 \end{vmatrix}, \begin{vmatrix} 0 & 2 \\ 3 & 0 \end{vmatrix}, \begin{vmatrix} 2 & 3 \\ 0 & 1 \end{vmatrix} \right) = (9,-6,2),$$

因而 $$S = \frac{1}{2}\sqrt{81+36+4} = \frac{11}{2}.$$

本题也可用内积计算. 因为

$$\sin^2\langle\overrightarrow{AB},\overrightarrow{AC}\rangle = 1 - \cos^2\langle\overrightarrow{AB},\overrightarrow{AC}\rangle,$$

所以

$$\begin{aligned} |\overrightarrow{AB}\times\overrightarrow{AC}|^2 &= \overrightarrow{AB}^2\,\overrightarrow{AC}^2\sin^2\langle\overrightarrow{AB},\overrightarrow{AC}\rangle \\ &= \overrightarrow{AB}^2\,\overrightarrow{AC}^2 - \overrightarrow{AB}^2\,\overrightarrow{AC}^2\cos^2\langle\overrightarrow{AB},\overrightarrow{AC}\rangle \\ &= \overrightarrow{AB}^2\,\overrightarrow{AC}^2 - (\overrightarrow{AB}\cdot\overrightarrow{AC})^2 \\ &= (4+9)(1+9) - 3^2 = 121, \end{aligned}$$

因而 $$S = \frac{1}{2}\sqrt{121} = \frac{11}{2}.$$

例 1.16 解方程组

$$\begin{cases}a_1x+b_1y+c_1z=0,\\ a_2x+b_2y+c_2z=0,\end{cases}$$

这里两个方程的系数不成比例.

解 取定一个右手直角坐标系. 设 $\boldsymbol{u},\boldsymbol{v}$ 分别是坐标为 (a_1,b_1,c_1),(a_2,b_2,c_2) 的两个向量,由条件可知,向量 $\boldsymbol{u},\boldsymbol{v}$ 不共线,即 $\boldsymbol{u}\times\boldsymbol{v}\neq 0$. 则 (x,y,z) 是方程组的解的充分必要条件是向量 $\boldsymbol{r}(x,y,z)$ 满足 $\boldsymbol{r}\cdot\boldsymbol{u}=\boldsymbol{r}\cdot\boldsymbol{v}=0$,即 $\boldsymbol{r}(x,y,z)$ 与 $\boldsymbol{u}\times\boldsymbol{v}$ 共线. $\boldsymbol{u}\times\boldsymbol{v}$ 的坐标为

$$\left(\begin{vmatrix}b_1 & c_1\\ b_2 & c_2\end{vmatrix},\begin{vmatrix}c_1 & a_1\\ c_2 & a_2\end{vmatrix},\begin{vmatrix}a_1 & b_1\\ a_2 & b_2\end{vmatrix}\right),$$

由此得出方程组的解的一般形式:

$$t\left(\begin{vmatrix}b_1 & c_1\\ b_2 & c_2\end{vmatrix},\begin{vmatrix}c_1 & a_1\\ c_2 & a_2\end{vmatrix},\begin{vmatrix}a_1 & b_1\\ a_2 & b_2\end{vmatrix}\right),\quad t \text{ 可取任意实数.}$$

习 题 1.4

1. 假设空间不共面向量 $\boldsymbol{\alpha},\boldsymbol{\beta},\boldsymbol{\gamma}$ 构成右手系,指出下列向量组的定向:

$-\boldsymbol{\alpha},-\boldsymbol{\gamma},\boldsymbol{\beta}$; $\boldsymbol{\beta},-\boldsymbol{\alpha},\boldsymbol{\gamma}$; $-\boldsymbol{\alpha},-\boldsymbol{\beta},-\boldsymbol{\gamma}$; $-\boldsymbol{\beta},\boldsymbol{\gamma},-\boldsymbol{\alpha}$.

2. 在一个空间直角坐标系中,已知平行四边形 $ABCD$ 的顶点 A,B,C 的坐标依次为 $(1,1,1)$,$(6,-1,2)$,$(5,1,7)$,求此平行四边形的面积.

3. 在空间右手直角坐标系中,向量 $\boldsymbol{\alpha},\boldsymbol{\beta},\boldsymbol{\gamma}$ 的坐标依次为 $(1,0,-1)$,$(1,-2,0)$,$(-1,2,1)$,求 $(3\boldsymbol{\alpha}+\boldsymbol{\beta}-\boldsymbol{\gamma})\times(\boldsymbol{\alpha}-\boldsymbol{\beta}+\boldsymbol{\gamma})$ 的坐标.

4. 证明等式 $(\boldsymbol{\alpha}\times\boldsymbol{\beta})^2+(\boldsymbol{\alpha}\cdot\boldsymbol{\beta})^2=\boldsymbol{\alpha}^2\boldsymbol{\beta}^2$.

5. 已知向量 $\boldsymbol{\alpha},\boldsymbol{\beta},\boldsymbol{\gamma}$ 满足 $\boldsymbol{\alpha}+\boldsymbol{\beta}+\boldsymbol{\gamma}=0$,证明

$$\boldsymbol{\alpha}\times\boldsymbol{\beta}=\boldsymbol{\beta}\times\boldsymbol{\gamma}=\boldsymbol{\gamma}\times\boldsymbol{\alpha}.$$

6. 说明由 $\boldsymbol{\alpha}\times\boldsymbol{\beta}=\boldsymbol{\beta}\times\boldsymbol{\gamma}=\boldsymbol{\gamma}\times\boldsymbol{\alpha}$ 推不出 $\boldsymbol{\alpha}+\boldsymbol{\beta}+\boldsymbol{\gamma}=0$. 但是如果 $\boldsymbol{\alpha}\times\boldsymbol{\beta}=\boldsymbol{\beta}\times\boldsymbol{\gamma}=\boldsymbol{\gamma}\times\boldsymbol{\alpha}\neq 0$,则 $\boldsymbol{\alpha}+\boldsymbol{\beta}+\boldsymbol{\gamma}=0$.

7. 设 $\triangle ABC$ 的顶点 A,B,C 在一个平面直角坐标系中的坐

标依次为(x_1,y_1)，(x_2,y_2)，(x_3,y_3)，证明$\triangle ABC$的面积为

$$S=\left|\frac{1}{2}\begin{vmatrix}x_1 & y_1 & 1\\ x_2 & y_2 & 1\\ x_3 & y_3 & 1\end{vmatrix}\right|.$$

8. 如果$\boldsymbol{\gamma}$不是零向量，由$\boldsymbol{\alpha}\times\boldsymbol{\gamma}=\boldsymbol{\beta}\times\boldsymbol{\gamma}$能不能推出$\boldsymbol{\alpha}=\boldsymbol{\beta}$？

9. 如果$\boldsymbol{\gamma}$不是零向量，由$\boldsymbol{\alpha}\cdot\boldsymbol{\gamma}=\boldsymbol{\beta}\cdot\boldsymbol{\gamma}$和$\boldsymbol{\alpha}\times\boldsymbol{\gamma}=\boldsymbol{\beta}\times\boldsymbol{\gamma}$能不能推出$\boldsymbol{\alpha}=\boldsymbol{\beta}$？

10. 讨论：对两个非零向量$\boldsymbol{\alpha},\boldsymbol{\beta}$，从$\boldsymbol{\alpha}\cdot\boldsymbol{\gamma}=0$，$\boldsymbol{\beta}\times\boldsymbol{\gamma}=0$能不能推出$\boldsymbol{\gamma}=0$？加什么条件可以推出？

11. 已知$\boldsymbol{\alpha},\boldsymbol{\beta},\boldsymbol{\gamma}$不共面，并且构成右手系，$\langle\boldsymbol{\alpha},\boldsymbol{\beta}\rangle=\langle\boldsymbol{\alpha},\boldsymbol{\gamma}\rangle=\langle\boldsymbol{\beta},\boldsymbol{\gamma}\rangle=60^\circ$，求$\langle\boldsymbol{\alpha}\times\boldsymbol{\beta},\boldsymbol{\gamma}\rangle$.

§5 向量的多重乘积

两个向量的外积是向量，它还可同别的向量相乘，这就产生了向量的多重乘积的概念. 本节要介绍的是两种比较有用的情形：二重外积和混合积.

5.1 二重外积

形如$(\boldsymbol{\alpha}\times\boldsymbol{\beta})\times\boldsymbol{\gamma}$和$\boldsymbol{\alpha}\times(\boldsymbol{\beta}\times\boldsymbol{\gamma})$的运算称为向量的**二重外积**. 请注意一般来说$(\boldsymbol{\alpha}\times\boldsymbol{\beta})\times\boldsymbol{\gamma}$和$\boldsymbol{\alpha}\times(\boldsymbol{\beta}\times\boldsymbol{\gamma})$不一定相等，即二重外积没有结合律. 例如当$\boldsymbol{\alpha}=\boldsymbol{\beta}$不为零，并且与$\boldsymbol{\gamma}$不平行时，$(\boldsymbol{\alpha}\times\boldsymbol{\beta})\times\boldsymbol{\gamma}=0$，而$\boldsymbol{\alpha}\times(\boldsymbol{\beta}\times\boldsymbol{\gamma})\neq 0$.

命题 1.4 对任意向量$\boldsymbol{\alpha},\boldsymbol{\beta},\boldsymbol{\gamma}$，有等式

(1) $(\boldsymbol{\alpha}\times\boldsymbol{\beta})\times\boldsymbol{\gamma}=(\boldsymbol{\alpha}\cdot\boldsymbol{\gamma})\boldsymbol{\beta}-(\boldsymbol{\beta}\cdot\boldsymbol{\gamma})\boldsymbol{\alpha}$；

(2) $\boldsymbol{\alpha}\times(\boldsymbol{\beta}\times\boldsymbol{\gamma})=(\boldsymbol{\alpha}\cdot\boldsymbol{\gamma})\boldsymbol{\beta}-(\boldsymbol{\alpha}\cdot\boldsymbol{\beta})\boldsymbol{\gamma}$.

证明 这里只验证(1). (2)可从外积的反交换性和(1)推出.

如果$\boldsymbol{\alpha},\boldsymbol{\beta}$平行，不妨设$\boldsymbol{\alpha}=k\boldsymbol{\beta}$. (1)式左边显然为零，其右边

$$(\boldsymbol{\alpha}\cdot\boldsymbol{\gamma})\boldsymbol{\beta}-(\boldsymbol{\beta}\cdot\boldsymbol{\gamma})\boldsymbol{\alpha}=k(\boldsymbol{\beta}\cdot\boldsymbol{\gamma})\boldsymbol{\beta}-k(\boldsymbol{\beta}\cdot\boldsymbol{\gamma})\boldsymbol{\beta}=0.$$

如果 $\boldsymbol{\alpha},\boldsymbol{\beta}$ 不平行，则 $\boldsymbol{\alpha}\times\boldsymbol{\beta}\neq 0$，且垂直于 $\boldsymbol{\alpha}$.

作直角坐标系$[O;\boldsymbol{e}_1,\boldsymbol{e}_2,\boldsymbol{e}_3]$，使得 $\boldsymbol{e}_1=\frac{\boldsymbol{\alpha}}{|\boldsymbol{\alpha}|}$，$\boldsymbol{e}_3=\frac{\boldsymbol{\alpha}\times\boldsymbol{\beta}}{|\boldsymbol{\alpha}\times\boldsymbol{\beta}|}$. 此时 $\boldsymbol{\alpha},\boldsymbol{\beta},\boldsymbol{\gamma}$ 的坐标可依次假设为$(a,0,0)$，$(b_1,b_2,0)$，(c_1,c_2,c_3). 则 $\boldsymbol{\alpha}\times\boldsymbol{\beta}$ 的坐标为$(0,0,ab_2)$，$(\boldsymbol{\alpha}\times\boldsymbol{\beta})\times\boldsymbol{\gamma}$ 的坐标为$(-ab_2c_2,ab_2c_1,0)$. 而 $\boldsymbol{\alpha}\cdot\boldsymbol{\gamma}=ac_1$，$\boldsymbol{\beta}\cdot\boldsymbol{\gamma}=b_1c_1+b_2c_2$，从而$(\boldsymbol{\alpha}\cdot\boldsymbol{\gamma})\boldsymbol{\beta}-(\boldsymbol{\beta}\cdot\boldsymbol{\gamma})\boldsymbol{\alpha}$ 的坐标为

$$(ac_1b_1-ab_1c_1-ab_2c_2,ac_1b_2-0,0-0)=(-ab_2c_2,ab_2c_1,0).$$

因此(1)式成立. ▍

(本题也可利用外积的几何意义来验证，请读者思考.)

5.2 混合积

把 $\boldsymbol{\alpha}\times\boldsymbol{\beta}\cdot\boldsymbol{\gamma}$（先作外积，后作内积）称为向量 $\boldsymbol{\alpha},\boldsymbol{\beta},\boldsymbol{\gamma}$ 的**混合积**，记作$(\boldsymbol{\alpha},\boldsymbol{\beta},\boldsymbol{\gamma})$. 混合积是一个数，它具有明确的几何意义.

如果 $\boldsymbol{\alpha},\boldsymbol{\beta},\boldsymbol{\gamma}$ 共面，则 $\boldsymbol{\alpha}\times\boldsymbol{\beta}$ 与 $\boldsymbol{\gamma}$ 垂直，从而$(\boldsymbol{\alpha},\boldsymbol{\beta},\boldsymbol{\gamma})=0$.

下面设 $\boldsymbol{\alpha},\boldsymbol{\beta},\boldsymbol{\gamma}$ 不共面，并且构成右手系. 作平面 π 平行于 $\boldsymbol{\alpha},\boldsymbol{\beta}$，则 $\boldsymbol{\gamma}$ 和 $\boldsymbol{\alpha}\times\boldsymbol{\beta}$ 都指向 π 同一侧，而 $\boldsymbol{\alpha}\times\boldsymbol{\beta}$ 与 π 垂直. 于是 $\langle\boldsymbol{\gamma},\boldsymbol{\alpha}\times\boldsymbol{\beta}\rangle$是锐角.

$$(\boldsymbol{\alpha},\boldsymbol{\beta},\boldsymbol{\gamma})=\boldsymbol{\alpha}\times\boldsymbol{\beta}\cdot\boldsymbol{\gamma}=|\boldsymbol{\alpha}\times\boldsymbol{\beta}||\boldsymbol{\gamma}|\cos\langle\boldsymbol{\gamma},\boldsymbol{\alpha}\times\boldsymbol{\beta}\rangle>0.$$

如果 $\boldsymbol{\alpha},\boldsymbol{\beta},\boldsymbol{\gamma}$ 构成左手系，则$\langle\boldsymbol{\gamma},\boldsymbol{\alpha}\times\boldsymbol{\beta}\rangle$是钝角，$(\boldsymbol{\alpha},\boldsymbol{\beta},\boldsymbol{\gamma})<0$.

下面给出 $\boldsymbol{\alpha},\boldsymbol{\beta},\boldsymbol{\gamma}$ 不共面时混合积的几何意义. 任取一点 O，作 $\overrightarrow{OA}=\boldsymbol{\alpha}$，$\overrightarrow{OB}=\boldsymbol{\beta}$，$\overrightarrow{OC}=\boldsymbol{\gamma}$. 则以线段 OA,OB,OC 为棱的平行六面体的体积为

$$V=|\boldsymbol{\alpha}\times\boldsymbol{\beta}|h,$$

其中 h 是 C 到 O,A,B 所在平面的距离，

$$h=|\boldsymbol{\gamma}||\cos\langle\boldsymbol{\gamma},\boldsymbol{\alpha}\times\boldsymbol{\beta}\rangle|,$$

因此当 $\boldsymbol{\alpha},\boldsymbol{\beta},\boldsymbol{\gamma}$ 构成右手系时，$(\boldsymbol{\alpha},\boldsymbol{\beta},\boldsymbol{\gamma})=V$；当 $\boldsymbol{\alpha},\boldsymbol{\beta},\boldsymbol{\gamma}$ 构成左手系时，$(\boldsymbol{\alpha},\boldsymbol{\beta},\boldsymbol{\gamma})=-V$.

混合积有下面几个常用性质：

(1) $(\boldsymbol{\alpha},\boldsymbol{\beta},\boldsymbol{\gamma})=0 \Longleftrightarrow \boldsymbol{\alpha},\boldsymbol{\beta},\boldsymbol{\gamma}$ 共面；

(2) $(\boldsymbol{\alpha},\boldsymbol{\beta},\boldsymbol{\gamma})=(\boldsymbol{\beta},\boldsymbol{\gamma},\boldsymbol{\alpha})=(\boldsymbol{\gamma},\boldsymbol{\alpha},\boldsymbol{\beta})$；

(3) $(\boldsymbol{\alpha},\boldsymbol{\beta},\boldsymbol{\gamma})=\boldsymbol{\alpha}\cdot\boldsymbol{\beta}\times\boldsymbol{\gamma}$.

((1)和(2)从混合积的几何意义立即可以看出. (3)的等号右边即为$(\boldsymbol{\beta},\boldsymbol{\gamma},\boldsymbol{\alpha})$.)

例 1.17 对任意四个向量 $\boldsymbol{\alpha},\boldsymbol{\beta},\boldsymbol{\gamma},\boldsymbol{\delta}$，证明拉格朗日恒等式

$$\boldsymbol{\alpha}\times\boldsymbol{\beta}\cdot\boldsymbol{\gamma}\times\boldsymbol{\delta}=\begin{vmatrix}\boldsymbol{\alpha}\cdot\boldsymbol{\gamma} & \boldsymbol{\alpha}\cdot\boldsymbol{\delta}\\ \boldsymbol{\beta}\cdot\boldsymbol{\gamma} & \boldsymbol{\beta}\cdot\boldsymbol{\delta}\end{vmatrix}.$$

证明
$$\begin{aligned}\boldsymbol{\alpha}\times\boldsymbol{\beta}\cdot\boldsymbol{\gamma}\times\boldsymbol{\delta}&=(\boldsymbol{\alpha}\times\boldsymbol{\beta},\boldsymbol{\gamma},\boldsymbol{\delta})=(\boldsymbol{\alpha}\times\boldsymbol{\beta})\times\boldsymbol{\gamma}\cdot\boldsymbol{\delta}\\&=[(\boldsymbol{\alpha}\cdot\boldsymbol{\gamma})\boldsymbol{\beta}-(\boldsymbol{\beta}\cdot\boldsymbol{\gamma})\boldsymbol{\alpha}]\cdot\boldsymbol{\delta}\\&=(\boldsymbol{\alpha}\cdot\boldsymbol{\gamma})(\boldsymbol{\beta}\cdot\boldsymbol{\delta})-(\boldsymbol{\beta}\cdot\boldsymbol{\gamma})(\boldsymbol{\alpha}\cdot\boldsymbol{\delta})\\&=\begin{vmatrix}\boldsymbol{\alpha}\cdot\boldsymbol{\gamma} & \boldsymbol{\alpha}\cdot\boldsymbol{\delta}\\ \boldsymbol{\beta}\cdot\boldsymbol{\gamma} & \boldsymbol{\beta}\cdot\boldsymbol{\delta}\end{vmatrix}.\end{aligned}$$

例 1.18 如果 $\boldsymbol{\alpha},\boldsymbol{\beta},\boldsymbol{\gamma}$ 不共面，则 $\boldsymbol{\beta}\times\boldsymbol{\gamma},\boldsymbol{\gamma}\times\boldsymbol{\alpha},\boldsymbol{\alpha}\times\boldsymbol{\beta}$ 也不共面，并且是右手系.

证明
$$\begin{aligned}(\boldsymbol{\beta}\times\boldsymbol{\gamma},\boldsymbol{\gamma}\times\boldsymbol{\alpha},\boldsymbol{\alpha}\times\boldsymbol{\beta})&=(\boldsymbol{\beta}\times\boldsymbol{\gamma})\times(\boldsymbol{\gamma}\times\boldsymbol{\alpha})\cdot\boldsymbol{\alpha}\times\boldsymbol{\beta}\\&=\begin{vmatrix}(\boldsymbol{\beta},\boldsymbol{\gamma},\boldsymbol{\alpha}) & (\boldsymbol{\beta},\boldsymbol{\gamma},\boldsymbol{\beta})\\ (\boldsymbol{\gamma},\boldsymbol{\alpha},\boldsymbol{\alpha}) & (\boldsymbol{\gamma},\boldsymbol{\alpha},\boldsymbol{\beta})\end{vmatrix}=(\boldsymbol{\alpha},\boldsymbol{\beta},\boldsymbol{\gamma})^2>0,\end{aligned}$$

由混合积的几何意义，即可得到结论.

5.3 用坐标计算混合积

假设向量 $\boldsymbol{\alpha},\boldsymbol{\beta},\boldsymbol{\gamma}$ 在仿射坐标系$[O;\boldsymbol{e}_1,\boldsymbol{e}_2,\boldsymbol{e}_3]$中的坐标依次为$(a_1,a_2,a_3),(b_1,b_2,b_3),(c_1,c_2,c_3)$，则

$$\boldsymbol{\alpha}\times\boldsymbol{\beta}=\begin{vmatrix}a_2 & a_3\\ b_2 & b_3\end{vmatrix}\boldsymbol{e}_2\times\boldsymbol{e}_3-\begin{vmatrix}a_1 & a_3\\ b_1 & b_3\end{vmatrix}\boldsymbol{e}_3\times\boldsymbol{e}_1+\begin{vmatrix}a_1 & a_2\\ b_1 & b_2\end{vmatrix}\boldsymbol{e}_1\times\boldsymbol{e}_2.$$

于是

$$(\boldsymbol{\alpha},\boldsymbol{\beta},\boldsymbol{\gamma})=\left(c_1\begin{vmatrix}a_2 & a_3\\ b_2 & b_3\end{vmatrix}+c_2\begin{vmatrix}a_1 & a_3\\ b_1 & b_3\end{vmatrix}+c_3\begin{vmatrix}a_1 & a_2\\ b_1 & b_2\end{vmatrix}\right)(\boldsymbol{e}_1,\boldsymbol{e}_2,\boldsymbol{e}_3)$$

$$=\begin{vmatrix} a_1 & a_2 & a_3 \\ b_1 & b_2 & b_3 \\ c_1 & c_2 & c_3 \end{vmatrix}(\boldsymbol{e}_1,\boldsymbol{e}_2,\boldsymbol{e}_3).$$

命题 1.5 设向量 $\boldsymbol{\alpha},\boldsymbol{\beta},\boldsymbol{\gamma}$ 在某个仿射坐标系$[O;\boldsymbol{e}_1,\boldsymbol{e}_2,\boldsymbol{e}_3]$中的坐标依次为$(a_1,a_2,a_3)$,$(b_1,b_2,b_3)$,$(c_1,c_2,c_3)$,则向量组 $\boldsymbol{\alpha},\boldsymbol{\beta},\boldsymbol{\gamma}$ 共面的充分必要条件为

$$\begin{vmatrix} a_1 & a_2 & a_3 \\ b_1 & b_2 & b_3 \\ c_1 & c_2 & c_3 \end{vmatrix}=0.$$

证明 因为$(\boldsymbol{e}_1,\boldsymbol{e}_2,\boldsymbol{e}_3)\neq 0$,所以

$$\boldsymbol{\alpha},\boldsymbol{\beta},\boldsymbol{\gamma}\text{ 共面}\Longleftrightarrow(\boldsymbol{\alpha},\boldsymbol{\beta},\boldsymbol{\gamma})=0\Longleftrightarrow\begin{vmatrix} a_1 & a_2 & a_3 \\ b_1 & b_2 & b_3 \\ c_1 & c_2 & c_3 \end{vmatrix}=0.$$ ▌

命题 1.6 如果向量 $\boldsymbol{\alpha},\boldsymbol{\beta},\boldsymbol{\gamma}$ 在右手直角坐标系$[O;\boldsymbol{e}_1,\boldsymbol{e}_2,\boldsymbol{e}_3]$中的坐标依次为$(a_1,a_2,a_3)$,$(b_1,b_2,b_3)$,$(c_1,c_2,c_3)$,则

$$(\boldsymbol{\alpha},\boldsymbol{\beta},\boldsymbol{\gamma})=\begin{vmatrix} a_1 & a_2 & a_3 \\ b_1 & b_2 & b_3 \\ c_1 & c_2 & c_3 \end{vmatrix}.$$

证明 当$[O;\boldsymbol{e}_1,\boldsymbol{e}_2,\boldsymbol{e}_3]$是右手直角坐标系时,$(\boldsymbol{e}_1,\boldsymbol{e}_2,\boldsymbol{e}_3)=1$,从而得到结论. ▌

例 1.19 证明三元一次方程组

$$\begin{cases} a_1x+b_1y+c_1z=d_1, \\ a_2x+b_2y+c_2z=d_2, \\ a_3x+b_3y+c_3z=d_3 \end{cases}$$

有惟一解的充分必要条件是

$$\begin{vmatrix} a_1 & b_1 & c_1 \\ a_2 & b_2 & c_2 \\ a_3 & b_3 & c_3 \end{vmatrix}\neq 0.$$

并在此情形求出这个解.

解 任取一个仿射坐标系$[O;\boldsymbol{e}_1,\boldsymbol{e}_2,\boldsymbol{e}_3]$,设 $\boldsymbol{\alpha},\boldsymbol{\beta},\boldsymbol{\gamma},\boldsymbol{\delta}$ 是坐标依次为(a_1,a_2,a_3),(b_1,b_2,b_3),(c_1,c_2,c_3),(d_1,d_2,d_3)的向量.则方程组可改写为向量方程

$$x\boldsymbol{\alpha}+y\boldsymbol{\beta}+z\boldsymbol{\gamma}=\boldsymbol{\delta}.$$

如果

$$\begin{vmatrix} a_1 & b_1 & c_1 \\ a_2 & b_2 & c_2 \\ a_3 & b_3 & c_3 \end{vmatrix} \neq 0,$$

则根据命题 1.5,向量组 $\boldsymbol{\alpha},\boldsymbol{\beta},\boldsymbol{\gamma}$ 不共面.再根据定理 1.1 的(2),向量方程 $x\boldsymbol{\alpha}+y\boldsymbol{\beta}+z\boldsymbol{\gamma}=\boldsymbol{\delta}$ 有惟一解,即方程组有惟一解.

反之,若原方程组有惟一解(k,m,n),此时

$$k\boldsymbol{\alpha}+m\boldsymbol{\beta}+n\boldsymbol{\gamma}=\boldsymbol{\delta}.$$

我们先用反证法证明 $\boldsymbol{\alpha},\boldsymbol{\beta},\boldsymbol{\gamma}$ 不共面.假如 $\boldsymbol{\alpha},\boldsymbol{\beta},\boldsymbol{\gamma}$ 共面,则根据命题 1.1,存在不全为零的实数(r,s,t),使得

$$r\boldsymbol{\alpha}+s\boldsymbol{\beta}+t\boldsymbol{\gamma}=0,$$

于是
$$(k+r)\boldsymbol{\alpha}+(m+s)\boldsymbol{\beta}+(n+t)\boldsymbol{\gamma}=\boldsymbol{\delta}.$$

即$(k+r,m+s,n+t)$也是方程组的解,它不同于(k,m,n).与方程组有惟一解矛盾.于是我们证明了 $\boldsymbol{\alpha},\boldsymbol{\beta},\boldsymbol{\gamma}$ 不共面,从而

$$\begin{vmatrix} a_1 & b_1 & c_1 \\ a_2 & b_2 & c_2 \\ a_3 & b_3 & c_3 \end{vmatrix} \neq 0.$$

下面来求解.因为

$$(\boldsymbol{\delta},\boldsymbol{\beta},\boldsymbol{\gamma})=(x\boldsymbol{\alpha}+\quad z\boldsymbol{\gamma},\boldsymbol{\beta},\boldsymbol{\gamma})=x(\boldsymbol{\alpha},\boldsymbol{\beta},\boldsymbol{\gamma}),$$

所以
$$x=(\boldsymbol{\delta}\quad /)/(\boldsymbol{\alpha},\boldsymbol{\beta},\boldsymbol{\gamma}).$$

用坐标代入,得到

$$x=\begin{vmatrix} d_1 & b_1 & c_1 \\ d_2 & b_2 & c_2 \\ d_3 & b_3 & c_3 \end{vmatrix} \Bigg/ \begin{vmatrix} a_1 & b_1 & c_1 \\ a_2 & b_2 & c_2 \\ a_3 & b_3 & c_3 \end{vmatrix}.$$

用同样方法可计算出

$$y=(\boldsymbol{\alpha},\boldsymbol{\delta},\boldsymbol{\gamma})/(\boldsymbol{\alpha},\boldsymbol{\beta},\boldsymbol{\gamma})=\begin{vmatrix}a_1 & d_1 & c_1\\a_2 & d_2 & c_2\\a_3 & d_3 & c_3\end{vmatrix}\Bigg/\begin{vmatrix}a_1 & b_1 & c_1\\a_2 & b_2 & c_2\\a_3 & b_3 & c_3\end{vmatrix},$$

$$z=(\boldsymbol{\alpha},\boldsymbol{\beta},\boldsymbol{\delta})/(\boldsymbol{\alpha},\boldsymbol{\beta},\boldsymbol{\gamma})=\begin{vmatrix}a_1 & b_1 & d_1\\a_2 & b_2 & d_2\\a_3 & b_3 & d_3\end{vmatrix}\Bigg/\begin{vmatrix}a_1 & b_1 & c_1\\a_2 & b_2 & c_2\\a_3 & b_3 & c_3\end{vmatrix}.$$

这个例子就是著名的克莱姆法则(参见线性代数课本)在三个未知数时的几何证明.

习　题　1.5

1. 证明对任意 3 个向量 $\boldsymbol{\alpha},\boldsymbol{\beta},\boldsymbol{\gamma}$,

$$\boldsymbol{\alpha}\times(\boldsymbol{\beta}\times\boldsymbol{\gamma})+\boldsymbol{\beta}\times(\boldsymbol{\gamma}\times\boldsymbol{\alpha})+\boldsymbol{\gamma}\times(\boldsymbol{\alpha}\times\boldsymbol{\beta})=0.$$

2. 设 $\boldsymbol{\alpha}$ 是非零向量, $\boldsymbol{\beta}$ 和 $\boldsymbol{\alpha}$ 垂直,已知向量 $\boldsymbol{\xi}$ 满足 $\boldsymbol{\alpha}\cdot\boldsymbol{\xi}=c$, $\boldsymbol{\alpha}\times\boldsymbol{\xi}=\boldsymbol{\beta}$,证明 $\boldsymbol{\xi}=\dfrac{c\boldsymbol{\alpha}-\boldsymbol{\alpha}\times\boldsymbol{\beta}}{|\boldsymbol{\alpha}|}$.

3. 设向量 $\boldsymbol{\alpha}$ 和 $\boldsymbol{\beta}$ 不垂直, $\boldsymbol{\gamma}$ 和 $\boldsymbol{\beta}$ 垂直,已知向量 $\boldsymbol{\xi}$ 满足:

$$\boldsymbol{\alpha}\cdot\boldsymbol{\xi}=c,\quad \boldsymbol{\beta}\times\boldsymbol{\xi}=\boldsymbol{\gamma},$$

试求 $\boldsymbol{\xi}$.

4. 在一个空间直角坐标系中,四面体的顶点 A,B,C,D 的坐标依次为(1,0,1),(−1,1,5),(−1,−3,−3),(0,3,4),求此四面体的体积.

5. 求混合积 $(\boldsymbol{\alpha},\boldsymbol{\beta},\boldsymbol{\gamma})$:

(1) 在一个空间右手直角坐标系中给出了坐标:

$$\boldsymbol{\alpha}(1,0,3),\quad \boldsymbol{\beta}(2,4,3),\quad \boldsymbol{\gamma}(3,4,1);$$

(2) 在一个空间左手直角坐标系中给出了坐标:

$$\boldsymbol{\alpha}(3,2,-1),\quad \boldsymbol{\beta}(0,3,3),\quad \boldsymbol{\gamma}(5,2,1);$$

(3) 已知 $\boldsymbol{\alpha},\boldsymbol{\beta},\boldsymbol{\gamma}$ 为右手系,它们的长度都为 2,

$$\langle\boldsymbol{\alpha},\boldsymbol{\beta}\rangle=\langle\boldsymbol{\alpha},\boldsymbol{\gamma}\rangle=\langle\boldsymbol{\beta},\boldsymbol{\gamma}\rangle=60^\circ.$$

6. 在一个空间仿射坐标系中给出了下列各组向量的坐标，判别它们是否共面：

(1) $\boldsymbol{\alpha}(1,2,3)$，$\boldsymbol{\beta}(2,3,4)$，$\boldsymbol{\gamma}(3,4,5)$；

(2) $\boldsymbol{\alpha}(3,2,-1)$，$\boldsymbol{\beta}(0,3,7)$，$\boldsymbol{\gamma}(2,2,1)$；

(3) $\boldsymbol{\alpha}(2,1,3)$，$\boldsymbol{\beta}(1,-1,-4)$，$\boldsymbol{\gamma}(5,1,2)$.

（注意：以下第 7～11 各题中，$\boldsymbol{\alpha},\boldsymbol{\beta},\boldsymbol{\gamma},\boldsymbol{\delta}$ 是任意 4 个向量.）

7. 证明：

$$\boldsymbol{\alpha}\times(\boldsymbol{\beta}\times(\boldsymbol{\gamma}\times\boldsymbol{\delta}))=(\boldsymbol{\beta}\cdot\boldsymbol{\delta})(\boldsymbol{\alpha}\times\boldsymbol{\gamma})-(\boldsymbol{\beta}\cdot\boldsymbol{\gamma})(\boldsymbol{\alpha}\times\boldsymbol{\delta}).$$

8. 证明：$\boldsymbol{\alpha}\times(\boldsymbol{\beta}\times(\boldsymbol{\gamma}\times\boldsymbol{\delta}))=(\boldsymbol{\alpha},\boldsymbol{\gamma},\boldsymbol{\delta})\boldsymbol{\beta}-(\boldsymbol{\alpha}\cdot\boldsymbol{\beta})(\boldsymbol{\gamma}\times\boldsymbol{\delta})$.

9. 证明：

$$(\boldsymbol{\beta},\boldsymbol{\gamma},\boldsymbol{\delta})\boldsymbol{\alpha}=(\boldsymbol{\alpha}\cdot\boldsymbol{\beta})(\boldsymbol{\gamma}\times\boldsymbol{\delta})+(\boldsymbol{\alpha}\cdot\boldsymbol{\gamma})(\boldsymbol{\delta}\times\boldsymbol{\beta})+(\boldsymbol{\alpha}\cdot\boldsymbol{\delta})(\boldsymbol{\beta}\times\boldsymbol{\gamma}).$$

10. 证明：

(1) $(\boldsymbol{\alpha}\times\boldsymbol{\beta})\times(\boldsymbol{\gamma}\times\boldsymbol{\delta})=(\boldsymbol{\alpha},\boldsymbol{\beta},\boldsymbol{\delta})\boldsymbol{\gamma}-(\boldsymbol{\alpha},\boldsymbol{\beta},\boldsymbol{\gamma})\boldsymbol{\delta}$；

(2) $(\boldsymbol{\alpha}\times\boldsymbol{\beta})\times(\boldsymbol{\gamma}\times\boldsymbol{\delta})=(\boldsymbol{\alpha},\boldsymbol{\gamma},\boldsymbol{\delta})\boldsymbol{\beta}-(\boldsymbol{\beta},\boldsymbol{\gamma},\boldsymbol{\delta})\boldsymbol{\alpha}$.

11. 证明：

$$(\boldsymbol{\beta},\boldsymbol{\gamma},\boldsymbol{\delta})\boldsymbol{\alpha}-(\boldsymbol{\alpha},\boldsymbol{\gamma},\boldsymbol{\delta})\boldsymbol{\beta}+(\boldsymbol{\alpha},\boldsymbol{\beta},\boldsymbol{\delta})\boldsymbol{\gamma}-(\boldsymbol{\alpha},\boldsymbol{\beta},\boldsymbol{\gamma})\boldsymbol{\delta}=0.$$

12. 对任意 3 个向量 $\boldsymbol{\alpha},\boldsymbol{\beta},\boldsymbol{\gamma}$，证明：

$$\boldsymbol{\alpha},\boldsymbol{\beta},\boldsymbol{\gamma}\text{ 共面}\Longleftrightarrow\boldsymbol{\alpha}\times\boldsymbol{\beta},\boldsymbol{\beta}\times\boldsymbol{\gamma},\boldsymbol{\gamma}\times\boldsymbol{\alpha}\text{ 共面}.$$

13. 证明：

$$\begin{aligned}&\boldsymbol{\alpha}\times\boldsymbol{\beta}+\boldsymbol{\beta}\times\boldsymbol{\gamma}+\boldsymbol{\gamma}\times\boldsymbol{\alpha}=0\\&\Longleftrightarrow\text{存在不全为 0 的数 }c_1,c_2,c_3\text{，使得}\\&\qquad c_1+c_2+c_3=0,\\&\qquad\text{并且 }c_1\boldsymbol{\alpha}+c_2\boldsymbol{\beta}+c_3\boldsymbol{\gamma}=0.\end{aligned}$$

14. 证明：

$$(\boldsymbol{\alpha}\times\boldsymbol{\beta})\cdot(\boldsymbol{\gamma}\times\boldsymbol{\delta})+(\boldsymbol{\alpha}\times\boldsymbol{\delta})\cdot(\boldsymbol{\beta}\times\boldsymbol{\gamma})+(\boldsymbol{\alpha}\times\boldsymbol{\gamma})\cdot(\boldsymbol{\delta}\times\boldsymbol{\beta})=0.$$

第二章　空间解析几何

在本章中我们要用坐标法和向量法讨论空间中的某些几何图形，以及和它们相关的几何问题.这些图形包括空间中的平面和直线；柱面、锥面、旋转面等特殊曲面；还有二次曲面.本章在内容上可以和中学的平面几何课相类比，那里讨论平面上的图形，现在讨论空间的图形.在方法上现在增加了向量这个工具，并且所用坐标系不再局限于直角坐标系，还可用仿射坐标系.只当所讨论的问题涉及到度量时才用直角坐标系.

§1　图形与方程

1.1　一般方程与参数方程

当空间取定一个仿射坐标系后，空间中的图形就可建立方程.通过方程，就可用代数方法来研究图形，从而把几何问题转化成代数问题.

图形的方程这个概念在中学平面几何课程中已经出现过.一般地讲，对于一个图形 S，如果 S 上的点的坐标满足某种数量关系，而 S 外的点的坐标不满足这种数量关系，我们就把这种数量关系称为 S 的一个方程.例如在一个直角坐标系中，以点 $M_0(1,4,-2)$ 为球心，半径等于 2 的球面上的点的坐标满足方程式

$$(x-1)^2+(y-4)^2+(z+2)^2=4,$$

而不在球面上的点的坐标都不满足这个方程式，我们就把它称为该球面的**方程**.

图形的方程最常见的形式是以三个坐标 x,y,z 作为变量的

三元方程式或三元方程组，就像上面的例子那样．这种形式的方程通常称为图形的**一般方程**．

反过来，空间有了仿射坐标系后，每个以 x,y,z 为变量的三元方程式(组)决定一个图形：它的所有解对应的点(解(x_0,y_0,z_0)对应的点即以(x_0,y_0,z_0)为坐标的点)的集合构成的图形．把它称为此方程式(组)的**图像**．例如方程式

$$z=0$$

(看作 x 和 y 没有出现的三元方程式)的全部解的集合为

$$\{(x,y,0)\mid x,y\in\mathbb{R}\}.$$

它决定的点集就是 xy 平面，因此方程式 $z=0$ 的图像是 xy 平面．又如在一个空间直角坐标系中，方程组

$$\begin{cases}x^2+y^2+z^2=1,\\ z=0\end{cases}$$

的图像是 xy 平面上以原点为圆心，1 为半径的圆周．它也就是两个方程的图像的交集(第一个方程的图像是原点为心，1 为半径的球面，第二个方程的图像是 xy 平面)．

方程式(组)也就是它的图像的一个一般方程．

方程式(组)的图像是惟一决定的，但是图形的一般方程并不是惟一的．因为不同的方程式(组)可能有完全相同的解集，从而有相同的图像．例如方程式

$$(x+y-2)^2+(y-z+1)^2=0$$

和方程组

$$\begin{cases}x+y-2=0,\\ y-z+1=0\end{cases}$$

同解，它们的图像相同，记作 S．则 S 至少有两个不同的一般方程，即上述方程式和方程组．

从图形建立一般方程，从方程确定其图像，这是解析几何中的两大基本问题，也是贯彻本章的两个主要问题．但是方程式(组)的形式繁多，有的十分复杂；而几何图形则更加变化无穷．我们不能

企求找到解决上述两个问题的万能钥匙，在本书中只能对某些简单的方程讨论其图像（如本章中只涉及一次和二次方程），也只能对一些特殊的图形建立方程（如本章中只讨论柱面、锥面和旋转面等）.

本书中会常常提到曲面和曲线，但是在解析几何学中还不可能给出它们的严格的定义，我们只能在直观上了解它们. 曲面有两个自由度，曲线只有一个自由度. 因此一般来说，一个三元方程式 $F(x,y,z)=0$ 的图像是曲面，而两个三元方程式构成的方程组

$$\begin{cases}F(x,y,z)=0,\\G(x,y,z)=0\end{cases}$$

的图像是曲线. 但是也有特殊情形，例如方程式

$$x^2+y^2=0$$

和方程组

$$\begin{cases}x=0,\\y=0\end{cases}$$

同解，图像是一条直线.

参数方程是图形的另一种常见的方程，特别对于曲线. 物理学中，曲线常常是质点运动的轨迹. 随着时间的变化，点的位置在变化，它的三个坐标也在变化，因此都是时间 t 的函数. 把这三个函数表成下列方程组：

$$\begin{cases}x=f(t),\\y=g(t),\\z=h(t),\end{cases}$$

（t 在某个范围变化）就得到曲线的一个参数方程. 参数不必都是时间，也可以用其他的变量.

例 2.1 在一个直角坐标系中，求参数方程

$$\begin{cases}x=r_0\cos\omega t,\\y=r_0\sin\omega t,\quad(t\in\mathbb{R})\\z=ht\end{cases}$$

的图像，这里 $r_0>0, h\neq 0, \omega\neq 0$ 都是常数.

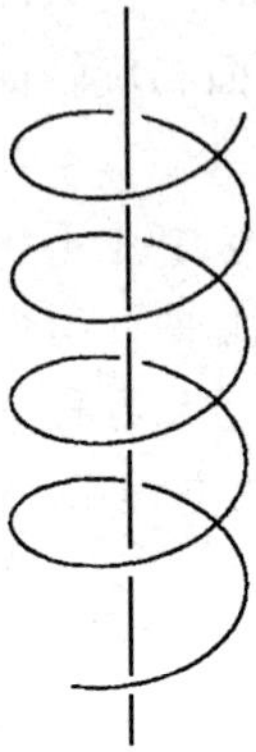

图 2.1

解 随着参数 t(时间)的变化，动点的高度(z 坐标)作速率为 h 的匀速运动，同时它在 xy 平面上的投影绕 z 轴作角速度为 ω 的匀速圆周运动. 其图像称为**圆螺线**(见图 2.1).

曲面的参数方程含有两个参数，一般形式为：

$$\begin{cases} x = f(s,t), \\ y = g(s,t), \\ z = h(s,t). \end{cases}$$

例 2.2 在一个直角坐标系中，参数方程

$$\begin{cases} x = r_0\cos t, \\ y = r_0\sin t, \quad (s,t\in\mathbb{R}) \\ z = s \end{cases}$$

($r_0>0$ 为常数)的图像由所有到 z 轴的距离等于 r_0 的点所构成图形，这是一个以 z 轴为轴线，r_0 为半径的圆柱面(详见本章 §5 中 5.1 的 3).

1.2 柱坐标系和球坐标系

在空间中，除了仿射坐标系和直角坐标系这两种最常用的坐标系外，还有柱坐标系和球坐标系，对于某些特殊的图形用它们来建立方程比较简单.

取定空间的一个右手直角坐标标架$[O;\boldsymbol{e}_1,\boldsymbol{e}_2,\boldsymbol{e}_3]$. 于是在 xy 平面上可确定一个极坐标系，它以 O 点为极点，x 轴为极轴. 设点 M 的直角坐标为(x,y,z)，它在 xy 平面上的正投影 M_0 的极坐标设为(r,ϕ)，则 M 的位置可由 r,ϕ,z 这三个数确定. 称有序数组(r,ϕ,z)为 M 的**柱坐标**，其中 $r\geqslant 0, 0\leqslant\phi<2\pi$. 我们把每一点到它的柱坐标的这种对应关系称为**柱坐标系**.

球坐标系也是由右手直角坐标标架决定的. M 和 ϕ 如上所设. 记 R 是 M 到 O 的距离；当 $R\neq 0$ 时，记 $\theta=\angle(\boldsymbol{e}_3,\overrightarrow{OM})$，则 M

的位置又可由 R,ϕ,θ 这三个数确定. 称有序数组(R,ϕ,θ)为 M 的**球坐标**,其中 $R\geqslant 0, 0\leqslant\phi<2\pi, 0\leqslant\theta\leqslant\pi$. 每一点到它的球坐标的这种对应关系被称为**球坐标系**.

于是当取定空间的一个右手直角坐标标架后,不仅得到一个直角坐标系,又产生一个柱坐标系和一个球坐标系. 从球坐标计算直角坐标的公式为

$$\begin{cases} x = R\sin\theta\cos\phi, \\ y = R\sin\theta\sin\phi, \\ z = R\cos\theta. \end{cases}$$

从柱坐标计算直角坐标的公式为

$$\begin{cases} x = r\cos\phi, \\ y = r\sin\phi, \\ z = z. \end{cases}$$

一个以 O 为球心,R_0 为半径的球面在球坐标系中的方程最简单: $R=R_0$.

例 2.2 中的圆柱面在柱坐标系中的方程为: $r=r_0$. 例 2.1 中的圆螺线在柱坐标系中的方程为

$$\begin{cases} r = r_0, \\ h\phi = \omega z. \end{cases}$$

习　题　2.1

1. 在一个空间直角坐标系中,写出下列球面的方程:

(1) 以(1,0,2)为球心,经过点(4,4,2);

(2) 以线段 MN 为直径, M,N 的坐标分别为(0,−2,4),(2,−4,6);

(3) 经过 4 个点 $A(2,0,2)$,$B(2,3,0)$,$C(3,4,1)$,$D(1,1,1)$;

(4) 经过点(−1,−5,3)和圆

$$\begin{cases} (x-1)^2+(y-1)^2+z^2=25, \\ z=0; \end{cases}$$

(5) 经过点$(-1,2,5)$,并且和三张坐标平面都相切.

2. 在一个空间直角坐标系中,下列方程的图像是不是球面?如果是,求出球心和半径.

(1) $x^2+y^2+z^2+2x-4y+4z=0$;

(2) $x^2+y^2+z^2-8x-2y+4z-4=0$;

(3) $x^2+y^2+z^2+2x-4y+6z+15=0$;

(4) $x^2+y^2+z^2+4x+2y+12z+41=0$.

3. 在一个空间直角坐标系中,方程 $x^2+y^2+z^2+2ax+2by+2cz+d=0$ 的图像是球面的充分必要条件是什么?

4. 说明下列曲线都在一个球面上:

(1) $\begin{cases}x=3\sin\phi,\\ y=4\sin\phi,\\ z=5\cos\phi;\end{cases}$　　(2) $\begin{cases}x=t/(1+t^2+t^4),\\ y=t^2/(1+t^2+t^4),\\ z=t^3/(1+t^2+t^4);\end{cases}$

(3) $\begin{cases}x^2+3y^2+5z^2=5,\\ 2y^2+4z^2=3.\end{cases}$

5. 在一个空间直角坐标系中,下列方程(方程组)的图像是什么?

(1) $(x^2+y^2+z^2-4)(x^2+y^2+z^2-9)=0$;

(2) $(x^2+y^2+z^2-25)^2+[(x-2)^2+(y+1)^2+(z-2)^2-16]^2=0$.

6. 在同一个空间右手直角标架所决定的直角坐标系、柱坐标系和球坐标系中,写出下列坐标转换关系:

(1) 由点的直角坐标求柱坐标和球坐标,

① $(1,1,1)$,　　② $(0,-2,1)$,　　③ $(0,0,1)$;

(2) 由点的球坐标求直角坐标和柱坐标,

① $\left(1,\frac{4\pi}{3},\frac{\pi}{4}\right)$,　　② $\left(2,\frac{3\pi}{4},\frac{\pi}{3}\right)$,　　③ $(a,120°,135°)$;

(3) 由点的柱坐标求直角坐标和球坐标,

① $(2,60°,-2)$,　　② $(2,225°,5)$.

7. 把下列柱坐标系((1)与(3))和球坐标系((2)与(4))中的

方程转化为直角坐标系中的方程，并说明图像的几何意义.

(1) $r=1$;

(2) $2\leqslant R\leqslant 4$;

(3) $r=2\sin\phi\ (0\leqslant\phi\leqslant\pi)$;

(4) $R=4\cos\theta\ \left(0\leqslant\theta\leqslant\dfrac{\pi}{2}\right)$.

§2 平面的方程

本节讨论仿射坐标系中平面的方程，并用它讨论平面间的位置关系.

取定空间的一个仿射坐标系$[O;\boldsymbol{e}_1,\boldsymbol{e}_2,\boldsymbol{e}_3]$，下面出现的坐标都是在这个坐标系中的坐标.

2.1 平面的方程

在几何上，决定一张平面可以用各种不同形式的条件. 例如，过不共线的三个点决定一张平面；过一直线和线外一点决定一张平面；过两条相交直线决定一张平面；过两条平行而又不重合的直线决定一张平面等等. 但是这些不同形式的条件都可以化归为下面的“点向式”条件：平面上的一点和两个与此平面平行的不共线向量决定一张平面. 下面我们就在最后这种条件下建立平面的方程.

设平面 π 过点 M_0，平行于两个不共线的向量 $\boldsymbol{u}_1$ 和 $\boldsymbol{u}_2$. 于是点 M 在 π 上的充分必要条件是向量 $\overrightarrow{M_0M}$，$\boldsymbol{u}_1,\boldsymbol{u}_2$ 共面. 由于 $\boldsymbol{u}_1$ 和 $\boldsymbol{u}_2$ 不共线，这个条件等价于 $\overrightarrow{M_0M}$可表示成 $\boldsymbol{u}_1$ 和 $\boldsymbol{u}_2$ 的线性组合，即存在实数 s,t，使得

$$\overrightarrow{M_0M}=s\boldsymbol{u}_1+t\boldsymbol{u}_2. \tag{2.1}$$

下面用坐标来表出这个条件. 设点 M_0，向量 $\boldsymbol{u}_1$ 和 $\boldsymbol{u}_2$ 的坐标依次为(x_0,y_0,z_0)，(X_1,Y_1,Z_1)和(X_2,Y_2,Z_2). 动点 M 的坐标为

(x,y,z). 则(2.1)式可写成

$$\begin{cases} x-x_0=sX_1+tX_2, \\ y-y_0=sY_1+tY_2, \quad (s,t\in\mathbb{R}) \\ z-z_0=sZ_1+tZ_2, \end{cases}$$

即

$$\begin{cases} x=x_0+sX_1+tX_2, \\ y=y_0+sY_1+tY_2, \quad (s,t\in\mathbb{R}) \\ z=z_0+sZ_1+tZ_2, \end{cases} \tag{2.2}$$

这就是平面 π 的**参数方程**. (2.1)式可称为 π 的**向量式的参数方程**.

对于平面,参数方程用得并不多,常用的是**一般方程**.

根据命题 1.5,向量 $\overrightarrow{M_0M},\boldsymbol{u}_1,\boldsymbol{u}_2$ 共面等价于

$$\begin{vmatrix} x-x_0 & y-y_0 & z-z_0 \\ X_1 & Y_1 & Z_1 \\ X_2 & Y_2 & Z_2 \end{vmatrix}=0.$$

计算出左边的行列式,得到方程

$$Ax+By+Cz+D=0, \tag{2.3}$$

其中

$$A=\begin{vmatrix} Y_1 & Z_1 \\ Y_2 & Z_2 \end{vmatrix}, \quad B=\begin{vmatrix} Z_1 & X_1 \\ Z_2 & X_2 \end{vmatrix}, \quad C=\begin{vmatrix} X_1 & Y_1 \\ X_2 & Y_2 \end{vmatrix},$$

$$D=-\begin{vmatrix} x_0 & y_0 & z_0 \\ X_1 & Y_1 & Z_1 \\ X_2 & Y_2 & Z_2 \end{vmatrix}.$$

方程(2.3)即为平面 π 的一个一般方程. 由于 $\boldsymbol{u}_1$ 和 $\boldsymbol{u}_2$ 不共线,一次项的系数 A,B,C 不全为零, (2.3)是一个三元一次方程. 这样我们就证明了空间的每张平面都有一个一般方程是三元一次方程,这是平面的最简单的一般方程. 以后我们说平面的一般方程专指这种一次方程.

反过来，x,y,z 的每个一次方程

$$kx + my + nz + p = 0 \tag{2.4}$$

的图像都是平面.为了证明这个结论,只要找一个点和两个不共线的向量,使得它们决定的平面以(2.4)为方程.

因为(2.4)是一次方程,所以它的一次项的系数 k,m,n 不能全为零.不妨假设 $k\neq 0$,于是(2.4)可改写为

$$\begin{vmatrix} x+\dfrac{p}{k} & y & z \\ -m & k & 0 \\ -\dfrac{n}{k} & 0 & 1 \end{vmatrix} = 0.$$

于是从上面的讨论可以看出，(2.4)为过点 $M_0\left(-\dfrac{p}{k},0,0\right)$,平行于向量 $\boldsymbol{u}_1(-m,k,0)$和 $\boldsymbol{u}_2(-n,0,k)$的平面的一般方程.

例 2.3 求过点 $P_1(a,0,0)$,$P_2(0,b,0)$和 $P_3(0,0,c)$(其中 a,b,c 都不为零)的平面的方程.

解 已知所求平面过点 P_1，平行于向量 $\overrightarrow{P_1P_2}(-a,b,0)$和 $\overrightarrow{P_1P_3}(-a,0,c)$.它的方程为

$$\begin{vmatrix} x-a & y & z \\ -a & b & 0 \\ -a & 0 & c \end{vmatrix} = 0,$$

即

$$\frac{x}{a} + \frac{y}{b} + \frac{z}{c} = 1.$$

本题也可以用待定系数法解.设所求方程为

$$Ax + By + Cz + D = 0,$$

用点 $P_1(a,0,0)$,$P_2(0,b,0)$和 $P_3(0,0,c)$的坐标代入上述方程来决定系数 A,B,C.注意我们不必(也不能)完全确定它们,只用确定它们的比例关系(因为每个系数都乘上同一不等于零的常数时,方程的图像不改变).由本题条件求出

$$A = -\frac{D}{a}, \quad B = -\frac{D}{b}, \quad C = -\frac{D}{c}.$$

于是，对任何不等于零的常数 D，

$$-\left(\frac{D}{a}\right)x-\left(\frac{D}{b}\right)y-\left(\frac{D}{c}\right)+D=0$$

都是所求平面的方程.

2.2 平面一般方程的系数的几何意义

现在我们讨论：平面的一般方程的四个系数反映平面的什么几何特征？

平面的主要几何性状是它的倾斜状态. 譬如说它是水平的，还是向哪一边倾斜的？倾斜程度多大？本书中用**倾向**这个术语来表示这种倾斜状态. 显然，两张平行的平面有相同的倾向. 平面的倾向也反映在"哪些向量和平面平行？".

定理 2.1 假设平面 π 的一般方程是

$$Ax+By+Cz+D=0,$$

则向量 $\boldsymbol{r}(k,m,n)$ 平行于 π 的充分必要条件是

$$Ak+Bm+Cn=0.$$

证明 任取平面 π 上的一点 $M_0(x_0,y_0,z_0)$，则

$$Ax_0+By_0+Cz_0+D=0.$$

记 M 为以 (x_0+k,y_0+m,z_0+n) 为坐标的点，则 $\boldsymbol{r}=\overrightarrow{M_0M}$，从而 $\boldsymbol{r}$ 平行于 π 的充分必要条件是 $M\in\pi$，即

$$A(x_0+k)+B(y_0+m)+C(z_0+n)+D=0,$$

也就是 $Ak+Bm+Cn=0$. ▌

这个定理说明，平面 π 一般方程的一次项系数 A,B,C 共同决定了平面的倾向. 从定理还可看出，每个一次项系数是否为零各有其几何意义：

$$A=0\Longleftrightarrow \boldsymbol{e}_1 /\!/ \pi,$$

即

$$A=0\Longleftrightarrow x\text{ 轴平行于 }\pi.$$

对称地，

$$B=0 \Longleftrightarrow y \text{ 轴平行于 } \pi, \quad C=0 \Longleftrightarrow z \text{ 轴平行于 } \pi.$$

容易看出，

$$D=0 \Longleftrightarrow \text{坐标系的原点 } O \text{ 在 } \pi \text{ 上}.$$

2.3 平面间的位置关系

两张平面间的位置关系有相交和平行两种情形. 相交时交集为一条直线. 平行即倾向相同，又可分为重合和无交点(平行而不重合). 利用定理 2.1，容易用方程来判断两张平面的位置关系.

命题 2.1 在一个仿射坐标系中，给出两张平面的方程：

$$\pi_1: A_1x+B_1y+C_1z+D_1=0,$$

$$\pi_2: A_2x+B_2y+C_2z+D_2=0.$$

则

(1) π_1 平行于 $\pi_2 \Longleftrightarrow A_1:A_2=B_1:B_2=C_1:C_2$；

(2) $\pi_1=\pi_2 \Longleftrightarrow A_1:A_2=B_1:B_2=C_1:C_2=D_1:D_2$.

证明 (1)的$\Longleftarrow$. 当 $A_1:A_2=B_1:B_2=C_1:C_2$ 时，方程

$$A_1k+B_1m+C_1n=0 \quad \text{与} \quad A_2k+B_2m+C_2n=0$$

同解. 根据定理 2.1，

$$\text{向量 } \boldsymbol{r}(k,m,n) \text{ 平行于 } \pi_1 \Longleftrightarrow \boldsymbol{r}(k,m,n) \text{ 平行于 } \pi_2,$$

从而 π_1 和 π_2 倾向相同，即平行.

(1)的$\Longrightarrow$. 向量 $\boldsymbol{a}(B_1,-A_1,0)$ 平行于 π_1，从而平行于 π_2. 根据定理 2.1，$A_2B_1-A_1B_2=0$.

类似地有 $B_2C_1-B_1C_2=0$ 和 $A_2C_1-A_1C_2=0$. 由此得到结论.

(2)的$\Longleftarrow$. 当 $A_1:A_2=B_1:B_2=C_1:C_2=D_1:D_2$ 时，方程

$$A_1x+B_1y+C_1z+D_1=0 \quad \text{和} \quad A_2x+B_2y+C_2z+D_2=0$$

同解，从而 $\pi_1=\pi_2$.

(2)的$\Longrightarrow$. 由(1)的“$\Longrightarrow$”，$A_1:A_2=B_1:B_2=C_1:C_2$. 假如 $A_1:A_2=B_1:B_2=C_1:C_2\neq D_1:D_2$，则方程

$$A_1x+B_1y+C_1z+D_1=0 \quad \text{和} \quad A_2x+B_2y+C_2z+D_2=0$$

无公共解，从而 π_1 和 π_2 无交点，与条件矛盾. 得到结论. ∎

命题的结论(1)等价于：

π_1 与 π_2 相交 $\Longleftrightarrow$ A_1,B_1,C_1 和 A_2,B_2,C_2 不成比例.

(2) 说明一张平面的一般方程虽然不惟一，但它们之间只是相差一个非零的倍数.

命题 2.1 也可以通过求方程

$$A_1x+B_1y+C_1z+D_1=0 \quad \text{和} \quad A_2x+B_2y+C_2z+D_2=0$$

公共解的方法来证明. 这是纯粹的代数方法. 下面的命题就采用这种方法证明.

命题 2.2 在一个仿射坐标系中，给出三张平面的方程：

$$\pi_1:\ A_1x+B_1y+C_1z+D_1=0,$$
$$\pi_2:\ A_2x+B_2y+C_2z+D_2=0,$$
$$\pi_3:\ A_3x+B_3y+C_3z+D_3=0,$$

则 π_1,π_2,π_3 相交于一点的充分必要条件是

$$\begin{vmatrix} A_1 & B_1 & C_1 \\ A_2 & B_2 & C_2 \\ A_2 & B_3 & C_3 \end{vmatrix} \neq 0.$$

证明 π_1,π_2,π_3 相交于一点的充分必要条件是，方程组

$$\begin{cases} A_1x+B_1y+C_1z+D_1=0, \\ A_2x+B_2y+C_2z+D_2=0, \\ A_3x+B_3y+C_3z+D_3=0 \end{cases}$$

有惟一解. 用例 1.19 的结果，得到结论. ▌

当三张互相不平行的平面不是相交于一点时，可能有两种情形：或者他们相交于一条直线，或者它们两两相交得到三条互相平行但不重合的直线，这两种情形的区别在下节中讨论.

*2.4 三元一次不等式的几何意义

一张平面 π 把空间分割成两个半空间，每个半空间都是由处于平面同侧的所有点构成的. 设在一个仿射坐标系中，π 的方程为

$$Ax+By+Cz+D=0,$$

下面我们来说明,不等式

$$Ax+By+Cz+D>0$$

和

$$Ax+By+Cz+D<0$$

的图像分别是这两个半空间.

对空间的每一点 $M(x,y,z)$,规定实数 $f(M)=Ax+By+Cz+D$,得到定义域为整个空间的一个函数. 显然

$$f(M)=0 \Longleftrightarrow M\in\pi.$$

容易证明(习题 2.2 的第 9 题),对于空间中的任意两点 M_1,M_2,

$$f(M_1)=f(M_2) \Longleftrightarrow \overrightarrow{M_1M_2}\ \text{平行于}\ \pi.$$

引理 如果三点 M_1,M_2,M_0 共线,并且定比 $(M_1,M_2,M_0)=\lambda$,则

$$f(M_0)=\frac{f(M_1)}{1+\lambda}+\frac{\lambda f(M_2)}{1+\lambda}.$$

证明 设 M_1,M_2 的坐标分别为 (x_1,y_1,z_1),(x_2,y_2,z_2),则 M_0 的坐标为

$$\left(\frac{x_1+\lambda x_2}{1+\lambda},\frac{y_1+\lambda y_2}{1+\lambda},\frac{z_1+\lambda z_2}{1+\lambda}\right)$$

(参见第一章 §1 和 §4). 于是

$$\begin{aligned}f(M_0)&=\frac{A(x_1+\lambda x_2)}{1+\lambda}+\frac{B(y_1+\lambda y_2)}{1+\lambda}+\frac{C(z_1+\lambda z_2)}{1+\lambda}+D\\&=\frac{Ax_1+By_1+Cz_1+D}{1+\lambda}+\frac{\lambda(Ax_2+By_2+Cz_2+D)}{1+\lambda}\\&=\frac{f(M_1)}{1+\lambda}+\frac{\lambda f(M_2)}{1+\lambda}.\end{aligned}$$

命题 2.3 对于任意两点 M_1 和 M_2,它们分别位于平面 π 的两侧的充分必要条件是 $f(M_1)$ 和 $f(M_2)$ 异号.

证明 先证明必要性. 因为 M_1,M_2 在 π 的两侧,线段 M_1M_2 与 π 相交. 设交点为 M_0,则 $\lambda=(M_1,M_2,M_0)>0$. 因为

$$\frac{f(M_1)}{1+\lambda}+\frac{\lambda f(M_2)}{1+\lambda}=f(M_0)=0,$$

所以
$$f(M_1)=-\lambda f(M_2).$$

从而 $f(M_1)$,$f(M_2)$异号.

证明充分性. 只用说明当 M_1,M_2 在 π 的同侧时, $f(M_1)$, $f(M_2)$同号. 取点 M_3 在另一侧,则 $f(M_1)$,$f(M_2)$都和 $f(M_3)$异号,从而它们同号. ▌

命题说明,满足 $f(M)>0$ 的点构成 π 一侧的半空间, $f(M)<0$ 的点构成 π 另一侧的半空间.

习 题 2.2

1. 下列各组条件能不能决定一张平面？为什么？要添加什么要求才可以？

(1) 过空间的三个不同点； (2) 过空间的一点和一条直线；

(3) 过空间的两条不同直线；

(4) 过空间的两点并且平行于一条直线.

2. 在仿射坐标系中,写出满足下列条件的平面的方程：

(1) 经过点 $M(1,1,1)$,平行于向量 $\boldsymbol{u}_1(1,0,-1)$, $\boldsymbol{u}_2(0,3,-4)$；

(2) 经过点 $M_1(1,0,2)$,$M_2(2,4,-1)$,$M_3(-3,-5,1)$；

(3) 经过点 $M_1(-1,0,2)$,$M_2(1,3,-2)$并且平行于向量 $\boldsymbol{u}(-1,-2,-4)$；

(4) 经过点 $M(2,1,3)$,平行于平面 $2x-3y+z-4=0$.

3. 在仿射坐标系中,写出满足下列条件的平面的方程：

(1) 经过坐标原点和点 $M_1(-2,1,2)$,$M_2(1,1,-2)$；

(2) 经过点 $M(1,2,-3)$,平行于 xy 平面；

(3) 经过点 $M(1,2,0)$和 y 轴；

(4) 平行于 x 轴,经过点 $M_1(1,-1,2)$,$M_2(2,0,-1)$；

(5) 经过 z 轴,平行于向量 $\boldsymbol{u}(1,-1,3)$.

4. 设 $M_1(x_1,y_1,z_1)$，$M_2(x_2,y_2,z_2)$，$M_3(x_3,y_3,z_3)$是不共线的三个点，证明：

$$\begin{vmatrix} x & y & z & 1 \\ x_1 & y_1 & z_1 & 1 \\ x_2 & y_2 & z_2 & 1 \\ x_3 & y_3 & z_3 & 1 \end{vmatrix} = 0$$

是这三个点所决定的平面的方程.

5. 说明在一个仿射坐标系中，下列方程的图像：

(1) $(x+3y-z-2)(3x+y+z-4)=0$；

(2) $(2x+3y+z-1)^2-(-x+y-z+4)^2=0$.

6. 判别下列各对平面的位置关系：

(1) $x+3y-z-2=0$ 和 $2x+6y-2z-2=0$；

(2) $x+y+3z-4=0$ 和 $x+3y+z-4=0$；

(3) $3x+2y+z-6=0$ 和$\dfrac{x}{2}+\dfrac{y}{3}+\dfrac{z}{6}-1=0$.

7. 判别下列各组平面是否相交于一点：

(1) $x+y-2z-2=0$，$x-2y+z+1=0$，$-2x+y+z-4=0$；

(2) $x+y+3z+4=0$，$x+y+3z-4=0$，$x+y+z-4=0$；

(3) $x-2y+3z-4=0$，$x+2y+z-4=0$，$x+y-z-4=0$.

8. 在一个仿射坐标系中，三张平面的方程为

$$\pi_1:\ ax+y+z+1=0,$$

$$\pi_2:\ x+ay+z+2=0,$$

$$\pi_3:\ x+y-2z+3=0,$$

在 a 为什么数时，它们不相交于一点，又互相都不平行？

9. 设在一个仿射坐标系中，平面 π 的方程为

$$Ax+By+Cz+D=0,$$

证明：对于空间中的任意两点 $M_1(x_1,y_1,z_1)$，$M_2(x_2,y_2,z_2)$，

$$Ax_1+By_1+Cz_1=Ax_2+By_2+Cz_2 \Longleftrightarrow \overrightarrow{M_1M_2}\ \text{平行于}\ \pi.$$

10. 设在一个仿射坐标系中，三张平面的方程为

$$\pi_i: Ax + By + Cz + D_i = 0, \quad i = 1,2,3,$$

其中 D_1, D_2, D_3 互不相等，又设一条直线和它们相交，交点为 P, Q, R，求 (P,Q,R).

11. 设在一个仿射坐标系中，两张平行平面的方程为

$$\pi_i: Ax + By + Cz + D_i = 0, \quad i = 1,2,$$

求和它们距离相等的点的轨迹.

12. 设在一个仿射坐标系中，给定了两张平行平面的一般方程：

$$\pi_1: 3x - 2y + 5z + 2 = 0, \quad \pi_2: 6x - 4y + 10z - 5 = 0,$$

求到 π_1 的距离和到 π_2 的距离之比为 2∶1 的点的轨迹.

§3 直线的方程

本节讨论在仿射坐标系中，直线方程的各种形式.

3.1 直线的两类方程

几何上确定一条直线常常通过取定直线上的两点，或取定一点和平行于直线的一个非零向量. 因为前者容易转化为后者，所以下面只讨论从点和向量来决定直线的方程的方法.

设直线 l 经过点 $M_0(x_0, y_0, z_0)$，平行于非零向量 $\boldsymbol{u}(X, Y, Z)$，则

$$\text{点 } M(x,y,z) \in l \Longleftrightarrow \overrightarrow{M_0M} \,/\!/\, \boldsymbol{u}.$$

用坐标写出，就得到直线的**标准方程**

$$\frac{x - x_0}{X} = \frac{y - y_0}{Y} = \frac{z - z_0}{Z}.$$

又因为 $\boldsymbol{u} \neq 0$，所以 $\overrightarrow{M_0M} /\!/ \boldsymbol{u}$ 的充分必要条件是：存在实数 λ，使得

$$\overrightarrow{M_0M} = \lambda \boldsymbol{u}.$$

用坐标写出，就得到直线的**参数方程**

$$\begin{cases} x = x_0 + \lambda X, \\ y = y_0 + \lambda Y, \\ z = z_0 + \lambda Z. \end{cases}$$

直线的这两种方程虽然形式上不同，并有各自的意义，但它们都直接表现出直线的几何意义，即它的方向和所经过的一个点，也都直接可从点和方向写出. 我们把这两种方程统称为直线的**点向式方程**.

确定直线的另外一种方法是把它作为两张平面的交线. 设直线 l 是平面

$$\pi_1: A_1x + B_1y + C_1z + D_1 = 0$$

和

$$\pi_2: A_2x + B_2y + C_2z + D_2 = 0$$

的交线，则三元一次方程组

$$\begin{cases} A_1x + B_1y + C_1z + D_1 = 0, \\ A_2x + B_2y + C_2z + D_2 = 0 \end{cases}$$

就是 l 的一个**一般方程**（通常直线的一般方程都是指这种形式的方程组），因 π_1 和 π_2 相交，故这两个方程的一次项系数不成比例.

直线的一般方程不能直接显示出它的几何特点，即方向和经过的点，这在应用上是不方便的. 另外，直线有许多一般方程：任取两张经过此直线的不同平面，则把它们的方程联立，就得到直线的一个一般方程. 两个一般方程不经过计算，一般不容易直接看出它们是不是同一直线的方程. 这也给应用带来不便. 但是一般方程也有其优点，这就是在许多情况下它容易求得.

例 2.4 在一个仿射坐标系中，给定平面 π：$3x-y+2z-1=0$，直线 l 的标准方程：

$$\frac{x-1}{4} = \frac{y-3}{-2} = \frac{z}{1},$$

和点 $M_0(0,0,-2)$. 写出过 M_0，平行于 π，并且和 l 相交的直线 l_1

的方程.

解 此题不规定要求的方程是什么形式,下面我们求 l_1 的一个一般方程. 为此只须求出过 l_1 的两张平面的方程,把它们联立即可.

设 π_1 是过 M_0,平行于 π 的平面, π_2 是过 M_0 和直线 l 的平面,则它们都过 l_1.

因为 π_1 平行于 π,所以可设其方程为 $3x-y+2z+d=0$,再用 M_0 的坐标代入,求出 $d=4$. 得到 π_1 的一般方程

$$3x - y + 2z + 4 = 0.$$

π_2 经过点 M_0 和 $M_1(1,3,0)$,平行于向量 $\boldsymbol{u}(4,-2,1)$,也就是由点 M_0 和向量 $\overrightarrow{M_0M_1}(1,3,2)$ 和 $\boldsymbol{u}$ 决定的平面,代入(2.3),求出 π_2 的一般方程 $x+y-2z-4=0$. 于是

$$\begin{cases} x + y - 2z - 4 = 0, \\ 3x - y + 2z + 4 = 0 \end{cases}$$

就是 l_1 的一般方程.

应用上常常要把直线的一般方程转化为点向式方程,这就要求找到直线上的一点和平行于直线的一个向量. 设

$$\begin{cases} A_1x + B_1y + C_1z + D_1 = 0, \\ A_2x + B_2y + C_2z + D_2 = 0 \end{cases}$$

是 l 的一个一般方程,则根据定理 2.1,向量 $\boldsymbol{u}(x,y,z)$平行于 l 的充分必要条件是

$$\begin{cases} A_1x + B_1y + C_1z = 0, \\ A_2x + B_2y + C_2z = 0. \end{cases}$$

由例 1.16 知道,

$$\left(\begin{vmatrix} B_1 & C_1 \\ B_2 & C_2 \end{vmatrix}, \begin{vmatrix} C_1 & A_1 \\ C_2 & A_2 \end{vmatrix}, \begin{vmatrix} A_1 & B_1 \\ A_2 & B_2 \end{vmatrix} \right)$$

是上述齐次方程组的一个非零解,以它为坐标的向量平行于 l.

例 2.5 直线的一个一般方程为

$$\begin{cases}2x+y-2z+1=0,\\4x-2y+2z-1=0,\end{cases}$$

求它的参数方程.

解 先用上述方法求平行于直线的向量. 行列式

$$\begin{vmatrix}1 & -2\\-2 & 2\end{vmatrix}=-2,\quad \begin{vmatrix}-2 & 2\\2 & 4\end{vmatrix}=-12,\quad \begin{vmatrix}2 & 1\\4 & -2\end{vmatrix}=-8,$$

向量$(-2,-12,-8)$平行于直线，从而向量$\boldsymbol{u}(1,6,4)$也平行于直线. 我们用后者.

再求直线上的一个点，这只需求方程组

$$\begin{cases}2x+y-2z+1=0,\\4x-2y+2z-1=0\end{cases}$$

的一个解. 此方程组有三个未知数，两个方程，可先设定一个未知数的值，再求出另外两个未知数的值. 例如设$x=0$，解出$y=0$，$z=0.5$，得到直线上的一点$M_0(0,0,0.5)$. 于是可写出直线的参数方程：

$$\begin{cases}x=\lambda,\\y=6\lambda,\\z=0.5+4\lambda.\end{cases}$$

3.2 直线与平面的位置关系，共轴平面系

直线与平面的位置关系共有相交（有一个交点）、直线在平面上，以及没有交点三种情形，后两种统称为平行.

如果知道直线的点向式方程和平面的一般方程，很容易给出上述三种情形的判别.

设平面π的方程为$Ax+By+Cz+D=0$. 直线l过点$M_0(x_0,y_0,z_0)$，平行于非零向量$\boldsymbol{u}(X,Y,Z)$. 则l平行于π，即$\boldsymbol{u}$平行于π；l在π上，即$\boldsymbol{u}$平行于π，且M_0在π上. 用坐标写出（用定理 2.1）：

$$l\parallel\pi\Longleftrightarrow AX+BY+CZ=0;$$

$$l \in \pi \Longleftrightarrow \begin{cases} AX+BY+CZ=0, \\ Ax_0+By_0+Cz_0+D=0. \end{cases}$$

下面设直线 l 的一般方程为

$$\begin{cases} A_1x+B_1y+C_1z+D_1=0, \\ A_2x+B_2y+C_2z+D_2=0, \end{cases}$$

和平面 π 的一般方程为

$$Ax+By+Cz+D=0.$$

记 π_1 是以 $A_1x+B_1y+C_1z+D_1=0$ 为方程的平面，π_2 是以 $A_2x+B_2y+C_2z+D_2=0$ 为方程的平面,则 l 与 π 的位置关系转化为这三张平面 π_1,π_2 和 π 的位置关系. 利用命题 2.2,得到下列命题：

命题 2.4 （1）l 和 π 相交的充分必要条件为：

$$\begin{vmatrix} A_1 & B_1 & C_1 \\ A_2 & B_2 & C_2 \\ A & B & C \end{vmatrix} \neq 0.$$

（2）直线与平面无交点的充分必要条件为：线性方程组

$$\begin{cases} A_1x+B_1y+C_1z+D_1=0, \\ A_2x+B_2y+C_2z+D_2=0, \\ Ax+By+Cz+D=0 \end{cases}$$

无解.

（3）直线在平面上的充分必要条件为：线性方程组

$$\begin{cases} A_1x+B_1y+C_1z+D_1=0, \\ A_2x+B_2y+C_2z+D_2=0, \\ Ax+By+Cz+D=0 \end{cases}$$

有无穷多解.

下面对 l 在 π 上时的情形给出另一种分析.

由于 π_1,π_2 不平行(相交于直线 l),从而 A_1,B_1,C_1 和 A_2,B_2,C_2 不成比例. 于是对于任意两个不全为零的实数 λ 和 μ,

$$\lambda A_1+\mu A_2,\quad \lambda B_1+\mu B_2,\quad \lambda C_1+\mu C_2$$

不全为零,从而方程

$$\lambda(A_1x+B_1y+C_1z+D_1)+\mu(A_2x+B_2y+C_2z+D_2)=0$$

是一次方程,它的图像是一张平面. 又因为直线 l 上的每一点的坐标(x,y,z)都满足

$$A_1x+B_1y+C_1z+D_1=0 \quad \text{和} \quad A_2x+B_2y+C_2z+D_2=0,$$

从而满足

$$\lambda(A_1x+B_1y+C_1z+D_1)+\mu(A_2x+B_2y+C_2z+D_2)=0,$$

即在这张平面上,于是直线 l 在这张平面上.

命题 2.5 直线 l

$$\begin{cases} A_1x+B_1y+C_1z+D_1=0, \\ A_2x+B_2y+C_2z+D_2=0 \end{cases}$$

在平面 π 上的充分必要条件为:存在不全为 0 的实数 λ,μ,使得

$$\lambda(A_1x+B_1y+C_1z+D_1)+\mu(A_2x+B_2y+C_2z+D_2)=0$$

是 π 的一般方程.

证明 充分性上面已经证明,下面证明必要性.

假设 π 经过直线 l. 取在 π 上,但不在 l 上的一点 $M_0(x_0,y_0,z_0)$. 设

$$\mu_0=A_1x_0+B_1y_0+C_1z_0+D_1,$$
$$\lambda_0=A_2x_0+B_2y_0+C_2z_0+D_2,$$

则 λ_0,μ_0 不全为零(否则 M_0 在 l 上). 于是平面

$$\lambda_0(A_1x+B_1y+C_1z+D_1)+\mu_0(A_2x+B_2y+C_2z+D_2)=0$$

既过直线 l,又过点 M_0,因此就是 π. ▍

我们把经过同一直线 l 的所有平面构成的集合称为以 l 为轴的**共轴平面系**. 上面的讨论说明,如果 l 有一般方程

$$\begin{cases} A_1x+B_1y+C_1z+D_1=0, \\ A_2x+B_2y+C_2z+D_2=0, \end{cases}$$

则以 l 为轴的共轴平面系中平面的方程的一般形式为:

$$\lambda(A_1x+B_1y+C_1z+D_1)+\mu(A_2x+B_2y+C_2z+D_2)=0$$

(其中 λ 和 μ 不全为 0);如果要写出平面系中某张平面的方程,只

需根据该平面的具体条件决定出 λ 和 μ 即可(只需决定出 λ 和 μ 的比值).

例 2.6 在一个仿射坐标系中,直线 l 是平面

$$\pi_1:4x-y+3z-5=0 \quad 和 \quad \pi_2:x-y-z+2=0$$

的交线.求下列平面的方程:

(1) 过 l 和点 $M(1,1,1)$;

(2) 过 l,并且平行于 z 轴.

解 以 l 为轴的共轴平面系中平面的方程有一般形式为:

$$\lambda(4x-y+3z-5)+\mu(x-y-z+2)=0. \quad (2.5)$$

(1) 用 $x=1,y=1,z=1$ 代入方程(2.5),得到

$$\lambda+\mu=0.$$

取 $\lambda=-\mu=1$,得到所求平面的方程

$$3x+4z-7=0.$$

(2) 把(2.5)化为

$$(4\lambda+\mu)x-(\lambda+\mu)y+(3\lambda-\mu)z-5\lambda+2\mu=0,$$

因为所求平面平行于 z 轴,即方程中 z 的系数为零,于是 $3\lambda-\mu=0$,即 $\lambda=1,\mu=3$,得到所求平面的方程

$$7x-4y+1=0.$$

例 2.7 已知 l 在 π 上,其中 l 有一般方程

$$\begin{cases}3x+2y-z+1=0,\\ x-2z=0,\end{cases}$$

π 的方程为 $4x+ay+2z+b=0$,求 a,b.

解 方法 1. 用平面系的方法,设

$$4x+ay+2z+b=\lambda(3x+2y-z+1)+\mu(x-2z),$$

则

$$\begin{cases}3\lambda+\mu=4,\\ 2\lambda=a,\\ -\lambda-2\mu=2,\\ \lambda=b,\end{cases}$$

解得 $\lambda=2,\mu=-2$，从而 $a=4,b=2$.

方法 2. 由于 l 在 π 上，用命题 2.5，有

$$\begin{vmatrix} 3 & 2 & -1 \\ 1 & 0 & -2 \\ 4 & a & 2 \end{vmatrix} = 0,$$

解得 $a=4$. 再在 l 上取一点 M_0：令 $x=z=0$，则 $y=-\frac{1}{2}$，$M_0\left(0,-\frac{1}{2},0\right)$ 在 π 上，于是

$$4\times\left(-\frac{1}{2}\right)+b=0,$$

得到 $b=2$.

3.3 直线与直线的位置关系

直线与直线的位置关系有异面、相交、重合、平行而不重合四种. 相交、重合、平行统称为共面；重合、平行统称平行.

由于直线有两种类型的方程，用方程来判别两条直线关系的问题就变得复杂了. 最容易的是两条直线都用点向式方程给出的情形. 设直线 l_1 过点 M_1，平行于向量 $\boldsymbol{u}_1$，直线 l_2 过点 M_2，平行于向量 $\boldsymbol{u}_2$. 则容易看出

$$l_1 \parallel l_2 \Longleftrightarrow \boldsymbol{u}_1 \parallel \boldsymbol{u}_2,$$

$$l_1,l_2 \text{ 共面 } \Longleftrightarrow (\overrightarrow{M_1M_2},\boldsymbol{u}_1,\boldsymbol{u}_2)=0,$$

$$l_1,l_2 \text{ 重合 } \Longleftrightarrow \overrightarrow{M_1M_2},\boldsymbol{u}_1,\boldsymbol{u}_2 \text{ 共线}.$$

请读者自己证明这些结论，并用坐标写出右边的条件.

如果两条直线不都是用点向式方程给出的，可先求出点向式方程再用上述判别方法. 但也可以利用几何直观，直接进行判别. 这里我们只通过例子说明一些想法，把一般性的结论放在习题中，请读者自己证明.

例 2.8 在一个仿射坐标系中，已知直线 l_1 有一般方程

$$\begin{cases} x - y + z + 7 = 0, \\ 2x + y - 6 = 0, \end{cases}$$

l_2 经过点 $M_2(-1,1,2)$，平行于向量 $\boldsymbol{u}_2(1,2,-3)$. 试判别它们的位置关系.

解 设 π_1,π_2 分别是以 $x-y+z+7=0,2x+y-6=0$ 为方程的平面.

(1) 直线 l_2 平行于 l_1 的充分必要条件是，$\boldsymbol{u}_2$ 和 π_1,π_2 都平行. 于是可用定理 2.1 来判别.

因为 $1\times1+(-1)\times2+1\times(-3)=-4$，所以 l_2 和 π_1 不平行，从而 l_2 和 l_1 不平行.

(2) 设 π 是经过 l_1 和点 M_2 的平面. 则

$$l_1 \text{ 和 } l_2 \text{ 共面} \Longleftrightarrow \boldsymbol{u}_2 \text{ 平行于 } \pi.$$

用平面系的方法求 π 的方程. 由于 π 经过 l_1，它有形如

$$\lambda(x - y + z + 7) + \mu(2x + y - 6) = 0$$

的方程，用 M_2 的坐标代入

$$\lambda(-1 - 1 + 2 + 7) + \mu(-2 + 1 - 6) = 0,$$

解得 $\lambda=\mu$. 取 $\lambda=\mu=1$，得到 π 的方程

$$3x + z + 1 = 0.$$

容易用定理 2.1 判别 $\boldsymbol{u}_2$ 平行于 π，从而 l_1 和 l_2 共面.

作为上节和本节内容的一个应用，下面讨论一个比较复杂的例子.

例 2.9 在一个仿射坐标系中，直线 l_1 有一般方程

$$\begin{cases} x - y + z - 1 = 0, \\ y + z = 0, \end{cases}$$

直线 l_2 过点 $M(0,0,-1)$，平行于向量 $\boldsymbol{u}(2,1,-2)$. 平面 π 的方程为：

$$x + y + z = 0.$$

求由全体与 l_1,l_2 都相交，并且平行于 π 的直线所构成的曲面 S 的方程.

解 我们用两种方法来求解.

方法1(参数法). 构成 S 的每一条直线都平行于平面 π,从而在一张平行于 π 的平面

$$\pi_t:\ x+y+z=t$$

上,记此直线为 l_t^*. 下面先来求出它的一般方程. 我们只给出解题思路,详细过程请读者自己完成.

求出 π_t 和 l_2 的交点 M_t 的坐标$(2t+2,t+1,-2t-3)$,用平面系的方法求出 M_t 和 l_1 决定的平面的方程:

$$(t+2)x-(2t+5)y-z-t-2=0.$$

于是 l_t^* 的一般方程为:

$$\begin{cases}x+y+z=t,\\(t+2)x-(2t+5)y-z-t-2=0.\end{cases}$$

消去参数 t,即从第一个方程得到 $t=x+y+z$,代入第二个方程,得到 S 的方程:

$$x^2-2y^2-xy+xz-2yz+x-6y-2z-2=0.$$

方法2(轨迹法). 分析 S 上点的几何特性,并把它转化为点的坐标所要满足的方程,即可得到 S 的一般方程了.

不难看出,直线 l_1,l_2 上的点都在 S 上. 设点 $P(r,s,t)$不在 l_1,l_2 上,则它和 l_1,l_2 各决定一张平面,分别记作 $\pi_1(P)$,$\pi_2(P)$. 它们的交线记作 $l(P)$. 于是

$$P\in S\Longleftrightarrow l(P)\mathbin{/\mkern-5mu/}\pi.$$

用平面系的方法求出 $\pi_1(P)$的方程为

$$(s+t)(x-y+z-1)-(r-s+t-1)(y+z)=0,$$

即

$$(s+t)x+(-r-2t+1)y+(-r+2s+1)z-s-t=0.$$

$\pi_2(P)$的方程为

$$\begin{vmatrix}x & y & z+1\\2 & 1 & -2\\r & s & t+1\end{vmatrix}=0,$$

即

$$(2s+t+1)x-2(r+t+1)y+(-r+2s)z-r+2s=0.$$

于是根据命题 2.5，$P\in S$ 的充分必要条件为

$$\begin{vmatrix} s+t & -r-2t+1 & -r+2s+1 \\ 2s+t+1 & -2(r+t+1) & -r+2s \\ 1 & 1 & 1 \end{vmatrix}=0,$$

即

$$r^2-2s^2-rs+rt-2st+r-6s-2t-2=0.$$

这是不在 l_1,l_2 上的点 $P(r,s,t)$ 属于 S 的条件. 不难看出，l_1,l_2 上点的坐标也都满足这个方程. 于是它就是 S 的一个一般方程. 按习惯，写成

$$x^2-2y^2-xy+xz-2yz+x-6y-2z-2=0.$$

习 题 2.3

1. 在一个仿射坐标系中，求下列直线的方程：

(1) 经过点 $M(2,-1,3)$，平行于向量 $\boldsymbol{u}(1,0,3)$；

(2) 经过点 $M(2,-1,3)$ 和 $N(2,1,2)$.

2. 把下列直线的一般方程化为标准方程：

(1) $\begin{cases} x+y-z-1=0, \\ y+2z=0; \end{cases}$

(2) $\begin{cases} 3x-y-z-1=0, \\ 4y+3z+1=0. \end{cases}$

3. 判别下列各组直线与平面的位置关系，如果相交则求出交点：

(1) 直线 $\dfrac{x}{-1}=\dfrac{y-1}{1}=\dfrac{z-1}{1}$，平面 $x-2y+3z+5=0$；

(2) 直线 $\dfrac{x-1}{1}=\dfrac{y-1}{1}=\dfrac{z-8}{2}$，平面 $x+y-z+6=0$；

(3) 直线 $\dfrac{x-1}{2}=\dfrac{y+1}{-3}=\dfrac{z+2}{-1}$，平面 $3x+2y+z=0$；

(4) 直线 $\begin{cases}x+3y-2z+1=0,\\2x+4y+2z-2=0,\end{cases}$ 平面 $x+2y-z-3=0$；

(5) 直线 $\begin{cases}5x+2y-7=0,\\x-y+z-6=0,\end{cases}$ 平面 $4x+3y-z-1=0$；

(6) 直线 $\begin{cases}3x-3y+z+4=0,\\x+y+z-2=0,\end{cases}$ 平面 $3y+z-5=0$.

4. 写出下列平面的方程：

(1) 过直线 $\dfrac{x-1}{2}=\dfrac{y}{1}=\dfrac{z}{-1}$,平行于向量 $\boldsymbol{u}(2,1,-2)$；

(2) 过直线 $\dfrac{x+2}{3}=\dfrac{y-1}{0}=\dfrac{z}{1}$和原点；

(3) 过直线 $\begin{cases}2x+3y+z-1=0,\\x+2y-z+2=0,\end{cases}$平行于向量 $\boldsymbol{u}(1,1,-1)$；

(4) 过直线 $\begin{cases}2x+3y+z-1=0,\\x+2y-z+2=0\end{cases}$和点$(2,2,-1)$；

(5) 过直线 $\begin{cases}2x+3y+z-1=0,\\x+2y-z+2=0,\end{cases}$并过 y 轴和 z 轴的交点：$(0,y_0,0)$和$(0,0,z_0)$,满足 $y_0=z_0$；

(6) 平行于平面 π：$6x-2y+3z+15=0$,并且使得点$(0,-2,-1)$到所作平面和 π 的距离相等.

5. 设直线 l：$\begin{cases}4x-y+3z-1=0,\\x+5y-z+2=0,\end{cases}$求过 l 的平面 π 的方程,使得 π 还满足下列条件：

(1) 过原点；

(2) 平行于 y 轴.

6. 判别下列各对直线的位置互相关系：

(1) $\dfrac{x+1}{3}=\dfrac{y-1}{9}=\dfrac{z-2}{1}$, $\dfrac{x}{-1}=\dfrac{y-2}{2}=\dfrac{z-1}{3}$；

(2) $\begin{cases}2x-2y+z-3=0,\\x+y+2z+1=0,\end{cases}$ $\dfrac{x-1}{1}=\dfrac{y-2}{-1}=\dfrac{z-3}{2}$；

(3) $\begin{cases}x+2y+z+1=0,\\y+z=0,\end{cases}$ $\begin{cases}x-z+1=0,\\x+y+1=0.\end{cases}$

7. 决定 a,b,s,t 的值，使得直线 $\frac{x+3}{a}=\frac{y-s}{b}=\frac{z-t}{1}$ 和直线 $\begin{cases}3x-y+z-2=0,\\x-2z+1=0\end{cases}$ 重合.

8. 求下列直线的方程：

(1) 过点 $(0,1,-1)$，与平面 $x-3y+z-2=0$ 平行，并且和直线 $\begin{cases}3x-2y+2z+3=0,\\2x+y+z+1=0\end{cases}$ 共面；

(2) 平行于向量 $\boldsymbol{u}(8,7,1)$，并与直线 $\frac{x+13}{2}=\frac{y-5}{3}=\frac{z}{1}$ 和 $\frac{x-10}{5}=\frac{y+7}{4}=\frac{z}{1}$ 都相交；

(3) 过点 $(0,1,-1)$，与直线

$$\begin{cases}2x-y-5=0,\\3x-2z+7=0,\end{cases}\qquad\begin{cases}x+5y-10=0,\\y+z-3=0\end{cases}$$

都共面.

9. 在空间仿射坐标系中，直线 l_1,l_2 分别有一般方程如下：

$$\begin{cases}2x+y-z+1=0,\\x-y+2z=0,\end{cases}\qquad\begin{cases}3x-z+1=0,\\y+2z-2=0.\end{cases}$$

(1) 写出经过 l_1，并且平行于 l_2 的平面的方程；

(2) 求与 l_1,l_2 都共面，并且平行于向量 $\boldsymbol{u}(1,2,1)$ 的直线的方程.

10. 在空间仿射坐标系中，直线 l_1 和 l_2 分别有一般方程：

$$l_1:\begin{cases}x+2y-z+1=0,\\x-4y-z-2=0,\end{cases}\qquad l_2:\begin{cases}x-y+z-2=0,\\4x-2y+1=0.\end{cases}$$

(1) 设直线 l 过坐标原点，并且与 l_1 和 l_2 都共面，求 l 的方程（方程形式不限）；

(2) 设平面 π 过 l_1，并且平行于 l_2，求 π 的方程.

11. 设直线 l_1 和 l_2 都给出了一般方程

$$l_1:\begin{cases}A_1x+B_1y+C_1z+D_1=0,\\A_2x+B_2y+C_2z+D_2=0,\end{cases}$$

$$l_2:\begin{cases}A_3x+B_3y+C_3z+D_3=0,\\A_4x+B_4y+C_4z+D_4=0,\end{cases}$$

(1) 证明：

$$l_1 \mathbin{/\!/} l_2 \Longleftrightarrow \begin{vmatrix}A_1 & B_1 & C_1\\A_2 & B_2 & C_2\\A_3 & B_3 & C_3\end{vmatrix}=\begin{vmatrix}A_1 & B_1 & C_1\\A_2 & B_2 & C_2\\A_4 & B_4 & C_4\end{vmatrix}=0.$$

(2) 证明：如果 l_1 和 l_2 异面，则

$$\begin{vmatrix}A_1 & B_1 & C_1 & D_1\\A_2 & B_2 & C_2 & D_2\\A_3 & B_3 & C_3 & D_3\\A_4 & B_4 & C_4 & D_4\end{vmatrix}\neq 0.$$

(3) 证明：l_1 和 l_2 共面，其充分必要条件为

$$\begin{vmatrix}A_1 & B_1 & C_1 & D_1\\A_2 & B_2 & C_2 & D_2\\A_3 & B_3 & C_3 & D_3\\A_4 & B_4 & C_4 & D_4\end{vmatrix}=0.$$

12. 求所有与直线

$$l_1:\ \frac{x-6}{3}=\frac{y}{2}=\frac{z-1}{2},\quad l_2:\ \frac{x}{3}=\frac{y}{2}=\frac{z+4}{-2}$$

都相交，并且平行于平面 $2x+3y-5=0$ 的直线所构成的图形的方程.

13. 在一个仿射坐标系中，给出了 3 个点和 3 个向量的坐标：

$$M_1(1,0,0),\quad M_2(-1,0,0),\quad M_3(2,-1,-2),$$

$$\boldsymbol{u}_1(0,1,1),\quad \boldsymbol{u}_2(0,1,-1),\quad \boldsymbol{u}_3(-3,4,5),$$

记 l_i 是过 M_i，平行于 $\boldsymbol{u}_i$ 的直线，$i=1,2,3$.

空间一个点 M 称为具有性质：如果存在过 M 的直线 l，与 l_1，l_2，l_3 都共面，记此性质为性质(*).

(1) 证明 l_i $(i=1,2,3)$上的每一点都满足性质(*)；

(2) 设坐标为$(0,1,t)$的点满足性质(*)，求 t；

(3) 记 S 是满足性质(*)的点的轨迹(即所有与 l_1,l_2,l_3 都共面的直线所构成的图形),写出 S 的方程.

§4 涉及平面和直线的度量关系

本节将讨论与平面和直线相关的距离、夹角等度量的计算. 向量的内积、外积和混合积是主要工具. 第一章已经说明,这些乘积的计算只有在直角坐标系中才是简便的. 因此本节所用坐标系都是直角坐标系.

4.1 直角坐标系中平面方程系数的几何意义

设平面 π 在一个直角坐标系中有一般方程

$$Ax + By + Cz + D = 0.$$

记 $\boldsymbol{n}$ 为以(A,B,C)为坐标的向量. 于是,对于任何向量 $\boldsymbol{r}(k,m,n)$,等式

$$Ak + Bm + Cn = 0$$

表示向量 $\boldsymbol{r}$ 垂直于 $\boldsymbol{n}$. 这样,定理 2.1 的结论可改写为: 对于任何向量 $\boldsymbol{r}$,

$$\boldsymbol{r} \mathbin{/\mkern-6mu/} \pi \Longleftrightarrow \boldsymbol{r} \text{ 垂直于 } \boldsymbol{n}.$$

这说明 $\boldsymbol{n}$ 是 π 的一个法向量(即垂直于平面的非零向量).

有了这个认识,以前的有些结果在直角坐标系中就有很强的几何意义了. 例如,设直线 l 有一般方程

$$\begin{cases} A_1x + B_1y + C_1z + D_1 = 0, \\ A_2x + B_2y + C_2z + D_2 = 0, \end{cases}$$

则 $\boldsymbol{n}_1(A_1,B_1,C_1)\times\boldsymbol{n}_2(A_2,B_2,C_2)$平行于 l,这就为上节例 2.6 前的结论作了几何解释.

4.2 距离

涉及到平面和直线的距离概念有下面几种: 点到平面的距

离、点到直线的距离、平行平面间的距离、直线到与它平行的平面的距离、平行直线间的距离，以及异面直线间的距离. 其中点到平面和点到直线的距离是最基本的，另外几种距离都可转化为点到平面的距离，或点到直线的距离. 下面给出这两种距离的计算公式.

1. 点到平面的距离

设在一个直角坐标系中，点 P 的坐标为 (r,s,t)，平面 π 的方程为

$$Ax+By+Cz+D=0.$$

取 π 上一点 $M_0(x_0,y_0,z_0)$. 则 P 到 π 的距离 $d(P,\pi)$ 就是向量 $\overrightarrow{M_0P}$ 在 π 的法向量 $\boldsymbol{n}(A,B,C)$ 上的内射影的长度，即 $\dfrac{|\boldsymbol{n}\cdot\overrightarrow{M_0P}|}{|\boldsymbol{n}|}$. 用坐标来计算，

$$|\boldsymbol{n}|=\sqrt{A^2+B^2+C^2},$$

$$\begin{aligned}|\boldsymbol{n}\cdot\overrightarrow{M_0P}|&=|A(r-x_0)+B(s-y_0)+C(t-z_0)|\\&=|Ar+Bs+Ct+D|.\end{aligned}$$

（注意到 $Ax_0+By_0+Cz_0+D=0$，即 $-(Ax_0+By_0+Cz_0)=D$.）由此得到计算距离的公式

$$d(P,\pi)=\frac{|Ar+Bs+Ct+D|}{\sqrt{A^2+B^2+C^2}}. \tag{2.6}$$

用点到平面的距离就可计算下面几个距离：

(1) 直线到与它平行的平面的距离就是线上一点到平面的距离；

(2) 平行平面间的距离就是一张平面上的一点到另一张平面的距离.

设平面 π,π' 的方程分别为

$$\pi:\ Ax+By+Cz+D=0,$$

$$\pi':\ Ax+By+Cz+D'=0,$$

则它们的距离

$$d(\pi,\pi')=\frac{|D-D'|}{\sqrt{A^2+B^2+C^2}}. \tag{2.7}$$

(证明留作习题.)

(3) 异面直线间的距离也可转化为点到平面的距离. 设 l_1,l_2 是一对异面直线,它们之间的距离 $d(l_1,l_2)$是指它们的公垂线(即和 l_1,l_2 都是既垂直又相交的直线)与它们的两个交点间的距离. 如果过 l_1 作平行于 l_2 的平面 π,则 $d(l_1,l_2)$也就是 l_2 到 π 的距离.

设 l_1 过点 M_1,平行于向量 $\boldsymbol{u}_1$; l_2 过点 M_2,平行于向量 $\boldsymbol{u}_2$. 记 π 为过 l_1 并且平行于 l_2 的平面,则 $d(l_1,l_2)$就是 M_2 到 π 的距离. π 的法向量为 $\boldsymbol{u}_1\times\boldsymbol{u}_2$. 于是有公式

$$d(l_1,l_2)=\frac{|(\boldsymbol{u}_1,\boldsymbol{u}_2,\overrightarrow{M_1M_2})|}{|\boldsymbol{u}_1\times\boldsymbol{u}_2|}.$$

例 2.10 在直角坐标系中给出两条直线的一般方程

$$l_1:\begin{cases}2x-y+z+2=0,\\x+2y+4z-4=0,\end{cases}\quad l_2:\begin{cases}x+2y-1=0,\\y-z+2=0,\end{cases}$$

求它们的距离和公垂线的方程.

解 距离 $d(l_1,l_2)$的计算,可以先求出直线的点向式方程,再用上面的公式. 下面用一种更简单的方法. 先用平面系的方法求过 l_1,平行于 l_2 的平面 π 的方程. 设 π 的方程为

$$\lambda(2x-y+z+2)+\mu(x+2y+4z-4)=0,$$

记 l_2 的一般方程中的两个方程所表示的两张平面为 π_1,π_2,则 π, π_1,π_2 不相交于一点,用命题 2.2,

$$\begin{vmatrix}2\lambda+\mu & -\lambda+2\mu & \lambda+4\mu\\1 & 2 & 0\\0 & 1 & -1\end{vmatrix}=0.$$

由此等式求出 $\lambda=\mu$,得到 π 的方程

$$3x+y+5z-2=0.$$

取 l_2 上的一点(1,0,2),它到 π 的距离等于 $d(l_1,l_2)$,用公式(2.6)计算出

$$d(l_1,l_2)=\frac{11\sqrt{35}}{35}.$$

求公垂线方程.公垂线垂直于平面 π,因此平行于 π 的法向量 $\boldsymbol{n}(3,1,5)$.

设公垂线与 l_i 决定的平面为 π_i,π_i 就是过 l_i,平行于 $\boldsymbol{n}$ 的平面,$i=1,2$.用平面系的方法求它们的方程.设 π_1 的方程为

$$\lambda(2x-y+z+2)+\mu(x+2y+4z-4)=0,$$

即

$$(2\lambda+\mu)x+(-\lambda+2\mu)y+(\lambda+4\mu)z+2\lambda-4\mu=0.$$

根据定理 2.1,

$$3(2\lambda+\mu)+(-\lambda+2\mu)+5(\lambda+4\mu)=0,$$

即 $10\lambda+25\mu=0$.取 $\lambda=5,\mu=-2$,求出 π_1 的方程

$$8x-9y-3z+18=0.$$

类似地可求得 π_2 的方程

$$4x+13y-5z+6=0.$$

于是得到公垂线的一般方程

$$\begin{cases}8x-9y-3z+18=0,\\4x+13y-5z+6=0.\end{cases}$$

2. 点到直线的距离

设直线 l 经过点 M_0,平行于非零向量 $\boldsymbol{u}$.则点 P 到 l 的距离等于向量 $\overrightarrow{M_0P}$ 在 $\boldsymbol{u}$ 上的外射影的长度(见图 2.2),即

$$d(P,l)=\frac{|\boldsymbol{u}\times\overrightarrow{M_0P}|}{|\boldsymbol{u}|}.\quad(2.8)$$

请读者在直角坐标系中用坐标写出这个公式.

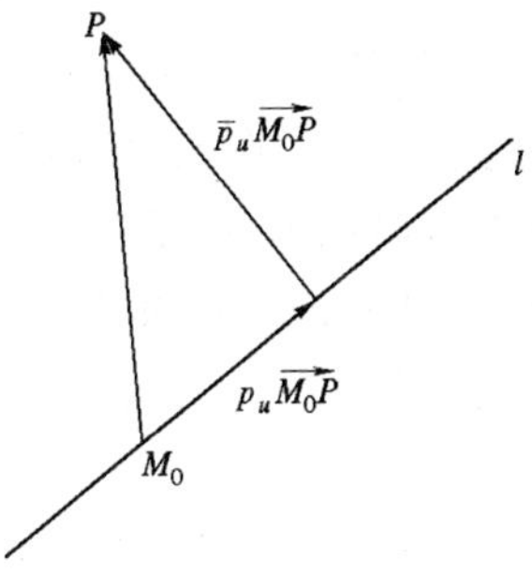

图 2.2

如果直线的方程是一般方程,一般先求出点向式方程,再用上述公式.

平行直线间的距离也就是其中一

条直线上的任意一点到另一条直线的距离.

4.3 夹角

有关平面和直线的夹角有下列三种:

(1) 平面与平面的夹角. 设平面 π_1,π_2 相交,则交线把每张平面都分割成两张半平面,从而形成 4 个两面角,它们的角度或相等,或互补. 把其中较小的那个规定为这两张平面的夹角的角度. 如果 π_1,π_2 分别有法向量 $\boldsymbol{n}_1,\boldsymbol{n}_2$,则它们的夹角为

$$\theta=\arccos(|\cos\langle\boldsymbol{n}_1,\boldsymbol{n}_2\rangle|).$$

即当 $\langle\boldsymbol{n}_1,\boldsymbol{n}_2\rangle$ 是锐角时, θ 就是 $\langle\boldsymbol{n}_1,\boldsymbol{n}_2\rangle$;当 $\langle\boldsymbol{n}_1,\boldsymbol{n}_2\rangle$ 是钝角时, θ 就是 $\langle\boldsymbol{n}_1,\boldsymbol{n}_2\rangle$ 的补角.

(2) 直线与直线的夹角. 设直线 l_1,l_2 分别平行于非零向量 $\boldsymbol{u}_1,\boldsymbol{u}_2$,则它们的夹角规定为

$$\theta=\arccos(|\cos\langle\boldsymbol{u}_1,\boldsymbol{u}_2\rangle|).$$

即当 $\langle\boldsymbol{u}_1,\boldsymbol{u}_2\rangle$ 是锐角时, θ 就是 $\langle\boldsymbol{u}_1,\boldsymbol{u}_2\rangle$;当 $\langle\boldsymbol{u}_1,\boldsymbol{u}_2\rangle$ 是钝角时, θ 就是 $\langle\boldsymbol{u}_1,\boldsymbol{u}_2\rangle$ 的补角.

(3) 直线与平面的夹角,指从平面上看直线的仰角,即直线与它在平面上的正射影的夹角. 设直线 l 平行于非零向量 $\boldsymbol{u}$,平面 π 有法向量 $\boldsymbol{n}$,则它们的夹角为

$$\theta=\arccos(|\sin\langle\boldsymbol{u},\boldsymbol{n}\rangle|).$$

在直角坐标系中,以上各角容易通过坐标进行计算.

垂直就是夹角为 90°,在直角坐标系中容易用坐标来判别. 两条直线既相交,又垂直,就称为**正交**. 于是异面直线的公垂线就是和它们都正交的直线.

例 2.11 在直角坐标系中,给出一点 $M_0(1,2,0)$ 和一条直线 l 的一般方程

$$\begin{cases}x-y-z+2=0,\\2x-3y+3=0.\end{cases}$$

求 M_0 到 l 的距离,并写出过 M_0 且与 l 正交的直线 l' 的方程.

解 先取 l 上的一点 $M_1(0,1,1)$，并求出平行于 l 的一个向量 $\boldsymbol{u}(3,2,1)$.

(1) 点 M_0 到 l 的距离为

$$d(M_0,l)=\frac{|\boldsymbol{u}\times\overrightarrow{M_1M_0}|}{|\boldsymbol{u}|}=\frac{\sqrt{26}}{\sqrt{14}}=\frac{\sqrt{91}}{7}.$$

(2) 设 π_1 是过 M_0 和 l 的平面，π_2 是过 M_0 垂直于 l 的平面. 则 l' 就是它们的交线.

设 π_1 的方程

$$\lambda(x-y-z+2)+\mu(2x-3y+3)=0,$$

用 M_0 的坐标代入，求出 $\lambda=\mu$，得到 π_1 的方程

$$3x-4y-z+5=0.$$

$\boldsymbol{u}(3,2,1)$是 π_2 的一个法向量，因此可设 π_2 的方程是

$$3x+2y+z+D=0.$$

用 M_0 的坐标代入，求出 $D=-7$. π_2 的方程为

$$3x+2y+z-7=0.$$

于是 l' 有一般方程

$$\begin{cases}3x-4y-z+5=0,\\3x+2y+z-7=0.\end{cases}$$

习 题 2.4

1. 在直角坐标系中，写出下列平面的方程：

(1) 经过点$(-1,2,0)$，垂直于向量 $\boldsymbol{u}(3,3,1)$；

(2) 经过点$(-1,1,-10)$和$(5,-2,11)$，垂直于平面 $2x+5y+z+1=0$；

(3) 垂直于平面 $x+y+z+4=0$，经过直线

$$\begin{cases}3x-4y-5z+1=0,\\-2x+3y+2z-2=0;\end{cases}$$

(4) 经过点$(2,0,-3)$，垂直于两张平面 $x-2y+4z-7=0$ 和 $3x+5y-2z+1=0$.

2. 证明：在直角坐标系中，方程

$$\begin{vmatrix} x-x_0 & y-y_0 & z-z_0 \\ A_1 & B_1 & C_1 \\ A_2 & B_2 & C_2 \end{vmatrix} = 0$$

的图像是经过点(x_0,y_0,z_0)，垂直于平面 $A_1x+B_1y+C_1z+D_1=0$ 和 $A_2x+B_2y+C_2z+D_2=0$ 的平面.

3. 在直角坐标系中，写出下列直线的方程：

(1) 经过点$(3,-2,1)$，垂直于平面 $3x+2y-3z+5=0$；

(2) 经过点$(1,1,-3)$，并且与直线 l 正交，其中 l 过点$(2,-1,2)$，平行于向量 $\boldsymbol{u}(-1,2,4)$；

(3) 经过点$(0,1,-1)$，并且与直线

$$\begin{cases} 3x+2y-5=0, \\ 2x-z+3=0 \end{cases}$$

正交.

4. 在空间直角坐标系中，求下列点到平面的距离：

(1) 点$(2,1,0)$，平面 $3x-4y-5z+1=0$；

(2) 点$(2,4,-1)$，平面 $x-z-1=0$.

5. 在空间直角坐标系中，两张平行平面的方程分别是 $2x-2y+z+5=0$ 和 $2x-2y+z-1=0$，求它们之间的距离.

6. 在空间直角坐标系中，点 D 的坐标为$(2,3,1)$，A,B,C 是平面 $3x-2y-6z-4=0$ 上的 3 个点，使得$\triangle ABC$ 的面积为 4，求四面体 $ABCD$ 的体积.

7. 在空间直角坐标系中求下列夹角（用反三角函数表示）：

(1) 两张平面的夹角，它们的一般方程分别为 $3x-4y-5z-4=0$ 和 $4x+y-z+5=0$；

(2) 直线 $\dfrac{x+1}{-1}=\dfrac{y-3}{1}=\dfrac{z+1}{2}$ 和 $\dfrac{x-1}{-2}=\dfrac{y}{4}=\dfrac{z-1}{-3}$ 的夹角；

(3) 直线$\begin{cases}x+y+z-1=0,\\x+y+2z+1=0\end{cases}$和$\begin{cases}3x+y+1=0,\\y+3z+2=0\end{cases}$的夹角；

(4) 直线 $\dfrac{x-1}{2}=\dfrac{y}{1}=\dfrac{z+1}{-1}$ 和平面 $x-2y+4z-1=0$ 的夹角；

(5) 直线$\begin{cases}x-y-z-1=0,\\2x-3y+1=0\end{cases}$和平面 $2x-z-4=0$ 的夹角；

(6) 在一个空间直角坐标系中，3 张平面的一般方程为

$$\pi_1:3x-4y=0,\quad \pi_2:y+z+1=0,\quad \pi_3:x+2z+3=0.$$

① 求 π_1,π_2 的交线和 π_3 的夹角，

② 求 π_1,π_2 的交线和 π_1,π_3 的交线的夹角.

8. 在空间直角坐标系中，直线 $\dfrac{x+1}{t}=\dfrac{y-3}{1}=\dfrac{z+1}{2}$和平面 $2x+4y-5z+1=0$ 平行，求 t 的值，并求它们的距离.

9. 在空间直角坐标系中，求到平面 $4x-4y-2z-3=0$ 的距离等于 3 的点的轨迹.

10. 在空间直角坐标系中，求经过 z 轴，并且和平面 $2x+y-\sqrt{5}z-1=0$ 的夹角为 60°的平面的方程.

11. 在空间直角坐标系中，求到平面 $3x-2y-6z-4=0$ 和 $2x+2y-z+5=0$ 距离相等的点的轨迹.

12. 在空间直角坐标系中，求下列点到直线的距离：

(1) 点(1,0,2)，直线$\begin{cases}3x-2y-1=0,\\y-z-2=0;\end{cases}$

(2) 点(3,10,−1)，直线 $\dfrac{x-1}{2}=\dfrac{y-5}{10}=\dfrac{z+1}{-3}$.

13. 在空间直角坐标系中，求下列两条直线的距离：

(1) $\dfrac{x}{1}=\dfrac{y+2}{-3}=\dfrac{z+7}{-2}$ 和 $\dfrac{x}{-1}=\dfrac{y-6}{3}=\dfrac{z+5}{2}$；

(2) $\dfrac{x+2}{-2}=\dfrac{y}{2}=\dfrac{z-2}{1}$ 和 $\dfrac{x-5}{4}=\dfrac{y-5}{2}=\dfrac{z}{-1}$；

(3) $\begin{cases}z-1=0,\\x+y=0\end{cases}$和$\begin{cases}y+z=0,\\x+z-1=0.\end{cases}$

14. 在空间直角坐标系中，求下列各对异面直线的距离和公

垂线的方程：

(1) $\begin{cases}3x+y-3=0,\\y+z=0\end{cases}$ 和 $\begin{cases}x+z=0,\\x-2y=0;\end{cases}$

(2) $\dfrac{x-1}{-1}=\dfrac{y}{1}=\dfrac{z}{0}$ 和 $\dfrac{x-1}{2}=\dfrac{y}{-1}=\dfrac{z-2}{2}$.

§5 旋转面、柱面和锥面

本节我们将对几种特殊的曲面建立方程.这些曲面的参数方程比较容易建立.但是曲面的参数方程不常用,因此我们的目标是建立这些曲面的一般方程.一般地说,建立一个几何图形的一般方程,先要找出图形上点的几何特征,然后把它转化为坐标所要满足的条件,就得到一般方程.

讨论中所采用的坐标系随是否涉及度量而定.如果与度量有关,则用直角坐标系,否则可用仿射坐标系.具体地讲,旋转面必须在直角坐标系中讨论,而柱面和锥面可在仿射坐标系中讨论.

5.1 旋转面

1. 定义与几何特征

定义 2.1 由空间的一条曲线 Γ 绕某一直线 l 旋转而得到的曲面称为**旋转面**.称 l 为它的**轴线**,称 Γ 为它的**母线**.

由母线上的每一点旋转而得的圆称为**纬圆**,它是以 l 为轴的圆,但如果此点是母线与轴线的交点时,就退化为一点.

例如,地球的表面是一个旋转面,连结南北极的直线是轴线,任何一条经线都可作为母线,纬圆就是地理学中的纬线或退化为北极和南极.又如以一个圆为母线,一条与它共面且相离的直线为轴线的旋转面是**环面**(图 2.3).球面是旋转面,每条直径所在的直线都可作为轴线.平面也可看作旋转面,它是一条直线绕与它垂直的轴线旋转的结果;并且任何一条法线都可作为轴线(请读者找一条母线).

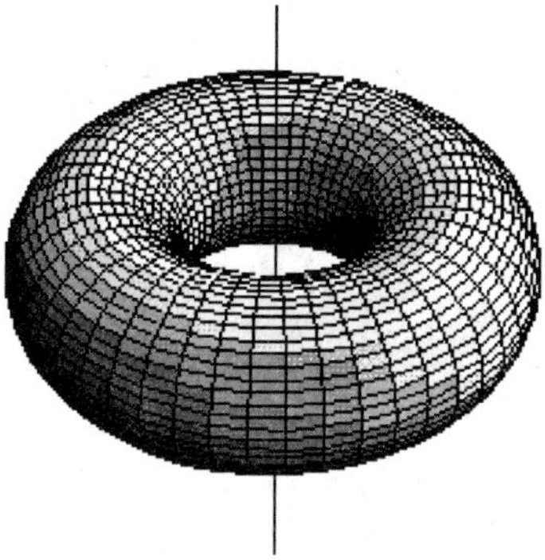

图 2.3

除了球面和平面等特殊情形,一般的旋转面的轴线是惟一的,但是母线则很多,旋转面上每一条和每个纬圆都相交的曲线都可作为母线. 特别地,以轴线为界的半平面与旋转面的交线是母线,把它们称为旋转面的**经线**或**子午线**.

把以 l 为轴,Γ 为母线的旋转面记作 S. 为了建立 S 的方程,首先来分析 S 上点的几何特征. 设 l 过点 M_0,平行于非零向量 $\boldsymbol{u}_0$.

显然,空间一点 M 在 S 上的充分必要条件是 M 绕轴线旋转而得的圆和 Γ 有交点;或者 Γ 上存在一点 M',使得它的纬圆经过 M,也就是 $\overrightarrow{M'M}$ 与 l 垂直,并且 M 和 M' 到 l 的距离相等. 因为 $\overrightarrow{M'M}$ 与 l 垂直,所以 M 和 M' 到 l 的距离相等等价于 M 和 M' 到 M_0 的距离相等. 于是我们得到:

$M\in S \Longleftrightarrow$① 存在 $M'\in\Gamma$,使得 $\overrightarrow{M'M}\cdot\boldsymbol{u}_0=0$,并且

$$|\overrightarrow{M_0M'}|=|\overrightarrow{M_0M}|.$$

$\Longleftrightarrow$② M 绕轴线旋转而得的圆和 Γ 有交点.

2. 方程的建立

当 Γ 的方程给出后,利用上面充分必要条件①求 S 的方程的步骤为: 先用 $\overrightarrow{M'M}\cdot\boldsymbol{u}_0=0$ 求出 M'的坐标(作为 M 的坐标的函数),再用 $|\overrightarrow{M_0M'}|=|\overrightarrow{M_0M}|$ 写出 S 的方程. 充分必要条件中出现

长度和垂直等概念,因此应该选用直角坐标系.即使这样,对于一般的情形,方程本身及建立方程的过程可能会很复杂.因此下面只讨论两种比较简单的情形.

例 2.12 在一个直角坐标系中,设旋转面的轴线 l 过点 $M_0(1,3,-1)$,平行于向量 $\boldsymbol{u}_0(1,1,1)$,母线 Γ 是过点 $M_1(0,-2,1)$,平行于向量 $\boldsymbol{u}_1(1,-1,1)$的直线.求此旋转面的方程.

解 写出 Γ 的参数方程

$$\begin{cases} x = t, \\ y = -2 - t, \\ z = 1 + t. \end{cases}$$

对于点 $M(x,y,z)$,设 Γ 上满足 $\overrightarrow{M'M}\cdot\boldsymbol{u}_0=0$ 的点 M'的参数为 t',则

$$(x - t') + (x + 2 + t') + (z - 1 - t') = 0,$$

由此解出 $t'=x+y+z+1$,M'的坐标为$(x+y+z+1,-x-y-z-3,x+y+z+2)$.于是条件$|\overrightarrow{M_0M'}|=|\overrightarrow{M_0M}|$,即

$$\begin{aligned}(x-1)^2+(y-3)^2+(z+1)^2 \\ = (x+y+z)^2+(x+y+z+6)^2 \\ +(x+y+z+3)^2,\end{aligned}$$

化简得到旋转面的方程

$$x^2+y^2+z^2+3xy+3xz+3yz+10x+12y+8z+17=0.$$

为了使得计算过程和方程简单一些,实际上常用的一种方法是选择直角坐标系,使得轴线 l 为坐标轴.譬如 l 是 z 轴,条件 $\overrightarrow{M'M}\cdot\boldsymbol{u}_0=0$ 即 M 和 M'有相等的 z 坐标.并且每一点到 z 轴的距离的平方就是它的 x,y 坐标的平方和,因此方程更容易建立.

例 2.13 求旋转面的方程,其轴线是 z 轴,一条母线为直线

$$\begin{cases} x + 2y - 1 = 0, \\ y + z - 2 = 0. \end{cases}$$

解 对于点 $M(x,y,z)$,设 Γ 上满足 $\overrightarrow{M'M}\cdot\boldsymbol{u}_0=0$ 的点 M'的坐标为(x',y',z'),则 $z'=z$,并且

$$\begin{cases} x' + 2y' - 1 = 0, \\ y' + z - 2 = 0, \end{cases}$$

得到 $x' = 2z-3, y' = 2-z$. 再由 M', M 到 z 轴的距离相等得到

$$(2z-3)^2 + (2-z)^2 = x^2 + y^2,$$

整理得到所求旋转面的方程

$$x^2 + y^2 - 5z^2 + 16z - 13 = 0.$$

如果不仅轴线是 z 轴,并且 Γ 是 yz 平面(或 xz 平面)上的一条平面曲线 $f(y,z)=0$. 则旋转面的方程容易用充分必要条件②(见第 85 页)建立. 设点 $M(x,y,z)$绕 z 轴旋转而得的圆周与 yz 平面的交点为 M_1 和 M_2,则它们的坐标分别为

$$(0, \sqrt{x^2+y^2}, z) \quad 和 \quad (0, -\sqrt{x^2+y^2}, z).$$

于是 $M \in S$ 的充分必要条件是点 M_1 和 M_2 中有一个在 Γ 上,即

$$f(\sqrt{x^2+y^2}, z) = 0, \quad f(-\sqrt{x^2+y^2}, z) = 0$$

中至少有一式成立. 由此得出 S 的方程

$$f(\sqrt{x^2+y^2}, z) f(-\sqrt{x^2+y^2}, z) = 0. \tag{2.9}$$

在这个方程中, x 和 y 总是以 x^2+y^2 的形式一起出现. 反之,有这样特征的方程,即形如 $F(x^2+y^2, z)=0$ 的方程(在柱坐标系中形如 $G(r,z)=0$ 的方程)的图像一定是以 z 轴为轴线的旋转面.

请读者思考: 以 x 轴或 y 轴为轴线的曲面的方程应该有什么特征?

例 2.14 求以 yz 平面上的椭圆

$$\frac{y^2}{a^2} + \frac{z^2}{b^2} = 1$$

为母线,z 轴为轴线的旋转面的方程.

解 直接用公式(2.9),注意本题中 $f(y,z) = \frac{y^2}{a^2} + \frac{z^2}{b^2} - 1$,因此公式(2.9)左边的两个括号中的式子是一样的. 于是这个旋转面的方程为

$$\frac{x^2}{a^2} + \frac{y^2}{a^2} + \frac{z^2}{b^2} = 1.$$

我们把一个椭圆绕它的长轴或短轴旋转得到的旋转面称为**旋转椭球面**. 它的几何形象是一个压扁了的球面(轴线是短轴时,见图 2.4(a))或一个拉长了的球面(轴线是长轴时,见图 2.4(b)). 这个例子给出的是以 z 轴为轴线的一个旋转椭球面. 请读者写出以 x 轴或 y 轴为轴线的旋转椭球面的方程.

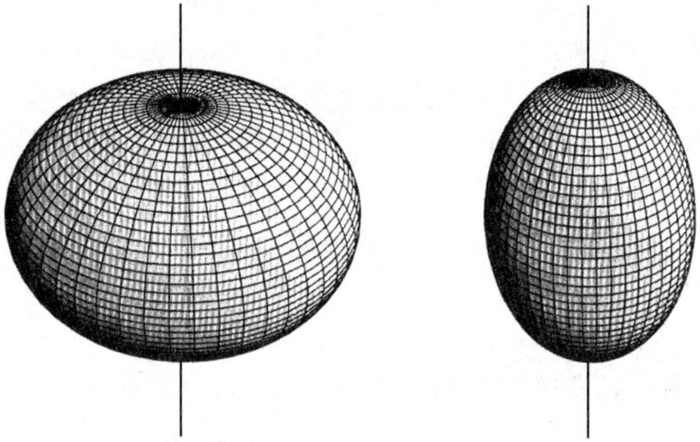

图 2.4

双曲线绕它的实轴旋转得到的旋转面和绕虚轴旋转得到的旋转面在几何形象上有明显的不同. 前者是分离的两片,称为**旋转双叶双曲面**(图 2.5);后者连成一片,称为**旋转单叶双曲面**(图 2.6).

抛物线绕它的轴旋转得到的旋转面称为**旋转抛物面**(图 2.7),它有很好的光学性质: 在它焦点处射出的光线被它反射为平行光束. 这个性质被应用到照明灯具(如探照灯)的制造上.

下面我们写出这些旋转面的方程.

yz 平面上的双曲线

$$\frac{y^2}{a^2}-\frac{z^2}{b^2}=1$$

绕它的虚轴 z 轴旋转得到的旋转单叶双曲面的方程为

$$\frac{x^2}{a^2}+\frac{y^2}{a^2}-\frac{z^2}{b^2}=1.$$

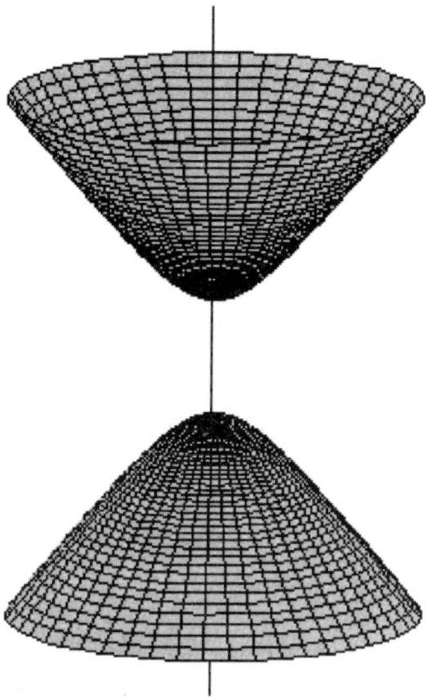

图 2.5

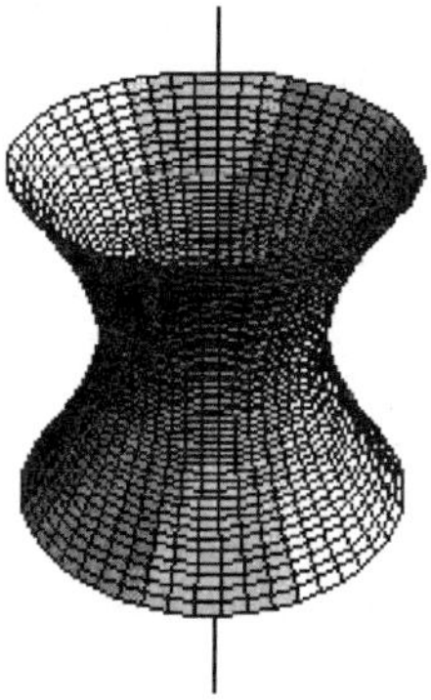

图 2.6

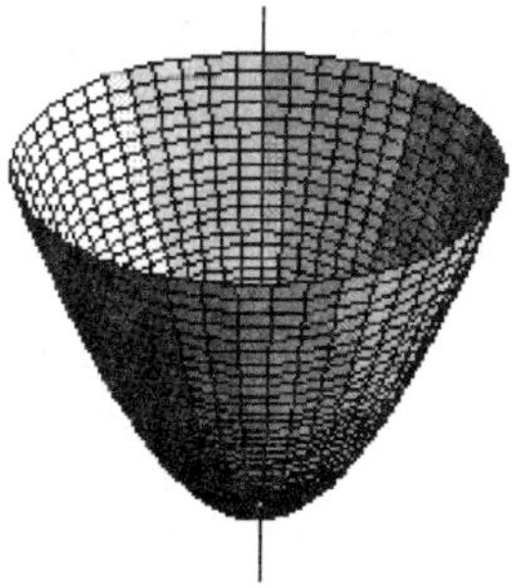

图 2.7

yz 平面上的双曲线

$$\frac{y^2}{a^2} - \frac{z^2}{b^2} = -1$$

绕它的实轴 z 轴旋转得到的旋转双叶双曲面的方程为

$$\frac{x^2}{a^2}+\frac{y^2}{a^2}-\frac{z^2}{b^2}=-1.$$

yz 平面上的抛物线

$$y^2=2pz \quad (p>0)$$

绕对称轴 z 轴旋转得到的旋转抛物面的方程为

$$x^2+y^2=2pz.$$

3. 圆柱面和圆锥面

由直线绕与它平行的轴线旋转所得的旋转面称为**圆柱面**. 母线与轴线的距离称为它的半径. 圆柱面由轴线和半径这两个因素决定,它就是到轴线的距离等于半径的点的轨迹.

请注意,这里定义的圆柱面是向两侧无限伸展的,不同于中学课本里的有限圆柱体的侧面.

如果轴线经过点 M_0,平行于向量 $\boldsymbol{u}$,半径等于 r,则

$$\text{点 } M \text{ 在圆柱面上} \Longleftrightarrow \frac{|\overrightarrow{M_0M}\times\boldsymbol{u}|}{|\boldsymbol{u}|}=r,$$

即

$$|\overrightarrow{M_0M}\times\boldsymbol{u}|=r|\boldsymbol{u}|. \tag{2.10}$$

这就是圆柱面的向量式方程.

如果知道轴线经过点 M_0,平行于向量 $\boldsymbol{u}$,并且知道圆柱面上的一点 M_1,则 $r=\dfrac{|\overrightarrow{M_0M_1}\times\boldsymbol{u}|}{|\boldsymbol{u}|}$,代入(2.10),得到方程

$$|\overrightarrow{M_0M}\times\boldsymbol{u}|=|\overrightarrow{M_0M_1}\times\boldsymbol{u}|. \tag{2.11}$$

例 2.15 已知圆柱面的轴线的一般方程

$$\begin{cases}2x-y+1=0,\\2x+z+3=0,\end{cases}$$

点 $M_1(1,-2,1)$在圆柱面上,求圆柱面的方程.

解 求出平行于轴线的一个向量 $\boldsymbol{u}(1,2,-2)$. 再求出轴线上一点 $M_0(0,1,-3)$. 用(2.11),得到方程

$$(2y+2z+4)^2+(-2x-z-3)^2+(-2x+y-1)^2=65,$$

展开并整理，得到

$$8x^2+5y^2+5z^2-4xy+4xz+8yz+16x+14y+22z-39=0.$$

由直线绕与它相交而不垂直的轴线旋转所得的旋转面称为**圆锥面**. 母线与轴线的交点称为**锥顶**，夹角称为它的**半顶角**. 圆锥面由轴线、锥顶和半顶角这三个因素决定.

这里定义的圆锥面也和中学课本里的有限圆锥体的侧面不同，是无限伸展的，并且分成连接在锥顶处的两支.

假设锥顶为 M_0，半顶角等于 α，则圆锥面由 M_0 和所有使得 $\overrightarrow{M_0M}$ 与轴线的夹角等于 α 的点 M 构成. 它的向量式方程为

$$|\overrightarrow{M_0M}\cdot\boldsymbol{u}| = |\overrightarrow{M_0M}||\boldsymbol{u}|\cos\alpha. \tag{2.12}$$

如果知道圆锥面上的一点 M_1，则

$$\cos\alpha = \frac{|\overrightarrow{M_0M_1}\cdot\boldsymbol{u}|}{|\overrightarrow{M_0M_1}||\boldsymbol{u}|},$$

代入(2.12)，得到方程

$$|\overrightarrow{M_0M}\cdot\boldsymbol{u}||\overrightarrow{M_0M_1}| = |\overrightarrow{M_0M_1}\cdot\boldsymbol{u}||\overrightarrow{M_0M}|. \tag{2.13}$$

例 2.16 已知圆锥面轴线在 Ⅰ 和 Ⅶ 卦限中，并且三条坐标轴都在此圆锥面上，求圆锥面的方程.

解 显然锥顶是原点. 设向量 $\boldsymbol{u}$ 平行于轴线，并且坐标都是正数，则

$$\boldsymbol{u}\cdot\boldsymbol{e}_1=\boldsymbol{u}\cdot\boldsymbol{e}_2=\boldsymbol{u}\cdot\boldsymbol{e}_3,$$

即 $\boldsymbol{u}$ 的三个坐标相等，不妨假设 $\boldsymbol{u}$ 的坐标为(1,1,1). $M_1(0,0,1)$ 在此圆锥面上，用(2.13)，得到方程

$$(x+y+z)^2=(x^2+y^2+z^2),$$

即
$$xy+xz+yz=0.$$

4. *以直线为母线的旋转面*

在以直线为母线的旋转面中，母线和轴线共面时的情形我们已经清楚：当母线和轴线平行时为圆柱面；相交而不垂直时为圆锥面；正交时为平面. 现在讨论母线是和轴线异面的直线时的旋转

面，并且假定直母线和轴线不垂直(垂直的情况请读者自己思考).

例 2.12 和例 2.13 就是这种旋转面，但是从所得的方程不容易看出它的几何形象. 下面我们在一个特定的直角坐标系中求这种旋转面的方程.

取直角坐标系，使得 z 轴就是轴线，原点在母线 l 与轴线的公垂线上，x 轴就是公垂线，并且使得 l 在其正向. 此时，l 在平面

$$x = d$$

上(d 是 l 与 z 轴的距离，是一个正数)，设其一般方程为

$$\begin{cases} x = d, \\ z = ky, \end{cases}$$

其中 $k \neq 0$(否则 l 与 z 轴垂直). 用例 2.13 中的方法容易求出旋转面的方程：对任意一点 $M(x, y, z)$，则 l 上满足 $M'M$ 垂直于 z 轴的点 M' 的坐标为 $\left(d, \dfrac{z}{k}, z\right)$. 于是旋转面的方程为

$$x^2 + y^2 = d^2 + \frac{z^2}{k^2},$$

即
$$\frac{x^2}{d^2} + \frac{y^2}{d^2} - \frac{z^2}{d^2k^2} = 1.$$

这是一个以 z 轴为轴线的旋转单叶双曲面.

反过来，一般的一个旋转单叶双曲面

$$\frac{x^2}{a^2} + \frac{y^2}{a^2} - \frac{z^2}{b^2} = 1$$

是由直线

$$l_1: \begin{cases} x = a, \\ az = by \end{cases} \quad \text{或} \quad l_2: \begin{cases} x = a, \\ az = -by \end{cases}$$

绕 z 轴旋转得到的旋转面(图 2.8). 由此我们对旋转单叶双曲面又有了进一步的了解：它是由许多直线所构成的，这种直线称为它的直母线，每一条直母线都是由 l_1 或 l_2 在旋转一个角度后所得到，因此有两族直母线(分别由 l_1 或 l_2 旋转出). 详细讨论看 §7.

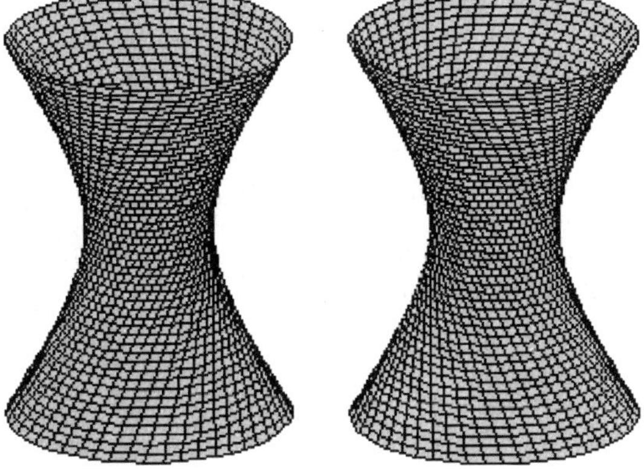

(a) (b)

图 2.8

5.2 柱面

定义 2.2 由一族互相平行的直线构成的曲面称为**柱面**. 称这些直线为它的**直母线**. 柱面上的一条曲线如果和每一条直母线都相交,就称它为柱面的一条**准线**.

圆柱面是柱面,它的直母线平行于轴线. 平面是一种很特殊的柱面,它上面的每条直线都是直母线. 除了平面等特殊情形外,一般柱面的直母线的方向是确定的,称为**柱面的方向**,它可用一个非零向量 $\boldsymbol{u}$ 规定,并说柱面平行于 $\boldsymbol{u}$.

有了柱面的方向和它的一条准线,柱面就确定了. 它既是准线沿着柱面的方向平行移动的轨迹,也是直母线沿着准线平行移动的轨迹. 若柱面 S 平行于向量 $\boldsymbol{u}$,它的一条准线为 Γ,则点 M 在 S 上的充分必要条件为: 过 M 并且平行于 $\boldsymbol{u}$ 的直线与 Γ 相交.

设在一个仿射坐标系中,向量 $\boldsymbol{u}$ 的坐标为(k,m,n),Γ 有方程

$$\begin{cases} F(x,y,z)=0, \\ G(x,y,z)=0, \end{cases}$$

则点 $M(x,y,z)\in S$ 的充分必要条件是,存在实数 t,使得

$$\begin{cases}F(x+tk,y+tm,z+tn)=0,\\G(x+tk,y+tm,z+tn)=0.\end{cases}$$

如果从其中一式解出 t(作为 (x,y,z) 的函数),代入另一式,就得到 S 的一般方程.

常用的情形是 Γ 为一条平面曲线(这种准线总是存在的,每张不平行于柱面方向的平面和柱面的交线就是这样的准线),并设 $F(x,y,z)=0$ 是平面的一般方程

$$Ax+By+Cz+D=0,$$

则由

$$A(x+tk)+B(y+tm)+C(z+tn)+D=0,$$

解出

$$t=-\frac{Ax+By+Cz+D}{Ak+Bm+Cn},$$

代入 $G(x+tk,y+tm,z+tn)=0$,得到 S 的一般方程

$$G\left(x-\frac{k(Ax+By+Cz+D)}{Ak+Bm+Cn},y-\frac{m(Ax+By+Cz+D)}{Ak+Bm+Cn},\right.$$

$$\left.z-\frac{n(Ax+By+Cz+D)}{Ak+Bm+Cn}\right)=0. \qquad (2.14)$$

例 2.17 在一个仿射坐标系中,柱面平行于向量(1,1,1),一条准线的方程为

$$\begin{cases}x+y+z-1=0,\\x^2+y^2=6z,\end{cases}$$

求柱面的方程.

解 从

$$\begin{cases}(x+t)+(y+t)+(z+t)-1=0,\\(x+t)^2+(y+t)^2=6(z+t)\end{cases}$$

的第一式解出

$$t=\frac{1-x-y-z}{3},$$

代入第二式：

$$\left(x+\frac{1-x-y-z}{3}\right)^2+\left(y+\frac{1-x-y-z}{3}\right)^2$$
$$=6\left(z+\frac{1-x-y-z}{3}\right),$$

展开并整理得到柱面的方程

$$5x^2+5y^2+2z^2-8xy-2xz-2yz+20x+20y-40z-16=0.$$

下面给出两种特殊(也是常用的)情形下柱面的方程：

(1) 准线在某个坐标平面上. 譬如柱面平行于向量 $\boldsymbol{u}(k,m,n)$，有一准线在 xy 平面上，方程为

$$\begin{cases} z=0, \\ f(x,y)=0, \end{cases}$$

则 $t=-\dfrac{z}{n}$，柱面的方程为

$$f\left(x-\frac{kz}{n},y-\frac{mz}{n}\right)=0.$$

(2) 如果柱面平行于某个坐标轴，譬如 z 轴，此时再假设柱面和 xy 平面的交线为

$$\begin{cases} z=0, \\ f(x,y)=0, \end{cases}$$

则此柱面的方程就是

$$f(x,y)=0.$$

反过来，缺少一个变量的一个方程式在空间仿射坐标系中的图像是柱面，它平行于所缺的那个变量所对应的坐标轴.

5.3 锥面

定义 2.3 由一族过同一点 M_0 的直线构成的曲面称为**锥面**. 称这些直线为它的**直母线**. 称 M_0 为**锥顶**，锥面上不过锥顶的一条曲线如果和每一条直母线都相交，就称为它的一条**准线**.

圆锥面是锥面. 平面也是一种很特殊的锥面，它上面的每一点

都可作为锥顶.共轴平面系中的两个或多个平面一起也构成锥面,轴上的每一点都可看作锥顶.除了这种特殊情形外,一般的锥面的锥顶是确定的.

有了锥顶和一条准线,锥面就确定了.如果一个点不是锥顶,则它在锥面上的充分必要条件是它与锥顶的连线和准线相交.

设在一个仿射坐标系中,锥顶 M_0 的坐标为 (x_0,y_0,z_0),准线 Γ 有方程

$$\begin{cases}F(x,y,z)=0,\\G(x,y,z)=0.\end{cases}$$

则点 $M(x,y,z)$ 在锥面上的充分必要条件为:存在实数 t,使得

$$\begin{cases}F((1-t)x_0+tx,(1-t)y_0+ty,(1-t)z_0+tz)=0,\\G((1-t)x_0+tx,(1-t)y_0+ty,(1-t)z_0+tz)=0.\end{cases}\tag{2.15}$$

从其中一式解出 t,代入另一式,就得到锥面的方程.

当准线是平面曲线时,计算比较简单(但是和柱面的情形不同,并非每张不过锥顶的平面和锥面的交线都是准线,因为可能有的直母线和此平面平行;也不是每个锥面都有准线是平面曲线).

例 2.18 在一个仿射坐标系中,锥顶为(0,2,5),准线 Γ 的方程为

$$\begin{cases}\dfrac{x^2}{4}+\dfrac{z^2}{9}=1,\\x-y-1=0,\end{cases}$$

求锥面的方程.

解 将(2.15)式化为

$$\begin{cases}\dfrac{(tx)^2}{4}+\dfrac{(5-5t+tz)^2}{9}=1,\\tx-(2-2t+ty)-1=0,\end{cases}$$

由其中第二式求出 $t=\dfrac{3}{x-y+2}$,代入第一式,得

$$\frac{9x^2}{4(x-y+2)^2}+\frac{(5x-5y+3z-5)^2}{9(x-y+2)^2}=1,$$

这个方程的图像是锥面去掉锥顶.如果去分母,得到

$$81x^2+4(5x-5y+3z-5)^2=36(x-y+2)^2,$$

整理后得到方程

$$145x^2+64y^2+36z^2-128xy+120xz-120yz$$
$$-344x+344y-120z-44=0,$$

因上面去分母会增加方程式的解,并且所增加的解也就是方程组

$$\begin{cases}x=0,\\5x-5y+3z-5=0,\\x-y+2=0\end{cases}$$

的解(0,2,5),它就是锥顶的坐标.因此最后所得的方程正好是锥面的方程.

实用上常把坐标系的原点取在锥顶,此时,如果准线在平行于坐标平面的一张平面上,譬如为

$$\begin{cases}f(x,y)=0,\\z=h.\end{cases}$$

则用上述方法得到方程

$$f\left(\frac{hx}{z},\frac{hy}{z}\right)=0,$$

它是去掉锥顶的锥面的方程.如果 $f(x,y)$ 是 n 次多项式,则此方程可有理化为一个 n 次齐次方程(即其左边多项式的每一项都是 n 次项):

$$z^nf\left(\frac{hx}{z},\frac{hy}{z}\right)=0,$$

它的图像多了锥顶.但是要注意,也可能增加了一些别的点(见下面的例子).

一般地,每个 n 次齐次方程的图像一定是锥顶为原点的锥面(请读者自己证明).

例 2.19 设锥顶为原点,准线的方程为

$$\begin{cases} x^2 = 2py, \\ z = 1, \end{cases}$$

求锥面的方程.

解 去掉锥顶(原点)的锥面的方程为

$$\frac{x^2}{z^2} = \frac{2py}{z}.$$

这个方程的图像不包含原点.如果有理化得到

$$x^2 = 2pyz,$$

图像不仅多了原点,还多了个整个 y 轴.这是一个后面要讲的二次锥面.原锥面则是它去掉 y 轴(但是保留原点),在几何直观上是不完整的.这个问题以后我们还会讨论.

例 2.20 设锥顶为原点,准线的方程为

$$\begin{cases} \dfrac{x^2}{4} - \dfrac{y^2}{25} = 1, \\ z = 2, \end{cases}$$

求锥面的方程.

解 去掉锥顶(原点)的锥面的方程为

$$\frac{x^2}{z^2} - \frac{4y^2}{25z^2} = 1.$$

有理化得

$$25x^2 - 4y^2 - 25z^2 = 0,$$

图像多了两条直线:

$$\begin{cases} 5x + 2y = 0, \\ z = 0 \end{cases} \quad 和 \quad \begin{cases} 5x + 2y = 0, \\ z = 0. \end{cases}$$

习 题 2.5

1. 在空间直角坐标系中,求下列旋转面的方程:

(1) 直线 $\dfrac{x}{1}=\dfrac{y+2}{-3}=\dfrac{z+7}{-2}$ 绕 z 轴旋转;

(2) 直线$\begin{cases} x-1=0, \\ z=0 \end{cases}$绕直线$\begin{cases} x+z=0, \\ 2x-2y+z=0 \end{cases}$旋转;

(3) 曲线$\begin{cases}(x-3)^2+y^2=4,\\ z=0\end{cases}$绕 x 轴旋转；

(4) 曲线$\begin{cases}(x-3)^2+y^2=4,\\ z=0\end{cases}$绕 y 轴旋转；

(5) 曲线$\begin{cases}y=x^2+4,\\ z=0\end{cases}$绕 y 轴旋转；

(6) 曲线$\begin{cases}y=x^2+4,\\ z=0\end{cases}$绕 x 轴旋转；

(7) 曲线$\begin{cases}y=x^3,\\ z=0\end{cases}$绕 y 轴旋转.

2. 曲线$\begin{cases}x^2+y^2=1,\\ z=x^2\end{cases}$绕 y 轴旋转所得旋转曲面就是 $x^2+y^2=1$ 吗？为什么？

3. 求曲线$\begin{cases}x^2+y^2-z^2=0,\\ x^2+z^2=1\end{cases}$绕 y 轴旋转所得旋转曲面的方程.

4. 在空间直角坐标系中，求下列直线绕 z 轴旋转所得旋转曲面的方程：

(1) $\begin{cases}z=3x+2,\\ z=2y-1;\end{cases}$

(2) 直线$\begin{cases}z=ax+b,\\ z=cy+d\end{cases}$ (a 和 c 都不为 0).

5. 在空间直角坐标系中，求下列轨迹的方程：

(1) 离两点$(-3,0,0)$，$(3,0,0)$的距离之和等于 10 的点的轨迹；

(2) 离两点$(1,0,0)$，$(4,0,0)$的距离之比等于 $1:2$ 的点的轨迹.

6. 已知点 M 到平面 π 的距离为 4，建立适当的空间直角坐标系，写出下列轨迹的方程：

(1) 到 M 和平面 π 的距离相等的点的轨迹；

(2) 到 M 和平面 π 的距离之比为 $3:1$ 的点的轨迹.

7. 在空间直角坐标系中，求下列圆柱面的方程：

(1) 直线 $\frac{x-1}{1}=\frac{y+2}{-1}=\frac{z+4}{-2}$ 绕 $\frac{x}{1}=\frac{y}{-1}=\frac{z+1}{-2}$ 旋转所得；

(2) 轴线过点(1,0,2)，平行于向量 $\boldsymbol{u}(1,2,3)$，半径为 3；

(3) 轴线为 $\frac{x-1}{1}=\frac{y-2}{-1}=\frac{z+2}{2}$，点(1,−1,0)在圆柱面上；

(4) 平行于向量 $\boldsymbol{u}(1,1,1)$，其上有点(0,0,0)，(−1,0,1)，(1,−1,0).

8. 在空间直角坐标系中，球面 S 的半径为 2，球心坐标为(0,1,−1). 求 S 的平行于向量 $\boldsymbol{u}(1,1,1)$的切柱面的方程.

9. 经过曲线 $\begin{cases}x^2+4y^2=4,\\ z=0\end{cases}$ 的圆柱面有几个？写出它们的方程.

10. 在空间直角坐标系中，求下列圆锥面的方程：

(1) 直线 $\frac{x-1}{2}=\frac{y-1}{-1}=\frac{z}{-1}$ 绕 $\frac{x-1}{1}=\frac{y-1}{1}=\frac{z}{-2}$ 旋转所得；

(2) 顶点为(1,0,2)，轴线平行于向量 $\boldsymbol{u}(2,2,-1)$，半顶角为 $\frac{\pi}{6}$；

(3) 顶点为(1,−1,1)，轴线平行于向量 $\boldsymbol{u}(2,2,1)$，经过点(3,−1,−2)；

(4) 球面 $x^2+y^2+z^2+2x-4y+4z+5=0$ 的顶点为(0,0,0)的外切锥面.

11. 以一条给定直线 l 为轴，并且经过两个不在 l 上的不同点 M_1，M_2 的圆锥面有多少个？(分别就 M_1，M_2 的情形讨论.)

12. 设在空间直角坐标系中，直线 l 经过点(3,−2,3)，平行于 x 轴，写出以 l 为轴，并且经过点 $M_1(2,-1,3)$，$M_2(-2,-2,0)$ 的圆锥面的方程.

13. 在空间直角坐标系中，直线 l_1：$\frac{x-a}{1}=\frac{y}{-1}=\frac{z}{1}$ 与 l_2：$\frac{x}{1}=\frac{y-1}{0}=\frac{z}{1}$ 相交. 求 a，并求 l_2 绕 l_1 旋转出的曲面的方程.

14. 求下列柱面的方程：

(1) 平行于 y 轴，有一条准线为 $\begin{cases} z=\sin x, \\ y=0; \end{cases}$

(2) 平行于 x 轴，有一条准线为 $\begin{cases} z=y^2, \\ x+y=0; \end{cases}$

(3) 平行于 z 轴，有一条准线为 $\begin{cases} x^2+y^2+z^2=1, \\ x+y+z=0; \end{cases}$

(4) 平行于向量 $\boldsymbol{u}(1,-1,1)$，有一条准线为

$$\begin{cases} x^2+y^2+(z-1)^2=4, \\ z=0; \end{cases}$$

(5) 平行于向量 $\boldsymbol{u}(-1,0,1)$，有一条准线为 $\begin{cases} x^2+y^2=4, \\ z=2; \end{cases}$

(6) 平行于向量 $\boldsymbol{u}(-2,0,1)$，有一条准线为 $\begin{cases} x^2+y^2=z, \\ z=2x. \end{cases}$

15. 求单参数直线族 $\dfrac{x-t^2}{2}=\dfrac{y-1}{-1}=\dfrac{z-t}{1}$ (t 任意)形成的曲面的方程.

16. 证明在空间仿射坐标系中，方程为

$$f(s,t)=0$$

的图像是柱面，其中

$$s=a_1x+b_1y+c_1z, \quad t=a_2x+b_2y+c_2z.$$

17. 求下列锥面的方程：

(1) 顶点为原点，一条准线为 $\begin{cases} x^2-\dfrac{y^2}{4}=1, \\ z=2; \end{cases}$

(2) 顶点为原点，一条准线为 $\begin{cases} x^2+y^2+z^2=4, \\ z=1; \end{cases}$

(3) 顶点为 $(0,1,2)$，一条准线为 $\begin{cases} 2x^2+3y^2=4, \\ z=0; \end{cases}$

(4) 顶点为 $(0,0,2)$，一条准线为 $\begin{cases} x^2+y^2+z^2=4z, \\ x+y+z+1=0. \end{cases}$

§6 二次曲面

一个仿射坐标系中，x,y,z 的一个二次方程的图像称为**二次曲面**.这不是一个纯几何的概念,因为它不是用图形本身的几何特征(如同旋转面、柱面和锥面那样)来规定,而是用方程定义的.例如,方程 $x^2+y^2=0$ 的图像是直线(z 轴),但是它也算作二次曲面.本节要做的不再同上节那样从几何特征求方程,而是从方程出发研究图形的几何特征.

二次方程的一般形式为

$$a_{11}x^2+a_{22}y^2+a_{33}z^2+2a_{12}xy+2a_{13}xz+2a_{23}yz$$
$$+2b_1x+2b_2y+2b_3z+c=0,$$

它有 10 个系数,不难想到这些系数的变化都要影响到几何特征.因此有许多不同类型的二次曲面.我们将在下一章列出各种二次曲面的类型,本节只在直角坐标系中讨论 5 种方程的图像,这 5 种方程是:

(1) $\dfrac{x^2}{a^2}+\dfrac{y^2}{b^2}+\dfrac{z^2}{c^2}=1$;

(2) $\dfrac{x^2}{a^2}+\dfrac{y^2}{b^2}-\dfrac{z^2}{c^2}=1$;

(3) $\dfrac{x^2}{a^2}+\dfrac{y^2}{b^2}-\dfrac{z^2}{c^2}=-1$;

(4) $\dfrac{x^2}{a^2}+\dfrac{y^2}{b^2}=2z$;

(5) $\dfrac{x^2}{a^2}-\dfrac{y^2}{b^2}=2z$.

下面我们用三种不同的方法来研究它们的图像.

6.1 压缩法

压缩是几何图形的一种非常形象而直观的变形.平面上的一个椭圆可以看作被拉长(或压扁)了的圆.反之,椭圆也可压缩(或拉伸)成为圆.例如一个长轴为 3,短轴为 $\frac{1}{2}$ 的椭圆如果在长轴方向压缩 3 倍,短轴方向拉伸 2 倍,就变为一个半径为 1 的圆.

椭圆和圆的这种关系使得我们就可从圆来很直观地认识椭圆的形象和性质了.我们把这种研究图形几何特征的方法称为**压缩法**.

用压缩法研究上面所列的二次方程(除(5)之外)的图像,可以很容易地得到它们的直观形象.

在空间中取定了一个空间直角坐标系后,对点 $M(x,y,z)$ 做向 xy 平面的、系数为 k 的压缩,就是把它变为点 (x,y,kz).如果对空间的每一点做这种压缩,就得到空间(作为点的集合)到自己的一个一一对应,称为空间向 xy 平面的系数为 k 的**压缩变换**.同样可规定空间对 xz 平面和对 yz 平面的压缩变换.这里的系数是一个正数.当它小于 1 时,是真正意义的压缩,当它大于 1 时实际上是拉伸.以后统一称为压缩.

对一个图形作向 xy 平面的、系数为 k 的压缩,就是对图形上的每一点做这个压缩.

设图形 S 有方程

$$F(x,y,z)=0,$$

它经过向 xy 平面的、系数为 k 的压缩后变为 S'.我们来求 S' 的方程.

空间任意一点 $M'(x,y,z)$ 是由点 $M\left(x,y,\frac{z}{k}\right)$ 压缩而得.因此 $M'\in S'$ 的充分必要条件是,$M\in S$,即

$$F\left(x,y,\frac{z}{k}\right)=0,$$

这就是 S' 的方程.由此不难看出,平面经过压缩得到的仍是平面(因为它的方程仍是一次方程).直线(作为两张平面的交线)经过压缩仍是直线,并且压缩不会改变两条直线的共面性和平行性.

现在我们来看上页列出的 5 个二次方程中的前 4 个方程的图

像：

(1) $\frac{x^2}{a^2}+\frac{y^2}{b^2}+\frac{z^2}{c^2}=1$.

它的图像是由单位球面

$$x^2+y^2+z^2=1,$$

经过三次压缩得到的图形：向 yz 平面做系数为 a 的压缩；向 xz 平面做系数为 b 的压缩；向 xy 平面做系数为 c 的压缩. 读者不难想象出它的几何形象. 这种图形称为**椭球面**.（严格地说，一个图形如果在某个空间直角坐标系中有形如 $\frac{x^2}{a^2}+\frac{y^2}{b^2}+\frac{z^2}{c^2}=1$ 的方程，就称为椭球面. 下面几个曲面的严格定义类似.）

(2) $\frac{x^2}{a^2}+\frac{y^2}{b^2}-\frac{z^2}{c^2}=1$.

它的图像是由旋转单叶双曲面

$$\frac{x^2}{a^2}+\frac{y^2}{a^2}-\frac{z^2}{c^2}=1$$

向 xz 平面做系数为 $\frac{b}{a}$ 的压缩得到的图形，这种图形称为**单叶双曲面**.

(3) $\frac{x^2}{a^2}+\frac{y^2}{b^2}-\frac{z^2}{c^2}=-1$.

它的图像是由旋转双叶双曲面

$$\frac{x^2}{a^2}+\frac{y^2}{a^2}-\frac{z^2}{c^2}=-1$$

向 xz 平面做系数为 $\frac{b}{a}$ 的压缩得到的图形，这种图形称为**双叶双曲面**.

(4) $\frac{x^2}{a^2}+\frac{y^2}{b^2}=2z$.

它的图像是由旋转抛物面

$$\frac{x^2}{a^2}+\frac{y^2}{a^2}=2z$$

向 xz 平面做系数为 $\frac{b}{a}$ 的压缩得到的图形，这种图形称为**椭圆抛**

物面.

上面我们用压缩法得到了前 4 个二次方程的图像的几何形象，第 5 个方程的两个平方项的符号不同，因而它的图像不是旋转曲面的压缩像.

6.2 对称性

对称性是一种重要的几何性质，上面所列的 5 种二次曲面都有很好的对称性.

在直角坐标系中，如果一个图形的每一点关于某坐标平面的对称点也在此图形上，就说它关于此坐标平面对称.

点 $M(x,y,z)$关于 xy 平面的对称点的坐标为$(x,y,-z)$，于是如果二次曲面的方程中 z 只以平方项的形式出现，则它一定关于 xy 平面对称. 对另两张坐标平面的对称性也有同样的结论.

如果一个图形的每一点关于某坐标轴的对称点也在此图形上，就说它关于此坐标轴对称.

点 $M(x,y,z)$关于 x 轴的对称点的坐标为$(x,-y,-z)$，于是如果二次曲面的方程中 y,z 只以平方项和交叉项 yz 的形式出现，则它一定关于 x 轴对称. 对另两条坐标轴的对称性也有同样的结论.

如果一个图形的每一点关于某点的对称点也在此图形上，就说它关于该点对称.

点 $M(x,y,z)$关于原点的对称点的坐标为$(-x,-y,-z)$，于是如果二次曲面的方程中只有二次项和常数项，没有一次项，则它一定关于原点对称.

方程(1)，(2)和(3)中三个变量都以平方项形式出现，因此它们的图像——椭球面、单叶双曲面和双叶双曲面关于原点、各坐标平面和各坐标轴都对称. 方程(4)中 x,y 以平方项出现，而 z 不是，它的图像——椭圆抛物面只关于 yz 平面、xz 平面和 z 轴对称，而对 xy 平面、x 轴和 y 轴都不对称，对原点也不对称. 方程(5)

的图像的对称性和椭圆抛物面完全一样.

6.3 平面截线法

平面截线法是通过考察一族互相平行的平面和曲面的交线(称为曲面的平面截线)的变化情况来认识曲面的方法. 地理学中常用的等高线法就是这种方法. 通常用平行于坐标平面的平面族的截线. 例如

对于椭球面

$$\frac{x^2}{a^2}+\frac{y^2}{b^2}+\frac{z^2}{c^2}=1,$$

平行于 xy 平面的平面 $z=h$ 的截线为

$$\begin{cases}\dfrac{x^2}{a^2}+\dfrac{y^2}{b^2}=1-\dfrac{h^2}{c^2},\\ z=h.\end{cases}$$

当 $|h|<c$ 时,该截线为椭圆,它随着 $|h|$ 的增大而缩小,但离心率不变;当 $|h|=c$ 时截线缩为一点;如果 $|h|>c$,截线为空集. 由此可见,椭球面局限于 $-c\leqslant z\leqslant c$ 的范围内,用平行于另两张坐标平面的平面截割,情形完全类似. 椭球面在长方体

$$\begin{cases}-a\leqslant x\leqslant a,\\ -b\leqslant y\leqslant b,\\ -c\leqslant z\leqslant c\end{cases}$$

内.

对于单叶双曲面

$$\frac{x^2}{a^2}+\frac{y^2}{b^2}-\frac{z^2}{c^2}=1,$$

平行于 xy 平面的平面 $z=h$ 的截线为

$$\begin{cases}\dfrac{x^2}{a^2}+\dfrac{y^2}{b^2}=1+\dfrac{h^2}{c^2},\\ z=h.\end{cases}$$

该截线是椭圆,它随 $|h|$ 的减小而缩小,离心率不变. 在 $h=0$ 时的

截线最小，是 xy 平面上的椭圆 $\frac{x^2}{a^2}+\frac{y^2}{b^2}=1$，称为单叶双曲面的**腰椭圆**. 整个曲面位于柱面 $\frac{x^2}{a^2}+\frac{y^2}{b^2}=1$ 的外面，只有腰椭圆在此柱面上. 但是，平行于另两张坐标平面的平面截线不是椭圆. 例如，平面

$$x = k$$

的截线为

$$\begin{cases}\frac{y^2}{b^2}-\frac{z^2}{c^2}=1-\frac{k^2}{a^2},\\ x=k.\end{cases}$$

当 $k=a$ 时，该截线是两条相交直线，交点在腰椭圆上，坐标为 $(a,0,0)$；当 $|k|<a$ 或 $|k|>a$ 时，截线都是双曲线. 但 $|k|<a$ 时双曲线的实轴平行于 y 轴，虚轴平行于 z 轴；$|k|>a$ 时则相反. 平面 $y=k$ 的截线的情况类似.

对于双叶双曲面

$$\frac{x^2}{a^2}+\frac{y^2}{b^2}-\frac{z^2}{c^2}=-1,$$

平行于 xy 平面的平面 $z=h$ 的截线为

$$\begin{cases}\frac{x^2}{a^2}+\frac{y^2}{b^2}=\frac{h^2}{c^2}-1,\\ z=h.\end{cases}$$

当 $|h|>c$ 时该截线为椭圆，它随 $|h|$ 的减小而缩小；在 $|h|=c$ 时缩为一点；$|h|<c$ 时为空集. 因此在平面

$$z=c \quad 和 \quad z=-c$$

之间无此双叶双曲面的点. 但是，平行于 yz 平面和 xz 平面的任何平面的截线总是双曲线，实轴平行于 z 轴.

对于椭圆抛物面

$$\frac{x^2}{a^2}+\frac{y^2}{b^2}=2z,$$

平行于 xy 平面的平面 $z=h$ 的截线为

$$\begin{cases}\dfrac{x^2}{a^2}+\dfrac{y^2}{b^2}=2h,\\ z=h.\end{cases}$$

当 $h>0$ 时该截线为椭圆，它随 h 的减小而缩小；在 $h=0$ 时缩为一点；$h<0$ 时为空集. 因而此双叶双曲面在 xy 平面的上方. 但是，平行于 yz 平面和 xz 平面的任何平面的截线总是抛物线，对称轴平行于 z 轴.

上面 4 张曲面的平面截线也可从它们的几何形象得到，反过来，通过平面截线又能加深对它们几何形象的了解.

第 5 种方程

$$\frac{x^2}{a^2}-\frac{y^2}{b^2}=2z$$

的图像称为**双曲抛物面**. 平行于 xy 平面的平面

$$z=h,$$

它的截线为

$$\begin{cases}\dfrac{x^2}{a^2}-\dfrac{y^2}{b^2}=2h,\\ z=h.\end{cases}$$

当 $h=0$ 时该截线是 xy 平面上的两条相交于原点的直线，当 $h\neq 0$ 时是双曲线. $h>0$ 时，双曲线的实轴平行于 x 轴，虚轴平行于 y 轴；$h<0$ 时则相反. 但是，平行于另两张坐标平面的平面的截线都是抛物线. 例如平面

$$y=k$$

的截线为

$$\begin{cases}2z=\dfrac{x^2}{a^2}-\dfrac{k^2}{b^2},\\ y=k.\end{cases}$$

对任何 k，它的对称轴总平行于 z 轴，并且开口向着 z 轴正向. 它的大小形状和 k 无关，但是顶点随着 $|k|$ 的增加而降低. 另一平面

$$x = k$$

的截线为

$$\begin{cases} 2z = \dfrac{k^2}{a^2} - \dfrac{y^2}{b^2}, \\ x = k. \end{cases}$$

它的对称轴也平行于 z 轴，但开口向着 z 轴负向，大小形状也和 k 无关. 顶点随着 $|k|$ 的增加而上升，并且顶点坐标为 $(k, 0, k^2/2a^2)$，因此在抛物线

$$\begin{cases} 2z = x^2/a^2, \\ y = 0 \end{cases}$$

上. 因而整个曲面可看作以抛物线

$$\begin{cases} 2z = - y^2/b^2, \\ x = 0 \end{cases}$$

为顶点并约束在抛物线

$$\begin{cases} 2z = x^2/a^2, \\ y = 0 \end{cases}$$

上的平行移动的轨迹(见图 2.9). 于是我们就有了对此曲面几何形象的认识. 它经过原点，并且在原点附近的一个小块像一个马鞍，因此双曲抛物面也称为**马鞍面**.

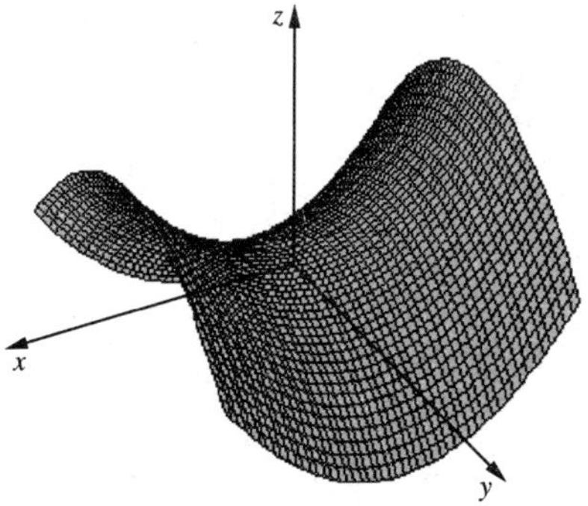

图 2.9

习 题 2.6

1. 证明：如果曲面 S 关于一个空间直角坐标系的 xy 平面和 xz 平面都对称，则它关于 x 轴也对称.

2. 在空间直角坐标系中，一个椭球面关于三张坐标平面都对称，并且经过点 $(1,2,\sqrt{23})$ 和曲线 $\begin{cases}\dfrac{x^2}{9}+\dfrac{y^2}{16}=1,\\ z=0,\end{cases}$ 写出它的方程.

3. 在空间直角坐标系中，写出下列二次曲面的方程：

(1) 椭圆抛物面，它的顶点就是原点，关于 xz 平面和 yz 平面都对称，并且经过点 $(1,2,5)$ 和 $\left(\dfrac{1}{3},-1,1\right)$；

(2) 马鞍面，它关于 xz 平面和 yz 平面都对称，并且经过点 $(1,2,0)$，$(2,0,2)$ 和原点；

(3) 关于 xy 平面和 yz 平面都对称，其上有两条曲线：

$$\begin{cases}x^2-6y=0,\\ z=0,\end{cases}\quad \begin{cases}z^2+4y=0,\\ x=0.\end{cases}$$

4. 在空间直角坐标系中，下列二次曲面关于 3 个坐标平面都对称，写出它们的方程：

(1) 已知它的两条截线：

$$\begin{cases}\dfrac{x^2}{16}+\dfrac{y^2}{36}=1,\\ z=\sqrt{3},\end{cases}\quad \begin{cases}\dfrac{x^2}{36}+\dfrac{y^2}{81}=1,\\ z=2\sqrt{2}.\end{cases}$$

(2) 已知它上面有两条曲线：

$$\begin{cases}x^2+\dfrac{y^2}{4}=1,\\ z=\sqrt{3},\end{cases}\quad \begin{cases}\dfrac{x^2}{2}+\dfrac{y^2}{8}=1,\\ z=-\sqrt{2}.\end{cases}$$

(3) 已知它上面有两条曲线：

$$\begin{cases}\dfrac{x^2}{9}+\dfrac{y^2}{18}=1,\\ z=4,\end{cases}\quad \begin{cases}\dfrac{x^2}{24}+\dfrac{y^2}{48}=1,\\ z=-6.\end{cases}$$

5. 称锥面 $\frac{x^2}{a^2}+\frac{y^2}{b^2}-\frac{z^2}{c^2}=0$ 为单叶双曲面 $\frac{x^2}{a^2}+\frac{y^2}{b^2}-\frac{z^2}{c^2}=1$ 和双叶双曲面 $\frac{x^2}{a^2}+\frac{y^2}{b^2}-\frac{z^2}{c^2}=-1$ 的**渐近锥面**. 证明：当单叶双曲面 $\frac{x^2}{a^2}+\frac{y^2}{b^2}-\frac{z^2}{c^2}=1\left(\text{双叶双曲面 } \frac{x^2}{a^2}+\frac{y^2}{b^2}-\frac{z^2}{c^2}=-1\right)$ 上的点到原点的距离无限增大时，它到锥面 $\frac{x^2}{a^2}+\frac{y^2}{b^2}-\frac{z^2}{c^2}=0$ 的距离趋向于 0.

6. 证明：在通过坐标轴的平面和椭球面

$$\frac{x^2}{a^2}+\frac{y^2}{b^2}+\frac{z^2}{c^2}=1 \quad (a>b>c>0)$$

相截所得到的截线中，只有两条是圆；指出它们的位置.

7. 已知 $a>b>c>0$，讨论 k 的不同取值时方程

$$(a-k)x^2+(b-k)y^2+(c-k)z^2=1$$

的图像.

8. 已知 $a>b>0$，讨论 k 的不同取值时方程

$$(a-k)x^2+(b-k)y^2=z$$

的图像.

§7　直纹二次曲面

由一族直线构成的曲面称为**直纹面**，这些直线称为它的直母线. 例如柱面、锥面或平面都是直纹面；旋转单叶双曲面也是直纹面，因为它可由一条直线绕轴旋转而得到. 我们关注的是二次曲面中的直纹面.

如果一个二次曲面是柱面或锥面，它一定是直纹二次曲面. 例如，当二次方程

$$F(x,y,z)=0$$

的左边只有二次项，没有常数项和一次项，则它是一个锥面(称为二次锥面)，是直纹面. 又若 $F(x,y,z)$中有一个变量没有出现，则它是一个柱面(称为二次柱面)，也是直纹面. 如果 $F(x,y,z)$可分

解为两个一次式的乘积：

$$F(x,y,z)=(A_1x+B_1y+C_1z+D_1)(A_2x+B_2y+C_2z+D_2),$$

记 π_i 为平面 $A_ix+B_iy+C_iz+D_i=0$ $(i=1,2)$，则二次曲面 $F(x,y,z)=0$ 是 π_1 和 π_2 的并集，它或是两张相交平面（当 π_1 和 π_2 相交时），或是两张平行平面（当 π_1 和 π_2 平行而不重合时），或是一张平面（当 π_1 和 π_2 重合时）．不论哪种情况，它都是直纹面．

下面要讨论上节中所讲的 5 种二次曲面中哪些是直纹二次曲面．

椭球面不是直纹面，因为它是有界的，容不下直线．椭圆抛物面也不是直纹面，因为它位于 xy 平面的上方，如果它上面有直线则此直线一定平行于 xy 平面，但是它的 $z=h$ 平面的截线是椭圆，容不下直线．用类似方法还可说明双叶双曲面也不是直纹面．下面我们来讨论单叶双曲面和双曲抛物面的直纹性．

7.1 双曲抛物面的直纹性

双曲抛物面上有直线，这是已经知道的．例如 xy 平面的截线就是一对相交直线．

把双曲抛物面 S 的方程

$$\frac{x^2}{a^2}-\frac{y^2}{b^2}=2z$$

改写为

$$\left(\frac{x}{a}-\frac{y}{b}\right)\left(\frac{x}{a}+\frac{y}{b}\right)=2z,$$

就容易看出对于任何实数 c，平面

$$\frac{x}{a}-\frac{y}{b}=c$$

和 S 的交线是直线

$$l_c:\begin{cases}\dfrac{x}{a}-\dfrac{y}{b}=c,\\ c\left(\dfrac{x}{a}+\dfrac{y}{b}\right)=2z;\end{cases}$$

平面

$$\frac{x}{a}+\frac{y}{b}=c$$

和 S 的交线是直线

$$l_c':\begin{cases}\dfrac{x}{a}+\dfrac{y}{b}=c,\\ c\left(\dfrac{x}{a}-\dfrac{y}{b}\right)=2z.\end{cases}$$

于是我们得到 S 上的两族直母线(图 2.10)

$$I=\{l_c\,|\,c\in\mathbb{R}\}$$

和

$$I'=\{l_c'\,|\,c\in\mathbb{R}\}.$$

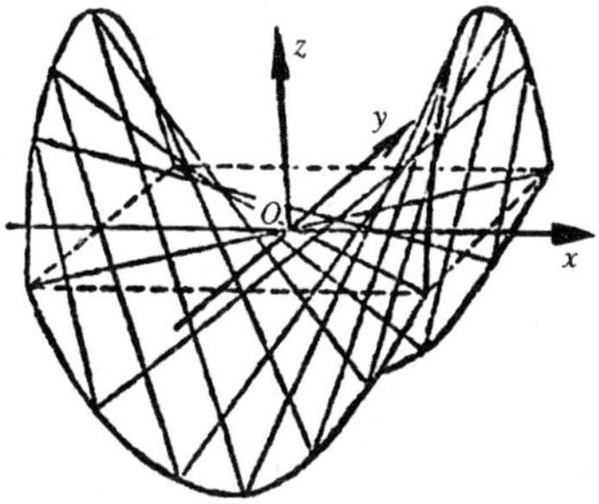

图 2.10

下面讨论这两族直母线的性质.

(1) 对 S 上的每一点 $M_0(x_0,y_0,z_0)$,每族直母线中都恰好有一条经过 M_0.

令 $c_0=\dfrac{x_0}{a}-\dfrac{y_0}{b}$,则 M_0 在平面 $\dfrac{x}{a}-\dfrac{y}{b}=c_0$ 上,从而 $M_0\in l_{c_0}$. 显然,当 $c\neq c_0$ 时, M_0 不在平面 $\dfrac{x}{a}-\dfrac{y}{b}=c$ 上,从而不在 l_c 上. 于是 I 中经过 M_0 的直线只有 l_{c_0} 一条.

类似地,令 $c_0'=\dfrac{x_0}{a}+\dfrac{y_0}{b}$, I' 中经过 M_0 的直线只有 $l_{c_0'}'$ 一条.

(2) 同族直母线都平行于同一张平面. 同族的两条不同直母

线一定异面.

第一个结论是显然的，I 中的直母线都平行于

$$\frac{x}{a}-\frac{y}{b}=0,$$

I' 中的直母线都平行于

$$\frac{x}{a}+\frac{y}{b}=0.$$

设 $c_1\neq c_2$，则直线 l_{c_1} 和 l_{c_2} 分别在平面 $\frac{x}{a}-\frac{y}{b}=c_1$ 和 $\frac{x}{a}-\frac{y}{b}=c_2$ 上，因此它们不相交. 下面说明它们不平行. l_{c_1} 平行于直线

$$\begin{cases}\frac{x}{a}-\frac{y}{b}=0,\\ c_1\left(\frac{x}{a}+\frac{y}{b}\right)=2z,\end{cases}$$

l_{c_2} 平行于直线

$$\begin{cases}\frac{x}{a}-\frac{y}{b}=0,\\ c_2\left(\frac{x}{a}+\frac{y}{b}\right)=2z,\end{cases}$$

因此只用证明这两条直线不平行，即

$$\frac{x}{a}-\frac{y}{b}=0,\quad c_1\left(\frac{x}{a}+\frac{y}{b}\right)=2z,\quad c_2\left(\frac{x}{a}+\frac{y}{b}\right)=2z$$

这三张平面相交于一点. 行列式

$$\begin{vmatrix}\frac{1}{a} & -\frac{1}{b} & 0\\ \frac{c_1}{a} & \frac{c_1}{b} & -2\\ \frac{c_2}{a} & \frac{c_2}{b} & -2\end{vmatrix}=\frac{4(c_2-c_1)}{ab}\neq 0,$$

由命题 2.2，知道这三张平面确实相交于一点.

(3) 异族直母线一定相交.

任取两数 c_1,c_2，两条直线 l_{c_1} 和 l'_{c_2} 的方程可分别写作

$$\begin{cases}\dfrac{x}{a}-\dfrac{y}{b}=c_1,\\ \dfrac{x^2}{a^2}-\dfrac{y^2}{b^2}=2z\end{cases} \quad 和 \quad \begin{cases}\dfrac{x}{a}+\dfrac{y}{b}=c_2,\\ \dfrac{x^2}{a^2}-\dfrac{y^2}{b^2}=2z.\end{cases}$$

它们联立所得方程组

$$\begin{cases}\dfrac{x}{a}-\dfrac{y}{b}=c_1,\\ \dfrac{x}{a}+\dfrac{y}{b}=c_2,\\ \dfrac{x^2}{a^2}-\dfrac{y^2}{b^2}=2z\end{cases}$$

有惟一解$\left(\dfrac{a(c_1+c_2)}{2},\dfrac{b(c_2-c_1)}{2},\dfrac{c_1c_2}{2}\right)$，说明 l_c 和 l_c' 相交.

(4) I 和 I' 无公共直母线(由(3)推出).

(5) S 上所有直母线都在 I 或 I' 中.

如果 l 是 S 的直母线，则它不会平行于 xz 平面和 yz 平面(请自己说明原因)，因此可假设它在 xy 平面上的投影的方程为 $y=tx+r$，其中 $t\neq 0$. 于是 l 有一般方程

$$\begin{cases}\dfrac{x^2}{a^2}-\dfrac{y^2}{b^2}=2z,\\ y=tx+r.\end{cases}$$

从而又有一般方程

$$\begin{cases}\left(\dfrac{1}{a^2}-\dfrac{t^2}{b^2}\right)x^2-2\dfrac{tr}{b^2}x-2z-\dfrac{r^2}{b^2}=0,\\ y=tx+r,\end{cases}$$

其中第一个方程的图像是平行于 y 轴的柱面. 该柱面与平面 $y=ta+r$ 的交线是直线的充分必要条件是，它本身是一张平面，即它的左边是一次式. 由此得到 $|t|=\dfrac{b}{a}$. 于是 l 的方程为

$$\begin{cases}\dfrac{x^2}{a^2}-\dfrac{y^2}{b^2}=2z,\\ \pm\dfrac{x}{a}+\dfrac{y}{b}=\dfrac{r}{b}\end{cases}$$

的形式，不难看出，它是 I 或 I' 中的直母线.

7.2 单叶双曲面的直纹性

1. 单叶双曲面直纹性的定性讨论

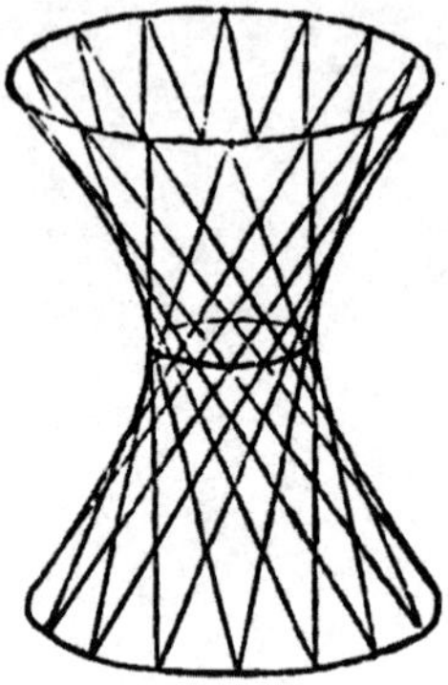

图 2.11

单叶双曲面可由旋转单叶双曲面经过压缩而得到. 旋转单叶双曲面是直纹面(见图 2.8)，而压缩把直线变为直线，并且保持直线的共面性，可见单叶双曲面是直纹面(图 2.11). 要了解单叶双曲面上的直母线的性质，只需弄清楚旋转单叶双曲面 S_0：

$$x^2+y^2-z^2=1$$

上的直母线的性质.

S_0 是旋转面，是由直线

$$l_0:\begin{cases}x=1,\\ y-z=0,\end{cases}\quad \text{或}\quad l_0':\begin{cases}x=1,\\ y+z=0\end{cases}$$

绕 z 轴旋转而得到的曲面.

记 l_θ, l_θ' 分别是 l_0, l_0' 绕 z 轴旋转 θ 角所得的直线. $I=\{l_\theta \mid 0\leqslant\theta<2\pi\}$ 和 $I'=\{l_\theta' \mid 0\leqslant\theta<2\pi\}$，这是 S_0 上的两族直母线. 下面讨论它们具有的 5 条性质.

先指出一个事实：S_0 与平面 $x=1$ 相交的方程为

$$\begin{cases}x=1,\\ x^2+y^2-z^2=1,\end{cases}$$

即

$$\begin{cases}x=1,\\ (y-z)(y+z)=0.\end{cases}$$

因此交线就是两条直线 l_0 和 l_0' 的并集.

(1) 对 S_0 上的每一点 M_0，每族直母线中都恰好有一条经过 M_0.

这是因为 $l_0(l_0')$旋转一圈时，扫过 S_0 上的每一点恰好一次.

(2) S_0 上直母线都在 I 或 I' 中.

设 l 是 S_0 上的一条直母线，则它一定和 xy 平面相交，并且交点在腰圆

$$\begin{cases}x^2+y^2=1,\\ z=0\end{cases}$$

上，从而 l 和 z 轴的距离为 1. 于是 l 可旋转到平面 $x=1$ 上，成为 $x=1$ 上的直母线，即是 l_0 或 l_0'，因此 l 在 I 或 I' 中.

(3) 同族的两条不同直母线一定异面. 同族的任何三条不同直母线都不会平行于同一张平面.

由(1)知道同族的两条不同直母线一定不相交. 只要再证明它们不平行. 以 I 族为例，l_0 平行于向量 $\boldsymbol{u}(0,1,1)$，从而 l_θ 平行于向量 $\boldsymbol{u}_\theta(-\sin\theta,\cos\theta,1)$. 不难验证，当 $0\leqslant\theta_1<\theta_2<2\pi$ 时，$\boldsymbol{u}_{\theta_1}$ 和 $\boldsymbol{u}_{\theta_2}$ 不平行；当 $0\leqslant\theta_1<\theta_2<\theta_3<2\pi$ 时，$\boldsymbol{u}_{\theta_1}$，$\boldsymbol{u}_{\theta_2}$ 和 $\boldsymbol{u}_{\theta_3}$ 不共面.

(4) 异族直母线一定共面.

先证明对任何 θ，l_0' 和 l_θ 一定共面. 如果 $\theta=\pi$，则 l_π 平行于 $\boldsymbol{u}_\pi(0,-1,1)$，从而平行于 l_0'. 否则，l_θ 和平面 $x=1$ 相交，并且(根据上面指出的事实)交点 P 在 l_0 或 l_0' 上. 但是 l_θ 和 l_0 不相交，P 一定在 l_0' 上，即 l_0' 和 l_θ 相交于 P 点.

对于 l_{θ_1} 和 l_{θ_2}'，它们都是 $l_{\theta_1-\theta_2}$ 和 l_0' 绕 z 轴旋转 θ_2 角所得到直母线，由于 $l_{\theta_1-\theta_2}$ 和 l_0' 共面，l_{θ_1} 和 l_{θ_2}' 也共面.

(5) I 和 I' 无公共直母线(由(3)和(4)推出).

显然，以上这 5 条性质在图形作压缩时不会改变的，因此任何单叶双曲面的直母线都具有以上 5 条性质.

比较单叶双曲面和双曲抛物面的直纹性，它们的直母线有许多性质是一致的，但是也有不同之处. 一是单叶双曲面异族直母线可能相交，也可能平行；而双曲抛物面的异族直母线都相交，因此它没有平行的直母线. 二是单叶双曲面上同族的任何三条不同直母线都不会平行于同一张平面；而双曲抛物面的同族的直母线皆平行于同一张平面. 这两个区别能帮助我们分辨这两类不同曲面.

2. 单叶双曲面直纹性的定量讨论

下面我们要求出单叶双曲面 S

$$\frac{x^2}{a^2}+\frac{y^2}{b^2}-\frac{z^2}{c^2}=1$$

上的直母线的方程. 先把方程改写为

$$\left(\frac{x}{a}+\frac{z}{c}\right)\left(\frac{x}{a}-\frac{z}{c}\right)=\left(1+\frac{y}{b}\right)\left(1-\frac{y}{b}\right).$$

不难看出,对于任意不全为零的一对实数 s,t,直线

$$l_{s:t}:\begin{cases} s\left(\dfrac{x}{a}+\dfrac{z}{c}\right)=t\left(1+\dfrac{y}{b}\right), \\ t\left(\dfrac{x}{a}-\dfrac{z}{c}\right)=s\left(1-\dfrac{y}{b}\right), \end{cases}$$

和

$$l'_{s:t}:\begin{cases} s\left(\dfrac{x}{a}+\dfrac{z}{c}\right)=t\left(1-\dfrac{y}{b}\right), \\ t\left(\dfrac{x}{a}-\dfrac{z}{c}\right)=s\left(1+\dfrac{y}{b}\right) \end{cases}$$

都在 S 上. 于是就得到 S 上的两大类直母线:

$$\{l_{s:t}\mid s,t\text{ 不全为零}\}\quad 和\quad \{l'_{s:t}\mid s,t\text{ 不全为零}\};$$

并且它们有以下性质:

(1) 每类中的直母线是同族的(按照上面 1 中的族的分法).

先证明对于任意 s,t, $l_{s:t}$ 与 $l'_{1:0}$ 共面. $l'_{1:0}$ 的一般方程为

$$\begin{cases} \dfrac{x}{a}+\dfrac{z}{c}=0, \\ 1+\dfrac{y}{b}=0, \end{cases}$$

因此对于任意 s,t,平面 $s\left(\dfrac{x}{a}+\dfrac{z}{c}\right)=t\left(1+\dfrac{y}{b}\right)$ 总是过 $l'_{1:0}$ 的,于是 $l_{s:t}$ 与 $l'_{1:0}$ 共面.

容易验证(请读者自己做), $l_{1:0}$ 与 $l'_{1:0}$ 平行而不重合;当 $s:t\neq 1:0$ 时, $l_{s:t}$ 与 $l'_{1:0}$ 相交.

于是, $\{l_{s:t}\mid s,t$ 不全为零$\}$ 中的直母线都和 $l'_{1:0}$ 异族,从而是

同族的.类似地，$\{l'_{s:t}|s,t$ 不全为零$\}$中的直母线也是同族的.

(2) 对于 S 上的每一点，两类中各有一条直母线经过它.

设 $M_0(x_0,y_0,z_0)\in S$. 注意到 $1+\frac{y_0}{b}$ 和 $1-\frac{y_0}{b}$ 不都为 0.

如果 $1+\frac{y_0}{b}\neq 0$，令 $s=1+\frac{y_0}{b}$，$t=\frac{x_0}{a}+\frac{z_0}{c}$，则 M_0 在 $l_{s:t}$上；令 $s=\frac{x_0}{a}-\frac{z_0}{c}$，$t=1+\frac{y_0}{b}$，则 M_0 在 $l'_{s:t}$ 上.

如果 $1-\frac{y_0}{b}\neq 0$，令 $s=\frac{x_0}{a}-\frac{z_0}{c}$，$t=1-\frac{y_0}{b}$，则 M_0 在 $l_{s:t}$上；令 $s=1-\frac{y_0}{b}$，$t=\frac{x_0}{a}+\frac{z_0}{c}$，则 M_0 在 $l'_{s:t}$ 上.

于是$\{l_{s:t}|s,t$ 不全为零$\}$和$\{l'_{s:t}|s,t$ 不全为零$\}$给出了 S 的所有直母线，并且它们恰好是 S 上的两族直母线.

上面我们讨论了二次柱面、二次锥面、单叶双曲面和双曲抛物面这几种二次曲面的直纹性. 事实上，它们包括了除了平面性的二次曲面外的全部直纹二次曲面(对这个结论的严格论证比较复杂，涉及到二次曲面的分类问题，下一章中我们会给出有关的结论). 因此，如果一个非平面性的二次曲面是直纹面(其实只要包含有直线)，它又不是二次柱面和二次锥面，那么就一定是单叶双曲面或双曲抛物面. 至于要判断是这两种曲面中的哪一种，可利用它们性质上的差别：

(1) 单叶双曲面存在平行的直母线，双曲抛物面上任何两条直母线都不平行；

(2) 双曲抛物面的同族直母线平行于同一张平面，而单叶双曲面的任何三条同族直母线都不平行于同一张平面(即它们的方向向量不共面).

习 题 2.7

1. 求单叶双曲面$\frac{x^2}{4}+\frac{y^2}{9}-\frac{z^2}{16}=1$ 的过点$(2,-3,4)$的两条直

母线的方程.

2. 证明：单叶双曲面或双曲抛物面的任何 3 条直母线不会在同一张平面上.

3. 求双曲抛物面 $x^2-\frac{y^2}{9}=2z$ 的正交直母线交点的轨迹.

4. 设 A 是给定点，$\boldsymbol{u},\boldsymbol{v},\boldsymbol{w}$ 是 3 个不共面的向量，记 A_t 为满足 $\overrightarrow{AA_t}=t\boldsymbol{w}$ 的点，l_t 为经过 A_t、平行于 $\boldsymbol{v}+t\boldsymbol{u}$ 的直线. 证明：由单参数直线族 $\{l_t \mid t\in\mathbb{R}\}$ 形成的图形是马鞍面.

5. 由参数方程给定两条直线：

$$l_1:\begin{cases}x=\dfrac{3}{2}+3t,\\ y=-1+2t,\\ z=-t,\end{cases}\qquad l_2:\begin{cases}x=3t,\\ y=2t,\\ z=0.\end{cases}$$

求由所有连结 l_1 和 l_2 上有相同参数的点的直线所构成的图形的方程，并指出是什么图形.

6. 设 l_1 和 l_2 是两条异面的直线，它们都和平面 π 不平行，证明：所有与 l_1 和 l_2 都相交，并且平行于 π 的直线构成马鞍面.

7. 设 l_1,l_2,l_3 是 3 条两两异面的直线，证明：所有和它们都共面的直线构成单叶双曲面或双曲抛物面，并指出何时构成单叶双曲面，何时构成双曲抛物面.

8. 设 l_1 和 l_2 是两条异面的直线，把分别过 l_1 和 l_2，并且互相垂直的平面的交线的轨迹记作 S.

(1) 证明 l_1 和 l_2 都在 S 上；

(2) 证明 S 是直纹二次曲面；

(3) 证明：当 l_1 和 l_2 互相平行时，S 是圆柱面，指出它的轴线和半径；

(4) 证明：当 l_1 和 l_2 相交但不垂直时，S 是锥面，但不是圆锥面；

(5) 当 l_1 和 l_2 垂直时，S 是什么图形？

(6) 当 l_1 和 l_2 异面但不垂直时，S 是什么曲面？

9. 设直线 l_i 过点 M_i，平行于向量 $\boldsymbol{u}_i$ $(i=1,2)$. 在一个空间直角坐标系中，M_1 的坐标为(1,0,1)，M_2 的坐标为(1,1,1)；$\boldsymbol{u}_1$ 的坐标为(1,0,1)，$\boldsymbol{u}_2$ 的坐标为(0,1,1). 求与 l_1 和 l_2 都相交，并与向量 $\boldsymbol{u}_3(1,1,0)$ 垂直的所有直线所构成曲面的方程，说明它是什么曲面.

10. 在空间直角坐标系中，直线 l_1, l_2 的方程分别为：

$$\frac{x-6}{1}=\frac{y}{2}=\frac{z-1}{2}, \quad \frac{x}{1}=\frac{y-8}{2}=\frac{z+4}{-2}.$$

过 l_1 作平面 π_1，过 l_2 作平面 π_2，使得 $\pi_1 \perp \pi_2$. 求 π_1 和 π_2 的交线轨迹的方程，并指出这是什么曲面.

11. 在空间直角坐标系中，给出两条异面直线：

l_1：过点 $M_1(1,-3,5)$，平行于向量 $\boldsymbol{u}_1(1,0,1)$；

l_2：过点 $M_2(0,2,-1)$，平行于向量 $\boldsymbol{u}_2(-1,2,0)$，

设 Γ 是所有与 l_1 正交，与 l_2 共面的直线的轨迹.

(1) 求 Γ 的方程；

(2) 说明 Γ 是什么曲面？(说出理由)

第三章　坐标变换与二次曲线的分类

在不同的坐标系中，点的坐标不相同，从而图形方程也不相同. 例如在平面上，圆锥曲线（椭圆、双曲线、抛物线）只在标准坐标系（即以对称轴为坐标轴的直角坐标系）中的方程才是标准方程$\left(\dfrac{x^2}{a^2}+\dfrac{y^2}{b^2}=1, \dfrac{x^2}{a^2}-\dfrac{y^2}{b^2}=1\right.$ 和 $y^2=2px$ 等形式的方程$\Big)$，在别的坐标系中的方程可能会很复杂；在第二章中的椭球面、单叶双曲面、双叶双曲面、椭圆抛物面和马鞍面等二次曲面也是在特殊的直角坐标系中讨论的，在一般的仿射坐标系中的二次方程的图像是否也属于这 5 类曲面之一？还有没有别的可能？于是，解析几何学自然要面对两个问题：对于给定的图形，怎样选坐标系，使得它的方程最简单？在不同的坐标系中，图形的方程之间有什么关系？这些就是本章所要讨论的内容. §1 讨论坐标变换的一般规律，即给出点、向量和图形的坐标变换的公式. 后面几节以平面上的二次曲线为典型例子进行讨论，将提出“不变量”等重要几何思想.

作为工具，本章的论证中将较多地用到线性代数学中的矩阵，对矩阵及其运算不熟悉的读者可先读附录.

§1　仿射坐标变换的一般理论

设在空间中我们取定两个仿射坐标系，它们的标架分别为 $I[O;\boldsymbol{e}_1,\boldsymbol{e}_2,\boldsymbol{e}_3]$和 $I'[O';\boldsymbol{e}_1',\boldsymbol{e}_2',\boldsymbol{e}_3']$. 一个点或一个向量在 I 和 I' 中有不同的坐标(x,y,z)和(x',y',z')，它们有什么关系？一个图形在 I 和 I' 中有不同的方程，它们怎样互相转化？下面我们来讨论这

些问题.

1.1 过渡矩阵、向量和点的坐标变换公式

先讨论一个向量 $\boldsymbol{\alpha}$ 在 I 和 I' 中的坐标 (x,y,z) 和 (x',y',z') 之间的关系. 显然, 这是与 I 和 I' 之间的位置关系直接相关的.

设 $\boldsymbol{e}_1',\boldsymbol{e}_2',\boldsymbol{e}_3'$ 在 I 中的坐标依次为 (c_{11},c_{21},c_{31}), (c_{12},c_{22},c_{32}), (c_{13},c_{23},c_{33}), 即

$$\begin{cases}\boldsymbol{e}_1' = c_{11}\boldsymbol{e}_1 + c_{21}\boldsymbol{e}_2 + c_{31}\boldsymbol{e}_3,\\ \boldsymbol{e}_2' = c_{12}\boldsymbol{e}_1 + c_{22}\boldsymbol{e}_2 + c_{32}\boldsymbol{e}_3,\\ \boldsymbol{e}_3' = c_{13}\boldsymbol{e}_1 + c_{23}\boldsymbol{e}_2 + c_{33}\boldsymbol{e}_3,\end{cases}$$

于是由坐标的定义,

$$\begin{aligned}\boldsymbol{\alpha} &= x'\boldsymbol{e}_1' + y'\boldsymbol{e}_2' + z'\boldsymbol{e}_3'\\ &= x'(c_{11}\boldsymbol{e}_1 + c_{21}\boldsymbol{e}_2 + c_{31}\boldsymbol{e}_3) + y'(c_{12}\boldsymbol{e}_1 + c_{22}\boldsymbol{e}_2 + c_{32}\boldsymbol{e}_3)\\ &\quad + z'(c_{13}\boldsymbol{e}_1 + c_{23}\boldsymbol{e}_2 + c_{33}\boldsymbol{e}_3)\\ &= (c_{11}x' + c_{12}y' + c_{13}z')\boldsymbol{e}_1 + (c_{21}x' + c_{22}y' + c_{23}z')\boldsymbol{e}_2\\ &\quad + (c_{31}x' + c_{32}y' + c_{33}z')\boldsymbol{e}_3.\end{aligned}$$

这说明 $\boldsymbol{\alpha}$ 在 I 中的坐标为

$$\begin{cases}x = c_{11}x' + c_{12}y' + c_{13}z',\\ y = c_{21}x' + c_{22}y' + c_{23}z',\\ z = c_{31}x' + c_{32}y' + c_{33}z'.\end{cases} \tag{3.1}$$

用矩阵写出为

$$\begin{bmatrix} x\\ y\\ z\end{bmatrix} = \begin{bmatrix} c_{11} & c_{12} & c_{13}\\ c_{21} & c_{22} & c_{23}\\ c_{31} & c_{32} & c_{33}\end{bmatrix}\begin{bmatrix} x'\\ y'\\ z'\end{bmatrix}. \tag{3.1a}$$

称(3.1)和(3.1a)为向量的坐标变换公式, (3.1a)中的矩阵

$$\boldsymbol{C} = \begin{bmatrix} c_{11} & c_{12} & c_{13}\\ c_{21} & c_{22} & c_{23}\\ c_{31} & c_{32} & c_{33}\end{bmatrix}$$

称为从坐标系 I 到 I' 的**过渡矩阵**，它是以 $\boldsymbol{e}_1', \boldsymbol{e}_2', \boldsymbol{e}_3'$ 在 I 中的坐标为各个列向量的三阶矩阵.

现在讨论点的坐标变换公式. 设点 M 在 I 和 I' 中的坐标分别为 (x,y,z) 和 (x',y',z')，它们分别是向量 $\overrightarrow{OM}$ 在 I 中的坐标和向量 $\overrightarrow{O'M}$ 在 I' 中的坐标. 因为 $\overrightarrow{OM}$ 和 $\overrightarrow{O'M}$ 不同，所以不能直接套用 (3.1) 和 (3.1a). 用 (3.1a) 可得到 $\overrightarrow{O'M}$ 在 I 中的坐标

$$\begin{bmatrix} c_{11} & c_{12} & c_{13} \\ c_{21} & c_{22} & c_{23} \\ c_{31} & c_{32} & c_{33} \end{bmatrix} \begin{bmatrix} x' \\ y' \\ z' \end{bmatrix}.$$

由于 $\overrightarrow{OM} = \overrightarrow{OO'} + \overrightarrow{O'M}$，如果设点 O'（即向量 $\overrightarrow{OO'}$）在 I 中的坐标为 (d_1, d_2, d_3)，则

$$\begin{bmatrix} x \\ y \\ z \end{bmatrix} = \begin{bmatrix} c_{11} & c_{12} & c_{13} \\ c_{21} & c_{22} & c_{23} \\ c_{31} & c_{32} & c_{33} \end{bmatrix} \begin{bmatrix} x' \\ y' \\ z' \end{bmatrix} + \begin{bmatrix} d_1 \\ d_2 \\ d_3 \end{bmatrix}. \tag{3.2a}$$

这就是点的坐标变换公式的矩阵形式. 点的坐标变换公式的一般形式为

$$\begin{cases} x = c_{11}x' + c_{12}y' + c_{13}z' + d_1, \\ y = c_{21}x' + c_{22}y' + c_{23}z' + d_2, \\ z = c_{31}x' + c_{32}y' + c_{33}z' + d_3. \end{cases} \tag{3.2}$$

请注意，(3.1)，(3.1a)，(3.2)，(3.2a) 都是由 I' 中的坐标求 I 中的坐标公式.

1.2 图形的坐标变换公式

先讨论曲面的坐标变换公式.

设 S 是一张曲面，它在 I 中的一般方程为 $F(x,y,z)=0$，求它在 I' 中的一般方程.

对于点 M，如果它在 I' 中的坐标为 (x',y',z')，则它在 I 中的坐标为 $(c_{11}x'+c_{12}y'+c_{13}z'+d_1, c_{21}x'+c_{22}y'+c_{23}z'+d_2, c_{31}x'+c_{32}y'+c_{33}z'+d_3)$，因此 M 在 S 上的充分必要条件为

$$F(c_{11}x' + c_{12}y' + c_{13}z' + d_1, c_{21}x' + c_{22}y' + c_{23}z' + d_2,$$
$$c_{31}x' + c_{32}y' + c_{33}z' + d_3) = 0.$$

把上式左边的函数式记作 $G(x', y', z')$，则 $G(x', y', z')=0$ 是 S 在 I' 中的一般方程，称它为由 S 在 I 中的方程 $F(x,y,z)=0$ 经过坐标变换转化为 S 在 I' 中的方程.

对于曲线 Γ，可看作两张曲面的交线，它在 I 中的一般方程为两个 3 元方程式的联立方程组，把这两个方程都用坐标变换转化为 I' 中的方程，联立得到它在 I' 中的一般方程.

例 3.1 设从坐标系 I 到 I' 的过渡矩阵为

$$\boldsymbol{C} = \begin{bmatrix} 2 & 1 & 0 \\ 0 & 1 & -1 \\ 1 & 0 & 1 \end{bmatrix},$$

O' 在 I 中的坐标为 $(1,-2,0)$.

(1) 设平面 π 在 I 中的一般方程为

$$3x + 2y - z + 2 = 0,$$

求 π 在 I' 中的一般方程；

(2) 设直线 l 在 I 中的标准方程为

$$\frac{x-1}{3} = \frac{y}{-2} = \frac{z-2}{1},$$

求 l 在 I' 中的方程.

解 向量的坐标变换公式为

$$\begin{cases} x = 2x' + y', \\ y = y' - z', \\ z = x' + z'. \end{cases} \tag{3.3}$$

点的坐标变换公式为

$$\begin{cases} x = 2x' + y' + 1, \\ y = y' - z' - 2, \\ z = x' + z'. \end{cases} \tag{3.4}$$

(1) 将 (3.4) 代入 π 在 I 中的一般方程 $3x+2y-z+2=0$ 中，

得到

$$3(2x'+y'+1)+2(y'-z'-2)-(x'+z')+2=0,$$

整理后得到 π 在 I' 中的一般方程：

$$5x'+5y'-3z'+1=0.$$

(2) 我们用下面两种方法求 l 在 I' 中的方程.

方法 1. 求 l 在 I' 中的一般方程. 先写出 l 在 I 中的一般方程,例如

$$\begin{cases}2x+3y-2=0,\\ y+2z-4=0.\end{cases}$$

对这两个方程表示的曲面分别用(1)中的方法求出它们在 I' 中的一般方程,联立得到 l 在 I' 中的一般方程：

$$\begin{cases}4x'+5y'-3z'-6=0,\\ 2x'+y'+z'-6=0.\end{cases}$$

方法 2. 求 l 在 I' 中的标准方程. 记 M 是在 I 中的坐标为(1,0,2)的点，$\boldsymbol{\alpha}$ 是在 I 中的坐标为(3,−2,1)的向量,则 l 过点 M,平行于向量 $\boldsymbol{\alpha}$. 分别求出 M 和 $\boldsymbol{\alpha}$ 在 I' 中的坐标,就可写出 l 在 I' 中的标准方程了.

以 $x=1,y=0,z=2$ 代入(3.4),就得到关于 M 在 I' 中坐标的方程组

$$\begin{cases}2x'+y'=0,\\ y'-z'=2,\\ x'+z'=2.\end{cases}$$

以 $x=3,y=-2,z=1$ 代入(3.3),就得到关于 $\boldsymbol{\alpha}$ 在 I' 中坐标的方程组

$$\begin{cases}2x'+y'=3,\\ y'-z'=-2,\\ x'+z'=1.\end{cases}$$

用矩阵消元法解这两个方程组(它们的系数矩阵一样,因此可放在一起求解)：

$$\left[\begin{array}{ccc:cc}2 & 1 & 0 & 0 & 3\\ 0 & 1 & -1 & 2 & -2\\ 1 & 0 & 1 & 2 & 1\end{array}\right]\to\left[\begin{array}{ccc:cc}1 & 0 & 1 & 2 & 1\\ 0 & 1 & -1 & 2 & -2\\ 0 & 1 & -2 & -4 & 1\end{array}\right]$$

$$\to\left[\begin{array}{ccc:cc}1 & 0 & 0 & -4 & 4\\ 0 & 1 & 0 & 8 & -5\\ 0 & 0 & 1 & 6 & -3\end{array}\right],$$

于是求出 M 和 $\boldsymbol{\alpha}$ 在 I' 中的坐标分别为$(-4,8,6)$和$(4,-5,-3)$，从而 I' 中的标准方程为

$$\frac{x'+4}{4}=\frac{y'-8}{-5}=\frac{z'-6}{-3}.$$

1.3 过渡矩阵的性质

在坐标变换公式中，过渡矩阵是最重要的因素. 下面介绍它的几个性质.

首先，因为 I' 中的坐标向量 $\boldsymbol{e}_1',\boldsymbol{e}_2',\boldsymbol{e}_3'$ 是不共面的，所以过渡矩阵 $\boldsymbol{C}$ 的行列式 $|\boldsymbol{C}|\neq 0$，即 $\boldsymbol{C}$ 是可逆矩阵.

命题 3.1 设有 3 个仿射坐标系 I,I',I''，I 到 I' 的过渡矩阵为 $\boldsymbol{C}$，I' 到 I'' 的过渡矩阵为 $\boldsymbol{D}$，则 I 到 I'' 的过渡矩阵为 $\boldsymbol{CD}$.

证明 记

$$\boldsymbol{D}=\begin{bmatrix}d_{11} & d_{12} & d_{13}\\ d_{21} & d_{22} & d_{23}\\ d_{31} & d_{32} & d_{33}\end{bmatrix},$$

则 I'' 的坐标向量 $\boldsymbol{e}_i''$ 在 I' 中的坐标为(d_{1i},d_{2i},d_{3i})，于是(根据公式(3.1a))$\boldsymbol{e}_i''$ 在 I 中的坐标为

$$\boldsymbol{C}\begin{bmatrix}d_{1i}\\ d_{2i}\\ d_{3i}\end{bmatrix},\quad i=1,2,3.$$

于是 I 到 I'' 的过渡矩阵为

$$\begin{bmatrix} C\begin{bmatrix} d_{11} \\ d_{21} \\ d_{31} \end{bmatrix} & C\begin{bmatrix} d_{12} \\ d_{22} \\ d_{32} \end{bmatrix} & C\begin{bmatrix} d_{13} \\ d_{23} \\ d_{33} \end{bmatrix} \end{bmatrix} = C\begin{bmatrix} d_{11} & d_{12} & d_{13} \\ d_{21} & d_{22} & d_{23} \\ d_{31} & d_{32} & d_{33} \end{bmatrix} = CD. \quad \blacksquare$$

推论 若 I 到 I' 的过渡矩阵为 C，则 I' 到 I 的过渡矩阵为 C^{-1}.

证明 设 I' 到 I 的过渡矩阵为 D，则由命题 3.1，CD 是 I 到 I 的过渡矩阵，从而 $CD=E$，即 $D=C^{-1}$. ▌

例 3.2 已知仿射坐标系 I' 的三个坐标平面在仿射坐标系 I 中的一般方程为

$$y'O'z' \text{ 平面}: 3x+2y-2z+1=0,$$
$$x'O'z' \text{ 平面}: 2x+y-z-2=0,$$
$$x'O'y' \text{ 平面}: x-2y+z+2=0,$$

并且 I 的原点 O 在 I' 中的坐标为 $(1,-4,-2)$，求 I 到 I' 的坐标变换公式.

解 如果要直接按照定义来求 I 到 I' 的坐标变换公式，就要先求出 I' 的原点 O'（即三张坐标平面的交点）和 3 个坐标向量在 I 中的坐标. 计算量比较大. 下面介绍另一种解题思路：先求出 I' 到 I 的坐标变换公式，再反解出 I 到 I' 的坐标变换公式.

假设 I' 到 I 的过渡矩阵为

$$D=\begin{bmatrix} d_{11} & d_{12} & d_{13} \\ d_{21} & d_{22} & d_{23} \\ d_{31} & d_{32} & d_{33} \end{bmatrix},$$

则 I' 到 I 的坐标变换公式为

$$\begin{cases} x' = d_{11}x + d_{12}y + d_{13}z + 1, \\ y' = d_{21}x + d_{22}y + d_{23}z - 4, \\ z' = c_{31}x + c_{32}y + c_{33}z - 2. \end{cases}$$

于是 $y'O'z'$ 平面，即 $x'=0$ 在 I 中的方程为

$$d_{11}x + d_{12}y + d_{13}z + 1 = 0.$$

将其与它的已知方程：$3x+2y-2z+1=0$ 相对照，得到 $d_{11}=3$，

$d_{12}=2, d_{13}=-2$；类似地可求出 $d_{21}=4, d_{22}=2, d_{23}=-2, d_{31}=-1, d_{32}=2, d_{33}=-1$. 从而

$$\boldsymbol{D}=\begin{bmatrix} 3 & 2 & -2 \\ 4 & 2 & -2 \\ -1 & 2 & -1 \end{bmatrix},$$

于是 I' 到 I 的坐标变换公式为

$$\begin{cases} x' = 3x + 2y - 2z + 1, \\ y' = 4x + 2y - 2z - 4, \\ z' = -x + 2y - z - 2. \end{cases}$$

由它解出 x, y, z 并用 x', y', z' 表示的函数式

$$\begin{cases} x = -x' + y' + 5, \\ y = -3x' + 2.5y' + z' + 15, \\ z = -5x' + 4y' + z' + 23. \end{cases}$$

这就是 I 到 I' 的坐标变换公式.

例 3.3 设 (a_1, b_1, c_1) 与 (a_2, b_2, c_2) 不成比例，证明在任意仿射坐标系 I 中，形如

$$f(a_1x + b_1y + c_1z, a_2x + b_2y + c_2z) = 0$$

的方程的图像 S 是柱面.

证明 思路：找坐标系 I'，使得 S 在 I' 中的方程为 $f(x', y')=0$，就可看出 S 是柱面. 具体做法如下：

由条件 (a_1, b_1, c_1) 与 (a_2, b_2, c_2) 不成比例，可找到数 a_3, b_3, c_3，使得

$$\boldsymbol{C}=\begin{bmatrix} a_1 & b_1 & c_1 \\ a_2 & b_2 & c_2 \\ a_3 & b_3 & c_3 \end{bmatrix}$$

是可逆矩阵（例如当 $a_1b_2 \neq b_1a_2$ 时，$a_3=0, b_3=0, c_3=1$）. 设

$$\boldsymbol{C}^{-1}=\begin{bmatrix} d_{11} & d_{12} & d_{13} \\ d_{21} & d_{22} & d_{23} \\ d_{31} & d_{32} & d_{33} \end{bmatrix}.$$

作仿射坐标系 $I'[O;\boldsymbol{e}_1',\boldsymbol{e}_2',\boldsymbol{e}_3']$,使得 $\boldsymbol{e}_1',\boldsymbol{e}_2',\boldsymbol{e}_3'$ 在 I 中的坐标依次是 $\boldsymbol{C}^{-1}$ 的各个列向量 (d_{11},d_{21},d_{31}), (d_{12},d_{22},d_{32}) 和 (d_{13},d_{23},d_{33}). 则 I 到 I' 的过渡矩阵为 $\boldsymbol{C}^{-1}$,从而 I' 到 I 的过渡矩阵为 $\boldsymbol{C}$. 注意 I' 和 I 有相同的原点, I' 到 I 的坐标变换公式为

$$\begin{cases} x' = a_1x + b_1y + c_1z, \\ y' = a_2x + b_2y + c_2z, \\ z' = a_3x + b_3y + c_3z. \end{cases}$$

于是在 I' 中方程 $f(x',y')=0$ 的柱面在 I 中的方程为

$$f(a_1x + b_1y + c_1z, a_2x + b_2y + c_2z) = 0,$$

因此它就是 S.

以上所讨论的是空间中的坐标变换,平面上的坐标变换可仿照着进行讨论,只是更加简单(过渡矩阵是二阶矩阵).

下面写出相应的坐标变换公式.

点的坐标变换公式:

$$\begin{cases} x = c_{11}x' + c_{12}y' + d_1, \\ y = c_{21}x' + c_{22}y' + d_2. \end{cases} \tag{3.2b}$$

向量的坐标变换公式:

$$\begin{cases} x = c_{11}x' + c_{12}y', \\ y = c_{21}x' + c_{22}y'. \end{cases} \tag{3.1b}$$

1.4 代数曲面和代数曲线

如果 $F(x,y,z)$ 是 x,y,z 的一个多项式,则称方程

$$F(x,y,z) = 0$$

的图像为**代数曲面**,把 $F(x,y,z)$ 的次数称为这个代数曲面的**次数**.

次数的概念并不是纯几何的,例如方程

$$x^2 + y^2 + z^2 + 2xy + 2xz + 2yz = 0$$

和 $x+y+z=0$ 的图像是同一张平面. 如果只在几何上看,它是 1 次曲面,但是按照第一个方程的次数,它又是 2 次曲面. 可见代数

曲面的次数概念与方程有关.

代数曲面及其次数与坐标系的选择无关.如果一张代数曲面在坐标系 I 中的方程为 $F(x,y,z)=0$,当从坐标系 I 到坐标系 I' 作坐标变换时,多项式 $F(x,y,z)$ 变为函数 $G(x',y',z')$,则 $G(x',y',z')$ 也是多项式,并且次数不会超过 $F(x,y,z)$(因为(3.2)的右边是一次式);反过来,从 I' 到 I 的坐标变换又把 $G(x',y',z')$ 变为 $F(x,y,z)$,从而 $F(x,y,z)$ 的次数又不会超过 $G(x',y',z')$,于是,$G(x',y',z')$ 和 $F(x,y,z)$ 是同次的多项式.

在平面上,相应的有代数曲线的概念.例如以后要着重讨论的二次曲线就是指二次方程 $F(x,y)=0$ 的图像.

下面我们来回答一个问题:空间中的一张二次曲面和一张平面的交线是什么曲线?

设 S 是空间中的一张二次曲面,它在坐标系 I 中的方程为 $F(x,y,z)=0$.又设 π 是平面,以 π 为 $x'O'y'$ 平面,作一个新的坐标系 I'.设从 I 到 I' 的坐标变换把 $F(x,y,z)$ 变为 $G(x',y',z')$.则 S 在 I' 中的方程为 $G(x',y',z')=0$,而 π 在 I' 中的方程为 $z'=0$.于是 S 与 π 的交线在 I' 的坐标平面 $x'O'y'$ 上的方程为

$$G(x',y',0)=0.$$

显然,它是次数不超过 2 的代数曲线.这样,上述问题的确切回答为:如果 S 与 π 相交,并且交点不是一个点,则交线是二次曲线或者直线.

1.5 直角坐标变换的过渡矩阵、正交矩阵

设 $I[O;\boldsymbol{e}_1,\boldsymbol{e}_2,\boldsymbol{e}_3]$ 和 $I'[O';\boldsymbol{e}_1',\boldsymbol{e}_2',\boldsymbol{e}_3']$ 是空间中的两个直角坐标系,I 到 I' 的过渡矩阵为

$$\boldsymbol{C}=\begin{bmatrix} c_{11} & c_{12} & c_{13} \\ c_{21} & c_{22} & c_{23} \\ c_{31} & c_{32} & c_{33} \end{bmatrix}.$$

因为 I 是直角坐标系,$\boldsymbol{C}$ 的各个列向量依次是 $\boldsymbol{e}_1',\boldsymbol{e}_2',\boldsymbol{e}_3'$ 在 I 中的

坐标，所以它们之间的内积为

$$\boldsymbol{e}_i' \cdot \boldsymbol{e}_j' = c_{1i}c_{1j} + c_{2i}c_{2j} + c_{3i}c_{3j}, \quad \forall\, i,j = 1,2,3.$$

又因为 I' 也是直角坐标系，所以

$$c_{1i}c_{1j} + c_{2i}c_{2j} + c_{3i}c_{3j} = \boldsymbol{e}_i' \cdot \boldsymbol{e}_j' = \begin{cases} 1, & 当\ i = j, \\ 0, & 当\ i \neq j, \end{cases}$$

于是

$$\boldsymbol{C}^{\mathrm{T}}\boldsymbol{C} = \begin{bmatrix} \boldsymbol{e}_1' \cdot \boldsymbol{e}_1' & \boldsymbol{e}_1' \cdot \boldsymbol{e}_2' & \boldsymbol{e}_1' \cdot \boldsymbol{e}_3' \\ \boldsymbol{e}_2' \cdot \boldsymbol{e}_1' & \boldsymbol{e}_2' \cdot \boldsymbol{e}_2' & \boldsymbol{e}_2' \cdot \boldsymbol{e}_3' \\ \boldsymbol{e}_3' \cdot \boldsymbol{e}_1' & \boldsymbol{e}_3' \cdot \boldsymbol{e}_2' & \boldsymbol{e}_3' \cdot \boldsymbol{e}_3' \end{bmatrix} = \begin{bmatrix} 1 & 0 & 0 \\ 0 & 1 & 0 \\ 0 & 0 & 1 \end{bmatrix} = \boldsymbol{E},$$

即 $\boldsymbol{C}^{\mathrm{T}}$ 就是 $\boldsymbol{C}$ 的逆矩阵. 代数学中，每一个元素都是实数的 n 阶矩阵，如果其逆矩阵就是它的转置矩阵，则称为**正交矩阵**. 于是我们得到

命题 3.2 两个直角坐标系之间的过渡矩阵是正交矩阵.

一个正交矩阵的各列元素的平方和等于 1，不同两列对应元素乘积之和为 0（$n=3$ 时的几何意义上面已经解释）. 显然，正交矩阵的转置矩阵也是正交矩阵，因此它的各行元素的平方和也等于 1，不同两行对应元素乘积之和也为 0. 这个事实在 $n=3$ 时的几何意义也是很清楚的：由于 I 是直角坐标系，上面的过渡矩阵 $\boldsymbol{C}$ 的元素 $c_{ij}=\boldsymbol{e}_i \cdot \boldsymbol{e}_j'$；又因为 I' 也是直角坐标系，$\boldsymbol{C}$ 的第 i 行的元素 (c_{i1}, c_{i2}, c_{i3}) 就是 $\boldsymbol{e}_i$ 在 I' 中的坐标，于是

$$c_{i1}c_{j1} + c_{i2}c_{j2} + c_{i3}c_{j3} = \boldsymbol{e}_i \cdot \boldsymbol{e}_j = \begin{cases} 1, & 当\ i = j, \\ 0, & 当\ i \neq j. \end{cases}$$

命题 3.2 当然也适用于平面的情况，即两个平面直角坐标系之间的过渡矩阵是二阶正交矩阵. 二阶正交矩阵可以很简明的描述出来. 设

$$\boldsymbol{C} = \begin{bmatrix} c_{11} & c_{12} \\ c_{21} & c_{22} \end{bmatrix}$$

是一个二阶正交矩阵，则有关系式

$$c_{11}^2 + c_{21}^2 = c_{11}^2 + c_{12}^2 = c_{21}^2 + c_{22}^2 = c_{12}^2 + c_{22}^2 = 1,$$

$$c_{11}c_{12}+c_{12}c_{22}=c_{11}c_{21}+c_{21}c_{22}=0.$$

于是

$$|c_{11}|=|c_{22}|,\quad |c_{12}|=|c_{21}|.$$

由 $c_{11}^2+c_{21}^2=1$，可决定一个角 θ，使得 $\cos\theta=c_{11}$，$\sin\theta=c_{21}$. 此时 $c_{12}=\pm\sin\theta$，并且当 $c_{12}=\sin\theta$ 时，$c_{22}=-\cos\theta$；当 $c_{12}=-\sin\theta$ 时，$c_{22}=\cos\theta$. 于是二阶正交矩阵只有下面两种形式：

$$\begin{bmatrix}\cos\theta & -\sin\theta\\ \sin\theta & \cos\theta\end{bmatrix},\quad \begin{bmatrix}\cos\theta & \sin\theta\\ \sin\theta & -\cos\theta\end{bmatrix}.$$

下面我们在 I 是一个右手直角坐标系，并且 I 与 I' 的原点重合的情形画出 I' 的位置.

图 3.1(a)是过渡矩阵为 $\begin{bmatrix}\cos\theta & -\sin\theta\\ \sin\theta & \cos\theta\end{bmatrix}$ 的情形，此时 I' 为由 I 绕原点旋转 θ 角而得到的直角坐标系，它也是右手系. 这样的直角坐标变换称为**转轴变换**(简称**转轴**).

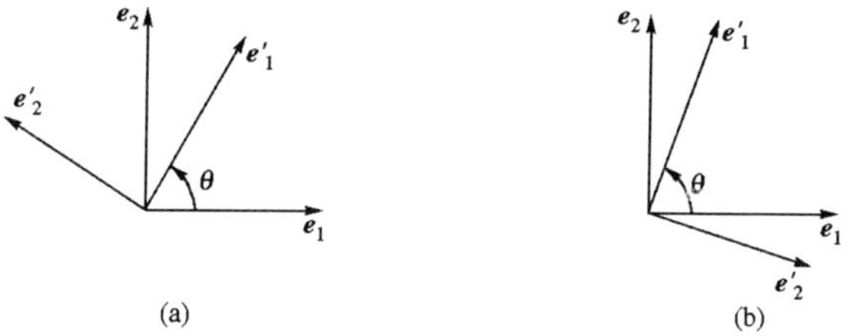

图 3.1

图 3.1(b)是过渡矩阵为 $\begin{bmatrix}\cos\theta & \sin\theta\\ \sin\theta & -\cos\theta\end{bmatrix}$ 的情形，此时 I' 为一个左手系.

两个平面直角坐标变换的坐标变换公式如果是

$$\begin{cases}x=x'+d_1,\\ y=y'+d_2\end{cases}$$

(即过渡矩阵为二阶单位矩阵)，则称此直角坐标变换为**移轴变换**(简称**移轴**). 此时，两个坐标系的坐标向量是一样的，仅原点不同.

习　题　3.1

1. 设 A,B,C,D 是空间不共面的 4 点，两个坐标系为

$$I[A;\overrightarrow{AB},\overrightarrow{AC},\overrightarrow{AD}],\quad I'[B;\overrightarrow{BC},\overrightarrow{BD},\overrightarrow{BA}],$$

求从 I 到 I' 的点的坐标变换公式和过渡矩阵.

2. 设 $ABCD$ 是平面上的一梯形，下底 AB 长是上底 DC 长的两倍，记 O 为 AB 的中点，构造坐标系 $I[O;\overrightarrow{OC},\overrightarrow{OD}]$，$I'[A;\overrightarrow{AB},\overrightarrow{AC}]$，求从 I 到 I' 的点和向量的坐标变换公式.

3. 设 $OABC$ 是一个四面体，D,E,F 分别是线段 AB,BC,CA 的中点. 规定两个坐标系

$$I[O;\overrightarrow{OA},\overrightarrow{OB},\overrightarrow{OC}],\quad I'[O;\overrightarrow{OD},\overrightarrow{OE},\overrightarrow{OF}],$$

(1) 求从 I 到 I' 的点和向量的坐标变换公式；

(2) 求 A,B,C 在 I' 中的坐标和直线 AB,BC,CA 在 I' 中的方程；

(3) 求直线 DE,FD,EF 在 I 中的方程.

4. I 和 I' 是空间中的两个仿射坐标系，已知 I' 的原点 O' 在 I 中的坐标为(1,5,2)，坐标轴 x' 轴平行于向量 $\boldsymbol{u}_1(0,1,1)$，y' 轴平行于向量 $\boldsymbol{u}_2(1,0,1)$，z' 轴平行于向量 $\boldsymbol{u}_3(1,1,0)$，又知道 I 的原点 O 在 I' 中的坐标为(−1,−1,2)，求 I 到 I' 的过渡矩阵.

5. I 和 I' 是空间中的两个仿射坐标系，已知 I' 的 3 张坐标平面在 I 中的方程为：

$$y'z' \text{ 平面}：x+y+z-1=0,$$
$$x'z' \text{ 平面}：2x-y+3z+3=0,$$
$$x'y' \text{ 平面}：x+2y-2=0,$$

又知道 I 的原点 O 在 I' 中的坐标为(1,3,4).

(1) 求 I 到 I' 的点的坐标变换公式；

(2) 求 I 中方程为 $3x+2y+z+5=0$ 的平面在 I' 中的方程；

(3) 求 I 中有标准方程 $\dfrac{x-2}{3}=\dfrac{y}{-1}=\dfrac{z+1}{2}$ 的直线在 I' 中的方

程.

6. 设 I 是平面右手直角坐标系，构造右手直角坐标系 I'，使得它的 x' 轴在 I 中的方程为 $4x-3y+12=0$，y' 轴上有一点 A 在 I 中的坐标为$(1,-3)$，并且 A 在 I' 中的 y' 坐标是正数.

(1) 求 I 到 I' 的点的坐标变换公式；

(2) 已知直线在 I 中方程为 $3x-2y+5=0$，求它在 I' 中的方程.

7. 已知 I 和 I' 都是平面右手直角坐标系，I' 的 x' 轴在 I 中的方程为 $3x-4y+5=0$，I 的原点在 I' 中的坐标为$(2,1)$.

(1) 求 I 到 I' 的点的坐标变换公式；

(2) 求在 I 中的方程为 $\frac{x^2}{4}+\frac{y^2}{9}=1$ 的椭圆在 I' 中的方程.

8. 在平面上两个右手直角坐标系 I 和 I' 中，点 A 的坐标分别为$(6,-5)$和$(1,-3)$，B 的坐标分别为$(1,-4)$和$(0,2)$，求 I 到 I' 的点的坐标变换公式.

9. 在一个平面右手直角坐标系 I 中，一个椭圆的长轴和短轴的方程分别为 $x+y=0$ 和 $x-y+1=0$，并且长半轴为 2，短半轴为 1，求它的方程.

10. 在一个平面右手直角坐标系 I 中，一个椭圆的两条对称轴的方程分别为 $x-y+1=0$ 和 $x+y+1=0$，并且它经过点$(-2,-1)$和$(0,-2)$，求它的方程.

11. 在一个平面右手直角坐标系 I 中，一条双曲线的两条对称轴的方程分别为 $x+2y-4=0$ 和 $2x-y+2=0$，并且它经过原点和点$\left(-\frac{9}{4},1\right)$，求它的方程.

12. 在一个平面右手直角坐标系 I 中，一条抛物线的顶点坐标为$(4,2)$，焦点坐标为$(2,0)$，求它的方程.

13. 将一个空间右手直角坐标系 I 原点不动，坐标标架绕向量 $\boldsymbol{u}(1,1,1)$旋转 $60°$，得到坐标系 I'，求 I 到 I' 的点的坐标变换公式.

14. 设 A_1,A_2,A_3 是椭球面

$$\frac{x^2}{a^2}+\frac{y^2}{b^2}+\frac{z^2}{c^2}=1$$

上的三点，使得向量 $\overrightarrow{OA_1},\overrightarrow{OA_2},\overrightarrow{OA_3}$（$O$ 是原点）两两互相垂直，证明：

$$\frac{1}{|\overrightarrow{OA_1}|^2}+\frac{1}{|\overrightarrow{OA_2}|^2}+\frac{1}{|\overrightarrow{OA_3}|^2}=\frac{1}{a^2}+\frac{1}{b^2}+\frac{1}{c^2}.$$

15. 设 $f(x,y,z)=a_{11}x^2+a_{22}y^2+a_{33}z^2+2a_{12}xy+2a_{13}xz+2a_{23}yz$，证明：如果

$$\boldsymbol{C}=\begin{bmatrix} c_{11} & c_{12} & c_{13} \\ c_{21} & c_{22} & c_{23} \\ c_{31} & c_{32} & c_{33} \end{bmatrix}$$

是正交矩阵，则

$$f(c_{11},c_{12},c_{13})+f(c_{21},c_{22},c_{23})+f(c_{31},c_{32},c_{33})=a_{11}+a_{22}+a_{33}.$$

16. 在一个空间直角坐标系中，二次锥面

$$a_{11}x^2+a_{22}y^2+a_{33}z^2+2a_{12}xy+2a_{13}xz+2a_{23}yz=0$$

上有 3 条互相垂直的直母线的充分必要条件为 $a_{11}+a_{22}+a_{33}=0$.

§2　二次曲线的类型

从本节开始，将讨论二次曲线的一般理论. 二次曲线的图形有哪些不同的情形？大家都熟悉的椭圆、双曲线和抛物线都是二次曲线，除了它们还有哪些类型？本节先回答这个问题. 我们所用的工具是转轴和移轴. 先讨论在一个右手直角坐标系中，一个二次方程

$$a_{11}x^2+a_{22}y^2+2a_{12}xy+2b_1x+2b_2y+c=0 \qquad (3.5)$$

的图形 Γ. 做法是通过转轴和移轴，寻找一个新的右手直角坐标系（即 Γ 的标准坐标系），使得 Γ 在其中的方程很简单，从而可看出其几何形状.

如果(3.5)中交叉项的系数 $a_{12}=0$，则容易用移轴的办法构造

新坐标系，使得方程简单（中学的平面解析几何课中已经讨论过）．因此处理 a_{12} 是关键问题．

2.1 用转轴变换消去交叉项

如果 $a_{12}\neq 0$，我们利用转轴来寻找一个新的右手直角坐标系，使得在其中的方程不出现交叉项．

在作转轴

$$\begin{cases} x = \cos\theta x' - \sin\theta y', \\ y = \sin\theta x' + \cos\theta y' \end{cases}$$

时，新方程的二次项部分是由原方程的二次项部分变来的：

$$\begin{aligned} & a_{11}x^2 + a_{22}y^2 + 2a_{12}xy \\ & \quad = a_{11}(\cos\theta x' - \sin\theta y')^2 + a_{22}(\sin\theta x' + \cos\theta y')^2 \\ & \qquad + 2a_{12}(\cos\theta x' - \sin\theta y')(\sin\theta x' + \cos\theta y') \\ & \quad = (a_{11}\cos^2\theta + a_{12}\sin 2\theta + a_{22}\sin^2\theta)x'^2 \\ & \qquad + (a_{11}\sin^2\theta - a_{12}\sin 2\theta + a_{22}\cos^2\theta)y'^2 \\ & \qquad + [(a_{22} - a_{11})\sin 2\theta + 2a_{11}\cos 2\theta]x'y'. \end{aligned}$$

于是，要使得新坐标系中的方程不出现交叉项，只须取 θ 满足

$$(a_{22} - a_{11})\sin 2\theta + 2a_{11}\cos 2\theta = 0,$$

即

$$\cot 2\theta = \frac{a_{11} - a_{22}}{2a_{12}}.$$

2.2 用移轴变换进一步简化方程

现在假设二次曲线 Γ 在某个右手直角坐标系中的方程为

$$a_{11}x^2 + a_{22}y^2 + 2b_1x + 2b_2y + c = 0, \tag{3.6}$$

其中 a_{11}, a_{22} 不都为 0（否则不是二次方程了）．

(1) 如果 a_{11}, a_{22} 都不为 0，则对左边的二次多项式配方，方程可化为

$$a_{11}\left(x + \frac{b_1}{a_{11}}\right)^2 + a_{22}\left(y + \frac{b_2}{a_{22}}\right)^2 - \frac{b_1^2}{a_{11}} - \frac{b_2^2}{a_{22}} + c = 0,$$

于是只用作移轴

$$\begin{cases} x = x' - \dfrac{b_1}{a_{11}}, \\ y = y' - \dfrac{b_2}{a_{22}}, \end{cases}$$

在新坐标系中方程化为

$$a_{11}x'^2 + a_{22}y'^2 - \frac{b_1^2}{a_{11}} - \frac{b_2^2}{a_{22}} + c = 0,$$

它可进一步化简为下面 5 种形式之一：

$$\frac{x'^2}{a^2} + \frac{y'^2}{b^2} = 1, \tag{3.7}$$

$$\frac{x'^2}{a^2} + \frac{y'^2}{b^2} = -1, \tag{3.8}$$

$$\frac{x'^2}{a^2} + \frac{y'^2}{b^2} = 0, \tag{3.9}$$

$$\frac{x'^2}{a^2} - \frac{y'^2}{b^2} = \pm 1, \tag{3.10}$$

$$\frac{x'^2}{a^2} - \frac{y'^2}{b^2} = 0, \tag{3.11}$$

它们的图形依次为：椭圆，空集，一点，双曲线和两条相交直线.

(2) 如果 a_{11}，a_{22} 中有一个为 0，不妨设 a_{22} 为 0，a_{11} 不为 0. 则方程可化为

$$a_{11}\left(x + \frac{b_1}{a_{11}}\right)^2 + 2b_2y - \frac{b_1^2}{a_{11}} + c = 0,$$

如果 b_2 不为 0，作移轴

$$\begin{cases} x = x' - \dfrac{b_1}{a_{11}}, \\ y = y' + \dfrac{b_1^2}{2a_{11}b_2} - \dfrac{c}{2b_2}, \end{cases}$$

方程化为

$$a_{11}x'^2 + 2b_2y' = 0,$$

再进一步化简为

$$x'^2 = 2py'. \tag{3.12}$$

它的图像是抛物线.

如果 b_2 为 0,作移轴

$$\begin{cases} x = x' - \dfrac{b_1}{a_{11}}, \\ y = y', \end{cases}$$

方程化为

$$a_{11}x'^2 - \frac{b_1^2}{a_{11}} + c = 0,$$

再进一步化简为

$$x'^2 = d. \tag{3.13}$$

当 $d>0$ 时,图形是两条平行直线;当 $d<0$ 时,图形是空集; $d=0$ 时,图形是一条直线.

我们把(3.7)至(3.13)这些形式的方程称为二次曲线 Γ 的标准方程,把使得二次曲线 Γ 在其中的方程表为标准方程的右手直角坐标系称为 Γ 的标准坐标系.

请读者注意:虽然上面的讨论只论证了在右手直角坐标系中的二次曲线具有标准坐标系和标准方程,事实上任何二次曲线(包括在一般仿射坐标系中给出的方程的二次曲线)都具有标准坐标系和标准方程,因为任何二次曲线在一个右手直角坐标系中的方程也总是二次方程.这样,任何二次曲线的图形(除了空集外)有以下 7 种:椭圆、双曲线、抛物线、一对相交直线、一对平行直线、一条直线和一个点.

如果二次曲线 Γ 的方程是在一个右手直角坐标系中给出的,我们可以把所作的转轴和移轴求出来,从而把 Γ 的图形画出来(但大家不必熟练掌握这个过程,因为以后还有更加简单的方法).但是如果 Γ 的方程是在一个一般的仿射坐标系中给出的,则就不能用方程中的系数来画出 Γ 的图形了.

附　二次曲面的分类

二次曲面的分类和二次曲线的分类有可相类比的结果,但是由于多了一个变量,讨论起来要复杂得多.下面只列出结果(读者可在学了线性代数学中的二次型理论后找到解释).

对任何一个非空二次曲面 S 都存在空间直角坐标系,使得 S 在此直角坐标系中的方程是下列 14 种形式之一:

(1) $\frac{x^2}{a^2}+\frac{y^2}{b^2}+\frac{z^2}{c^2}=1$,图像为椭球面;

(2) $\frac{x^2}{a^2}+\frac{y^2}{b^2}+\frac{z^2}{c^2}=0$,图像为一点;

(3) $\frac{x^2}{a^2}+\frac{y^2}{b^2}-\frac{z^2}{c^2}=1$,图像为单叶双曲面;

(4) $\frac{x^2}{a^2}+\frac{y^2}{b^2}-\frac{z^2}{c^2}=-1$,图像为双叶双曲面;

(5) $\frac{x^2}{a^2}+\frac{y^2}{b^2}=2z$,图像为椭圆抛物面;

(6) $\frac{x^2}{a^2}-\frac{y^2}{b^2}=2z$,图像为双曲抛物面;

(7) $\frac{x^2}{a^2}+\frac{y^2}{b^2}-\frac{z^2}{c^2}=0$,图像为二次锥面;

(8) $\frac{x^2}{a^2}+\frac{y^2}{b^2}=1$,图像为椭圆柱面;

(9) $\frac{x^2}{a^2}+\frac{y^2}{b^2}=0$,图像为一条直线;

(10) $\frac{x^2}{a^2}-\frac{y^2}{b^2}=1$,图像为双曲柱面;

(11) $\frac{x^2}{a^2}-\frac{y^2}{b^2}=0$,图像为两张相交平面;

(12) $x^2=2py$,图像为抛物柱面;

(13) $x^2=a^2$,图像为两张平行平面;

(14) $x^2=0$,图像为一张平面.

习　题　3.2

1. 在一个平面直角坐标系中,曲线有方程

$$y = 4x^2 - 8x + 5,$$

试作一个直角坐标系,使得该曲线的方程中只包含一个平方项和一个一次项.

2. 在空间直角坐标系中,曲面方程为

(1) $(2x+y+z)^2-(x-y-z)^2=y-z$;

(2) $9x^2-25y^2+16z^2-24zx+80x-60z=0$,

请判断是什么曲面?

3. 试说明用不经过锥顶的平面来截圆锥面,截线为椭圆、抛物线或双曲线.

4. 如果一张平面经过单叶双曲面 S 的一条直母线,则它和 S 的交线是两条直线.

5. 请列出单叶双曲面的平面截线的可能类型.

6. 请列出马鞍面的平面截线的可能类型.

7. 在空间直角坐标系中,如果

$$a_{11}x^2 + a_{22}y^2 + 2a_{12}xy + 2b_1x + 2b_2y + c = 0$$

在 xy 平面上的图像是椭圆(抛物线、双曲线),请说明

$$z = a_{11}x^2 + a_{22}y^2 + 2a_{12}xy + 2b_1x + 2b_2y + c$$

的图像是什么曲面?

8. 如果二次方程

$$a_{11}x^2 + a_{22}y^2 + 2a_{12}xy + 2b_1x + 2b_2y + c = 0$$

在一个平面仿射坐标系中的图像是 y 轴,则 $a_{11}\neq 0$,其他系数都为 0.

9. 用上题的结果说明,如果二次方程

$$F(x,y) = 0$$

在一个平面仿射坐标系中的图像是一条直线,则

$$F(x,y)=\pm(ax+by+c)^2.$$

10. 证明：

(1) 如果二次方程

$$a_{11}x^2+a_{22}y^2+2a_{12}xy+2b_1x+2b_2y+c=0$$

在一个平面仿射坐标系中的图像是 x 轴和 y 轴的并集，则 $a_{12}\neq 0$，其他系数都为 0.

(2) 如果二次方程

$$F(x,y)=0$$

在一个平面仿射坐标系中的图像是两条相交直线，则

$$F(x,y)=(a_1x+b_1y+c_1)(a_2x+b_2y+c_2),$$

并且行列式

$$\begin{vmatrix} a_1 & b_1 \\ a_2 & b_2 \end{vmatrix}\neq 0.$$

11. 试写出一条二次曲线的方程，使得它经过两条二次曲线

$$x^2-2y^2+xy+6x-1=0 \quad 和 \quad 2x^2-y^2-x-y=0$$

的所有交点，还经过点(2，−2).

§3 用方程的系数判别二次曲线的类型、不变量

上一节虽然列出了二次曲线所有可能的类型，但是并没有完全解决二次曲线类型的判别问题，因为转轴和移轴的方法只能用在右手直角坐标系中给出方程的二次曲线. 对于在一般仿射坐标系给出方程 $F(x,y)=0$ 的二次曲线，必须首先确定它在某个右手直角坐标系中的方程 $F'(x',y')=0$，然后才能用转轴变换来消去交叉项，找到它的标准坐标系，得到标准方程并决定其类型. 困难在于 $F'(x',y')=0$ 的确定，它是 $F(x,y)=0$ 经过从原来的仿射坐标系到后来的右手直角坐标系的仿射坐标变换而得到的. 如果只知道方程 $F(x,y)=0$，而不了解原来的仿射坐标系的情况(其度量参数等)，就得不出这个仿射坐标变换的公式，也就不能得到 $F'(x',y')=0$. 转轴和移轴的方法的另一个缺点是计算量比较大.

本节要介绍一种直接用方程(不论它是在什么坐标系给出的)的系数来判别二次曲线类型的方法.这种方法的计算量远比转轴和移轴的方法少,更重要的优点是它对在仿射坐标系给出的方程的二次曲线同样适用.这种方法用到方程系数的几个函数 I_1,I_2,I_3 等,它们称为**不变量**,因此把这种方法称为**不变量法**.

二次曲线的方程与坐标系和曲线本身都有关系.一方面它随着坐标系的改变而改变,另一方面它又反映出和坐标系无关的曲线本身的几何特性.具体体现为:一方面方程的各个系数都随坐标系的选择在变化,另一方面这些系数的某些函数(如 I_1,I_2,I_3 等)又具有某种不变性(其数值或正负性与坐标系无关).这些不变性正是二次曲线类型的体现,从而可以利用它们来判别二次曲线的类型.

二次曲线的类型是从它在标准坐标系中的标准方程看出的,因此要研究:怎样从原方程的系数来推测标准方程的系数?从原来的方程化为标准方程的过程中,要作下面的两类变化:坐标变换和方程的整理.

设二次曲线的原方程为 $F(x,y)=0$,作坐标变换

$$\begin{cases} x = h_{11}x' + h_{12}y' + k_1, \\ y = h_{21}x' + h_{22}y' + k_2, \end{cases} \tag{3.14}$$

得到二次曲线在新坐标系中的方程

$$F'(x',y') = 0,$$

其中 $F'(x',y')=F(h_{11}x'+h_{12}y'+k_1,h_{21}x'+h_{22}y'+k_2)$.式(3.14)的系数矩阵(即坐标变换的过渡矩阵)

$$\begin{bmatrix} h_{11} & h_{12} \\ h_{21} & h_{22} \end{bmatrix}$$

是可逆矩阵,于是可从(3.14)求出把 x',y' 表示为 x,y 的线性函数的反向的变换公式.因此(3.14)是**可逆线性变量替换**.

方程的整理就是用一个不为 0 的常数 λ 乘上方程左边的二元二次多项式,得到 $\lambda F(x,y) = 0$.

不论哪一种变化，方程的 6 个系数都会改变. 但是在整体上，原方程的系数和新方程的系数之间有着内在的联系. “不变量”I_1，I_2，I_3 等正是反映了这种内在的联系. 我们将充分利用线性代数的工具来规定这些不变量，并讨论它们的性质.

3.1 二元二次多项式的矩阵

设

$$F(x,y)=a_{11}x^2+a_{22}y^2+2a_{12}xy+2b_1x+2b_2y+c,$$

用它的系数构造两个对称矩阵

$$\boldsymbol{A}_0=\begin{bmatrix}a_{11} & a_{12}\\ a_{12} & a_{22}\end{bmatrix},\quad \boldsymbol{A}=\begin{bmatrix}a_{11} & a_{12} & b_1\\ a_{12} & a_{22} & b_2\\ b_1 & b_2 & c\end{bmatrix},$$

于是

$$F(x,y)=(x,y,1)\begin{bmatrix}a_{11} & a_{12} & b_1\\ a_{12} & a_{22} & b_2\\ b_1 & b_2 & c\end{bmatrix}\begin{bmatrix}x\\ y\\ 1\end{bmatrix}=(x,y,1)\boldsymbol{A}\begin{bmatrix}x\\ y\\ 1\end{bmatrix}.$$

因此 $\boldsymbol{A}$ 和 $F(x,y)$ 是互相决定的.

设 $\Phi(x,y)$ 是 $F(x,y)$ 的二次部分，则

$$\Phi(x,y)=a_{11}x^2+a_{22}y^2+2a_{12}xy=(x,y)\boldsymbol{A}_0\begin{bmatrix}x\\ y\end{bmatrix}.$$

因此 $\boldsymbol{A}_0$ 和 $\Phi(x,y)$ 是互相决定的. 分别把 $\boldsymbol{A}$ 和 $\boldsymbol{A}_0$ 称为 $F(x,y)$ 和 $\Phi(x,y)$ 的矩阵.

可逆线性变量替换(3.14)也可用矩阵乘积表示. 记

$$\boldsymbol{C}_0=\begin{bmatrix}h_{11} & h_{12}\\ h_{21} & h_{22}\end{bmatrix},\quad \boldsymbol{C}=\begin{bmatrix}h_{11} & h_{12} & k_1\\ h_{21} & h_{22} & k_2\\ 0 & 0 & 1\end{bmatrix},$$

则(3.14)即

$$\begin{bmatrix}x\\ y\end{bmatrix}=\boldsymbol{C}_0\begin{bmatrix}x'\\ y'\end{bmatrix}+\begin{bmatrix}k_1\\ k_2\end{bmatrix},$$

或
$$\begin{bmatrix} x \\ y \\ 1 \end{bmatrix} = \boldsymbol{C} \begin{bmatrix} x' \\ y' \\ 1 \end{bmatrix}.$$

利用这些记号,可以用矩阵乘积的形式写出 $F'(x',y')$:

$$F'(x',y') = (x',y',1)\boldsymbol{C}^{\mathrm{T}}\boldsymbol{A}\boldsymbol{C}\begin{bmatrix} x' \\ y' \\ 1 \end{bmatrix},$$

$F'(x',y')$的二次部分为

$$\Phi'(x',y') = (x',y')\boldsymbol{C}_0^{\mathrm{T}}\boldsymbol{A}_0\boldsymbol{C}_0\begin{bmatrix} x' \\ y' \end{bmatrix}.$$

这里 $\boldsymbol{C}^{\mathrm{T}}\boldsymbol{A}\boldsymbol{C}$ 和 $\boldsymbol{C}_0^{\mathrm{T}}\boldsymbol{A}_0\boldsymbol{C}_0$ 都是对称矩阵,因此分别是 $F'(x',y')$和它的二次部分 $\Phi'(x',y')$的矩阵.

$\lambda F(x,y)$和它的二次部分 $\lambda\Phi(x,y)$的矩阵分别为 $\lambda\boldsymbol{A}$ 和 $\lambda\boldsymbol{A}_0$.

3.2 二元二次多项式的不变量 I_1,I_2,I_3

设二元二次多项式 $F(x,y)$的矩阵为

$$\boldsymbol{A} = \begin{bmatrix} a_{11} & a_{12} & b_1 \\ a_{12} & a_{22} & b_2 \\ b_1 & b_2 & c \end{bmatrix},$$

规定 $F(x,y)$的不变量 I_1,I_2,I_3 如下:

$$I_1 = a_{11} + a_{22},$$
$$I_2 = |\boldsymbol{A}_0| = a_{11}a_{22} - a_{12}^2,$$
$$I_3 = |\boldsymbol{A}|.$$

I_1,I_2,I_3 依次被称为二元二次多项式 $F(x,y)$的第一、第二、第三不变量.

下面讨论对二元二次多项式作前述的两种变化时这些不变量的变化规律.

命题 3.3 设 $F(x,y)$经过可逆线性变量替换(3.14)变为

$F'(x',y')$，以 I'_1, I'_2, I'_3 记 $F'(x',y')$的不变量，则

(1) I_2 和 I'_2 同号，I_3 和 I'_3 同号；

(2) 如果 $\boldsymbol{C}_0$ 是正交矩阵，则 $I_i = I'_i$，$i=1,2,3$.

证明 (1) 我们有

$$I'_2 = |\boldsymbol{C}_0^{\mathrm{T}}\boldsymbol{A}_0\boldsymbol{C}_0| = |\boldsymbol{C}_0^{\mathrm{T}}|\,|\boldsymbol{A}_0|\,|\boldsymbol{C}_0| = |\boldsymbol{C}_0|^2|\boldsymbol{A}_0| = |\boldsymbol{C}_0|^2 I_2.$$

因为 $\boldsymbol{C}_0$ 可逆，所以 $|\boldsymbol{C}_0| \neq 0$，$|\boldsymbol{C}_0|^2$ 大于 0，于是 I'_2 与 I_2 同号，同法可证 I'_3 与 I_3 同号.

(2) 当 $\boldsymbol{C}_0$ 是正交矩阵时，$|\boldsymbol{C}| = |\boldsymbol{C}_0| = \pm 1$，从(1)的证明中立即可得到 $I'_2 = I_2, I'_3 = I_3$.

下面再看 I'_1：

如果

$$\boldsymbol{C}_0 = \begin{bmatrix} \cos\theta & -\sin\theta \\ \sin\theta & \cos\theta \end{bmatrix},$$

则 $F'(x',y')$的二次部分的矩阵为

$$\begin{aligned}\boldsymbol{C}_0^{\mathrm{T}}\boldsymbol{A}_0\boldsymbol{C}_0 &= \begin{bmatrix} \cos\theta & \sin\theta \\ -\sin\theta & \cos\theta \end{bmatrix}\begin{bmatrix} a_{11} & a_{12} \\ a_{12} & a_{22} \end{bmatrix}\begin{bmatrix} \cos\theta & -\sin\theta \\ \sin\theta & \cos\theta \end{bmatrix} \\ &= \begin{bmatrix} a_{11}\cos^2\theta + a_{12}\sin 2\theta + a_{22}\sin^2\theta & (a_{22}-a_{11})\sin\dfrac{2\theta}{2} + a_{12}\cos 2\theta \\ (a_{22}-a_{11})\sin\dfrac{2\theta}{2} + a_{12}\cos 2\theta & a_{11}\sin^2\theta - a_{12}\sin 2\theta + a_{22}\cos^2\theta \end{bmatrix},\end{aligned}$$

于是
$$I'_1 = a_{11} + a_{22} = I_1.$$

如果 $\boldsymbol{C}_0 = \begin{bmatrix} \cos\theta & \sin\theta \\ -\sin\theta & \cos\theta \end{bmatrix}$，计算过程类似. ▌

命题 3.3 的(2)说明在直角坐标变换中，I_1, I_2, I_3 的确是保持不变的，这就是称它们为不变量的原因. 但是在仿射坐标变换下，它们并不是不变的，(1)说明 I_2, I_3 只保持正负性不变，而 I_1 的正负性则不一定保持不变. 例如设 $F(x,y) = 2x^2 - y^2$，此时 $I_1 = 2-1 = 1$，做变换

$$\begin{cases} x = x', \\ y = 2y', \end{cases}$$

则 $F(x,y)$变为 $F'(x',y')=2x'^2-4y'^2$, $I_1'=2-4=-2$.

命题 3.4 如果二元二次多项式 $F(x,y)$的 $I_2\geqslant 0$,则 $I_1\neq 0$,且作可逆线性变量替换(3.14)后所得 $F'(x',y')$的 I_1' 与 I_1 同号.

先证一个引理.

***引理** 如果 $F(x,y)$的 $I_2\geqslant 0$,则对任何两个数 s,t,有

$$I_1\Phi(s,t)\geqslant 0,$$

这里 $\Phi(x,y)$是 $F(x,y)$的二次部分.

证 设 $\Phi(x,y)$的矩阵为 $\boldsymbol{A}_0=\begin{bmatrix}a_{11} & a_{12}\\ a_{12} & a_{22}\end{bmatrix}$,则

$$a_{11}a_{22}-a_{12}^2=I_2\geqslant 0,$$

$$\begin{aligned}I_1\Phi(s,t)&=(a_{11}+a_{22})(a_{11}s^2+2a_{12}st+a_{22}t^2)\\&=a_{11}^2s^2+2a_{11}a_{12}st+a_{11}a_{22}t^2\\&\quad+a_{11}a_{22}s^2+2a_{12}a_{22}st+a_{22}^2t^2\\&\geqslant(a_{11}^2s^2+2a_{11}a_{12}st+a_{12}^2t^2)\\&\quad+(a_{12}^2s^2+2a_{12}a_{22}st+a_{22}^2t^2)\\&=(a_{11}s+a_{12}t)^2+(a_{12}s+a_{22}t)^2\geqslant 0.\end{aligned}$$ ▍

***命题 3.4 的证明** 因为 $I_2\geqslant 0$,所以 $a_{11}a_{22}\geqslant a_{12}^2\geqslant 0$,即 a_{11},a_{12} 不会异号,并且不会都为零(否则 $I_2=-a_{12}^2$,a_{12}也为零,$F(x,y)$就不是二次多项式了),于是 $I_1=a_{11}+a_{22}\neq 0$. 同理 $I_1'\neq 0$(因为由命题 3.3 知,$I_2'\geqslant 0$).

又从 $\boldsymbol{A}_0'=\boldsymbol{C}_0^{\mathrm{T}}\boldsymbol{A}_0\boldsymbol{C}_0$ 和矩阵乘法的意义,得到 $\boldsymbol{A}_0'$ 对角线上的两个元素分别为

$$a_{11}'=(c_{11},c_{21})\boldsymbol{A}_0\begin{bmatrix}c_{11}\\ c_{21}\end{bmatrix}=\Phi(c_{11},c_{21}),$$

$$a_{22}'=(c_{12},c_{22})\boldsymbol{A}_0\begin{bmatrix}c_{12}\\ c_{22}\end{bmatrix}=\Phi(c_{12},c_{22}),$$

于是由引理

$$I_1I_1'=I_1\Phi(c_{11},c_{21})+I_1\Phi(c_{12},c_{22})\geqslant 0.$$

又因为 I_1, I_1' 都不为零，所以 $I_1 I_1' > 0$，即 I_1, I_1' 同号. ▌

命题 3.4 说明，二元二次多项式的不变量 I_1 在 $I_2 \geqslant 0$ 的情况下，其正负性在作可逆线性变量替换时也不会变. 这恰好是在判别二次曲线类型时要用到的.

以上讨论了二元二次多项式的不变量 I_1, I_2, I_3 在作可逆线性变量替换时的变换规律. 下面再看乘非零常数 λ 时它们的变化. 从 I_i 的意义，$I_i' = \lambda^i I_i$，$i = 1, 2, 3$. 于是：

当 $\lambda > 0$ 时，I_1, I_2, I_3 的符号都不变；

当 $\lambda < 0$ 时，I_2 的符号不变；I_1, I_3 变号，但 $I_1 I_3$ 符号不变.

3.3 用不变量判别二次曲线的类型

1. 标准方程的不变量的正负性

由 I_1, I_2, I_3 的意义，立即可得出二次曲线的标准方程(3.7)～(3.13)左边的二元二次多项式的各不变量的正负性，如下表所示.

标准方程	$\overline{I}_1$	$\overline{I}_2$	$\overline{I}_3$	图形
$\frac{x^2}{a^2} + \frac{y^2}{b^2} - 1 = 0$	+	+	−	椭圆
$\frac{x^2}{a^2} + \frac{y^2}{b^2} = 0$	+	+	0	一点
$\frac{x^2}{a^2} + \frac{y^2}{b^2} + 1 = 0$	+	+	+	空集
$\frac{x^2}{a^2} - \frac{y^2}{b^2} = \pm 1$	不定	−	$\neq 0$	双曲线
$\frac{x^2}{a^2} - \frac{y^2}{b^2} = 0$	不定	−	0	两条相交直线
$x^2 - 2py = 0$	+	0	−	抛物线
$x^2 - d = 0$	+	0	0	一对平行直线，或一条直线，或空集

这个表格说明,标准方程左边多项式的不变量 $\bar{I}_1,\bar{I}_2,\bar{I}_3$ 的正负对其类型起决定性作用.而由上面的结论(命题 3.3,命题 3.4 等),由原方程左边多项式的不变量 I_1,I_2,I_3 的正负可推测出 $\bar{I}_1,\bar{I}_2,\bar{I}_3$ 的正负.由此我们可得到由 I_1,I_2,I_3 判别二次曲线类型的方法.

2. 用不变量判别二次曲线的类型

设二次曲线 Γ 在一个坐标系中的方程为 $F(x,y)=0$,记 $F(x,y)$的三个不变量为 I_1,I_2,I_3.

判别 Γ 类型时最重要的是 I_2.当 $I_2>0$ 时,称 Γ 为**椭圆型曲线**;当 $I_2<0$ 时,称 Γ 为**双曲型曲线**;当 $I_2=0$ 时,称 Γ 为**抛物型曲线**.各型曲线又都可细分为几类:

对于椭圆型曲线,它的标准方程的左边多项式的第二个不变量 $\bar{I}_2$ 也大于 0.如果 $I_1I_3<0$,则标准方程的左边多项式的不变量 $\bar{I}_1,\bar{I}_3$ 的乘积也小于 0,从而曲线是椭圆;如果 $I_1I_3>0$,则推出 $\bar{I}_1\bar{I}_3>0$,图像是空集;如果 $I_3=0$,则 $\bar{I}_3=0$,图像为一点.

对于双曲型曲线,$\bar{I}_2$ 也小于 0.如果 $I_3\neq0$,则 $\bar{I}_3\neq0$,为双曲线;如果 $I_3=0$,则 $\bar{I}_3=0$,为两条相交直线.

对于抛物型曲线,$\bar{I}_2$ 也等于 0.如果 $I_3\neq0$,则 $\bar{I}_3\neq0$,为抛物线;如果 $I_3=0$,则 $\bar{I}_3=0$,为退化的抛物线(图像有三种可能,只用第一、第二、第三不变量不能区别它们).

*3.4 半不变量 K_1

上面的表中最后一种情形($I_2=I_3=0$ 时),仅靠 I_1,I_2,I_3 不能确定图形的形态.

设二元二次多项式

$$F(x,y)=a_{11}x^2+a_{22}y^2+2a_{12}xy+2b_1x+2b_2y+c,$$

我们规定

$$K_1=(a_{11}c-b_1^2)+(a_{22}c-b_2^2),$$

称为 $F(x,y)$的**半不变量**.

K_1 是在 $I_2=I_3=0$ 时体现其作用的量.对 K_1 的讨论用到更

多的代数知识和技巧.有结论：

命题 3.5 设 $F(x,y)$ 的 $I_2=I_3=0$，对 $F(x,y)$ 作可逆线性变量替换(3.14)得到 $F'(x',y')$，则

(1) $\dfrac{K_1'}{I_1'}=\dfrac{K_1}{I_1}$ (K_1' 为 $F'(x',y')$ 的半不变量)；

(2) 如果(3.14)的系数矩阵 $\boldsymbol{C}_0$ 是正交矩阵，则 $K_1'=K_1$.

***引理** 当 $I_2=I_3=0$ 时，$K_1=0 \Longleftrightarrow r(\boldsymbol{A})=1$.

证明 因为 $I_2=0$，即 $a_{11}a_{22}=a_{12}^2$，所以 a_{11},a_{22} 不异号，并且不都是零.下面设 $a_{11}\neq 0$，此时可设 $a_{12}=ta_{11}$，从而有 $a_{22}=t^2a_{11}$，于是

$$I_3=\begin{vmatrix} a_{11} & ta_{11} & b_1 \\ ta_{11} & t^2a_{11} & b_2 \\ b_1 & b_2 & c \end{vmatrix}=\begin{vmatrix} a_{11} & ta_{11} & b_1 \\ 0 & 0 & b_2-tb_1 \\ b_1 & b_2 & c \end{vmatrix}$$

$$=-a_{11}(b_2-tb_1)^2.$$

又因为 $I_3=0$，$a_{11}\neq 0$，所以 $b_2=tb_1$，从而 $F(x,y)$ 的矩阵 $\boldsymbol{A}$ 的第一、第二两个行向量平行(以上结论在 $a_{11}=0$，$a_{22}\neq 0$ 也成立).

于是，当 $I_2=I_3=0$ 时，$\boldsymbol{A}$ 的 9 个二阶子式中不含 c 的 5 个都为 0，剩下 4 个二阶子式是：

$$\begin{vmatrix} a_{11} & b_1 \\ b_1 & c \end{vmatrix},\quad \begin{vmatrix} a_{22} & b_2 \\ b_2 & c \end{vmatrix},\quad \begin{vmatrix} a_{12} & b_1 \\ b_2 & c \end{vmatrix},\quad \begin{vmatrix} a_{12} & b_2 \\ b_1 & c \end{vmatrix}.$$

在 $a_{11}\neq 0$，$a_{12}=ta_{11}$ 的假设下，以上 4 个二阶子式的第二个是第一个的 t^2 倍，后两个相等，是第一个的 t 倍，并且

$$K_1=(1+t^2)\begin{vmatrix} a_{11} & b_1 \\ b_1 & c \end{vmatrix}.$$

于是得到结论：当 $I_2=I_3=0$ 时，$K_1=0 \Longleftrightarrow r(\boldsymbol{A})=1$. ▌

***命题 3.5 的证明** (1) 作二元二次多项式

$$G(x,y)=F(x,y)-\frac{K_1}{I_1},$$

它的不变量 $\bar{I}_1=I_1$，$\bar{I}_2=I_2=0$，$\bar{I}_3=I_3=0$，并且半不变量

$$\overline{K}_1=(1+t^2)\begin{vmatrix} a_{11} & b_1 \\ b_1 & c-\dfrac{K_1}{I_1}\end{vmatrix}=K_1-(1+t^2)a_{11}\frac{K_1}{I_1}$$

$$=K_1-(a_{11}+a_{22})\frac{K_1}{I_1}=0,$$

从而它的矩阵 $\overline{\boldsymbol{A}}$ 的秩为 1.

设对 $G(x,y)$ 作可逆线性变量替换(3.14)后得到 $G'(x',y')$，则 $G'(x',y')$ 的矩阵 $\boldsymbol{C}^{\mathrm{T}}\overline{\boldsymbol{A}}\boldsymbol{C}$ 的秩也为 1，从而半不变量 $\overline{K}_1'=0$.

另一方面，由 $G(x,y)=F(x,y)-\dfrac{K_1}{I_1}$ 推出

$$G'(x',y')=F'(x',y')-\frac{K_1}{I_1}.$$

于是类似于上面的计算，有

$$\overline{K}_1'=K_1'-(a_{11}'+a_{22}')\frac{K_1}{I_1}=K_1'-I_1'\frac{K_1}{I_1},$$

从而
$$K_1'-I_1'\frac{K_1}{I_1}=0,$$

即
$$\frac{K_1'}{I_1'}=\frac{K_1}{I_1}.$$

(2)的结论从(1)和命题 3.3 的(2)推出. ▌

因为 $I_2=0$ 时 $I_1\neq 0$，且在作可逆线性变量替换时它的正负性不变，所以当 $I_2=I_3=0$ 时，可逆线性变量替换不会改变半不变量的正负性. 如果 $F(x,y)$ 乘非零常数 λ，则半不变量要乘 λ^2，从而正负性也不改变.

下面我们用 K_1 判断退化抛物型二次曲线 $F(x,y)=0$ 的图形. 标准方程 $x^2-d=0$ 的半不变量为 $-d$. 于是我们得到用 $F(x,y)$ 的半不变量 K_1 判别 $F(x,y)=0$ 形状的结论如下：

当 $K_1<0$ 时，为一对平行直线；

当 $K_1=0$ 时，为一条直线；

当 $K_1>0$ 时，为空集.

总结本节结果，列出用不变量和半不变量判别二次曲线类型的表格如下.

$I_2>0$ 椭圆型	$I_1I_3<0$ 椭圆 $I_1I_3>0$ 空集 $I_3=0$ 一点
$I_2<0$ 双曲型	$I_3\neq0$ 双曲线 $I_3=0$ 两条相交直线
$I_2=0$ 抛物型	$I_3\neq0$ 抛物线 $I_3=0$：$\begin{cases}K_1<0 & \text{一对平行直线}\\K_1=0 & \text{一条直线}\\K_1>0 & \text{空集}\end{cases}$

例 3.4 按照 t 的值讨论二次曲线

$$tx^2-2xy+ty^2-2x+2y+5=0$$

的类型.

解 先写出方程左边函数式的矩阵：

$$\boldsymbol{A}=\begin{bmatrix}t&-1&-1\\-1&t&1\\-1&1&5\end{bmatrix}.$$

求出不变量：

$$I_1=2t,$$
$$I_2=t^2-1,$$
$$I_3=5t^2-2t-3=(5t+3)(t-1).$$

(1) 当 $|t|>1$ 时，$I_2>0$，曲线为椭圆型.

如果 $t>1$，则 I_1,I_3 都是正数，从而图像是空集；

如果 $t<-1$，则 I_1 负，I_3 正，$I_1I_3<0$，曲线为椭圆.

(2) 当 $|t|<1$ 时，$I_2<0$，曲线为双曲型.

如果 $t\neq-\dfrac{3}{5}$，则 $I_3\neq0$，曲线为双曲线；

如果 $t=-\dfrac{3}{5}$，则 $I_3=0$，图像是两条相交直线.

(3) 当 $|t|=1$ 时，$I_2=0$，曲线为抛物型.

如果 $t=-1$，则 $I_3\neq 0$，曲线为抛物线；

如果 $t=1$，则 $I_3=0$，此时，半不变量 $K_1=8$，图像也是空集.

习　题　3.3

1. 用不变量判别下列二次曲线的类型(在仿射坐标系中)：

(1) $8x^2+6xy-26x-12y+13=0$；

(2) $4x^2+8xy+4y^2-6x+10y+1=0$；

(3) $3x^2+6xy+4y^2+6x-4y+12=0$；

(4) $4x^2+4xy+y^2-4x-2y+1=0$；

(5) $3x^2-2xy-4y^2+4x-4y+12=0$；

(6) $3x^2-6xy+8y^2+6x+4y+9=0$；

(7) $x^2-4xy+4y^2-4x+8y+1=0$.

2. 要使得

$$ax^2+4xy+y^2-4x-2y+c=0$$

的图像是两条直线，a 和 c 应满足什么条件？

3. 按照 t 的值决定下列二次曲线的类型：

(1) $(1+t^2)(x^2+y^2)-4txy+2t(x+y)+2=0$；

(2) $x^2-4xy+4y^2-4txy-2tx+8y+3-2t=0$.

4. 证明：如果 $I_2=0$，则 $I_1I_3\leqslant 0$.

5. 证明：如果 $F(x,y)=0$ 的图像是抛物线，则 $F(x,y)$ 的第一、第三不变量的乘积 $I_1I_3<0$.

6. 证明在直角坐标系中，$F(x,y)=0$ 的图像是圆的充分必要条件是 $F(x,y)$ 的不变量满足：

$$I_1^2=4I_2,\quad I_1I_3<0.$$

7. 证明在直角坐标系中，$F(x,y)=0$ 的图像是一条等轴双曲线(即两条渐近线互相垂直)的充分必要条件是 $F(x,y)$ 的不变量满足：$I_1=0$，$I_3\neq 0$.

§4 圆锥曲线的仿射特征

圆锥曲线包括椭圆、双曲线和抛物线，它们是二次曲线中最重要的部分. 所谓圆锥曲线的仿射特征是指它们的那些和度量无关的几何特征，如椭圆和双曲线都有对称中心，双曲线有渐近线，抛物线有开口朝向等等. 本节将讨论怎样用方程的系数来研究圆锥曲线的仿射特征. 所用的方法是考察直线与它们相交的情况. 以双曲线为例，它有一个对称中心，凡是经过对称中心的直线如果和它相交，则交点有两个，它们的中点就是对称中心；双曲线有渐近线，凡是平行于渐近线的直线不会和双曲线有两个交点. 于是，研究直线与双曲线的相交的情况就可以决定出它的对称中心和渐近线的方向. 本节以讨论圆锥曲线的仿射特征为目标，但是部分结论也可用到有些非圆锥曲线上.

再引进一些记号. 设二元二次多项式 $F(x,y)$ 的矩阵为

$$\boldsymbol{A}=\begin{bmatrix}a_{11} & a_{12} & b_1\\ a_{12} & a_{22} & b_2\\ b_1 & b_2 & c\end{bmatrix},$$

记

$$\begin{aligned}F_1(x,y)&=a_{11}x+a_{12}y+b_1,\\ F_2(x,y)&=a_{12}x+a_{22}y+b_2,\\ F_3(x,y)&=b_1x+b_2y+c,\end{aligned}$$

则

$$\begin{aligned}F(x,y)&=(x,y,1)\boldsymbol{A}\begin{bmatrix}x\\ y\\ 1\end{bmatrix}=(x,y,1)\begin{bmatrix}a_{11}x+a_{12}y+b_1\\ a_{12}x+a_{22}y+b_2\\ b_1x+b_2y+c\end{bmatrix}\\ &=xF_1(x,y)+yF_2(x,y)+F_3(x,y).\end{aligned}$$

本节我们总假定在某个仿射坐标系中，二次曲线 Γ 的方程为 $F(x,y)=0$.

4.1 直线与二次曲线的相交情况

设 l 是经过点 $M_0(x_0,y_0)$，平行于向量 $\boldsymbol{u}(m,n)$ 的直线，则 l 有参数方程

$$\begin{cases} x = x_0 + tm, \\ y = y_0 + tn. \end{cases}$$

于是 l 和 Γ 的交点就是 l 上参数 t 满足

$$F(x_0 + tm, y_0 + tn) = 0$$

的点. 把这个方程左边的函数式展开，得到 t 的一个方程

$$\Phi(m,n)t^2 + 2[mF_1(x_0,y_0) + nF_2(x_0,y_0)]t + F(x_0,y_0) = 0, \tag{3.15}$$

称为直线 l 和二次曲线 Γ 的**相交方程**，它的次数不大于 2，其解的个数就是 l 和 Γ 的交点的个数.

(1) 如果 $\Phi(m,n)$ 不为 0，则(3.15)是 t 的二次方程式，解不超过两个，因此 l 和 Γ 的交点不多于两个.

① 当 $\Phi(m,n)F(x_0,y_0) < [mF_1(x_0,y_0)+nF_2(x_0,y_0)]^2$ 时，则(3.15)有两个解，因此 l 和 Γ 有两个交点；

② 当 $\Phi(m,n)F(x_0,y_0) = [mF_1(x_0,y_0)+nF_2(x_0,y_0)]^2$ 时，则(3.15)有一个(二重)解，因此 l 和 Γ 有一个交点；

③ 当 $\Phi(m,n)F(x_0,y_0) > [mF_1(x_0,y_0)+nF_2(x_0,y_0)]^2$ 时，则(3.15)无解，因此 l 和 Γ 不相交.

(2) 如果 $\Phi(m,n)=0$，而 $mF_1(x_0,y_0)+nF_2(x_0,y_0)$ 不为 0，则(3.15)有一个解，因此 l 和 Γ 有一个交点.

(3) 如果

$$\Phi(m,n) = mF_1(x_0,y_0) + nF_2(x_0,y_0) = 0,$$

而 $F(x_0,y_0)$ 不为 0，则(3.15)无解，因此 l 和 Γ 不相交.

(4) 如果

$$\begin{aligned} \Phi(m,n) &= mF_1(x_0,y_0) + nF_2(x_0,y_0) \\ &= F(x_0,y_0) = 0, \end{aligned}$$

则任何实数 t 都是(3.15)的解，于是 l 在 Γ 上.

从几何直观知道，对于圆锥曲线，(4)的情形是不会发生的.

(1)的②和(2)虽然都是一个交点，但是它们又有不同. 我们来考察 l 平行移动时的影响. 此时 $\boldsymbol{u}$ 不变，$M_0(x_0,y_0)$在改变，从而"$\Phi(m,n)$是否为 0"的性质不变，而 $mF_1(x_0,y_0)+nF_2(x_0,y_0)$和 $F(x_0,y_0)$都会改变. 在(2)的情形，由于 $mF_1(x_0,y_0)+nF_2(x_0,y_0)$是连续依赖于 $M_0(x_0,y_0)$的，当 $M_0(x_0,y_0)$移动很小时，

$$mF_1(x_0,y_0)+nF_2(x_0,y_0)$$

仍然不为 0，从而 l 和 Γ 还是一个交点，也就是说，在 l 平行移动时，(2)这种情形是稳定的. 在(1)的②的情形，由于等式

$$\Phi(m,n)F(x_0,y_0)=[mF_1(x_0,y_0)+nF_2(x_0,y_0)]^2$$

是不稳定的，在点 $M_0(x_0,y_0)$作很小的移动时，

$$mF_1(x_0,y_0)+nF_2(x_0,y_0)$$

和 $F(x_0,y_0)$的改变会使得这个等式不再成立，从而 l 和 Γ 的交点会变成两个或零个. 也就是说，在 l 平行移动时，(1)的②的情形是不稳定的. 通常把这种情形称为有两个重合的交点.

4.2 中心

设 $M_0(x_0,y_0)$是椭圆或双曲线的对称中心，那么当一条过 M_0，平行于向量 $\boldsymbol{u}(m,n)$的直线 l 和 Γ 有两个交点 M_1,M_2(注意：这样的直线有很多!)时，则它们的中点就是 M_0，从而 M_1,M_2 在 l 的参数方程中对应的参数 t_1，t_2 为一对相反数，即(3.15)的两个解为一对相反数. 于是相交方程中一次项的系数为 0，即

$$mF_1(x_0,y_0)+nF_2(x_0,y_0)=0.$$

由此可见，$F_1(x_0,y_0)=F_2(x_0,y_0)=0$(否则只能有一个方向 $\boldsymbol{u}(m,n)$满足 $mF_1(x_0,y_0)+nF_2(x_0,y_0)=0$).

定义 3.1 如果点 $M_0(x_0,y_0)$满足

$$F_1(x_0,y_0)=F_2(x_0,y_0)=0,$$

则称 M_0 为曲线 Γ 的**中心**.

于是，椭圆、双曲线或其他二次曲线的对称中心都是它们的“中心”. 反之，过中心 M_0 的任何直线如果和二次曲线相交于两个点，则其中点一定是 M_0，也就说，中心一定是二次曲线的对称中心.

由定义 3.1 知道，中心的坐标就是方程组

$$\begin{cases}a_{11}x + a_{12}y + b_1 = 0, \\ a_{12}x + a_{22}y + b_2 = 0\end{cases} \tag{3.16}$$

的解. 对于椭圆型和双曲型曲线，由于 $I_2 \neq 0$，(3.16)有惟一解(克莱姆法则)，即 Γ 有惟一的中心. 因此通常把椭圆型和双曲型曲线统称为**中心型曲线**. 对于抛物型曲线，$I_2=0$，(3.16)无解(两个方程矛盾)或者有无穷多解(两个方程同解)，前者 Γ 没有中心，后者 Γ 的中心构成一条直线. 通常把抛物型曲线称为非中心型曲线.

由 §3 的 3.4 中的结论(见命题 3.5 的引理的证明)可知，

当 $I_2=0$ 时，$I_3=0$

$\iff F(x,y)$的矩阵 $\boldsymbol{A}$ 的第一、第二两个行向量平行.

于是对于抛物线($I_3 \neq 0$)，(3.16)无解，即没有中心；而对于退化抛物型曲线($I_3=0$)，(3.16)有无穷多解，即中心构成一条直线，其方程为 $a_{11}x+a_{12}y+b_1=0$(或 $a_{12}x+a_{22}y+b_2=0$). 从几何意义可看出，当 Γ 是两条平行直线时，中心构成的直线即它们的中心线；当 Γ 是一条直线时，中心构成的直线即 Γ 自己(这也给出了在 $I_2=I_3=K_1=0$ 时，画出 Γ 的方法).

4.3 渐近方向

二次曲线的渐近方向是一种**直线方向**(简称**线向**). “直线方向”是本书中将多次用到的术语，在此先阐明这个术语. 直线方向是刻画直线倾斜状态的概念，因此它与“平行”概念紧密相关，两条直线平行就是它们的直线方向相同.

请注意，直线方向与向量方向的联系与区别. 每个向量方向决定一个直线方向，但是相反的向量方向决定同一直线方向. 以后我们常用一个非零向量 $\boldsymbol{u}$ 来表示一个直线方向，但对每个不为 0 的数 λ，$\lambda\boldsymbol{u}$ 与 $\boldsymbol{u}$ 表示同一个直线方向.

定义 3.2 一个非零向量 $\boldsymbol{u}(m,n)$如果使得 $\Phi(m,n)=0$,则称 $\boldsymbol{u}$ 所代表的直线方向为 Γ 的**渐近方向**.

由定义看出,渐近方向只和 $F(x,y)$的二次部分 $\Phi(x,y)$有关.从 Γ 和直线相交情况的讨论中可以看出,平行于渐近方向的直线不可能和 Γ 相交于两个点.

命题 3.6 椭圆型曲线无渐近方向,双曲型曲线有两个渐近方向,抛物型曲线有一个渐近方向.

证明 考察二元二次方程

$$a_{11}x^2+a_{22}y^2+2a_{12}xy=0 \tag{3.17}$$

的非零解.每个非零解代表了一个渐近方向.

如果 $a_{11}\neq 0$,则(3.17)的非零解(m,n)中的 $n\neq 0$,于是只用考虑形如$(m,1)$的解,此时 m 是方程

$$a_{11}x^2+2a_{12}x+a_{22}=0 \tag{3.18}$$

的解,其判别式为 $a_{12}^2-a_{11}a_{22}=-I_2$.因而

当 Γ 是椭圆型曲线时,$I_2>0$,(3.18)无解,即 Γ 无渐近方向.

当 Γ 是双曲型曲线时,$I_2<0$,(3.18)有两个不同的解,即 Γ 有两个不同的渐近方向.

当 Γ 是抛物型曲线时,$I_2=0$,(3.18)有一个解,即 Γ 有一个渐近方向.此时(3.18)化为$(a_{11}x+a_{12})^2=0$,因此向量$(a_{12},-a_{11})$代表了渐近方向.

在 $a_{22}\neq 0$ 的情形可作类似的讨论,对于抛物型曲线,$(a_{22},-a_{12})$代表了渐近方向.

如果 $a_{11}=a_{22}=0$,则 $a_{12}\neq 0$,并且 $I_2<0$,Γ 是双曲型曲线,(3.17)化为 $xy=0$,它有两个渐近方向,分别用向量$(1,0)$和$(0,1)$代表. ▌

从几何意义看,双曲线的渐近方向就是两条渐近线的方向;一对相交直线的渐近方向就是它们自身的方向;抛物线的渐近方向就是它的对称轴的方向;一对平行直线或一条直线的渐近方向就

是它们(它)自身的方向.

4.4 抛物线的开口朝向

抛物线的**开口朝向**是一个向量方向,它平行于抛物线的对称轴,从而平行于抛物线的渐近方向. 于是,我们应判断$(a_{12},-a_{11})$和$(-a_{12},a_{11})$中哪一个代表抛物线的开口朝向?(这里假定了$a_{11}\neq 0$,如果$a_{11}=0$,则应判断$(a_{22},-a_{12})$和$(-a_{22},a_{12})$中哪一个代表抛物线的开口朝向?)

命题 3.7 $(a_{12},-a_{11})$是抛物线的开口朝向的充要条件为

$$I_1(a_{12}b_1-a_{11}b_2)<0.$$

引理 如果点$M_0(x_0,y_0)$不在抛物线上,则

$$M_0\text{ 在抛物线的内部}\iff I_1F(x_0,y_0)<0.$$

证明 M_0 在抛物线的内部

$\iff$ 过 M_0 并和渐近方向不平行的直线与抛物线的两个交点分别位于 M_0 的两侧

$\iff$ $\Phi(m,n)\neq 0$ 时, $\Phi(m,n)F(x_0,y_0)<0$

$\iff$ $I_1F(x_0,y_0)<0$(对于抛物线的情形, $I_2=0$,此时 I_1 与 $\Phi(m,n)$同号,见命题 3.4 的引理). ▌

命题 3.7 的证明 从原点出发,做指向$(a_{12},-a_{11})$的射线,则此射线上的点的坐标为$(a_{12}t,-a_{11}t)$,$t\geqslant 0$. 于是$(a_{12},-a_{11})$是抛物线的开口朝向的充要条件是,当 t 充分大时,

$$I_1F(a_{12}t,\ -a_{11}t)<0,$$

$$\begin{aligned}F(a_{12}t,\ -a_{11}t)&=\Phi(a_{12},\ -a_{11})t^2+2(a_{12}b_1-a_{11}b_2)t+c\\&=2(a_{12}b_1-a_{11}b_2)t+c,\end{aligned}$$

于是, t 充分大时, $F(a_{12}t,-a_{11}t)$和 $a_{12}b_1-a_{11}b_2$ 同号,从而得到结论. ▌

4.5 直径与共轭

1. 直径

根据平面几何的知识,对于圆周而言,平行于同一方向的所有

弦的中点的轨迹是圆的一条直径，它和这个方向垂直. 在椭圆、双曲线、抛物线上，有没有类似的情形？怎样来描述？下面来讨论这个问题.

取定一个非零向量 $\boldsymbol{u}(m,n)$. 如果点 $M_0(x_0,y_0)$ 是平行于 $\boldsymbol{u}(m,n)$ 的某条弦的中点，则在由点 $M_0(x_0,y_0)$ 和 $\boldsymbol{u}(m,n)$ 所决定的直线与二次曲线 Γ 的相交方程(3.15)中，一次项的系数为 0：

$$mF_1(x_0,y_0)+nF_2(x_0,y_0)=0,$$

即 $$(ma_{11}+na_{12})x_0+(ma_{12}+na_{22})y_0+mb_1+nb_2=0.$$

如果 $(ma_{11}+na_{12})$ 和 $(ma_{12}+na_{22})$ 不都是 0(即 $\boldsymbol{u}$ 不代表抛物型曲线的渐近方向)，则方程

$$(ma_{11}+na_{12})x+(ma_{12}+na_{22})y+mb_1+nb_2=0 \tag{3.19}$$

的图像是一条直线，记作 $l_{\boldsymbol{u}}$，称为 $\boldsymbol{u}$ 所代表的方向关于 Γ 的**共轭直径**，简称**直径**(请注意，它是一条直线，不同于通常的直径的概念). 显然，如果 Γ 有中心，则中心一定在每一条直径上.

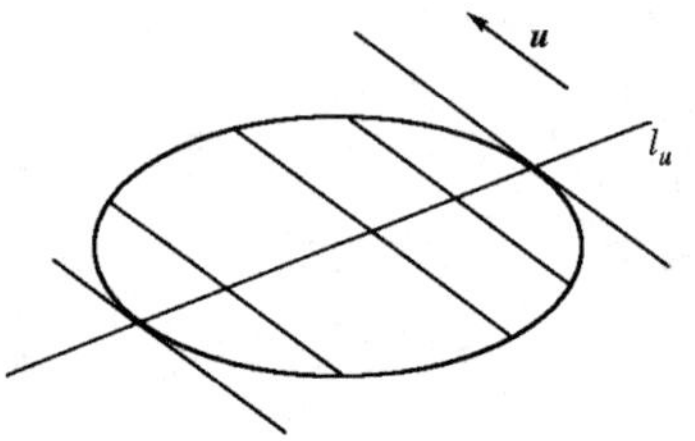

图 3.2

命题 3.7 如果 $\boldsymbol{u}(m,n)$ 不代表 Γ 的渐近方向，则(图 3.2)

(1) 平行于 $\boldsymbol{u}$ 的每条弦的中点在 $l_{\boldsymbol{u}}$ 上；

(2) 平行于 $\boldsymbol{u}$ 的直线和 Γ 只有一个交点 P，P 在 $l_{\boldsymbol{u}}$ 上.

证明 (1) 在上面已经说明，下面证明(2).

设平行于 $\boldsymbol{u}$ 的直线 l 和 Γ 只有一个交点 $P(x_1,y_1)$，则 l 就是 P 和 $\boldsymbol{u}$ 决定的直线，它和 Γ 的相交方程(3.15)只有一个解 $t=0$. 因为 $\boldsymbol{u}(m,n)$ 不代表 Γ 的渐近方向，所以 $\Phi(m,n)\neq 0$，于是有

$$mF_1(x_1,y_1)+nF_2(x_1,y_1)=0,$$

即 P 在 $l_{\boldsymbol{u}}$ 上. ▍

如果 $\boldsymbol{u}$ 代表双曲型曲线的渐近方向，则 $l_{\boldsymbol{u}}$ 就是平行于 $\boldsymbol{u}$ 的那

条渐近线(见习题3.4的第12题).

2. 方向关于 Γ 的共轭

当 $\boldsymbol{u}(m,n)$ 不代表抛物型曲线的渐近方向时，$\boldsymbol{u}$ 有共轭直径 $l_{\boldsymbol{u}}$. 设非零向量 $\boldsymbol{v}(m',n')$ 平行于 $l_{\boldsymbol{u}}$，则

$$m'(ma_{11}+na_{12})+n'(ma_{12}+na_{22})=0,$$

即

$$(m',n')\boldsymbol{A}_0\begin{bmatrix}m\\n\end{bmatrix}=0.$$

这个等式对于 $\boldsymbol{u}$ 和 $\boldsymbol{v}$ 是对称的，从而如果 $\boldsymbol{v}$ 也有共轭直径 $l_{\boldsymbol{v}}$，则 $l_{\boldsymbol{v}}$ 平行于 $\boldsymbol{u}$，因此在这种情况我们称 $l_{\boldsymbol{u}}$ 和 $l_{\boldsymbol{v}}$ 为一对互相共轭的共轭直径.

为了把共轭的概念从代数上加以推广，我们给出两个直线方向关于 Γ 共轭的定义. 在第五章中将会进一步看到它的意义.

定义 3.3 对方程为 $F(x,y)=0$ 的二次曲线 Γ，如果两个非零向量 $\boldsymbol{u}(m,n)$ 和 $\boldsymbol{v}(m',n')$ 满足

$$(m',n')\boldsymbol{A}_0\begin{bmatrix}m\\n\end{bmatrix}=0,$$

则称由 $\boldsymbol{u}$ 和 $\boldsymbol{v}$ 分别代表的直线方向互相**共轭**.

请注意，在这个定义中，并没有要求 $\boldsymbol{u}$ 和 $\boldsymbol{v}$ 不是二次曲线的渐近方向.

当 $\boldsymbol{u}(m,n)$ 不是抛物线的渐近方向时，

$$\boldsymbol{A}_0\begin{bmatrix}m\\n\end{bmatrix}\neq 0,$$

此时它只有一个共轭方向.

特别对于双曲型曲线的渐近方向，它只有一个共轭方向，就是它自己. 这是因为

$$(m,n)\boldsymbol{A}_0\begin{bmatrix}m\\n\end{bmatrix}=0.$$

如果 $\boldsymbol{u}(m,n)$ 是抛物线的渐近方向，则 $\boldsymbol{A}_0\begin{bmatrix}m\\n\end{bmatrix}=0$，因此任何方向都与它共轭.

4.6 圆锥曲线的切线

在几何直观上，圆锥曲线 Γ 的切线就是和 Γ 只有一个交点，并且与渐近方向不平行的直线，这个交点称为**切点**.

设 l 是经过点 $M_0(x_0,y_0)$，平行于向量 $\boldsymbol{u}(m,n)$ 的直线，则 l 是 Γ 的切线的充分必要条件为 $\Phi(m,n)\neq 0$，并且

$$\Phi(m,n)F(x_0,y_0)=[mF_1(x_0,y_0)+nF_2(x_0,y_0)]^2. \tag{3.20}$$

下面分别就各种情况讨论切线的计算方法.

(1) 对 Γ 上的点 $M_0(x_0,y_0)$，求以 $M_0(x_0,y_0)$ 为切点的切线.

此时只须求切线的一个方向向量 $\boldsymbol{u}(m,n)$. 由于 M_0 在 Γ 上，$F(x_0,y_0)=0$，由(3.20)得 m,n 应满足的条件

$$mF_1(x_0,y_0)+nF_2(x_0,y_0)=0.$$

由于圆锥曲线的中心不在曲线上，M_0 不是中心，即 $F_1(x_0,y_0)$ 和 $F_2(x_0,y_0)$ 不全为 0，于是

$$m:n=-F_2(x_0,y_0):F_1(x_0,y_0).$$

(此时 $\Phi(m,n)\neq 0$，否则过 M_0，平行于 $\boldsymbol{u}(m,n)$ 的直线在 Γ 上，对于圆锥曲线这是不可能的.) 从而切线的方程为

$$F_1(x_0,y_0)(x-x_0)+F_2(x_0,y_0)(y-y_0)=0.$$

利用 M_0 在 Γ 上，有

$$F_1(x_0,y_0)x_0+F_2(x_0,y_0)y_0+F_3(x_0,y_0)=F(x_0,y_0)=0,$$

从而 $-F_1(x_0,y_0)x_0-F_2(x_0,y_0)y_0=F_3(x_0,y_0)$，过 M_0 的切线方程可写为

$$F_1(x_0,y_0)x+F_2(x_0,y_0)y+F_3(x_0,y_0)=0.$$

(2) 求平行于一个非渐近方向的切线.

设 $\boldsymbol{u}(m,n)$ 不表示渐近方向，求平行于 $\boldsymbol{u}(m,n)$ 的切线，只用求出切点. 从(1)的结果知道，切点的坐标应该满足方程组

$$\begin{cases}F(x,y)=0,\\ mF_1(x,y)+nF_2(x,y)=0.\end{cases}$$

也就是说，切点是 $\boldsymbol{u}(m,n)$ 的共轭直径线和 Γ 的交点.

(3) 求过 Γ 外的一点的切线.

设 $M_0(x_0,y_0)$ 不在 Γ 上，要决定过 $M_0(x_0,y_0)$ 的切线就要求出其方向或求出切点.

切线的方向 $\boldsymbol{u}(m,n)$ 可从方程

$$\Phi(m,n)F(x_0,y_0) = [mF_1(x_0,y_0) + nF_2(x_0,y_0)]^2 \tag{3.21}$$

来解出. 这是一个 2 次方程，可能有两个解（从几何直观知道过圆锥曲线外的点是可能作出两条切线的），但是要检验所得的解是不是使得 $\Phi(m,n)\neq 0$，即它不平行于渐近方向.

切点 M_1 的坐标 (x_1,y_1) 应该满足方程组

$$\begin{cases} F(x_1,y_1) = 0, \\ F_1(x_1,y_1)(x_0 - x_1) + F_2(x_1,y_1)(y_0 - y_1) = 0. \end{cases}$$

第 1 个方程表示 M_1 在 Γ 上，第 2 个方程表示 M_1 处的切线过 M_0. 第 2 个方程的左边

$$\begin{aligned} &F_1(x_1,y_1)(x_0 - x_1) + F_2(x_1,y_1)(y_0 - y_1) \\ &\quad = F_1(x_1,y_1)x_0 + F_2(x_1,y_1)y_0 \\ &\qquad - [F_1(x_1,y_1)x_1 + F_2(x_1,y_1)y_1] \\ &\quad = F_1(x_1,y_1)x_0 + F_2(x_1,y_1)y_0 + F_3(x_1,y_1), \end{aligned}$$

因此上面的方程组可以改写为

$$\begin{cases} F(x_1,y_1) = 0, \\ F_1(x_1,y_1)x_0 + F_2(x_1,y_1)y_0 + F_3(x_1,y_1) = 0. \end{cases}$$

本节中所提出的圆锥曲线的仿射特征都是用代数的方式来规定的，即通过它在一个仿射坐标系中的方程的系数来定义的. 自然会产生一个问题：这些概念与坐标系和方程的选择是否无关？从对它们几何意义的讨论即可看出，此问题的回答是肯定的. 也可以用解析的办法加以证明，有兴趣的读者可尝试自己给出证明.

习　题　3.4

1. 求二次曲线的下列仿射特征（中心、渐近方向、渐近线、开

口朝向等,有什么,求什么):

(1) $x^2-2xy-4y^2+6x+2y+3=0$;

(2) $3x^2+4xy+4y^2+6x+2y-12=0$;

(3) $x^2-2xy+y^2+x+2y+4=0$;

(4) $x^2+2xy+y^2+2x+2y-3=0$;

(5) $5x^2-12xy+4y^2-4x-8y+4=0$;

(6) $4xy-5y^2-12x-6y-11=0$;

(7) $5x^2+4xy+y^2-6x+4y-6=0$;

(8) $3x^2+4xy+5y^2-2x+6y-1=0$;

(9) $5x^2+8xy+3y^2+8x+6y=0$;

(10) $8x^2+8xy+2y^2-6x-4y+5=0$.

2. 讨论 s,t 的取值对二次曲线

$$x^2+6xy+sy^2+3x+ty-4=0$$

的中心和渐近方向的影响.

3. 已知二次曲线过点(2,3),(4,2)和(1,5),并且(0,1)是它的中心,求其方程.

4. 设 $A(x_0,y_0)$是二次曲线 $F(x,y)=0$ 的一个中心,证明:$I_3=I_2F(x_0,y_0)$.

5. 已知二次曲线过点(−2,−1)和(0,−2),并且直线

$$x+y+1=0,\quad x-y+1=0$$

是它的一对共轭直径,求其方程.

6. 已知一条双曲线的两条渐近线的方程分别为 $y-2=0$ 和 $3x+4y+5=0$,并且它经过点$\left(0,\dfrac{1}{2}\right)$,求方程.

7. 已知原点是二次曲线

$$a_{11}x^2+a_{22}y^2+2a_{12}xy+2b_1x+2b_2y+c=0$$

的中心,证明 $b_1=b_2=0$.

8. 已知

$$a_{11}x^2+a_{22}y^2+2a_{12}xy+2b_1x+2b_2y+c=0$$

的图像是以两条坐标轴为渐近线的双曲线，证明 $a_{12}\neq 0, c\neq 0$，其他系数都为 0.

9. 设一条双曲线 Γ 在一个仿射坐标系中的方程为

$$x^2-2xy-4y^2+6x+2y+3=0,$$

求 Γ 的经过原点的直径及其共轭直径.

10. (1) 设 Γ 的方程为 $F(x,y)=0$，它的一条弦的中点为 $P(x_0,y_0)$. 证明此弦所在直线的方程为

$$(x-x_0)F_1(x_0,y_0)+(y-y_0)F_2(x_0,y_0)=0.$$

(2) 求 Γ 的弦所在直线的方程，此弦的中点为 P.

① Γ 的方程为 $5x^2+8xy+5y^2-18x-18y+9=0$，$P$ 的坐标为 $(1,0)$；

② Γ 的方程为 $x^2+2xy+y^2-8x+4=0$，P 的坐标为 $(2,1)$；

③ Γ 的方程为 $6xy+8y^2-12x-26y+11=0$，P 的坐标为 $(3,1)$.

11. 如果坐标轴是二次曲线的一对共轭直径，证明此二次曲线的方程为 $a_{11}x^2+a_{22}y^2+c=0$ 的形式.

12. 如果非零向量 $\boldsymbol{u}$ 代表了双曲线的渐近方向，则 $l_{\boldsymbol{u}}$ 就是平行于 $\boldsymbol{u}$ 的那条渐近线.

13. (1) 证明椭圆的经过中心的每一条直线都是直径；

(2) 证明双曲线的经过中心的每一条直线都是直径；

(3) 证明抛物线的平行于渐近方向的每一条直线都是直径.

14. 证明一个椭圆的每一对共轭半径(即直径和椭圆的交点到中心的距离)的平方和是常数.

15. 求下列过二次曲线上的一点处的切线的方程：

(1) $\frac{x^2}{a^2}+\frac{y^2}{b^2}=1$ 在点 (x_0,y_0) 处；

(2) $\frac{x^2}{a^2}-\frac{y^2}{b^2}=1$ 在点 (x_0,y_0) 处；

(3) $y^2=2px$ 在点 (x_0,y_0) 处；

(4) $3x^2+4xy+5y^2-7x-8y-3=0$ 在点 $(2,1)$；

(5) $5x^2+7xy+y^2-x+2y=0$ 在点(0,0)；

(6) $5x^2-2xy+5y^2-8=0$ 在点(1,1).

16. 求下列二次曲线的平行于某个向量的切线方程和切点的坐标：

(1) $x^2+4xy+3y^2-5x-6y+3=0$，$\boldsymbol{u}(4,-1)$；

(2) $3x^2+4xy+5y^2-6x-8y+3=0$，$\boldsymbol{u}(1,0)$；

(3) $5x^2+8xy+y^2+2x+2y=0$，$\boldsymbol{u}(1,-1)$.

17. 已知一条抛物线的对称轴平行于向量 $\boldsymbol{u}(1,-2)$，和直线 $2x+13y-15=0$ 相切于点(1,1)，并且过点(3,0)，写出此抛物线的方程.

18. 设一条圆锥线 Γ 在一个直角坐标系中的方程为

$$a_{11}x^2+a_{22}y^2+2a_{12}xy+2b_1x+2b_2y+c=0.$$

证明：如果过点 (x',y') 可作出的两条互相垂直的切线，则

$$F_1^2(x',y')+F_2^2(x',y')=(a_{11}+a_{22})F(x',y').$$

19. 求 $3x^2+4xy+2y^2+8x+4y-6=0$ 的互相垂直的切线的交点的轨迹.

20. 证明：椭圆的互相垂直的切线的交点的轨迹是一个以椭圆中心为圆心的圆.

21. 证明：抛物线的互相垂直的切线交点的轨迹是其准线.

22. 思考题：一条双曲线的互相垂直的切线的交点的轨迹是什么？

23. 证明：椭圆的一个焦点在它的任一切线上的垂足到中心的距离等于长半轴.

24. 已知圆锥曲线 Γ 有一对共轭直径

$$x-y-10=0 \quad 和 \quad x+y+6=0,$$

并且 Γ 过点(3,−3)和(3,−7). 求 Γ 的方程，并求(3,−3)处的切线的方程.

§5 圆锥曲线的度量特征

本节讨论：对于在一个右手直角坐标系中给出了方程的圆锥曲线，怎样来确定其与度量有关的几何特征(如它的对称轴、顶点、椭圆的长短半轴的大小等)？应该说，在§2中用转轴和移轴的方法已经解决了这些问题，但是本节介绍一种更加简单的方法(特征值法).

下面我们都假设给出了一条圆锥曲线 Γ 在一个右手直角坐标系 I 中的方程 $F(x,y)=0$，其中

$$F(x,y)=a_{11}x^2+a_{22}y^2+2a_{12}xy+2b_1x+2b_2y+c.$$

5.1 抛物线的对称轴

抛物线的对称轴也就是渐近方向的垂直方向的共轭直径，因此可直接求出.

在 a_{11},a_{12} 不全为0时，$(a_{12},-a_{11})$ 平行于抛物线的渐近方向(否则用 $(a_{22},-a_{12})$)，于是 (a_{11},a_{12}) 垂直于渐近方向，其对称轴为

$$a_{11}F_1(x,y)+a_{12}F_2(x,y)=0,$$

即 $$(a_{11}^2+a_{12}^2)x+(a_{11}a_{12}+a_{12}a_{22})y+a_{11}b_1+a_{12}b_2=0.$$

对于抛物线，$a_{12}^2=a_{11}a_{22}$，并且 $I_1=a_{11}+a_{22}\neq 0$，其对称轴的方程可化简为

$$a_{11}x+a_{12}y+\frac{a_{11}b_1+a_{12}b_2}{I_1}=0.$$

$\left(\text{当 } a_{11},a_{12} \text{ 全为 } 0 \text{ 时用 } a_{12}x+a_{22}y+\dfrac{a_{12}b_1+a_{22}b_2}{I_1}=0\text{，即 } y+\dfrac{b_2}{a_{22}}=0.\right)$

对称轴和 Γ 的交点 O' 就是 Γ 的顶点. 以 O' 为原点，Γ 的开口朝向为 y' 轴的正向，作右手直角坐标系 I'，则经过从 I 到 I' 的直角坐标变换后，得到 Γ 在 I' 中的形如

$$ax'^2-2py'=0$$

的方程.其中 a 与 p 同号,并且由于不变量的值在直角坐标变换下保持不变,即

$$a = I_1 = a_{11} + a_{22},$$
$$-ap^2 = I_3,$$

于是可画出 Γ 的图形.

例 3.5 在右手直角坐标系中,抛物线 Γ 的方程为

$$8x^2 + 2y^2 + 8xy - 6x - 8y + 1 = 0,$$

求其对称轴和顶点并画出 Γ 的图形.

解 因

$$\boldsymbol{A} = \begin{bmatrix} 8 & 4 & -3 \\ 4 & 2 & -4 \\ -3 & -4 & 1 \end{bmatrix},$$

即可求出 $I_1 = 10$, $I_3 = -50$.

(1) 对称轴方程为

$$8x + 4y - 4 = 0,$$

化简为

$$2x + y - 1 = 0.$$

(2) 现求顶点:Γ 的方程可化为

$$2(2x + y)^2 - 3(2x + y) - 5y + 1 = 0,$$

于是顶点 O' 的坐标即方程组

$$\begin{cases} 2(2x + y)^2 - 3(2x + y) - 5y + 1 = 0, \\ 2x + y - 1 = 0 \end{cases}$$

的解,解出顶点坐标为 $O'\left(\dfrac{1}{2}, 0\right)$.

(3) 开口朝向

$$I_1(a_{12}b_1 - a_{11}b_2) = 200 > 0,$$

因此开口朝向为$(-1,2)$.

(4) 作图:以 O' 为原点,$(-1,2)$为 y' 轴的正向,作右手直角坐标系 I'(图 3.3).设 Γ 在此坐标系中的方程为

$$ax'^2 - 2py' = 0,$$

则 $a=10$，$-ap^2=-50$，并且 $p>0$. 求出 $p=\sqrt{5}$，方程可简化为

$$y' = \sqrt{5}\,x'^2.$$

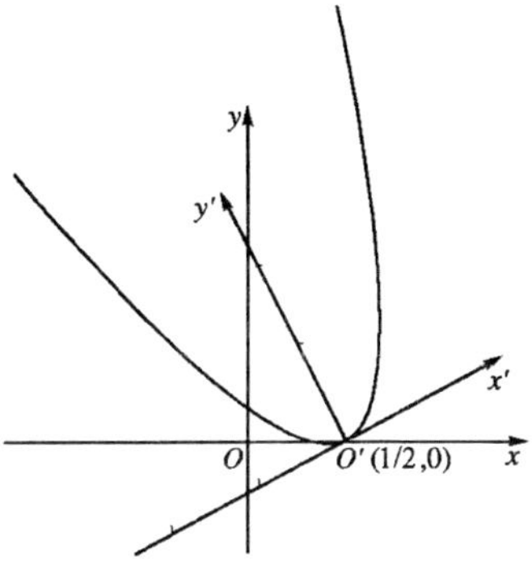

图 3.3

5.2 椭圆和双曲线的对称轴

椭圆和双曲线都有两条对称轴(圆例外，过圆心的每一条直线都是它的对称轴)，它们互相共轭，互相垂直.

定义 3.4 对于中心型曲线 Γ，如果一个方向与其共轭方向垂直，则称此方向为 Γ 的**主方向**.

于是，椭圆和双曲线的对称轴就是经过中心，并且平行于主方向的直线.

下面介绍主方向的计算方法.

设 $\boldsymbol{u}(m,n)$ 和 $\boldsymbol{u}'(m',n')$ 代表一对互相共轭的方向，则

$$(m',n')\boldsymbol{A}_0\begin{bmatrix} m \\ n \end{bmatrix} = 0.$$

在直角坐标系中，此式表示向量 $\boldsymbol{A}_0\begin{bmatrix} m \\ n \end{bmatrix}=\begin{bmatrix} a_{11}m+a_{12}n \\ a_{12}m+a_{22}n \end{bmatrix}$ 和 $\boldsymbol{u}'$ 互相垂直. 于是，

$$\boldsymbol{u} \text{ 代表主方向} \Longleftrightarrow \boldsymbol{u} \text{ 与 } \boldsymbol{u}' \text{ 互相垂直} \Longleftrightarrow \boldsymbol{u} \text{ 与 } \boldsymbol{A}_0\begin{bmatrix} m \\ n \end{bmatrix} \text{ 平行}.$$

上式最后的条件可表示为

$$m(a_{12}m + a_{22}n) = n(a_{11}m + a_{12}n),$$

即

$$a_{12}m^2 + a_{22}mn = a_{11}mn + a_{12}n^2.$$

利用此式可以求出 m 和 n 的比值,即求出 $\boldsymbol{u}$ 的方向. 但是在实用上采用一个更加简单的方法.

因为 $\boldsymbol{u}(m,n)\neq 0$,所以

$$\boldsymbol{u} \text{ 与 } \boldsymbol{A}_0\begin{bmatrix} m \\ n \end{bmatrix} \text{平行} \iff \text{存在实数 } \lambda, \text{使得 } A_0\begin{bmatrix} m \\ n \end{bmatrix} = \lambda\begin{bmatrix} m \\ n \end{bmatrix},$$

即

$$(\lambda \boldsymbol{E} - \boldsymbol{A}_0)\begin{bmatrix} m \\ n \end{bmatrix} = 0. \tag{3.22}$$

由 $\boldsymbol{u}$ 不是零向量知道, $|\lambda\boldsymbol{E}-\boldsymbol{A}_0|=0$. 由此可以求出 λ,再从(3.22)解出坐标 m 和 n,求出其比值. 称这个方法为**特征值法**.

计算行列式

$$|\lambda \boldsymbol{E} - \boldsymbol{A}_0| = \lambda^2 - I_1\lambda + I_2,$$

因此 $|\lambda\boldsymbol{E}-\boldsymbol{A}_0|=0$ 即

$$\lambda^2 - I_1\lambda + I_2 = 0, \tag{3.23}$$

称此式为 Γ 的**特征方程**,它的解称为 Γ 的**特征值**. 特征方程是一个二次方程,判别式为

$$\Delta = I_1^2 - 4I_2 = (a_{11} - a_{22})^2 + 4a_{12}^2 \geqslant 0.$$

下面分两种情况讨论:

(1) 如果 $a_{11}=a_{22}, a_{12}=0$,则 $\Delta=0$,此时(3.23)为

$$\lambda^2 - 2a_{11}\lambda + a_{11}^2 = 0,$$

它只有一个解 $\lambda=a_{11}(=a_{22})$,并且 $\lambda\boldsymbol{E}-\boldsymbol{A}_0=0$,从而任何方向都是主方向.

从几何上看,此时 Γ 的方程为

$$a_{11}(x^2 + y^2) + 2b_1x + 2b_2y + c = 0,$$

如果 Γ 是圆锥曲线，则它一定是圆，因此过中心的每一条直线确实都是对称轴.

(2) 如果 $a_{11}\neq a_{22}$或 $a_{12}\neq 0$，则 $\Delta>0$，此时(3.23)有两个解 λ_1，λ_2. 将它们分别代入(3.22)，求出两个主方向

$$\boldsymbol{u}_1(m_1,n_1) \quad 和 \quad \boldsymbol{u}_2(m_2,n_2),$$

它们满足

$$\boldsymbol{A}_0\begin{bmatrix} m_i \\ n_i \end{bmatrix}=\lambda_i\begin{bmatrix} m_i \\ n_i \end{bmatrix}, \quad i=1,2.$$

从前面的讨论知道，它们是互相垂直的.

构造右手直角坐标系$[O';\boldsymbol{e}_1',\boldsymbol{e}_2']$，使得 O'是 Γ 的中心，$\boldsymbol{e}_1'$ 和 $\boldsymbol{e}_2'$ 分别平行于 $\boldsymbol{u}_1$ 和 $\boldsymbol{u}_2$. 经过坐标变换，得到 Γ 在$[O';\boldsymbol{e}_1',\boldsymbol{e}_2']$中的方程

$$a_{11}'x'^2+2a_{12}'x'y'+a_{22}'y'^2+2b_1'x'+2b_2'y'+c'=0, \tag{3.24}$$

由于 O'是 Γ 的中心，$b_1'=b_2'=0$.

设坐标变换的过渡矩阵为

$$\begin{bmatrix} \cos\theta & -\sin\theta \\ \sin\theta & \cos\theta \end{bmatrix},$$

则它的两个列向量分别平行于 $\boldsymbol{u}_1$ 和 $\boldsymbol{u}_2$，从而

$$\boldsymbol{A}_0\begin{bmatrix} \cos\theta \\ \sin\theta \end{bmatrix}=\begin{bmatrix} \lambda_1\cos\theta \\ \lambda_1\sin\theta \end{bmatrix}, \quad \boldsymbol{A}_0\begin{bmatrix} -\sin\theta \\ \cos\theta \end{bmatrix}=\begin{bmatrix} -\lambda_2\sin\theta \\ \lambda_2\cos\theta \end{bmatrix},$$

于是

$$\begin{aligned}\begin{bmatrix} a_{11}' & a_{12}' \\ a_{12}' & a_{22}' \end{bmatrix} &= \begin{bmatrix} \cos\theta & \sin\theta \\ -\sin\theta & \cos\theta \end{bmatrix}\boldsymbol{A}_0\begin{bmatrix} \cos\theta & -\sin\theta \\ \sin\theta & \cos\theta \end{bmatrix} \\ &= \begin{bmatrix} \cos\theta & \sin\theta \\ -\sin\theta & \cos\theta \end{bmatrix}\begin{bmatrix} \lambda_1\cos\theta & -\lambda_2\sin\theta \\ \lambda_1\sin\theta & \lambda_2\cos\theta \end{bmatrix} \\ &= \begin{bmatrix} \lambda_1 & 0 \\ 0 & \lambda_2 \end{bmatrix}.\end{aligned}$$

因此(3.24)为

$$\lambda_1x'^2+\lambda_2y'^2+c'=0,$$

其中 $c'=\dfrac{I_3}{\lambda_1\lambda_2}$(因为 $\lambda_1\lambda_2 c'=I_3'=I_3$). 由最后的这个方程即可得到标准方程.

例 3.6 判别在一个右手直角坐标系中,方程

$$4x^2+10xy+4y^2-2x+2y+18=0$$

的图像 Γ 是什么曲线,求出它的顶点和对称轴,并作图.

解 $\boldsymbol{A}=\begin{bmatrix} 4 & 5 & -1 \\ 5 & 4 & 1 \\ -1 & 1 & 18 \end{bmatrix}$, $I_2=-9$, $I_1=8$, $I_3=-180$, Γ 是双曲线.

它的特征方程为

$$\lambda^2-8\lambda-9=0,$$

解出特征值为 $\lambda_1=9$, $\lambda_2=-1$.

关于 $\lambda_1=9$ 的主方向满足

$$\begin{bmatrix} 5 & -5 \\ -5 & 5 \end{bmatrix}\begin{bmatrix} m \\ n \end{bmatrix}=0,$$

求出 $\boldsymbol{e}_1'=\left(\dfrac{\sqrt{2}}{2},\dfrac{\sqrt{2}}{2}\right)$.

关于 $\lambda_2=-1$ 的主方向满足

$$\begin{bmatrix} -5 & -5 \\ -5 & -5 \end{bmatrix}\begin{bmatrix} m \\ n \end{bmatrix}=0,$$

求出 $\boldsymbol{e}_2'=\left(-\dfrac{\sqrt{2}}{2},\dfrac{\sqrt{2}}{2}\right)$.

Γ 的中心满足方程组

$$\begin{cases} 4x+5y-1=0, \\ 5x+4y+1=0, \end{cases}$$

求出中心 O' 的坐标为$(-1,1)$.

于是我们构造右手直角坐标系$[O';\boldsymbol{e}_1',\boldsymbol{e}_2']$(见图 3.4). 在此坐标系中, Γ 的方程为

$$9x'^2-y'^2+20=0,$$

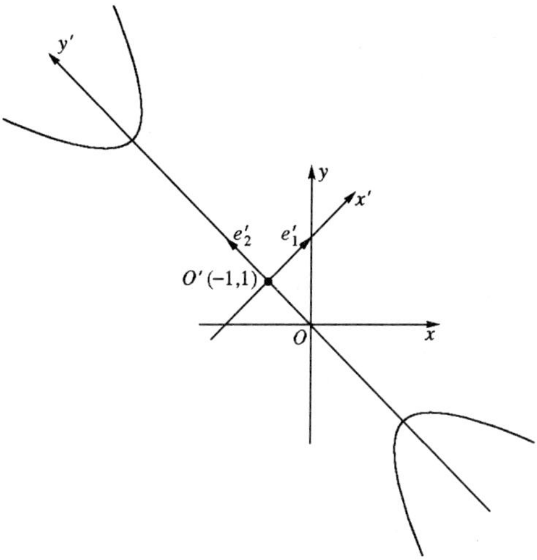

图 3.4

化简得到标准方程

$$-\frac{x'^2}{\left(\frac{\sqrt{20}}{3}\right)^2}+\frac{y'^2}{(\sqrt{20})^2}=1.$$

习 题 3.5

1. 在一个直角坐标系中,求下列二次曲线的对称轴,并画图.

(1) $9x^2+4xy+6y^2+2x+16y+10=0$;

(2) $4x^2-4y^2+6xy-6x-2y+1=0$;

(3) $x^2+2xy+y^2+4x-10y+9=0$;

(4) $2xy-4x+2y-3=0$;

(5) $x^2-6xy+9y^2-8x+8y=0$.

2. 已知在一个直角坐标系中,方程

$$a_{11}x^2+a_{22}y^2+2a_{12}xy+c=0$$

的图像 Γ 是椭圆或双曲线,证明

$$a_{12}(x^2-y^2)-(a_{11}-a_{22})xy=0$$

表示的两条直线就是 Γ 的两条对称轴.

3. 已知在一个直角坐标系中,方程

$$a_{11}x^2+a_{22}y^2+2a_{12}xy+2b_1x+2b_2y=0$$

的图像 Γ 是抛物线,证明它的顶点就是原点的充分必要条件是:

$$\Phi(b_1,b_2)=0.$$

4. 在平面直角坐标系中,圆锥曲线 Γ 的对称轴为

$$x-y-5=0 \quad \text{和} \quad x+y+3=0,$$

并且 Γ 经过点$(3/2,-3/2)$和$(3/2,-7/2)$,求 Γ 的方程.

5. 在平面右手直角坐标系 I 中,抛物线的方程为

$$ax^2+4ay^2+4xy+10x-20y-1=0,$$

其中 $a>0$,求 a;并且构造右手直角坐标系 I',使得此抛物线在 I' 中有形如 $y'=cx'^2$ 的方程 $(c>0)$,求出 c,并画出草图.

第四章　保距变换和仿射变换

本章我们将介绍研究几何学的一种新的途径：用“几何变换”研究几何学.几何变换不同于坐标变换，坐标变换中变化的是坐标系，几何对象(点、几何图形)并不改变；而几何变换则是几何对象的变化.例如把平面上的一个图形作平移，或绕某一点旋转，或绕某一条直线翻转；又如在第二章中提到的把一个图形作压缩等等，都是图形的变化.本章要介绍的保距变换和仿射变换就是两类重要的几何变换.

对几何图形的某一种特定变化来说，图形的有些性质会改变，有些性质不改变.例如在图形作压缩时，距离、夹角、面积等等都要改变，但是直线还是变为直线，线段间的平行性仍保持，简单比也不改变.在图形作翻转时，距离、夹角、面积等都不改变，但是位置、定向要改变.

研究“几何变换”的主要内容就是讨论在各类几何变换中图形几何性质的变化规律，这使得我们能够在运动和变化中研究几何图形的性质.

“几何变换”不仅在理论上深化了几何学的研究，它还提供了解决几何问题的一个有效方法.掌握这种方法是学习本章的主要目的之一.下面先讲一个简单例子，它是两张平面间的“平行投影”的应用.

设 π_1 和 π_2 是空间中两张相交的平面，$\boldsymbol{u}$ 是与 π_1 和 π_2 都不平行的一个向量.我们来规定从 π_1 到 π_2 的一个映射 $f: \pi_1 \to \pi_2$ 为：$\forall P \in \pi_1$，令 $f(P)$ 是过 P，平行于 $\boldsymbol{u}$ 的直线与 π_2 的交点，称这个映射为从 π_1 到 π_2 的一个**平行投影**.容易看出，一般来说平行投影不保持距离、角度等度量概念(除非 $\boldsymbol{u}$ 与 π_1, π_2 的交线垂直，并且与

π_1,π_2 的夹角相等),但是把 π_1 上的直线变为 π_2 上的直线,并且保持直线的平行性和共线三点的简单比. 于是, π_1 上的一个三角形 $\triangle_1$ 变为 π_2 上的一个三角形 $\triangle_2$. 它们不一定全等,但是 $\triangle_1$ 的各边的中点变为 $\triangle_2$ 的对应边的中点, $\triangle_1$ 的重心变为 $\triangle_2$ 的重心.

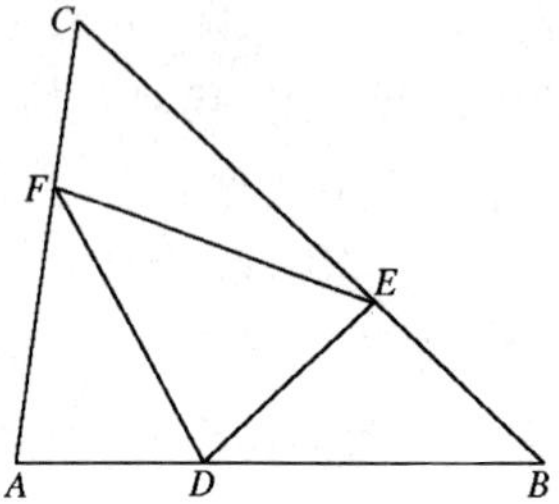

图 4.1

例 在 $\triangle ABC$ 的三边上各取点 D, E, F(参见图 4.1),使得简单比

$$(A,B,D)=(B,C,E)=(C,A,F),$$

证明 $\triangle DEF$ 的重心和 $\triangle ABC$ 的重心重合.

对 $\triangle ABC$ 是正三角形的情形证明比较容易: 设 O 是 $\triangle ABC$ 的重心,让 $\triangle ABC$ 绕 O 点旋转 $120°$,把 A 变为 B, B 变为 C, C 变为 A,则 D 变为 E, E 变为 F, F 变为 D. 于是 $\triangle DEF$ 也是正三角形,并且重心也是 O.

对于一般的三角形,上述方法不能用了. 但是如果它是某个正三角形在一个平行投影下的像,那么利用平行投影保持简单比,并且把重心变为重心的性质,结论对它也就成立了.

现在的问题是: 是否对于任何三角形,都可设计出一个平行投影,使得它是一个平行投影下某个正三角形的像? 回答是肯定的,读者从直观上不难接受,我们在这里不作严密论证. 本章中我们将把"平行投影"加以推广和抽象,给出仿射变换和仿射映射的概念,在那里,对相应的问题将会得到严格的讨论.

本章以仿射变换为讨论的主要内容,把保距变换看作它的特殊情形. 我们只讲平面上的这两种变换,但是要把它们推广到空间的情形并没有实质性的困难.

§1 平面的仿射变换与保距变换

1.1 一一对应与可逆变换

集合间的映射是本章的基础,我们先来回顾以后常要用的与映射有关的几个概念，并介绍本书中所用的记号.

集合 X 到集合 Y 的一个**映射** $f: X \to Y$ 是把 X 中的点对应到 Y 中的点的一个法则，即 $\forall\ x \in X$，都决定 Y 中的一个元素 $f(x)$，称为点 x 在 f 下的像点. 对 X 的一个子集 A，记

$$f(A) = \{f(a) \mid a \in A\},$$

它是 Y 的一个子集，称为 A 在 f 下的**像**. 对 Y 的一个子集 B，记

$$f^{-1}(B) = \{x \in X \mid f(x) \in B\},$$

称为 B 在 f 下的**完全原像**，它是 X 的子集（也有可能为 $\varnothing$，此时 X 的任何点的像点不在 B 中）.

如果 f 是 X 到 Y 的映射，g 是 Y 到 Z 的映射，则它们的**复合**（也称**乘积**）是 X 到 Z 的映射，记作 $g \circ f: X \to Z$，规定为

$$g \circ f(x) = g(f(x)), \quad \forall\ x \in X.$$

对 $A \subset X$，

$$g \circ f(A) = g(f(A));$$

对 $C \subset Z$，

$$(g \circ f)^{-1}(C) = f^{-1}(g^{-1}(C)).$$

映射的复合无交换律，但有结合律，即对三个映射 $f: X \to Y$，$g: Y \to Z$，$h: Z \to W$，有

$$h \circ (g \circ f) = (h \circ g) \circ f.$$

一个集合 X 到自身的映射称为 X 上的一个**变换**，称 X 上把每一点变为自身的变换为 X 的**恒同变换**，记作 $\mathrm{id}_X: X \to X$.

对一个映射 $f: X \to Y$，如果有映射 $g: Y \to Y$，使得

$$g \circ f = \mathrm{id}_Y: X \to X, \quad f \circ g = \mathrm{id}_Y: Y \to Y,$$

则说 f 是**可逆映射**，称 g 是 f 的逆映射.

如果在映射 $f: X \to Y$ 下 X 的不同点的像一定不同，则称 f 为**单射**，此时，$\forall\ y \in Y$，$f^{-1}(y)$ 或是一点（当 $y \in f(X)$ 时），或为空集（当 y 不在 $f(X)$ 时）.

如果 $f(X) = Y$，即 $\forall\ y \in Y$，$f^{-1}(y)$ 都不是空集，则称 $f: X \to Y$ 是**满射**.

如果 $f: X \to Y$ 既是单射，又是满射，则称 f 为**一一对应**. 此时，$\forall\ y \in Y, f^{-1}(y)$是 X 中的一个点，从而 f^{-1}给出了 Y 到 X 的一个映射，它也是一一对应，并且 $f^{-1} \circ f = \mathrm{id}_X, f \circ f^{-1} = \mathrm{id}_Y$，于是 f 是可逆映射，并且 f 的逆映射是 f^{-1}.

反之，如果 $f: X \to Y$ 是可逆映射，则它是一一对应(见习题 4.1 的第 2 题)，并且它的逆映射就是 f^{-1}.

两个可逆映射的复合也是可逆映射. 设 f, g 都是可逆映射，并且 $g \circ f$ 有意义，则

$$(g \circ f)^{-1} = f^{-1} \circ g^{-1}.$$

(见习题 4.1 的第 3 题.)

一个集合 X 到自身的可逆映射称为 X 上的**可逆变换**. 例如 id_X 就是 X 的一个可逆变换，其逆变换就是它自己.

1.2 平面上的变换群

以后我们主要讨论一张平面的可逆变换. 下面列举常用的平面可逆变换的实例.

平移 取定平行于平面的一个向量 $\boldsymbol{u}$，规定 π 的变换 $P_{\boldsymbol{u}}: \pi \to \pi$ 为：$\forall\ A \in \pi$，令 $P_{\boldsymbol{u}}(A)$是使得 $\overrightarrow{AP_{\boldsymbol{u}}(A)} = \boldsymbol{u}$ 的点. 称 $P_{\boldsymbol{u}}$ 为 π 上的一个**平移**，称向量 $\boldsymbol{u}$ 是 $P_{\boldsymbol{u}}$ 的**平移量**. 不难看出，$P_{\boldsymbol{u}}$ 是 π 的一个可逆变换，并且$(P_{\boldsymbol{u}})^{-1} = P_{-\boldsymbol{u}}$.

旋转 取定 π 上一点 O，取定角 θ. 规定 π 的变换 $r: \pi \to \pi$ 为：$\forall\ A \in \pi$，令 $r(A)$是 A 绕 O 转 θ 角所得的点. 称变换 r 是 π 上的一个**旋转**，称 O 是其**旋转中心**，θ 为**转角**，r 也是可逆变换，r^{-1} 也是以 O 为中心的旋转，转角为$-\theta$.

当 $\theta = 180°$时，称 r 为关于中心 O 点的**中心对称**，此时 $r^{-1} = r$.

反射 取定 π 上的一条直线 l，做 π 的变换 $\eta_l: \pi \to \pi$ 为：$\forall\ A \in \pi, \eta_l(A)$是 A 关于 l 的对称点. 称 η_l 为 π 上的一个**反射**，称 l 是它的**反射轴**. η_l 也是可逆变换，$(\eta_l)^{-1} = \eta_l$.

正压缩 取定 π 上的一条直线 l 和一个正数 k，做 π 的变换

$\xi: \pi \to \pi$ 为：$\forall A \in \pi$，令 $\xi(A)$ 是下列条件决定的点：

(1) $\overrightarrow{P\xi(A)}$ 与 l 垂直；

(2) $\xi(A)$ 到 l 的距离 $d(\xi(A), l) = kd(A, l)$；

(3) $\xi(A)$ 与 A 在 l 的同一侧，

称变换 ξ 为 π 上的一个**正压缩**，称 l 为**压缩轴**，称 k 为**压缩系数**. ξ 也是可逆变换，并且 ξ^{-1} 也是以 l 为压缩轴的压缩变换，压缩系数为 k^{-1}.

压缩系数 $k=1$ 的压缩就是 id，$k>1$ 时实际上是拉伸（距离要增大），$k<1$ 时才是真正通常意义下的压缩. 我们通称压缩，对它们不在称呼上加以区别了.

请注意，上面说的平移、旋转、反射和正压缩等概念是在全平面上定义的，不是指个别点或我们所关心的某个图形上的行为.

定义 4.1 一个集合 G，如果它的元素都是 π 上的可逆变换，并且满足条件：

(1) G 中任何元素的逆也在 G 中；

(2) G 中任何两个元素的复合也在 G 中，

则称 G 是 π 上的一个**变换群**.

例如 π 上的由全体平移构成的集合是一个变换群，因为不难看出，$P_{u'} \circ P_u = P_{u+u'}$，并且 $(P_u)^{-1} = P_{-u}$. 取定一点 $O \in \pi$，则 π 上全体以 O 为旋转中心的旋转构成变换群，两个绕 O 的转角分别为 θ_1, θ_2 的旋转的复合是绕 O 转 $\theta_1 + \theta_2$ 角的旋转. 但全体旋转（中心和转角都任意）不构成变换群，两个不同中心的旋转的复合可能仍为旋转，也可能为平移（见习题 4.1 的第 4 题）. 以上变换群所含变换的个数是无穷多个. 下面再给出几个有限变换群（即包含的元素只有有限个）的例子.

一个反射 η 和 id 构成变换群（只含两个变换）.

取定自然数 n，则以同一点 O 为中心，转角为 $\frac{2\pi}{n}$ 的整数倍的所有旋转构成变换群，它含有 n 个变换，即分别以 $0, \frac{2\pi}{n}, \frac{4\pi}{n}, \cdots,$

$\dfrac{(2n-2)\pi}{n}$为转角的变换.

仅有一个 id 变换也构成变换群,这是最小的变换群,它包含在每个变换群中.

平面 π 的全体可逆变换的集合也构成变换群,它是最大的变换群,任何其他变换群都包含在它里面.

1.3 保距变换

定义 4.2 平面 π 上的一个变换 f 如果满足：对 π 上的任意两点 A,B,总有

$$d(f(A),f(B)) = d(A,B),$$

则称 f 是 π 上的一个**保距变换**.

例如平移、旋转和反射都是保距变换,而压缩系数 $k\neq 1$ 的正压缩则不是保距变换.

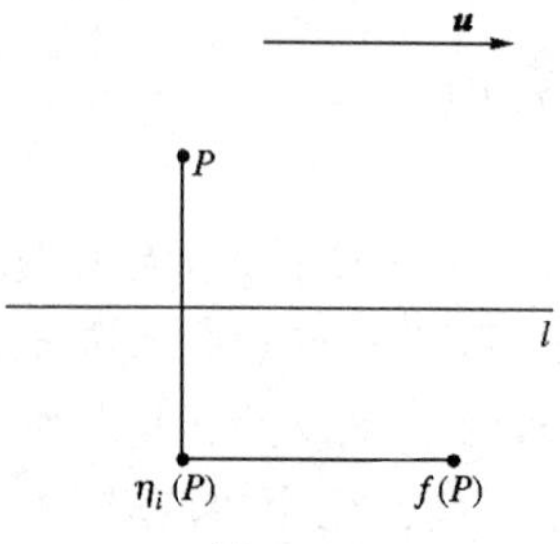

图 4.2

不难看出,两个保距变换的复合仍是保距变换. 下面我们用这个性质构造一个保距变换,它既不是平移、旋转,又不是反射. 取定 π 上一直线 l,一个平行于 l 的非零向量 $\boldsymbol{u}$,作关于 l 的反射 η_l 和平移 $P_{\boldsymbol{u}}$的复合 $f=p_{\boldsymbol{u}}\circ\eta_l$(见图 4.2),则 f 是保距变换,但不是旋转和反射(因为 f 没有不动点,而旋转和反射都有不动点),又不是平移(因为向量 $\overrightarrow{Af(A)}$ 与 A 有关,当 A 在 l 上时, $\overrightarrow{Af(A)}=\boldsymbol{u}$,当 A 不在 l 上时, $\overrightarrow{Af(A)}\neq\boldsymbol{u}$). 我们把这种保距变换称为**滑反射**. 以后我们将说明保距变换不外乎上面提到的 4 种.

命题 4.1 保距变换是可逆变换.

证明 设 f： $\pi\to\pi$ 是保距映射,则当 $A\neq B$ 时,

$$d(f(A),f(B)) = d(A,B) > 0,$$

从而 $f(A)\neq f(B)$，这说明 f 是单射. 还应该说明 f 是满射，即对 π 上任意一点 Q，要说明 $f^{-1}(Q)$ 不是空集.

取定 π 上一个等边三角形 $\triangle ABC$，记 $A'=f(A)$，$B'=f(B)$，$C'=f(C)$，则 $\triangle A'B'C'$ 也是等边三角形，从而 Q 至少和它的两个顶点不共线，不妨设 A'，B' 和 Q 不共线. 此时，可找到两个不同的点 P_1，P_2，使得 $\triangle ABP_i\cong\triangle A'B'Q$，$i=1,2$. 由于 f 是保距的，

$$\triangle A'B'f(P_i)\cong\triangle ABP_i\cong\triangle A'B'Q.$$

由于有公共边的互相全等的三角形只能有两个，而 $f(P_1)$ 和 $f(P_2)$ 是不同点，其中一定有一个为 Q，从而 $f^{-1}(Q)$ 不是空集. ▌

显然保距变换 f 的逆变换 f^{-1} 也是保距变换，于是平面 π 的全体保距变换构成一个变换群，称为**保距变换群**.

1.4 仿射变换

定义 4.3 平面(空间)的一个可逆变换，如果把共线点组变为共线点组，则称为平面(空间)的一个**仿射变换**.

本书只讨论平面的仿射变换，但是平面仿射变换的所有结果对空间仿射映射也都是成立的.

保距变换一定是仿射变换(因为三角形两边之和大于第三边，点组的共线性完全可由距离来确定)；容易验证，正压缩把共线点组变为共线点组，因此也是仿射变换.

一张平面到另一张平面的平行投影也把共线点组变为共线点组，但它不是平面的可逆变换，只是一个可逆映射. 我们把平面间保持点组共线性的可逆映射称**仿射映射**.

从定义容易看出，仿射变换的复合也是仿射变换.

下面我们再介绍几个常见的仿射变换.

位似变换 取定平面 π 上一点 O 和一个不为 0 的实数 λ，规定 π 上的变换 $f:\ \pi\to\pi$ 为：$\forall\ P\in\pi$，令 $f(P)$ 是由等式 $\overrightarrow{Of(P)}=\lambda\overrightarrow{OP}$ 决定的点(见图 4.3). 称 f 是一个位似变换，称 O 为它的**位似中心**，λ 为**位似系数**.

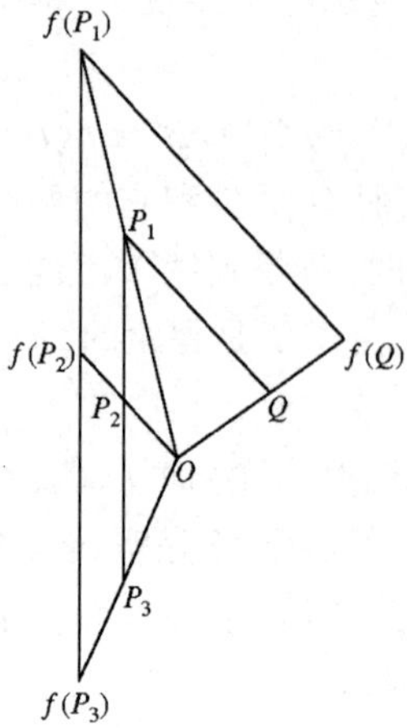

图 4.3

位似系数为 1 的位似变换就是恒同变换，位似系数为 -1 的位似变换就是关于位似中心的中心对称. 显然，两个有相同位似中心 O 的位似变换的复合也是位似变换，位似中心还是 O，位似系数相乘. 于是，如果 f 是位似系数为 λ 的位似变换，记 g 是与 f 有相同位似中心，其位似系数为 λ^{-1} 的位似变换，则

$$g \circ f = \mathrm{id}, \quad f \circ g = \mathrm{id},$$

这说明位似变换是可逆变换. 容易利用相似三角形的性质说明位似变换把共线点组变为共线点组，从而位似变换是仿射变换.

相似变换 平面 π 的一个变换 $f:\ \pi \to \pi$ 称为相似变换，如果存在正数 k，使得对 π 上任意两点 A,B 都有

$$d(f(A),f(B)) = kd(A,B),$$

称 k 为 f 的**相似比**.

位似变换是相似变换，如果位似系数为 λ，则相似比为 $|\lambda|$.

易见两个相似变换的复合也是相似变换，复合的相似比为两个相似比的乘积.

对照保距变换与相似变换的定义，立刻可看出：相似比为 1 的相似变换是保距变换.

利用上面这些性质容易证明，相似变换是一种仿射变换：设 f 是相似比为 k 的相似变换，作一个位似系数为 $\frac{1}{k}$ 的位似变换 g，则 $h=g \circ f$ 是相似比为 1 的相似变换，从而 h 是保距变换，于是 $f=g^{-1} \circ h$，g^{-1} 也是位似变换，从而 g^{-1}，h 都是仿射变换，因此 f 是仿射变换.

错切变换 取定平面 π 上的一条直线 l，并取定 l 的一个单位

法向量 $\boldsymbol{n}$ 以及与 l 平行的一个向量 $\boldsymbol{u}$,规定变换 $f: \pi \to \pi$ 为: $\forall P \in \pi$,令 $f(P)$是满足等式

$$\overrightarrow{Pf(P)} = (\overrightarrow{M_0P} \cdot \boldsymbol{n})\boldsymbol{u}$$

的点, 其中 M_0 是 l 上一点(请注意,内积 $\overrightarrow{M_0P} \cdot \boldsymbol{n}$ 与 M_0 在 l 上的选择无关),称此变换为以 l 为**错切轴**的一个错切变换.

由定义看出,错切轴上的点是不动的;轴外的点作平行于 l 的移动,在 $\boldsymbol{n}$ 所指的一侧的点移动方向与 $\boldsymbol{u}$ 相同,另一侧的点移动方向与 $\boldsymbol{u}$ 相反,移动距离与点到 l 的距离成正比(见图 4.4).

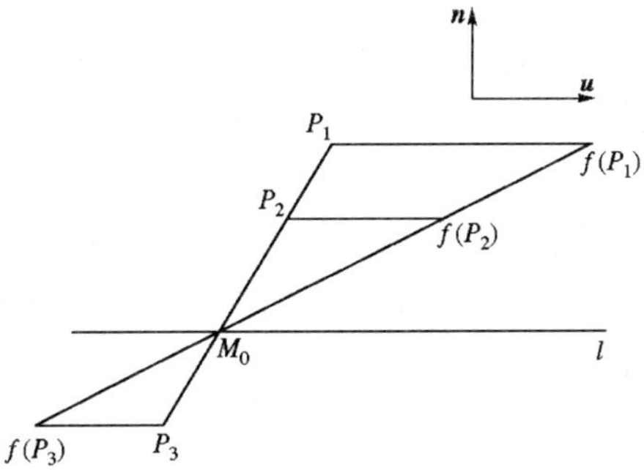

图 4.4

$\boldsymbol{u}=0$ 的错切就是恒同. 两个都以 l 为轴的错切 f_1, f_2 的复合 $f_2 \circ f_1$ 也是以 l 为轴的错切. 如果 $\boldsymbol{n}$ 一样,并且分别由 $\boldsymbol{u}_1, \boldsymbol{u}_2$ 决定,则 $f_2 \circ f_1$ 由 $\boldsymbol{n}$ 和 $\boldsymbol{u}_1+\boldsymbol{u}_2$ 决定(请自己验证). 于是当 $\boldsymbol{u}_1+\boldsymbol{u}_2=0$ 时, $f_2 \circ f_1 = \mathrm{id} = f_1 \circ f_2$,即 f_1, f_2 为一对互逆的可逆变换.

下面说明错切是仿射变换,为此还要说明它把共线点组变为共线点组,只需对三个共线点 P_1, P_2, P_3 来说明. 设它们在直线 l' 上.

如果 $l' /\!/ l$,则由定义看出, $f(P_1), f(P_2), f(P_3)$都仍在 l' 上. 如果 l' 与 l 相交于一点 M_0,不妨设 P_1 不是 M_0. 此时可设

$$\overrightarrow{M_0P_i} = k_i \overrightarrow{M_0P_1} \quad (i=1,2),$$

则

$$\overrightarrow{P_i f(P_i)} = (\overrightarrow{M_0 P_i} \cdot \boldsymbol{n})\boldsymbol{u} = k_i(\overrightarrow{M_0 P_1} \cdot \boldsymbol{n})\boldsymbol{u} = k_i \overrightarrow{P_1 f(P_1)},$$

于是$\triangle M_0 P_i f(P_i)$与$\triangle M_0 P_1 f(P_1)$相似,从而 $M_0, f(P_1), f(P_i)$共线. 于是 $f(P_1), f(P_2), f(P_3)$共线(见图 4.4).

一个自然的问题:平面 π 上的全体仿射变换是否构成变换群?因为仿射变换的复合也是仿射变换,变换群的条件(2)已成立,只用再检查条件(1). 即考察一个仿射变换 f 的逆映射 f^{-1}是不是把共线点组变为共线点组? 下面的命题回答了这个问题.

命题 4.2 在仿射变换下,不共线三点的像也不共线.

证明 设 f 是仿射变换, A,B,C 三点不共线. 用反证法,假如 $f(A),f(B),f(C)$共线,它们在直线 l 上. 则 A,B 决定的直线 l_1 上的每一点的像都在 l 上, A,C 决定的直线 l_2 上的每一点的像也都在 l 上. 又设点 P 不在 $l_1 \cup l_2$ 上,则过 P 可作一条直线 l',它与 l_1, l_2 交于不同的点 D_1, D_2,则 $f(P), f(D_1), f(D_2)$共线,而 $f(D_1), f(D_2)$都在 l 上,从而 $f(P)$也在 l 上. 于是,π 上任何一点的像都在 l 上,即 $f(\pi) \subset l$,这与 f 是可逆变换矛盾. 这个矛盾说明 $f(A),f(B),f(C)$不共线. ▌

设仿射变换 f 的逆 f^{-1}把共线的三点 A',B',C'变为 A,B,C,即

$$f(A') = A, \quad f(B') = B, \quad f(C') = C.$$

命题说明 A,B,C 一定共线. 从而 f^{-1}也是仿射变换. 这样,平面 π 上的全体仿射变换的确构成 π 上的变换群,称**仿射变换群**.

推论 仿射变换把直线变为直线,并保持直线的平行性.

证明 设 l 是两个不同点 A,B 决定的一条直线,仿射变换 f 把 A,B 分别变为 A',B',它们决定直线 l',则 l 上的每一点 P 与 A,B 共线,从而 $f(P)$与 A',B'共线,即在 l'上,于是 $f(l) \subset l'$. 根据命题 4.2,若 $Q \notin l$,则 $f(Q)$与 A',B'不共线,即 $f(Q)$不在 l'上. 于是 $f^{-1}(l') \subset l$. 因为 f 是满的,必有 $f(l) = l'$.

当直线 $l_1 /\!/ l_2$ 时, $l_1 \cap l_2 = \varnothing$,从而 $f(l_1) \cap f(l_2) = \varnothing$,即 $f(l_1) /\!/ f(l_2)$. 当 l_1, l_2 相交于 D 点时, $f(D)$是 $f(l_1), f(l_2)$的交点. ▌

习 题 4.1

1. 如果 f,g 都是平面 π 上的变换，使得 $g\circ f$ 是可逆变换，证明 f 是单一的，g 是满的.

2. 证明：如果 $f: X\to Y$ 是可逆映射，则它是一一对应，并且它的逆映射就是 f^{-1}.

3. 证明：如果 f,g 都是可逆映射，并且 $g\circ f$ 有意义，则 $g\circ f$ 也是可逆映射，并且

$$(g\circ f)^{-1}=f^{-1}\circ g^{-1}.$$

4. 设 r_1,r_2 是两个转角分别为 θ_1,θ_2 的旋转，中心分别为 O_1，O_2，它们不相同.

(1) 如果 $\theta_1+\theta_2=0$（或 360°的整数倍），证明 r_1 与 r_2 的乘积是平移，并求平移量；

(2) 如果 $\theta_1+\theta_2$ 不是 360°的整数倍，证明 r_1 与 r_2 的复合仍为旋转，并求中心和转角.

5. 平面上的两个变换 f,g，如果满足

$$g\circ f=f\circ g,$$

则称它们是可交换的. 下面各对变换是否可交换？

(1) 两个平移；

(2) 中心相同的两个旋转；

(3) 中心不相同的两个旋转；

(4) 一个平移和一个旋转；

(5) 一个反射和一个平移，平移量平行于反射轴；

(6) 一个反射和一个平移，平移量垂直于反射轴.

6. 设 l_1 和 l_2 是平面 π 上的两条不同直线，η_1 和 η_2 分别是以它们为轴的反射，问：$\eta_1\circ\eta_2$ 是什么变换？（就 l_1 和 l_2 平行和不平行两种情形讨论.）

7. 求一个反射和一个平移的乘积，分别讨论：

(1) 平移量平行于反射轴；

(2) 平移量垂直于反射轴；

(3) 一般情形.

8. 设 l 是平面 π 上的一条直线，$O\in l$，记 η 是关于 l 的反射，h 是关于 O 的中心对称.

(1) 说明 $h\circ\eta,\eta\circ h$ 各是什么变换？

(2) 写出包含 h 和 η 的最小的变换群.

9. 设平面 π 上的线段 AB 和 CD 长度相等，请构造 π 上的保距变换，它把 A 变成 B，C 变成 D. 这样的变换有几个？

10. 设平面 π 上给出四个不同点 A,B,C 和 D. 请构造 π 上的相似变换，它把 A 变成 B，C 变成 D. 这样的变换有几个？

11. 证明以直线 l 为轴的一个斜压缩可以分解为以 l 为轴的一个正压缩和以 l 为轴的一个错切的乘积.

斜压缩 取定 π 上的一条直线 l，一个非 0 向量 $\boldsymbol{u}$ 和一个正数 k，作 π 的变换 $\xi:\ \pi\to\pi$ 为：$\forall\ A\in\pi$，令 $\xi(A)$ 是下列条件决定的点：

(1) $\overrightarrow{A\xi(A)}$ 与 $\boldsymbol{u}$ 平行；

(2) $\xi(A)$ 到 l 的距离

$$d(\xi(A),l)=kd(A,l);$$

(3) $\xi(A)$ 与 A 在 l 的同一侧.

称变换 ξ 为 π 上的一个**斜压缩**，称 l 为**压缩轴**，称 $\boldsymbol{u}$ 代表的方向为**压缩方向**，称 k 为**压缩系数**（正压缩和错切都是斜压缩的特殊情形，它们的压缩方向分别垂直和平行于压缩轴）.

§2 仿射变换基本定理

本节我们将对仿射变换作进一步讨论. 主要结果是仿射变换基本定理，从它可推出其他许多性质. 基本定理也是仿射变换的许多应用的基础. 本节的难点和关键是仿射变换决定的向量变换的线性性质.

2.1 仿射变换决定的向量变换

设 $f: \pi \to \pi$ 是平面 π 上的一个仿射变换.

设 $\boldsymbol{\alpha}$ 是平行于 π 的一个向量，则可在 π 上找到点 A,B，使得 $\overrightarrow{AB}=\boldsymbol{\alpha}$，由它们的 f 像 $f(A)$ 和 $f(B)$，得到向量 $\overrightarrow{f(A)f(B)}$. A,B 不是惟一决定的，如果 $C,D\in\pi$ 也使得 $\overrightarrow{CD}=\boldsymbol{\alpha}$，不妨设 C,D 与 A,B 不在同一直线上，则有平行四边形 $ABDC$. 由§1 最后的推论（第 184 页），得

$$\overrightarrow{f(A)f(B)} \parallel \overrightarrow{f(C)f(D)} \quad 和 \quad \overrightarrow{f(A)f(C)} \parallel \overrightarrow{f(B)f(D)},$$

即有平行四边形 $f(A)f(B)f(D)f(C)$. 于是向量

$$\overrightarrow{f(A)f(B)} = \overrightarrow{f(C)f(D)}.$$

于是我们可作出以下定义：

定义 4.3 设 f 是平面 π 上的仿射变换，则对于任何平行于 π 的向量 $\boldsymbol{\alpha}$，规定 $f(\boldsymbol{\alpha})=\overrightarrow{f(A)f(B)}$，这里 A,B 是 π 上的点，使得

$$\overrightarrow{AB}=\boldsymbol{\alpha}.$$

这样，就得到全体平行于 π 的向量集合上的一个变换（它也是可逆变换，请读者自己验证），称它为 f 决定的**向量变换**，仍记作 f.

从定义容易看出：

$$\boldsymbol{\alpha} = 0 \Longleftrightarrow f(\boldsymbol{\alpha}) = 0.$$

定理 4.1 仿射变换决定的向量变换具有线性性质，即

(1) $\forall$ 向量 $\boldsymbol{\alpha},\boldsymbol{\beta}$，

$$f(\boldsymbol{\alpha}\pm\boldsymbol{\beta})=f(\boldsymbol{\alpha})\pm f(\boldsymbol{\beta}); \tag{4.1}$$

(2) $\forall$ 向量 $\boldsymbol{\alpha}$，$\forall\, \lambda\in\boldsymbol{R}$，

$$f(\lambda\boldsymbol{\alpha})=\lambda f(\boldsymbol{\alpha}). \tag{4.2}$$

证明 (1) 取 π 上点 A,B,C，使得 $\overrightarrow{AB}=\boldsymbol{\alpha}$，$\overrightarrow{BC}=\boldsymbol{\beta}$，则 $\overrightarrow{AC}=\boldsymbol{\alpha}+\boldsymbol{\beta}$. 按照定义，

$$f(\boldsymbol{\alpha}) = \overrightarrow{f(A)f(B)}, \quad f(\boldsymbol{\beta}) = \overrightarrow{f(B)f(C)},$$

$$\begin{aligned} f(\boldsymbol{\alpha}+\boldsymbol{\beta}) &= \overrightarrow{f(A)f(C)} = \overrightarrow{f(A)f(B)} + \overrightarrow{f(B)f(C)} \\ &= f(\boldsymbol{\alpha}) + f(\boldsymbol{\beta}), \end{aligned}$$

$$f(\boldsymbol{\alpha}) = f((\boldsymbol{\alpha} - \boldsymbol{\beta}) + \boldsymbol{\beta}) = f(\boldsymbol{\alpha} - \boldsymbol{\beta}) + f(\boldsymbol{\beta}),$$

移项得
$$f(\boldsymbol{\alpha} - \boldsymbol{\beta}) = f(\boldsymbol{\alpha}) - f(\boldsymbol{\beta}).$$

(2) 当 $\boldsymbol{\alpha}=0$ 时，(4.2)两边都是 0,一定成立. 下面设 $\boldsymbol{\alpha}\neq 0$. 如果 λ 是自然数,则可用(1):

$$f(\lambda\boldsymbol{\alpha}) = f(\overbrace{\boldsymbol{\alpha} + \boldsymbol{\alpha} + \cdots + \boldsymbol{\alpha}}^{\lambda个}) = \overbrace{f(\boldsymbol{\alpha}) + f(\boldsymbol{\alpha}) + \cdots + f(\boldsymbol{\alpha})}^{\lambda个}$$
$$= \lambda f(\boldsymbol{\alpha}).$$

如果 λ 是正有理数,并设 $\lambda=n/m$,这里 n,m 都是自然数,则利用对自然数已证的结果,

$$mf(\lambda\boldsymbol{\alpha}) = f(m\lambda\boldsymbol{\alpha}) = f(n\boldsymbol{\alpha}) = nf(\boldsymbol{\alpha}),$$

于是
$$f(\lambda\boldsymbol{\alpha}) = \frac{n}{m}f(\boldsymbol{\alpha}) = \lambda f(\boldsymbol{\alpha}).$$

如果 λ 是负有理数, $\lambda=-n/m$,则

$$f(-\lambda\boldsymbol{\alpha}) = -\lambda f(\boldsymbol{\alpha}).$$

再由

$$f(\lambda\boldsymbol{\alpha}) + f(-\lambda\boldsymbol{\alpha}) = f((\lambda-\lambda)\boldsymbol{\alpha}) = f(0) = 0,$$

得
$$f(\lambda\boldsymbol{\alpha}) = -f(-\lambda\boldsymbol{\alpha}) = \lambda f(\boldsymbol{\alpha}).$$

至此,当 λ 为有理数时,我们已证明等式 $f(\lambda\boldsymbol{\alpha})=\lambda f(\boldsymbol{\alpha})$是成立的. 困难在于(4.2)对于 λ 是无理数的情况,下面用对有理数(4.2)成立和有理数的稠密性来证明它. 先作一些准备.

对任何实数 λ 和 $\boldsymbol{\alpha}\neq 0$,作 $\overrightarrow{AB}=\boldsymbol{\alpha}$, $\overrightarrow{AC}=\lambda\boldsymbol{\alpha}$. 因为 $\lambda\boldsymbol{\alpha} /\!/ \boldsymbol{\alpha}$,所以 A,B,C 共线,从而 $f(A),f(B),f(C)$共线,于是

$$f(\lambda\boldsymbol{\alpha}) = \overrightarrow{f(A)f(C)} /\!/ \overrightarrow{f(A)f(B)} = f(\boldsymbol{\alpha}).$$

又因为 $\boldsymbol{\alpha}\neq 0$,所以有惟一实数 μ,使得 $f(\lambda\boldsymbol{\alpha})=\mu f(\boldsymbol{\alpha})$,这里 μ 是被 λ 和 $\boldsymbol{\alpha}$ 所确定的. 我们所要证的是: 对一切 $\boldsymbol{\alpha}\neq 0$ 和任何 λ,都有 $\mu=\lambda$.

引理 (1) 如果对 $\boldsymbol{\alpha}\neq 0$ 和实数 λ, $f(\lambda\boldsymbol{\alpha})=\mu f(\boldsymbol{\alpha})$,则对任何非零向量 $\boldsymbol{\beta}$,都有 $f(\lambda\boldsymbol{\beta})=\mu f(\boldsymbol{\beta})$(即 μ 与向量 $\boldsymbol{\alpha}$ 无关);

(2) 对任何 $\boldsymbol{\alpha}\neq 0$,如果 $\lambda>0$,则 $\mu>0$.

证明 (1) 如果 $\boldsymbol{\beta}$ 与 $\boldsymbol{\alpha}$ 不共线,作

$$\overrightarrow{AB}=\boldsymbol{\alpha},\quad \overrightarrow{AC}=\boldsymbol{\beta},\quad \overrightarrow{AD}=\lambda\boldsymbol{\alpha},\quad \overrightarrow{AE}=\lambda\boldsymbol{\beta},$$

则 $\overrightarrow{BC}\,/\!/\,\overrightarrow{DE}$. 设 A',B',C',D',E' 依次是 A,B,C,D,E 在 f 下的像点(图 4.5). 则用§1 末的推论(第 184 页), $\overrightarrow{B'C'}\,/\!/\,\overrightarrow{D'E'}$,从而用相似三角形的理论得出

$$(A',B',D')=(A',C',E').$$

于是
$$\frac{f(\lambda\boldsymbol{\beta})}{f(\boldsymbol{\beta})}=\frac{\overrightarrow{A'E'}}{\overrightarrow{A'C'}}=\frac{\overrightarrow{A'D'}}{\overrightarrow{A'B'}}=\frac{f(\lambda\boldsymbol{\alpha})}{f(\boldsymbol{\alpha})}=\mu,$$

即
$$f(\lambda\boldsymbol{\beta})=\mu f(\boldsymbol{\beta}).$$

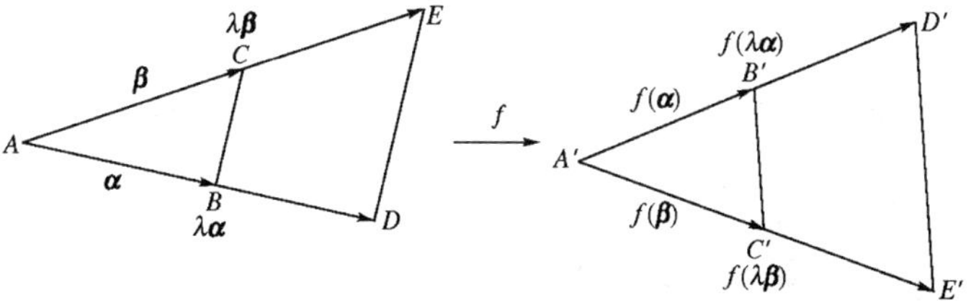

图 4.5

如果 $\boldsymbol{\beta}$ 与 $\boldsymbol{\alpha}$ 共线,先对一个与 $\boldsymbol{\alpha}$ 不共线的向量 $\boldsymbol{\gamma}$ 用上法证明 $f(\lambda\boldsymbol{\gamma})=\mu f(\boldsymbol{\gamma})$,再证明(此时 $\boldsymbol{\beta}$ 与 $\boldsymbol{\gamma}$ 不共线)$f(\lambda\boldsymbol{\beta})=\mu f(\boldsymbol{\beta})$.

(2) 设 $\lambda>0$,假设 $f(\sqrt{\lambda}\boldsymbol{\alpha})=\nu f(\boldsymbol{\alpha})$,则(用(1)的结果)

$$f(\lambda\boldsymbol{\alpha})=f(\sqrt{\lambda}(\sqrt{\lambda}\boldsymbol{\alpha}))=\nu f(\sqrt{\lambda}\boldsymbol{\alpha})=\nu^2 f(\boldsymbol{\alpha}),$$

即
$$\mu=\nu^2>0.$$ ▌

现在对无理数 λ 证明(4.2)成立. 用反证法. 如果

$$f(\lambda\boldsymbol{\alpha})=\mu f(\boldsymbol{\alpha}),\quad \mu\neq\lambda.$$

不妨设 $\mu>\lambda$ ($\lambda>\mu$ 时论证类似,请读者自己完成),由有理数的稠密性,在开区间 (λ,μ) 中一定有有理数 q,则

$$\begin{aligned}f((q-\lambda)\boldsymbol{\alpha})&=f(q\boldsymbol{\alpha}-\lambda\boldsymbol{\alpha})=f(q\boldsymbol{\alpha})-f(\lambda\boldsymbol{\alpha})\\&=qf(\boldsymbol{\alpha})-\mu f(\boldsymbol{\alpha})=(q-\mu)f(\boldsymbol{\alpha}).\end{aligned}$$

这里 $q-\lambda>0$,而 $q-\mu<0$,与引理的(2)矛盾.

至此,定理 4.1 的证明全部完成. ▌

推论 仿射变换保持共线三点的简单比.

证明 设 A,B,C 共线，$(A,B,C)=\lambda$，于是 $\overrightarrow{AB}=\lambda\overrightarrow{BC}$. 设 f 是仿射变换，则

$$\overrightarrow{f(A)f(B)} = f(\overrightarrow{AB}) = \lambda f(\overrightarrow{BC}) = \lambda\overrightarrow{f(B)f(C)},$$

即

$$(f(A),f(B),f(C)) = \lambda. \quad \blacksquare$$

定理 4.1 和推论表明在一个仿射变换下，各点的变化情况相互之间是有很大的牵制关系的. 于是少数点的变化可决定其他点的变化. 例如，当 A 变为 A'，B 变为 B' 时，不仅 AB 直线变为 $A'B'$ 直线，并且线上点的顺序关系、位置关系都保持不变. 线段 AB 变为线段 $A'B'$，AB 的中点变为 $A'B'$ 的中点. 又如 $\triangle ABC$ 变为 $\triangle f(A)f(B)f(C)$，内部变内部，各边变为对应边，且各边中点变为对应边中点，$\triangle ABC$ 的重心变为 $\triangle f(A)f(B)f(C)$ 的重心等等.

2.2 仿射变换基本定理

从仿射变换导出的向量变换的线性性质，容易得到仿射变换的基本定理. 这个定理反应了仿射变换的本质特点.

定理 4.2（仿射变换基本定理） 设 π 是一张平面.

(1) 如果 $f:\ \pi\to\pi$ 是仿射变换，$I=[O;\boldsymbol{e}_1,\boldsymbol{e}_2]$ 是 π 上的一个仿射坐标系，则 $I'=[f(O);f(\boldsymbol{e}_1),f(\boldsymbol{e}_2)]$ 也是 π 的仿射坐标系，并且 $\forall\ P\in\pi$，P 在 I 中的坐标和 $f(P)$ 在 I' 中的坐标相同；

(2) 任取 π 上两个仿射坐标系 $I=[O;\boldsymbol{e}_1,\boldsymbol{e}_2]$ 和 $I'=[O';\boldsymbol{e}_1',\boldsymbol{e}_2']$，规定 $f:\ \pi\to\pi$ 如下：$\forall\ P\in\pi$，设 P 在 I 中的坐标是 (x,y)，令 $f(P)$ 是在 I' 中坐标为 (x,y) 的点，则 f 是仿射变换.

证明 (1) $\boldsymbol{e}_1$ 与 $\boldsymbol{e}_2$ 不共线，则用命题 4.2 和向量变换的定义得出 $f(\boldsymbol{e}_1)$ 与 $f(\boldsymbol{e}_2)$ 不共线，从而 $[f(O);f(\boldsymbol{e}_1),f(\boldsymbol{e}_2)]$ 为仿射坐标系.

设 P 在 I 中的坐标为 (x,y)，则 $\overrightarrow{OP}=x\boldsymbol{e}_1+y\boldsymbol{e}_2$，用定理 4.1，有

$$\overrightarrow{f(O)f(P)} = xf(\boldsymbol{e}_1) + yf(\boldsymbol{e}_2),$$

即 $f(P)$在 I'中的坐标也是(x,y).

(2) 由于在给定坐标系后,点到它的坐标这种对应给出了平面到全体二元有序组集合的一一对应关系,所以规定的变换 f 是可逆变换. 又因为点组的共线性可由它们的坐标(不论是哪个坐标系中的坐标)决定,所以 f 是保持点组的共线性的. 按定义, f 是仿射变换. ▌

定理 4.2 的基本性在于从它可以推出仿射变换的其他性质,它也是仿射变换应用的基础.

在理解基本定理的丰富内涵时请注意下面两点:

1. 基本定理表明了仿射变换的局部决定整体的特征. 定理指出,对 π 上任意两个仿射坐标系 I 和 I',存在惟一仿射变换把 I 变为 I'. 基本定理中(2)说明了存在性,(1)说明了惟一性,即(2)中所规定的仿射变换 f 是把 I 变为 I'的惟一变换.

这个断言也可叙述为: 对于平面 π 上两个不共线点组 A,B,C 和 A',B',C',存在惟一仿射变换把 A 变为 A',B 变为 B',C 变为 C'. 现在我们可以说: 任何三角形都可以看作正三角形在仿射变换下的像. 于是本章开始的那个例子就可以有严密的论证了(请读者自己完成).

2. 定理中对把 I 变为 I'的仿射变换给出了用坐标表达的具体形式,这就是用坐标法研究仿射变换的基础.

下面的内容都是仿射变换基本定理的应用.

2.3 关于保距变换

命题 4.3 如果平面 π 上两个三角形$\triangle ABC$ 和$\triangle A'B'C'$全等,则把$\triangle ABC$ 变为$\triangle A'B'C'$(每个顶点变为对应顶点)的仿射变换是保距变换.

证明 应用基本定理中"惟一性"部分,只用说明存在保距变换把$\triangle ABC$ 对应地变为$\triangle A'B'C'$.

先作平移 p 把 A 变到 A',再以 A'为中心, 作旋转 r 把 $p(B)$

变为 B'(因为 $d(A',p(B))=d(p(A),p(B))=d(A,B)=d(A',B')$,所以这样的 r 存在).此时

$$\triangle A'B'r(p(C)) \cong \triangle A'B'C',$$

于是,或者 $r(p(C))=C'$;或者 $r(p(C))$与 C'关于 $A'B'$直线对称.对于第一种情形,复合变换 $r\circ p$ 把$\triangle ABC$ 变为$\triangle A'B'C'$;对于第二种情形,再规定 η 是以 $A'B'$直线为轴的反射,则 $\eta\circ r\circ p$ 把$\triangle ABC$ 变为$\triangle A'B'C'$.于是把$\triangle ABC$ 变为$\triangle A'B'C'$的仿射变换或为 $r\circ p$,或为 $\eta\circ r\circ p$,它总是保距变换. ▌

推论 任何保距变换都可分解为平移、旋转及反射的复合.

(这从命题 4.3 的证明过程中可以看出.)

2.4 二次曲线在仿射变换下的像

设曲线 Γ 在某个仿射坐标系 I 中有方程 $F(x,y)=0$,在某个仿射变换 f 下,Γ 的像为 $f(\Gamma)$.则 $f(\Gamma)$在坐标系 $I'=f(I)$中有方程 $F(x,y)=0$.反之,如果两条曲线 Γ 和 Γ'分别在仿射坐标系 I 和 I'中的方程都是 $F(x,y)=0$,则把 I 变为 I'的仿射变换把 Γ 变为 Γ'.

把这些结果用到二次曲线上,我们有

命题 4.4 平面 π 上两条二次曲线 Γ 与 Γ'(不是空集)是同类二次曲线的充分必要条件是,存在仿射变换 f,使得

$$f(\Gamma)=\Gamma'.$$

证明 充分性.设 Γ 在 I 中有方程 $F(x,y)=0$,则 Γ'在 $I'=f(I)$中的方程也为 $F(x,y)=0$.由于二次曲线的方程决定它的类型,Γ 与 Γ'一定是同类的.

必要性.根据第三章中的结果,对每条二次曲线(不是空集)都可以找到一个仿射坐标系,使得它有以下 7 种形式之一的方程:

$$x^2+y^2=1,\quad x^2+y^2=0,\quad x^2-y^2=1,\quad x^2-y^2=0,$$

$$x^2=y,\quad x^2=1,\quad x^2=0,$$

并且不同的形式代表了不同的类型.于是当 Γ 与 Γ'同类时,它们

可在不同坐标系中有相同的方程，从而存在仿射变换把 Γ 变为 Γ'. ▍

由于二次曲线的方程还决定(或可求出)其仿射特征，当仿射变换 f 把二次曲线 Γ 变为 Γ' 时，有

(1) Γ 的对称中心(若存在)的 f 像是 Γ' 的对称中心；

(2) 若 $\boldsymbol{u}$ 代表了 Γ 的渐近方向，则 $f(\boldsymbol{u})$ 代表了 Γ' 的渐近方向；

(3) 若 l 是 Γ 的切线，则 $f(l)$ 是 Γ' 的切线；

(4) 若 $\boldsymbol{u}$ 不代表 Γ 的渐近方向，l 是 $\boldsymbol{u}$ 关于 Γ 的共轭直径，则 $f(l)$ 是 $f(\boldsymbol{u})$ 关于 Γ' 的共轭直径；

(5) 若 $\boldsymbol{u}_1,\boldsymbol{u}_2$ 关于 Γ 共轭，则 $f(\boldsymbol{u}_1),f(\boldsymbol{u}_2)$ 关于 Γ' 共轭.

2.5　仿射变换的变积系数

下面讨论在仿射变换下图形面积的变化规律. 仿射变换要改变线段的长度(除非它是保距变换)，从而要改变图形的面积. 线段长度的变化情况与它的方向有关(除非它是相似变换)，而图形面积的变化是受到各方面长度变化的影响，我们要证明：

命题 4.5　在同一仿射变换 $f:\pi\to\pi$ 下，π 上不同的图形(可计面积的)面积的变化率相同，即存在由变换 f 决定的常数 σ，使得任一图形 S 的像 $f(S)$ 的面积是 S 面积的 σ 倍.

这个常数 σ 称为 f 的**变积系数**.

对于一些特殊的仿射变换，命题 4.5 的结论是明显的. 例如当 f 是平移、旋转或反射时，$f(S)$ 与 S 全等，从而 $\sigma=1$，保距变换作为这些变换的复合，也不改变面积.

相似比为 k 的相似变换 f 的 $\sigma=k^2$；压缩系数为 k 的正压缩 f 的 $\sigma=k$.

对于一般的仿射变换，我们来说明它总是可分解为上面这些特殊变换的复合，从而完成命题 4.5 的证明.

引理 1　如果仿射变换 $h:\pi\to\pi$ 把某一个圆周 S^1 变为等半

径的圆周,则 f 是保距变换.

证明 $\forall A,B\in\pi$,可在 S^1 上找到一点 C,使得 $\overrightarrow{AB}/\!/\overrightarrow{OC}$($O$ 是圆心),设 $\overrightarrow{AB}=t\,\overrightarrow{OC}$(图 4.6). 此时由定理 4.1,

$$\overrightarrow{f(A)f(B)}=t\,\overrightarrow{f(O)f(C)},$$

于是

$$d(f(A),f(B))=|t|d(f(O),f(C))=|td(O,C)|=d(A,B),$$

因此 f 是保距变换. ▌

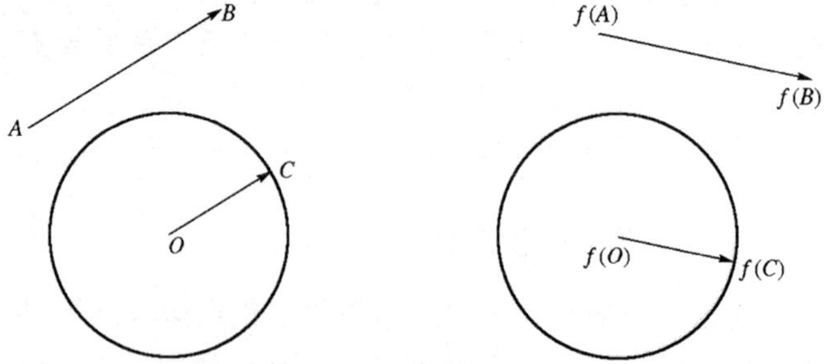

图 4.6

引理 2 每个仿射变换都可分解为一个保距变换和两个正压缩的乘积.

证明 设 $f:\pi\rightarrow\pi$ 是一个仿射变换,取 π 上的一个单位圆周 S^1,则 $f(S^1)$是一个椭圆,设其长短半轴分别为 a 和 b. 作正压缩 ξ_1,ξ_2,它们分别以短轴和长轴为压缩轴,以 a 和 b 为压缩系数,则 $(\xi_1)^{-1}\circ(\xi_2)^{-1}\circ f(S^1)$是一个单位圆周. 根据引理 1,

$$h=(\xi_1)^{-1}\circ(\xi_2)^{-1}\circ f$$

是一个保距变换,于是得到 f 的分解式: $f=\xi_2\circ\xi_1\circ h$. ▌

命题 4.5 的证明 设 f 是一个仿射变换, $f=\xi_2\circ\xi_1\circ h$ 是引理 2 中所说的分解式. 对一个图形 Σ,以 $M(\Sigma)$表示其面积,则

$$\begin{aligned}M(f(\Sigma))&=M(\xi_2\circ\xi_1\circ h(\Sigma))\\&=bM(\xi_1\circ h(\Sigma))\\&=abM(h(\Sigma))=abM(\Sigma),\end{aligned}$$

其中 a,b 是与 Σ 无关的常数，ab 即命题中的常数 σ. ▌

习 题 4.2

1. 证明：如果一个仿射变换 f 满足下列条件之一，则 f 是相似变换.

(1) f 把某一个三角形变为与之相似的三角形；

(2) f 保持角度；　　　　(3) f 保持垂直关系；

(4) 某个圆的 f 像还是圆；

(5) 有两个不平行的向量在 f 作用下它们的长度改变的倍数相同.

2. 如果 A 和 B 是两个不同的点，它们在仿射变换 f 下都不变，证明在直线 AB 上的每个点在 f 下都不变.

3. 如果 l 是仿射变换 f 的一条不变直线(即 $f(l)$和 l 是同一直线)，A 和 B 是不在 l 上的两个不同的点，则 A 和 B 在 l 的同侧的充分必要条件是 $f(A)$和 $f(B)$在 l 的同侧.

4. 设 f 是仿射变换，l 是一条直线，A 和 B 是线外两点. 证明：A 和 B 在 l 的同侧$\Longleftrightarrow f(A)$和 $f(B)$在 $f(l)$的同侧.

5. 设在仿射变换 f 下，直线 l 变为自己($f(l)=l$)，点 A 不在 l 上. 试证明：

(1) 如果向量 $\overrightarrow{Af(A)}\,/\!/\,l$，则 $\forall\ P,\overrightarrow{Pf(P)}\,/\!/\,l$；

(2) 如果 A 和 $f(A)$在 l 的同侧，则 $\forall\ P,P$ 和 $f(P)$在 l 的同侧.

6. 证明：任何仿射变换都可分解为一个相似变换和一个正压缩的乘积.

7. 证明：任何仿射变换 f 都可作分解：$f=g\circ h$，其中 g 为一个相似变换，h 保持一条直线上的每个点都不动.

8. 证明：每个位似变换都可分解为两个正压缩的乘积.

9. 设 Γ 是一条抛物线，点 $P\in\Gamma$，试证明存在仿射变换 f，使得 $f(\Gamma)=\Gamma$，但 $f(P)$是顶点.

10. 设 Γ 是一个椭圆，l 和 l' 是一对共轭直径，试证明存在仿射变换 f，使得 $f(\Gamma)=\Gamma$，但 $f(l)$ 和 $f(l')$ 是两条对称轴.

11. 对于给定的两个梯形，存在仿射变换 f，把其中一个梯形变成另一个梯形的充分必要条件是什么？

12. 用尺规画出下列图形在仿射变换下的像：

(1) 正六边形 $ABCDEF$，已知其中三个顶点的像；

(2) 正五边形 $ABCDE$，已知其中三个顶点的像.

13. 说明保持某一条直线上的每个点都不动的仿射变换或是以此直线为压缩轴的斜压缩，或是一个这样的斜压缩和关于此直线的反射的乘积.

14. 写出下列仿射变换的变积系数：斜压缩、滑反射、错切、相似.

§3 用坐标法研究仿射变换

仿射变换基本定理使得我们能够很方便地用坐标来描绘一个仿射变换，从而可用解析的方法研究仿射变换.

3.1 仿射变换的变换公式

设 $f: \pi\to\pi$ 是一个仿射变换.

取定 π 上的一个仿射坐标系 $I=[O;\boldsymbol{e}_1,\boldsymbol{e}_2]$，我们先来分析一个点 P 的坐标与像点 $f(P)$ 的坐标的关系.

记 $I'=[f(O);f(\boldsymbol{e}_1),f(\boldsymbol{e}_2)]$，设 P 在 I 中的坐标为 (x,y)，则由基本定理知道，$f(P)$ 在 I' 中的坐标也是 (x,y). 于是可通过坐标变换公式来求 $f(P)$ 在 I 中的坐标. 记 I 到 I' 的过渡矩阵为

$$\boldsymbol{A}=\begin{bmatrix} a_{11} & a_{12} \\ a_{21} & a_{22} \end{bmatrix},$$

$f(O)$ 在 I 中的坐标为 (b_1,b_2)，则由第三章中点的坐标变换公式 (3.2b)，$f(P)$ 在 I 中的坐标 (x',y') 为

$$
\begin{cases} x' = a_{11}x + a_{12}y + b_1, \\ y' = a_{21}x + a_{22}y + b_2. \end{cases} \tag{4.3}
$$

称此公式为仿射变换 f 在坐标系 I 中的**点**(坐标的)**变换公式**,称矩阵 $\boldsymbol{A}$ 为 f 在坐标系 I 中的**变换矩阵**.

仿射变换的点变换公式形式上和点的坐标变换公式完全相同(本来前者就是利用后者得来的),但意义不同,它是用点的坐标(出现在右边)求像点的坐标(出现在左边)的关系式.

类似可得仿射变换在坐标系 I 中的**向量**(坐标的)**变换公式**:

$$
\begin{cases} x' = a_{11}x + a_{12}y, \\ y' = a_{21}x + a_{22}y. \end{cases} \tag{4.4}
$$

(4.4)也可用矩阵乘积形式给出

$$
\begin{bmatrix} x' \\ y' \end{bmatrix} = \begin{bmatrix} a_{11} & a_{12} \\ a_{21} & a_{22} \end{bmatrix} \begin{bmatrix} x \\ y \end{bmatrix},
$$

其中(x,y)是一个向量 $\boldsymbol{\alpha}$ 在 I 中的坐标,(x',y')是 $f(\boldsymbol{\alpha})$的坐标.

设一条曲线 Γ 在 I 中的方程为 $F(x,y)=0$,求其像 $f(\Gamma)$的方程的方法为:从公式(4.3)反解出 x,y 用 x',y'表示的函数式,代入 $F(x,y)=0$,就得到 $f(\Gamma)$的方程.

请读者注意,在仿射变换下图形方程的变化规律与在坐标变换下图形方程的变化规律的不同处,并理解其内在联系.在应用中不要混淆.

例 4.1 已知在仿射坐标系 I 中,仿射变换 f 的点变换公式为

$$
\begin{cases} x' = 4x - 3y - 5, \\ y' = 3x - 2y + 2. \end{cases} \tag{4.5}
$$

直线 l 的方程为 $3x+y-1=0$,求 $f(l)$的方程.

解 方法 1. 从变换公式反解出

$$
\begin{cases} x = - 2x' + 3y' - 16, \\ y = - 3x' + 4y' - 23, \end{cases}
$$

代入 l 的方程:

$$3(-2x'+3y'-16)+(-3x'+4y'-23)-1=0,$$

整理后得 $9x'-13y'+72=0$，于是 $f(l)$的方程为

$$9x-13y+72=0.$$

方法 2（待定系数法）. 设 $f(l)$的方程为 $Ax+By+C=0$，用变换公式(4.5)代入得到 l 的方程

$$A(4x-3y-5)+B(3x-2y+2)+C=0.$$

它与 $3x+y-1=0$ 都是 l 的方程，于是

$$\frac{4A+3B}{3}=\frac{-3A-2B}{1}=\frac{-5A+2B+C}{-1}.$$

从上式左边等式解出 $13A+9B=0$，即 $A:B=9:-13$，再用右边的等式求出 $A:C=1:8$. 取 $A=9$，则 $B=-13$，$C=72$，得 $f(l)$的方程：

$$9x-13y+72=0.$$

方法 3. 先求出 l 上一点 $P_1(0,1)$，平行于 l 的一个向量 $\boldsymbol{u}(1,-3)$. 用点变换公式(4.5)，求出 $f(P_1)$的坐标$(-8,0)$，由(4.5)得向量变换公式：

$$\begin{cases}x'=4x-3y-5,\\ y'=3x-2y+2.\end{cases}$$

用它求出 $f(\boldsymbol{u})$的坐标(13,9)，由此写出 $f(l)$的标准方程：

$$\frac{x+8}{13}=\frac{y}{9},$$

其一般方程为：$9x-13y+72=0$.

例 4.2 在仿射坐标系 I 中，仿射变换 f 把直线 $x+y-1=0$ 变为 $2x+y-2=0$，把直线 $x+2y=0$ 变为 $x+y+1=0$，把点(1,1)变(2,3)，求 f 在 I 中的变换公式.

解 方法 1（待定系数法）. 假设所求变换公式为

$$\begin{cases}x'=a_{11}x+a_{12}y+b_1,\\ y'=a_{21}x+a_{22}y+b_2,\end{cases}$$

然后用条件决定其中的 6 个系数 a_{ij} 和 b_i.

由于 f 把直线 $x+y-1=0$ 变为 $2x+y-2=0$,即直线 $2x+y-2=0$ 的原像是 $x+y-1=0$,从而直线

$$2(a_{11}x + a_{12}y + b_1) + (a_{21}x + a_{22}y + b_2) - 2 = 0$$

就是直线 $x+y-1=0$,于是

$$2a_{11} + a_{21} : 2a_{12} + a_{22} : 2b_1 + b_2 - 2 = 1 : 1 : -1,$$

即

$$2a_{11} + a_{21} = 2a_{12} + a_{22}, \qquad ①$$

$$2a_{11} + a_{21} = -(2b_1 + b_2 - 2). \qquad ②$$

类似地,由 f 把直线 $x+2y=0$ 变为 $x+y+1=0$,可得到

$$a_{11} + a_{21} : a_{12} + a_{22} : b_1 + b_2 + 1 = 1 : 2 : 0,$$

即

$$2(a_{11} + a_{21}) = a_{12} + a_{22}, \qquad ③$$

$$b_1 + b_2 + 1 = 0. \qquad ④$$

再由 f 把点(1,1)变(2,3),得到

$$a_{11} + a_{12} + b_1 = 2, \qquad ⑤$$

$$a_{21} + a_{22} + b_2 = 3. \qquad ⑥$$

从上面这 6 个方程解出:

$$a_{11}=3,\quad a_{12}=1,\quad b_1=-2,\quad a_{21}=-1,\quad a_{22}=3,\quad b_2=1,$$

于是所求变换公式为

$$\begin{cases} x' = 3x + y - 2, \\ y' = -x + 3y + 1. \end{cases}$$

这个方法很容易想到(中学课程中常用),但是计算量很大.下面介绍一个简捷的方法.

方法 2. 把点(x,y)经过变换得到的像点的坐标 x',y' 看作 x, y 的函数,用条件来决定变换公式.

直线 $2x+y-2=0$ 的原像是 $x+y-1=0$,从而 $2x'+y'-2=0$ 和 $x+y-1=0$ 是同一条直线的方程,因此存在数 s,使得

$$2x' + y' - 2 = s(x + y - 1).$$

再由 f 把点(1,1)变(2,3),用 $x=1,y=1,x'=2,y'=3$ 代入,求出

$s=5$.

同理,直线 $x+y+1=0$ 的原像是 $x+2y=0$,存在数 t,使得

$$x'+y'+1=t(x+2y).$$

用 $x=1,y=1,x'=2,y'=3$ 代入,得到 $t=2$. 于是得到方程组

$$\begin{cases}2x'+y'-2=5(x+y-1),\\ x'+y'+1=2(x+2y),\end{cases}$$

解之得

$$\begin{cases}x'=3x+y-2,\\ y'=-x+3y+1.\end{cases}$$

3.2 变换矩阵的性质

在变换公式(4.3)和(4.4)中,变换矩阵 $\boldsymbol{A}=\begin{bmatrix}a_{11}&a_{12}\\a_{21}&a_{22}\end{bmatrix}$ 是关键因素,现在来讨论它的几个重要性质. 主要是回答下面两个问题:

问题 1. 已知两个仿射变换在仿射坐标系 I 中的变换矩阵,怎么求它们的乘积的变换矩阵?

问题 2. 已知仿射变换 f 在一个仿射坐标系中的变换矩阵,怎么求 f 在其他仿射坐标系中的变换矩阵?

根据定义,在仿射坐标系 I 中仿射变换 f 的变换矩阵也就是 I 到 $f(I)$ 的过渡矩阵,因此它的两个列向量分别为 I 的坐标向量 $\boldsymbol{e}_1,\boldsymbol{e}_2$ 的像 $f(\boldsymbol{e}_1),f(\boldsymbol{e}_2)$ 在 I 中的坐标.

引理 设 I_1 和 I_2 是平面 π 上的两个仿射坐标系,它们分别被仿射变换 f 变为 I_1' 和 I_2',则 I_1 到 I_2 的过渡矩阵与 I_1' 到 I_2' 的过渡矩阵相同.

证明 设 I_1 到 I_2 的过渡矩阵为

$$\boldsymbol{A}=\begin{bmatrix}a_{11}&a_{12}\\a_{21}&a_{22}\end{bmatrix},$$

I_2 的坐标向量为 $\boldsymbol{e}_1,\boldsymbol{e}_2$,则 (a_{1i},a_{2i}) 是 $\boldsymbol{e}_i$ 在 I_1 中的坐标,根据基本定理, I_2' 的坐标向量 $f(\boldsymbol{e}_i)$ 在 $I_1'=f(I_1)$ 中的坐标也是 (a_{1i},a_{2i}), $i=1,2$. 于是 $\boldsymbol{A}$ 也就是 I_1' 到 I_2' 的过渡矩阵. ▌

推论 仿射变换 f 把坐标系 I 变为 I'，则 f 在 I' 中的变换矩阵就是 f 在 I 中的变换矩阵.

证明 让引理中的 $I_1=I, I_2=I'=f(I)$. 此时

$$I_1' = I', \quad I_2' = f(I').$$

于是 I_1 到 I_2 的过渡矩阵即 f 在 I 中的变换矩阵，I_1' 到 I_2' 的过渡矩阵即 f 在 I' 中的变换矩阵. 由引理，这两个变换矩阵相等. ▌

下面先来回答问题 1.

命题 4.6 如果仿射变换 f, g 在仿射坐标系 I 中的变换矩阵分别为 $\boldsymbol{A}$ 和 $\boldsymbol{B}$，则它们的乘积 $g \circ f$ 在 I 中的变换矩阵为 $\boldsymbol{BA}$.

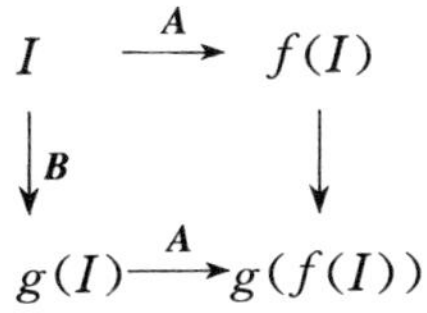

证明 右面的图表画出了 $I, f(I)$, $g(I)$ 和 $g(f(I))$ 这 4 个坐标系，箭头旁标出的是相应的过渡矩阵. 下行 $g(I)$ 到 $g(f(I))$ 的过渡矩阵和上行 I 到 $f(I)$ 的过渡矩阵都是 $\boldsymbol{A}$，这是应用引理(对变换 g)得到的. $g \circ f$ 在 I 中的变换矩阵即坐标系 I 到 $g(f(I))$ 的过渡矩阵，它就是 $\boldsymbol{BA}$. ▌

***注** 为了加深对命题 4.6 的理解，建议读者再采用另两种途径来考察.

(1) 从定义来看，设 $g \circ f$ 在 I 中的矩阵为 $\boldsymbol{C}$，则 $\boldsymbol{C}$ 的第 1 列即 I 的坐标向量 $\boldsymbol{e}_1$ 的像 $g(f(\boldsymbol{e}_1))$ 在 I 中的坐标，用公式(4.4)，$f(\boldsymbol{e}_1)$ 在 I 中的坐标为 $\boldsymbol{A}\begin{bmatrix}1\\0\end{bmatrix}$，因此 $g(f(\boldsymbol{e}_1))$ 在 I 中的坐标为 $\boldsymbol{BA}\begin{bmatrix}1\\0\end{bmatrix}$. 类似地，$\boldsymbol{C}$ 的第 2 列为 $\boldsymbol{BA}\begin{bmatrix}0\\1\end{bmatrix}$，于是

$$\boldsymbol{C} = \left[\boldsymbol{BA}\begin{bmatrix}1\\0\end{bmatrix}, \boldsymbol{BA}\begin{bmatrix}0\\1\end{bmatrix}\right] = \boldsymbol{BA}\begin{bmatrix}1 & 0\\0 & 1\end{bmatrix} = \boldsymbol{BA}.$$

(2) 也可从(4.4)式来看，对向量 $\boldsymbol{u}(x, y)$，$g(f(\boldsymbol{u}))$ 的坐标为 $\boldsymbol{C}\begin{bmatrix}x\\y\end{bmatrix}$. 而 $f(\boldsymbol{u})$ 的坐标为 $\boldsymbol{A}\begin{bmatrix}x\\y\end{bmatrix}$，从而 $g(f(\boldsymbol{u}))$ 的坐标应为 $\boldsymbol{BA}\begin{bmatrix}x\\y\end{bmatrix}$.

于是对任何 $\boldsymbol{u}(x,y)$，

$$\boldsymbol{C}\begin{bmatrix}x\\y\end{bmatrix}=\boldsymbol{BA}\begin{bmatrix}x\\y\end{bmatrix},$$

从而 $\boldsymbol{C}=\boldsymbol{AB}$.

推论 如果仿射变换 f 在仿射坐标系 I 中的变换矩阵为 $\boldsymbol{A}$，则它的逆变换 f^{-1}在 I 中的变换矩阵为 $\boldsymbol{A}^{-1}$.

证明 设 f^{-1}的变换矩阵为 $\boldsymbol{B}$,则 $\boldsymbol{BA}$ 是 $f^{-1}\circ f=\mathrm{id}$ 的变换矩阵. 从定义看，id 的变换矩阵应为单位矩阵,即 $\boldsymbol{BA}=\boldsymbol{E}$, $\boldsymbol{B}=\boldsymbol{A}^{-1}$. ▍

下面的命题回答了问题 2.

命题 4.7 设仿射变换 f 在仿射坐标系 I 中的变换矩阵为 $\boldsymbol{A}$，I 到仿射坐标系 I' 的过渡矩阵为 $\boldsymbol{H}$,则 f 在 I' 中的变换矩阵为 $\boldsymbol{H}^{-1}\boldsymbol{AH}$.

$$\begin{array}{ccc} I & \xrightarrow{\boldsymbol{A}} & f(I) \\ \downarrow{\scriptstyle \boldsymbol{H}} & & \downarrow{\scriptstyle \boldsymbol{H}} \\ I' & \xrightarrow{\boldsymbol{H}^{-1}\boldsymbol{AH}} & f(I') \end{array}$$

证明 把涉及到的坐标系以及它们之间的过渡矩阵用右边 I'的图表画出. 两侧的矩阵相同,这是应用引理而得.

f 在 I'中的变换矩阵就是 I'到 $f(I')$的过渡矩阵. 利用过渡矩阵的性质,从下面的过渡矩阵序列

$$I' \xrightarrow{\boldsymbol{H}^{-1}} I \xrightarrow{\boldsymbol{A}} f(I) \xrightarrow{\boldsymbol{H}} f(I')$$

即可得出结论. ▍

线性代数中称矩阵 $\boldsymbol{A}$ 和 $\boldsymbol{H}^{-1}\boldsymbol{AH}$ 为相似关系. 因此命题 4.7 也就是说,同一个仿射变换在不同坐标系中的变换矩阵相似,并且可用这两个坐标系间的过渡矩阵实现这个相似关系.

推论 一个仿射变换 f 在不同坐标系中的变换矩阵的行列式相等.

(因为相似的矩阵行列式相同：$|\boldsymbol{H}^{-1}\boldsymbol{AH}|=|\boldsymbol{H}^{-1}||\boldsymbol{A}||\boldsymbol{H}|=|\boldsymbol{A}|$.)

仿射变换的变换矩阵的行列式是具有很强几何意义的一个数

量.

设在一个仿射坐标系 $I=[O;\boldsymbol{e}_1,\boldsymbol{e}_2]$ 中,仿射变换 f 的变换矩阵为

$$\boldsymbol{A}=\begin{bmatrix}a_{11} & a_{12}\\ a_{21} & a_{22}\end{bmatrix},$$

则

$$\begin{aligned}f(\boldsymbol{e}_1)\times f(\boldsymbol{e}_2)&=(a_{11}\boldsymbol{e}_1+a_{21}\boldsymbol{e}_2)\times(a_{12}\boldsymbol{e}_1+a_{22}\boldsymbol{e}_2)\\&=(a_{11}a_{22}-a_{12}a_{21})\boldsymbol{e}_1\times\boldsymbol{e}_2=|\boldsymbol{A}|\boldsymbol{e}_1\times\boldsymbol{e}_2.\end{aligned}$$

于是 $|\boldsymbol{A}|$ 的正负性反映了 I 和 $f(I)$ 的定向关系. 如果 $|\boldsymbol{A}|>0$,则 I 和 $f(I)$ 定向相同,此时称 f 是**第一类仿射变换**;如果 $|\boldsymbol{A}|<0$,则 I 和 $f(I)$ 定向不同,此时称 f 是**第二类仿射变换**.

$|\boldsymbol{e}_1\times\boldsymbol{e}_2|$ 和 $|f(\boldsymbol{e}_1)\times f(\boldsymbol{e}_2)|$ 分别是 I 和 $f(I)$ 的两个坐标向量所夹平行四边形 Σ 和 Σ' 的面积. 显然, $\Sigma'=f(\Sigma)$,于是 f 的变积系数

$$\sigma=\frac{|f(\boldsymbol{e}_1)\times f(\boldsymbol{e}_2)|}{|\boldsymbol{e}_1\times\boldsymbol{e}_2|}=\big||\boldsymbol{A}|\big|.$$

即有

命题 4.8 仿射变换的变积系数等于它的变换矩阵的行列式的绝对值.

3.3 仿射变换的不动点和特征向量

设 $f:\ \pi\to\pi$ 是一个仿射变换. 点 $P\in\pi$,如果 P 在 f 下不动,即 $f(P)=P$,就称 P 为 f 的一个**不动点**. 如果非零向量 $\boldsymbol{u}$ 与 $f(\boldsymbol{u})$ 平行,则称 $\boldsymbol{u}$ 为 f 的一个**特征向量**;此时有惟一实数 λ,使得 $f(\boldsymbol{u})=\lambda\boldsymbol{u}$,称 λ 为 $\boldsymbol{u}$ 的**特征值**. 不动点和特征向量都是应用中常见的概念. 下面用坐标法对它们作计算和讨论.

设 f 在仿射坐标系 I 中的点变换公式如(4.3),变换矩阵为

$$\boldsymbol{A}=\begin{bmatrix}a_{11} & a_{12}\\ a_{21} & a_{22}\end{bmatrix}.$$

1. 特征向量与特征值

设非零向量 $\boldsymbol{u}$ 在 I 中的坐标为 (x_0, y_0)，则 $\boldsymbol{u}$ 是 f 的特征向量，并以 λ 为特征值，就是有等式

$$\begin{cases} a_{11}x_0 + a_{12}y_0 = \lambda x_0, \\ a_{21}x_0 + a_{22}y_0 = \lambda y_0, \end{cases}$$

即 (x_0, y_0) 是齐次线性方程组

$$\begin{cases} (a_{11} - \lambda)x + a_{12}y = 0, \\ a_{21}x + (a_{22} - \lambda)y = 0 \end{cases}$$

的非零解，因此 λ 满足

$$\begin{vmatrix} a_{11} - \lambda & a_{12} \\ a_{21} & a_{22} - \lambda \end{vmatrix} = 0.$$

于是可先求出特征值 λ. 这样就得到求特征向量和特征值的如下步骤(参见第三章 §5)：

步骤 1. 先求特征值. 即求下面的二次方程(称为特征方程)

$$\lambda^2 - (a_{11} + a_{22})\lambda + |\boldsymbol{A}| = 0 \qquad (4.6)$$

的解. 此方程的判别式为

$$\Delta = (a_{11} + a_{22})^2 - 4|\boldsymbol{A}|.$$

当 f 是第二类仿射变换时，显然，$\Delta > 0$，因此一定有两个不相等的特征值（它们的乘积为 $|\boldsymbol{A}|$）. 对于 f 是第一类仿射变换的情形，特征值最多有两个(当 $\Delta > 0$ 时，这两个特征值的乘积为 $|\boldsymbol{A}|$)，也可能没有(当 $\Delta < 0$ 时)或只有一个$\left(\text{当 } \Delta = 0 \text{ 时，这个特征值为 } \dfrac{a_{11} + a_{22}}{2}\right)$.

步骤 2. 求特征向量. 对求出的每个特征值 λ，齐次线性方程组

$$\begin{cases} (a_{11} - \lambda)x + a_{12}y = 0, \\ a_{21}x + (a_{22} - \lambda)y = 0 \end{cases} \qquad (4.7)$$

的非零解就是以 λ 为特征值的特征向量.

例 4.3 设 f 是位似变换，位似比为 λ_0，求 f 的特征向量及特

征值.

解 位似变换在任何坐标系中的变换矩阵都是$\begin{bmatrix}\lambda_0 & 0\\ 0 & \lambda_0\end{bmatrix}$(请自己证明),于是(4.6)式化为

$$(\lambda-\lambda_0)^2=0.$$

求出 f 的特征值只有 λ_0 一个.此时(4.7)的两个方程都是 $0=0$,说明任何非零向量都是特征向量.

2. 不动点

f 的不动点在 I 中的坐标是方程组

$$\begin{cases}(a_{11}-1)x+a_{12}y+b_1=0,\\ a_{21}x+(a_{22}-1)y+b_2=0\end{cases} \tag{4.8}$$

的解.于是当行列式

$$\begin{vmatrix}a_{11}-1 & a_{12}\\ a_{21} & a_{22}-1\end{vmatrix}$$

的值不为 0 时(即 1 不是 f 的特征值),f 有一个不动点,否则或者 f 无不动点((4.8)的两个方程矛盾,从而无解),或者 f 有无穷多个不动点((4.8)的两个方程同解).有无穷多不动点又分两种情形:$f=\mathrm{id}$,则每一点都是不动点;或(4.8)的两个方程是同解的一次方程,即 f 的不动点构成一条直线,就是这个一次方程的图像.

3.4 保距变换的变换公式

设 $f:\pi\to\pi$ 是一个保距变换.取 $I=[O;\boldsymbol{e}_1,\boldsymbol{e}_2]$为右手直角坐标系,则 $I'=f(I)$也是直角坐标系.于是 f 在 I 中的变换矩阵 $\boldsymbol{A}$ 是直角坐标系 I 到 I'的过渡矩阵,从而是正交矩阵(参见第三章§1).下面对 f 分两种情形讨论.

情形 1. f 是第一类保距变换,则$|\boldsymbol{A}|=1$.于是 $\boldsymbol{A}$ 有如下形式(参见第三章§1):

$$\boldsymbol{A}=\begin{bmatrix}\cos\theta & -\sin\theta\\ \sin\theta & \cos\theta\end{bmatrix}\quad(0\leqslant\theta<2\pi).$$

如果 $\theta=0$,则 $\boldsymbol{A}=\begin{bmatrix}1&0\\0&1\end{bmatrix}$,$f$ 的点变换公式为

$$\begin{cases}x' = x + b_1,\\ y' = y + b_2,\end{cases}$$

此时 f 是一个平移,平移量为 $\boldsymbol{u}(b_1,b_2)$.

如果 $0<\theta<2\pi$,则

$$\begin{vmatrix}\cos\theta-1 & -\sin\theta\\ \sin\theta & \cos\theta-1\end{vmatrix} = (\cos\theta-1)^2+\sin^2\theta>0,$$

f 有一个不动点 M_0. 在直角坐标系 $I'=[M_0;\boldsymbol{e}_1,\boldsymbol{e}_2]$中,$f$ 的点变换公式为

$$\begin{cases}x' = \cos\theta x - \sin\theta y,\\ y' = \sin\theta x + \cos\theta y,\end{cases}$$

f 是绕 M_0 的旋转,θ 就是转角.

总结以上结果,得到

命题 4.9 平面上第一类保距变换或是旋转,或是平移.

情形 2. f 是第二类保距变换,则 $|\boldsymbol{A}|=-1$. 此时 f 有两个不相等的特征值,它们的乘积为 -1. 设 λ 是 f 的特征值,$\boldsymbol{e}$ 是一个相应的特征向量,即有 $f(\boldsymbol{e})=\lambda\boldsymbol{e}$. 因为 f 是保距变换,$\boldsymbol{e}$ 和 $f(\boldsymbol{e})$长度相等,而 $|f(\boldsymbol{e})|=|\lambda\boldsymbol{e}|=|\lambda|\,|\boldsymbol{e}|$,所以 $|\lambda|=1$. 这样 f 的特征值为 1 和 -1.

取直角坐标系 I,使坐标向量 $\boldsymbol{e}_1$ 是特征值为 1 的特征向量,则 $f(\boldsymbol{e}_1)$在 I 中坐标为(1,0),于是 f 在 I 中的变换矩阵为

$$\boldsymbol{A}=\begin{bmatrix}1 & a_{12}\\ 0 & a_{22}\end{bmatrix}.$$

又因为 $\boldsymbol{A}$ 是正交矩阵,所以 $a_{12}=0$,$a_{22}=-1$ (因为 $|\boldsymbol{A}|=-1$).

于是 f 在 I 中的点变换公式为

$$\begin{cases}x' = x + b_1,\\ y' = -y + b_2.\end{cases}$$

当 $b_1=0$ 时,变换公式为

$$\begin{cases} x' = x, \\ y' = -y + b_2. \end{cases}$$

f 是关于直线 $y=\frac{b_2}{2}$ 的反射(请读者自己验证点(x,y)和像点(x,b_2-y)关于 $y=\frac{b_2}{2}$ 对称).

当 $b_1\neq 0$ 时，f 是上述反射与平移量为 $b_1\boldsymbol{e}_1$ 的一个平移的复合，$b_1\boldsymbol{e}_1$ 与反射轴 $y=\frac{b_2}{2}$ 平行,因此 f 是滑反射.

因而我们已证明

命题 4.10 第二类保距变换或是反射,或是滑反射.

命题 4.9 和 4.10 说明保距变换只有平移、旋转、反射和滑反射共 4 类.这个认识比命题 4.3 的推论进了一步.

思考题

1. 怎么从一个保距变换在某个直角坐标系中的点变换公式来判别它是 4 类中的哪一类？怎样求平移量、转角和反射轴？

2. 如果给出保距变换在一个仿射坐标系中的点变换公式,变换矩阵是否还是正交矩阵？能否从点变换公式判别类型和求平移量、转角和反射轴？

习 题 4.3

1. 证明：在任何仿射坐标系中,位似变换的变换矩阵都是数量矩阵 $k\boldsymbol{E}$,其中 k 是位似系数.反之,如果一个仿射变换在某个仿射坐标系中的变换矩阵是数量矩阵 $k\boldsymbol{E}$,其中 $k\neq 1$,则它一定是位似变换.(思考：为什么要求 $k\neq 1$?)

2. 设 f 是一个斜压缩,建立仿射坐标系 I,它的 x 轴就是压缩轴,y 轴平行于压缩方向,写出 f 在 I 中的变换公式.

3. 证明：在右手直角坐标系中,第一类相似变换的变换矩阵为

$$k\begin{bmatrix} \cos\theta & -\sin\theta \\ \sin\theta & \cos\theta \end{bmatrix},$$

其中 k 是相似系数.

4. 设在一个仿射坐标系 I 中,给出了下列点的坐标:

$$A(-1,0),\ B(0,-1),\ C(-3,1),$$
$$A'(2,1),\ B'(-1,3),\ C'(-2,4).$$

(1) 求把 I 的原点变为 A,点 $(1,0)$ 变为 B,点 $(0,1)$ 变为 C 的仿射变换的变换公式;

(2) 求把 A 变为 A',B 变为 B',C 变为 C' 的仿射变换的变换公式;

(3) 求把 A' 变为 I 的原点,B' 变为点 $(1,0)$,C' 变为点 $(0,1)$ 的仿射变换的变换公式.

5. 设仿射变换 f 在一个仿射坐标系 I 中的变换公式为

$$\begin{cases} x' = x + 2, \\ y' = 3x - y - 1. \end{cases}$$

(1) 求曲面 $x^2-2y+3=0$ 的像的方程;

(2) 求曲面 $x^2+y^2=4$ 的原像的方程.

6. 求把直线 $x=0$ 变为 $3x-2y-3=0$,把 $x-y=0$ 变为 $x-1=0$,把 $y=1$ 变为 $4x-y-9=0$ 的仿射变换的变换公式.

7. 在一个右手直角坐标系 I 中,曲线的方程为 $2xy=a$,把它绕着原点旋转 $45°$,求所得曲线的方程.

8. 对于一个仿射变换 f,如果直线 l 满足 $f(l)=l$,就称 l 为 f 的**不变直线**. 讨论下列仿射变换的不变直线:

(1) 斜压缩;

(2) 平移;

(3) 反射.

9. 如果 l 是仿射变换 f 的一条不变直线,试证明:

(1) 平行于 l 的向量都是 f 的特征向量,并且特征值 λ 相同;

(2) 当 λ 不等于 1 时, l 上有 f 的一个不动点;

(3) 如果 f 有不在 l 上的不动点,则存在过此点的一条直线,它上面的每个点都是 f 的不动点.

10. 证明：如果仿射变换 f 只有一个不动点，则它的每一条不变直线都经过不动点.

11. 已知下列仿射变换在一个仿射坐标系中的变换公式，求它的不变直线：

(1) $\begin{cases} x'=x+2y, \\ y'=4x+3y; \end{cases}$

(2) $\begin{cases} x'=2x+4y-1, \\ y'=3x+3y-3; \end{cases}$

(3) $\begin{cases} x'=4x+3y+1, \\ y'=2x+3y-6. \end{cases}$

12. 在一个仿射坐标系中，仿射变换 f 的变换公式为

$$\begin{cases} x' = 4x + y - 5, \\ y' = 2x + 3y + 2. \end{cases}$$

(1) 求 f 的不动点和特征向量；

(2) 求 f 的变积系数；

(3) 作坐标系，使得原点是不动点，坐标轴平行于特征向量，求 f 在此坐标系中的变换公式.

13. 已知仿射变换 f 的变换公式为

$$\begin{cases} x' = 7x - y + 1, \\ y' = 4x + 2y + 4. \end{cases}$$

(1) 求 f 的不变直线；

(2) 作坐标系，使得两条坐标轴都是不变直线，求 f 在此坐标系中的变换公式.

14. 已知仿射变换 f 在仿射坐标系 I 中的变换公式为

$$\begin{cases} x' = -2x + 3y - 1, \\ y' = 4x - y + 3, \end{cases}$$

仿射坐标系 I' 的原点在 I 中的坐标为(4,5)，两个坐标向量在 I 中的坐标分别为(2,3)和(1,2)，求 f 在 I' 中的变换公式.

15. 已知仿射变换 f 的变换公式为

$$\begin{cases} x' = x\cos\theta - y\,\dfrac{a\sin\theta}{b}, \\ y' = x\,\dfrac{a\sin\theta}{b} + y\cos\theta. \end{cases}$$

(1) 证明椭圆 $\dfrac{x^2}{a^2}+\dfrac{y^2}{b^2}=1$ 在 f 下的像是它自己；

(2) 证明此椭圆上的每一点都不是不动点.

16. 设 $\boldsymbol{u}_1,\boldsymbol{u}_2$ 是仿射变换 f 的两个特征向量，它们的特征值不相等. 证明：

(1) $\boldsymbol{u}_1,\boldsymbol{u}_2$ 不平行；

(2) $\boldsymbol{u}_1+\boldsymbol{u}_2$ 不是特征向量.

17. 判断在右手直角坐标系中，有下列变换公式的保距变换是什么变换，并求出其特征(旋转中心、反射轴线、滑反射轴线和滑动量等)：

(1) $\begin{cases} x'=\dfrac{1}{2}x-\dfrac{\sqrt{3}}{2}y+3, \\ y'=\dfrac{\sqrt{3}}{2}x+\dfrac{1}{2}y-1; \end{cases}$

(2) $\begin{cases} x'=\dfrac{12}{13}x+\dfrac{5}{13}y-1, \\ y'=\dfrac{5}{13}x-\dfrac{12}{13}y+5; \end{cases}$

(3) $\begin{cases} x'=\dfrac{4}{5}x-\dfrac{3}{5}y+2, \\ y'=-\dfrac{3}{5}x-\dfrac{4}{5}y+2. \end{cases}$

18. 写出下列仿射变换的变换公式：

(1) 它把直线 $2x-y=0$ 变为 $x-1=0$，把直线 $x+2y-1=0$ 变为 $y+1=0$，把点 $(0,1)$ 变为点 $(-1,8)$；

(2) 它有两条不变直线

$$3x+2y-1=0 \quad 和 \quad x+2y+1=0,$$

并且把原点变为点 $(1,1)$；

(3) 有不变直线 $x-y-1=0$,并且把直线 $5x+y+6=0$ 变成 $x+y+4=0$,把(1,1)点变成(−11,−5).

19. 设 f 是平面的一个第二类仿射变换,没有不动点,变积系数为 3. 一个仿射坐标系 I 的坐标向量 $\boldsymbol{e}_1$ 是 f 的特征向量,其特征值为 1.

(1) 求 f 在 I 中的变换公式的一般形式;

(2) 求 f 的不变直线在 I 中的方程.

§4 图形的仿射分类与仿射性质

仿射变换不仅是研究图形的仿射性质的得力工具,它还使我们在理论上加深了对图形的几何性质的认识,也提高了对几何学科的认识,从而推动了几何学研究的发展. 本节将作一些理论上的概括.

4.1 平面上的几何图形的仿射分类和度量分类

定义 4.4 设 Γ 和 Γ' 是平面 π 上的两个几何图形,如果存在一个仿射变换 $f: \pi\to\pi$,使得

$$f(\Gamma)=\Gamma',$$

则称 Γ 和 Γ' 是**仿射等价**的;如果存在一个保距变换 $f: \pi\to\pi$,使得

$$f(\Gamma)=\Gamma',$$

则称 Γ 和 Γ' 是**度量等价**的.

度量等价也就是几何图形全等. 两个图形度量等价,则它们也一定仿射等价. 反过来,仿射等价则不一定度量等价.

例如任何两个三角形都是仿射等价的,但只当它们全等时才度量等价. 又如任何两条线段都是仿射等价的,但只当它们等长时才度量等价.

同一个方程在不同仿射坐标系中的图形是仿射等价的. 事实上,如果 Γ 和 Γ' 分别是同一个方程在仿射坐标系 I 和 I' 中的图形,则把 I 变为 I' 的仿射变换 f 满足

$$f(\Gamma) = \Gamma'.$$

类似地,同一个方程在不同直角坐标系中的图形是度量等价的.

仿射等价和度量等价都是平面上的几何图形的集合中的一个**"等价关系"**,即它满足下列三个性质(可以利用全体仿射(保距)变换构成变换群,以及群的性质来进行验证,请读者自己完成):

(1) **自反性**. 即任何图形和自己仿射(度量)等价.

(2) **对称性**. 即如果图形 Γ 和 Γ' 仿射(度量)等价,则 Γ' 和 Γ 也仿射(度量)等价.

(3) **传递性**. 即如果 Γ 和 Γ' 仿射(度量)等价, Γ' 和 Γ'' 仿射(度量)等价,则 Γ 和 Γ'' 也仿射(度量)等价.

于是,利用这两个等价关系,我们可对平面上的几何图形的集合进行分类. 把互相仿射等价的图形分归同一类,于是平面上的全体几何图形分解为许多类,这些类称为**仿射等价类**. 用度量等价关系则把平面上的全体几何图形分解为许多**度量等价类**. 比较这两种分类,前者粗,后者细. 每个度量等价类都包含在一个仿射等价类中;反之,每个仿射等价类都由许多度量等价类构成.

全体三角形构成一个仿射等价类,它包含了无穷多个度量等价类,每个都由互相全等的三角形构成. 全体椭圆构成仿射等价类,它也包含了无穷多个度量等价类;对每一对取定的正数 $a \geqslant b$,平面上全体长半轴为 a,短半轴为 b 的椭圆构成一个度量等价类. 全体平行四边形也构成一个仿射等价类;全体双曲线,全体抛物线都各自构成一个仿射等价类.

图像不是空集的二次曲线分为 7 个仿射等价类,除去上面说到的三类圆锥曲线,还有: {一对相交直线}, {一对平行直线}, {一条直线}, {一个点}.

4.2 仿射概念与仿射性质

几何学中有些概念是在仿射变换下不会改变的,我们把这种概念称为**仿射概念**.如点的共线性、直线的平行和相交概念,三个共线点的简单比、线段的中点,以及三角形、平行四边形、梯形、椭圆、抛物线、双曲线等等,都是仿射概念;长度、角度、面积、垂直,以及等腰三角形、正三角形、直角三角形、圆等都不是仿射概念.对于三角形来说,各边的中线和重心是仿射概念;角平分线,一条边上的高,以及垂心、内心、外心等都不是仿射概念.对于二次曲线,其中心、共轭、切线、渐近线等等都是仿射概念;对称轴、顶点都不是仿射概念.

类似地,把在保距变换下不会改变的概念称为**度量概念**.因为保距变换是特殊的仿射变换,所以所有仿射概念都是度量概念.长度,角度,面积,垂直,三角形的角平分线及其高、垂心、内心、外心,等腰三角形,正三角形,直角三角形,圆,以及二次曲线的对称轴、顶点都是度量概念.于是度量概念是一个大的范畴,而仿射概念只是其中的一部分.

几何图形的某种性质如果是用仿射概念刻画的,从而在仿射变换中保持不变,就称为**仿射性质**.仿射性质是一个仿射等价类中的所有图形所共同具有的性质.某种性质如果是用度量概念刻画的,从而在保距变换中保持不变,就称为**度量性质**.于是仿射性质也是度量性质.度量性质是一个更大的范畴,而仿射性质只是其中的一部分.

例如直线的平行或相交,点的共线,三角形的三条中线交于一点,平行四边形对角线互相平分等等都是仿射性质.三角形的三条高交于一点不是仿射性质,只能算作度量性质,尽管全体三角形构成的仿射等价类中的所有图形(三角形)都具有此性质,但是它是用高(不是仿射概念!)来刻画的.

欧几里得几何学中所提到的几何概念都是(除了位置和定向外)都是度量概念,所研究的图形性质都是度量性质.

本章前面已经说明,把仿射性质从度量性质中区别出来,不仅是理论上的发展,也带来了研究仿射性质(概念)的方法上的创新:

要研究一个图形是否具有某种仿射性质，只要在此图形所在的仿射等价类中找一个特殊的图形来研究. 例如要讨论三角形的仿射性质，只要对正三角形进行；要讨论椭圆的仿射性质，只要对圆进行. 下面是这种应用的两个例子，先用上述思想解决本章前言中的问题.

例 4.3 在$\triangle ABC$的三边上各取点D,E,F，使得简单比

$$(A,B,D)=(B,C,E)=(C,A,F),$$

证明$\triangle DEF$的重心和$\triangle ABC$的重心重合.

证明 设$\triangle A'B'C'$是正三角形，在它的三边上各取点D',E',F'，使得简单比

$$\begin{aligned}(A',B',D')=(B',C',E')=(C',A',F')&=(A,B,D)\\&=(B,C,E)=(C,A,F),\end{aligned}$$

则存在仿射变换，它把A',B',C',D',E',F'各点依次变为A,B,C,D,E,F. 由于仿射变换保持三角形的重心，只须证明$\triangle D'E'F'$的重心和$\triangle A'B'C'$的重心重合.

绕$\triangle A'B'C'$的重心O、转角为$120°$作旋转，把D变为E，E变为F，F变为D. 于是$\triangle DEF$也是正三角形，并且重心也是O. 这样就证明了$\triangle D'E'F'$的重心和$\triangle A'B'C'$的重心重合.

例 4.4 试证明：椭圆上存在内接三角形，使得椭圆在其每个顶点处的切线都平行于它的对边；并且，当取定椭圆上的一点时，以它为顶点的这样的三角形只有一个.

证明 由于所说的性质是仿射性质，我们只须对圆进行证明. 在圆上，这样的三角形就是正三角形，其存在性和惟一性都是显然的.

*4.3 几何学的分类

几何概念和几何性质的分类的思想对于几何学的发展是起了重要作用的. 1872 年，德国数学家克莱因(F. Klein)在埃尔朗根大学的教授就职演讲中，综观当时几何学蓬勃发展的情况，报告了题

为《关于近代几何研究的比较》的论文.在他的论文中,突出了变换群在几何学中的地位,他用变换群的观点对当时已经出现的所有几何学进行分类,提出:每一种几何研究的都是图形在某个特定变换群之下的不变性质.

按照克莱因的观点,研究图形在仿射变换群之下的不变性质的几何称为仿射几何.换句话说,仿射几何是研究图形的仿射性质的几何.研究几何图形在保距变换群之下的不变性质(即度量性质)的几何称为度量几何,也就是欧氏几何.

克莱因的思想突出了变换群在几何学中的地位,后来被称为埃尔朗根纲领.它虽然不完全适用于以后几何学的发展情况,但是在几何学的发展历史上确实起到了重要的指导作用.

习 题 4.4

1. 设点 D,E,F 依次在$\triangle ABC$ 的边 AB,BC,CA 上,M,N,P 依次在$\triangle DEF$ 的边 DE,EF,FD 上,使得简单比

$$(A,B,D)=(B,C,E)=(C,A,F)=(E,D,M)=(F,E,N)=(D,F,P)$$

(见图 4.7).证明存在以$\triangle ABC$的重心为中心的位似变换,它把$\triangle ABC$ 对应地变为$\triangle PMN$.

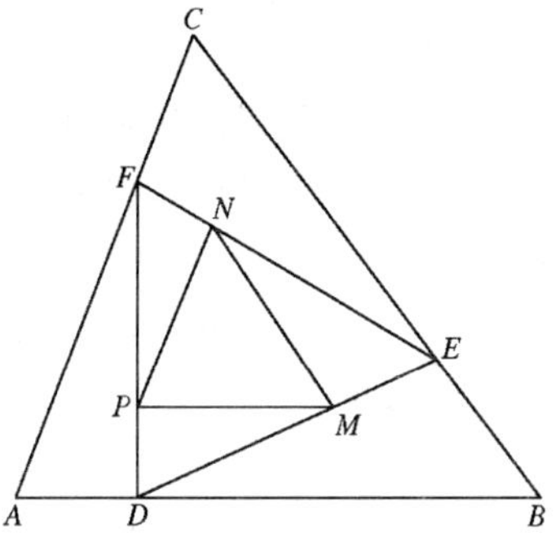

图 4.7

2. 设 $ABCD$ 是一个椭圆的外切平行四边形,证明直线 AC 和 BD 是这个椭圆的一对共轭直径.

3. 设 $ABCD$ 是一个椭圆的内接平行四边形,证明向量 $\overrightarrow{AB}$ 和 $\overrightarrow{BC}$ 所代表的方向关于此椭圆相互共轭.

4. 设一条双曲线和平行四边形 $ABCD$ 各边所在的直线都相切,证明直线 AC 和 BD 是此双曲线的一对共轭直径.

5. 证明：椭圆的每一对共轭直径都把椭圆分割成面积相等的 4 块.

6. 证明：以椭圆的每一对共轭半径为边的平行四边形的面积都等于 ab(a 和 b 分别是椭圆的长半轴和短半轴).

7. 证明：在椭圆的所有内接平行四边形中,当对角线在一对共轭直径上时,面积达到最大值 $2ab$(a 和 b 同上题).

8. 在椭圆的所有外切平行四边形中,面积的最小值为多少?什么情况达到?

9. 证明梯形 $ABCD$($AB /\!/ CD$,且 AB 比 CD 长)有外接椭圆,使得它的中心就是 AB 的中点?

10. 设 A,B 是抛物线上的两点,过 A,B 的抛物线的两条切线相交于 C 点. 又设 D 是 AB 的中点. 证明 CD 平行于抛物线的对称轴.

11. 设点 D,E,F 依次在$\triangle ABC$ 的边 AB,BC,CA 上. 证明：存在$\triangle ABC$ 内切椭圆,使得其切点就是 D,E,F 的充分必要条件是

$$(A,B,D)(B,C,E)(C,A,F)=1.$$

12. 证明任何四边形都有内切椭圆.

13. (1) 证明双曲线上的任一切线夹在两条渐近线间的线段被切点等分;

(2) 该线段和两条渐近线所夹的三角形的面积是和此切线无关的常数.

*§5　空间的仿射变换与保距变换简介

仿照平面上的做法,可以在空间引进仿射变换和保距变换,其定义方式、性质以及论证的路线与平面的情形几乎是一样的. 与平面情形的不同也只是“量变”,推理过程中不会遇到实质性的困难. 因此下面只给出定义和主要的结论及其理论展开的思路,有兴趣的读者可以循着这条思路自己来补充论证的细节.

5.1 定义和线性性质

空间 E^3 上的保持距离不变的变换称为空间的**保距变换**.

空间的保距变换一定是可逆变换,并且它的逆变换也是保距变换.空间的所有保距变换构成空间的一个变换群,称为**空间保距变换群**.

空间 E^3 上的一个可逆变换如果把任何共线点组都变成共线点组,则称为空间的一个**仿射变换**.

如果 $f: E^3 \to E^3$ 是空间仿射变换,则不共线点组在 f 下的像也是不共线点组,从而 f 的逆变换 f^{-1} 也是仿射变换.于是,空间的所有仿射变换也构成空间的一个变换群,称为**空间仿射变换群**.

在一个空间仿射变换下,每一条直线的像都是直线;每张平面的像都是平面.空间仿射变换还保持直线和平面的平行(相交)性.

5.2 空间仿射变换导出空间向量的线性变换

设 $f: E^3 \to E^3$ 是空间仿射变换,对于任一空间向量 $\boldsymbol{\alpha}$,取定有向线段 $\overrightarrow{AB}=\boldsymbol{\alpha}$,规定 $\boldsymbol{\alpha}$ 在 f 下的像 $f(\boldsymbol{\alpha})=\overrightarrow{f(A)f(B)}$,这样的规定与有向线段 $\overrightarrow{AB}$ 的选择是无关的.

空间仿射变换 f 导出空间向量的变换具有线性性质,即满足:

(1) 对于任何向量 $\boldsymbol{\alpha}$ 和 $\boldsymbol{\beta}$, $f(\boldsymbol{\alpha}+\boldsymbol{\beta})=f(\boldsymbol{\alpha})+f(\boldsymbol{\beta})$;

(2) 对于任何向量 $\boldsymbol{\alpha}$ 和实数 k,

$$f(k\boldsymbol{\alpha}) = kf(\boldsymbol{\alpha}).$$

由此可推出,空间仿射变换把线段变为线段,并且保持共线三点的简单比.

5.3 空间仿射变换基本定理

空间仿射变换有平面仿射变换类似的基本定理.

定理 4.3 (1) 如果 $f: E^3 \to E^3$ 是一个仿射变换, $I=[O;$

$\boldsymbol{e}_1,\boldsymbol{e}_2,\boldsymbol{e}_3$]是一个仿射坐标系,则

$$f(I)=[f(O);f(\boldsymbol{e}_1),f(\boldsymbol{e}_2),f(\boldsymbol{e}_3)]$$

也是一个仿射变换,并且对于任何点 P,P 在 I 中的坐标和 $f(P)$ 在 $f(I)$中的坐标相同.

(2) 对任意给定的两个空间仿射坐标系 $I=[O;\boldsymbol{e}_1,\boldsymbol{e}_2,\boldsymbol{e}_3]$和 $I'=[O';\boldsymbol{e}_1',\boldsymbol{e}_2',\boldsymbol{e}_3']$,规定变换 $f: E^3\to E^3$ 为: $\forall P\in E^3$,$f(P)$是在 I'中的坐标和 P 在 I 中的坐标相同的点,则 f 是仿射变换.

这个定理的意义也和定理 4.2 类似:

(1) 它说明对任意给定的两个空间仿射坐标系 I 和 I',把 I 变为 I'的仿射变换是**存在**并且**惟一**的.

于是,空间两个不共面有序点组 A,B,C,D 和 A',B',C',D' 决定惟一空间仿射变换 f,使得 f 把 A,B,C,D 依次变为 A',B',C',D'.

(2) 把 I 变为 I'的仿射变换 $f: E^3\to E^3$ 满足: $\forall P\in E^3$, $f(P)$是在 I'中的坐标和 P 在 I 中的坐标相同的点.

推论 1 (1) 对任意给定两个空间直角坐标系 I 和 I',把 I 变为 I'的仿射变换是保距变换;

(2) 如果空间仿射变换把四面体 $ABCD$ 变为四面体 $A'B'C'D'$,并且这两个四面体的对应棱的长度都相等,则它是保距变换.

推论 2 如果空间仿射变换 f 把 I 变为 I',图形 Γ 在坐标系 I 中有方程

$$F(x,y,z)=0,$$

则 Γ 的像 $f(\Gamma)$在坐标系 I'中有方程

$$F(x',y',z')=0.$$

用基本定理还可以证明

命题 4.11 每个空间仿射变换 f 都决定一个常数 σ(也称为变积系数),使得对空间中每个可以计算体积的图形 Γ,其体积 $V(\Gamma)$和它的像 $f(\Gamma)$的体积 $V(f(\Gamma))$之间有关系式

$$V(f(\Gamma)) = \sigma V(\Gamma).$$

5.4 在规定的坐标系中空间仿射变换的变换公式

设 f 是空间仿射变换，它把仿射坐标系 $I=[O;\boldsymbol{e}_1,\boldsymbol{e}_2,\boldsymbol{e}_3]$变为 $I'=[O';\boldsymbol{e}_1',\boldsymbol{e}_2',\boldsymbol{e}_3']$. 把 I 到 I'的过渡矩阵 $\boldsymbol{H}$ 称为 f 在 I 中的**变换矩阵**.

设

$$\boldsymbol{H} = \begin{bmatrix} h_{11} & h_{12} & h_{13} \\ h_{21} & h_{22} & h_{23} \\ h_{31} & h_{32} & h_{33} \end{bmatrix},$$

则它的 3 个列向量分别是 $\boldsymbol{e}_1',\boldsymbol{e}_2',\boldsymbol{e}_3'$ 在 I 中的坐标. 设向量 $\boldsymbol{\alpha}$ 在 I 中的坐标为(x,y,z)，$f(\boldsymbol{\alpha})$在 I 中的坐标为(x',y',z')，则

$$\begin{cases} x' = h_{11}x + h_{12}y + h_{13}z, \\ y' = h_{21}x + h_{22}y + h_{23}z, \\ z' = h_{31}x + h_{32}y + h_{33}z, \end{cases}$$

称此公式为 f 在 I 中的**向量变换公式**.

设 O'在 I 中的坐标为(b_1,b_2,b_3)，点 P 和 $f(P)$在 I 中的坐标分别为(x,y,z)和(x',y',z')，则

$$\begin{cases} x' = h_{11}x + h_{12}y + h_{13}z + b_1, \\ y' = h_{21}x + h_{22}y + h_{23}z + b_2, \\ z' = h_{31}x + h_{32}y + h_{33}z + b_3, \end{cases}$$

称此公式为 f 在 I 中的**点变换公式**.

空间仿射变换的变换矩阵也有平面情形的全部性质(命题 4.6～命题 4.7).

和平面情形一样，空间仿射变换也分为两类，变换矩阵行列式大于 0 时称为第一类的(即保持定向的)，变换矩阵行列式小于 0 时称为第二类的(即改变定向的).

变换矩阵行列式的绝对值就是 f 的变积系数 σ.

5.5 不动点和特征向量

和平面仿射变换一样，空间仿射变换也可规定不动点和特征向量. 设 $f: E^3 \to E^3$ 是空间仿射变换. 点 $P \in E^3$ 如果在 f 下不动，即 $f(P)=P$，就称 P 为 f 的一个**不动点**. 如果非零向量 $\boldsymbol{u}$ 与 $f(\boldsymbol{u})$ 平行，则称 $\boldsymbol{u}$ 为 f 的一个**特征向量**；此时有惟一实数 λ，使得 $f(\boldsymbol{u})=\lambda\boldsymbol{u}$，称 λ 为 $\boldsymbol{u}$ 的**特征值**.

和平面情形不同的是：空间仿射变换一定有特征向量(相当于代数中的结论：三阶实矩阵一定有实特征值).

5.6 空间的刚体运动

在一个空间直角坐标系中，仿射变换是保距变换的充分必要条件是，它的变换矩阵是正交矩阵.

空间的第一类保距变换称为刚体运动，它在力学中很有用. 例如平移、绕某条轴线旋转都是刚体运动.

命题 4.12 如果空间第一类保距变换 f 有不动点，则 f 是一个旋转.

证明 首先，如果 f 有不动直线，则 f 是一个旋转(留作习题). 下面证明 f 有不动直线.

作空间直角坐标系，使得其原点是不动点，则 f 的变换矩阵 $\boldsymbol{H}$ 是正交矩阵，并且 $|\boldsymbol{H}|=1$. f 的不动点的坐标是以 $\boldsymbol{H}-\boldsymbol{E}$ 为系数矩阵的齐次线性方程组

$$(\boldsymbol{H}-\boldsymbol{E})\boldsymbol{X}=0$$

的解，因为 $(\boldsymbol{H}-\boldsymbol{E})\boldsymbol{H}^{\mathrm{T}}=\boldsymbol{E}-\boldsymbol{H}^{\mathrm{T}}$，两边取行列式，得到

$$|\boldsymbol{H}-\boldsymbol{E}|=|\boldsymbol{E}-\boldsymbol{H}^{\mathrm{T}}|=-|\boldsymbol{H}-\boldsymbol{E}|,$$

于是 $|\boldsymbol{H}-\boldsymbol{E}|=0$，从而方程组有非零解. 于是 f 的不动点不止一个，从而 f 有不动直线. ▎

注 也可用几何方法证明，一个可行的证明思路如下：

(1) 证明如果空间第一类保距变换 f 有一条不动直线，则 f 是一个旋转；

(2) 两个转轴相交的旋转的复合是旋转；

(3) 每个有不动点的空间第一类保距变换可分解为两个转轴相交的旋转的复合.

从命题可推出，空间第一类保距变换只有三种情形：平移、旋转，以及它们的复合.

习　题　4.5

1. 设不共线点组 A,B,C 都是空间仿射变换 f 的不动点，证明 A,B,C 所决定的平面上的每一点都是 f 的不动点.

2. 设 f 是空间仿射变换，π 是一张平面，点 A,B 不在 π 上. 试证明：

(1) 如果向量 $\overrightarrow{AB} /\!/ \pi$，则 $\overrightarrow{f(A)f(B)} /\!/ f(\pi)$；

(2) 如果 A 和 B 在 π 的同侧，则 $f(A),f(B)$ 在 $f(\pi)$ 的同侧.

3. 已知保距变换 f 有不动直线 l. 证明：

(1) 如果 f 是第一类的，则 f 是一个旋转；

(2) 如果 f 是第二类的，则存在一张过 l 的平面，它的每一点都是不动点.

4. 证明：从椭球面外的一点向椭球面所作的所有切线的切点在同一平面上.

第五章　射影几何学初步

射影几何学是几何学的一个古老的分支,它的起源可追溯到公元前.基于绘图学和建筑学的需要,古希腊的几何学家就开始研究透视图法.17世纪起,德扎格、帕斯卡等把透视图法加以推广和发展,从而奠定了射影几何的基础.但是直到19世纪,射影几何才真正形成体系,成为一个独立的几何分支.在近代,射影几何在微分几何、代数几何等许多数学领域中有着广泛的应用,它仍是一门重要而内容丰富的几何分支.

本章是射影几何学的初步介绍,将给出射影平面、射影变换、射影坐标系、交比等最基本的概念以及二次曲线的射影理论.我们着重从几何学分类的角度来观察和分析,并把本章内容看作前几章(尤其是上一章)的延伸,从而和前面几章融合为一个整体.

比起前面几章,本章的内容要抽象得多.为此,我们在介绍其理论的同时,将着意地安排许多有趣的例子,让读者看到射影几何学作为一种新方法的应用价值,从而提高学习其理论的愿望和兴趣.

本章的前面一半介绍射影平面的定义和交比,它们都是射影几何学中所特有的基本概念.后面一半的结构大致上可和仿射几何学相类比,分别介绍射影坐标系、射影坐标变换,以及射影变换等概念.最后我们将用射影理论来讨论二次曲线,给出二次曲线更加完美的理论.

§1　中心投影

在第四章中,我们从几何图形度量性质中分划出了“仿射性质”,它们就是仿射几何学的研究内容,可以用仿射变换来研究.现在我们又要从仿射性质中分划出称为“射影性质”的部分,它们就是射影几何学的研究内容.射影性质是只和点的共线性、线的共点性等概念有关的性质.读者可以从下面几个著名定理来了解这类性质.

定理 5.1 (德扎格(Desarques)定理) 如果两个三角形的对应顶点的连线(有三条)交于一点,则它们的对应边的交点(有三个)共线(图 5.1).

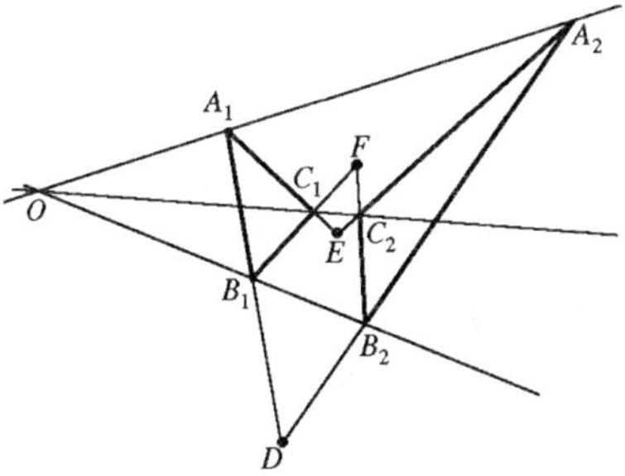

图 5.1

在这个定理中,条件只涉及线的共点性,结论又只涉及点的共线性.又如:

定理 5.2 (帕普斯(Pappers)定理) 设 A,B,C 和 A',B',C' 都是共线点组,并设 M 是直线 AB' 和 $A'B$ 的交点,N 是直线 AC' 和 $A'C$ 的交点,P 是直线 BC' 和 $B'C$ 的交点,则 M,N,P 共线(图 5.2).

这个定理也只涉及两条直线的交点、两个点的连线,以及共线、共点等等概念.

在至今所学的几何知识来看,这类问题是难题,不仅距离和夹角等度量工具用不上,就是平行、简单比等仿射工具也用不上.可以建立适当的仿射坐标系,用坐标法去证明,但不难想象过程的复杂性.细心的读者还会发现定理本身也存在不明确的地方,如德扎

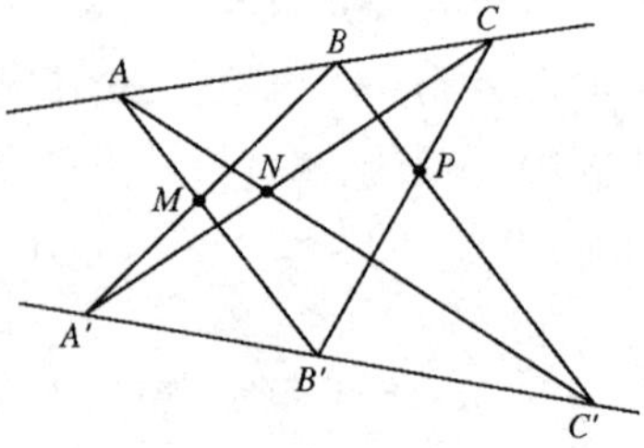

图 5.2

格定理的结论中,说两个三角形的对应边的交点共线,如果有一对对应边不相交呢?或者有两对对应边不相交呢?要把这些情况都考虑到,定理 5.1 应该分为以下 3 个定理:

定理 5.1A 如果两个三角形的对应顶点的连线交于一点,并且它们的对应边都相交,则三个交点共线.

定理 5.1B 如果两个三角形的对应顶点的连线交于一点,并且它们有一对对应边平行,其他两对对应边相交,则两个交点的连线平行于第一对对应边(图 5.3).

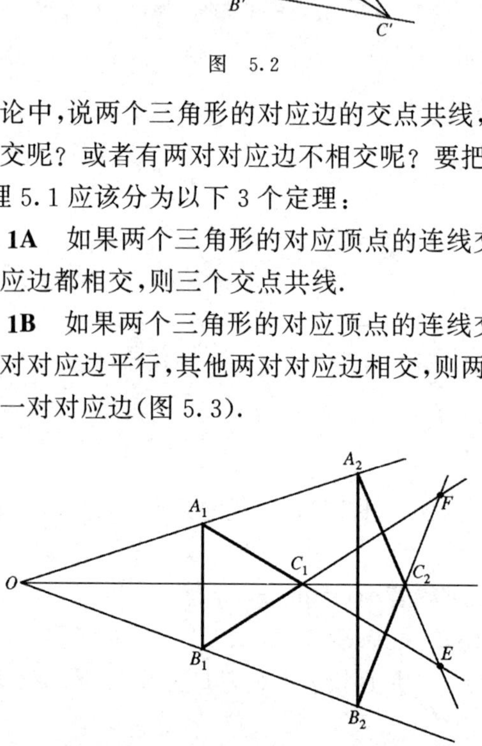

图 5.3

定理 5.1C 如果两个三角形的对应顶点的连线交于一点,并且已知它们有两对对应边平行,则第三对对应边也平行(见下页图 5.4).

在欧氏几何学或仿射几何学中来看,这 3 个定理确实不同,并且它们证明的难度相差很大.如果用综合法论证,用相似理论证明

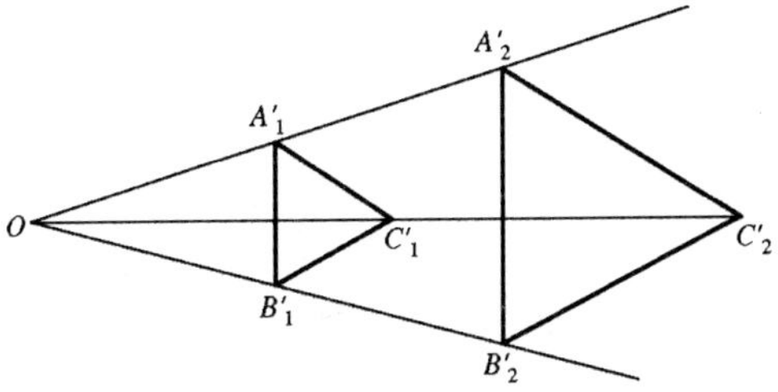

图 5.4

定理 5.1C 是不困难的;定理 5.1B 也可用相似理论证明,但已经不很简单了;对于定理 5.1A,用相似理论证明就更加困难了.但是在射影几何学中,这 3 个定理可统一起来.

对帕普斯定理也有类似情况,分别考察对应的边对相交或平行的各种情形,它可以分成下列几个命题:

定理 5.2A 设 A,B,C 和 A',B',C' 都是共线点组,并设直线 AB' 和 $A'B$ 相交于点 M,直线 AC' 和 $A'C$ 相交于点 N,直线 BC' 和 $B'C$ 相交于点 P,则 M,N,P 共线(见上页图 5.2).

定理 5.2B 设 A,B,C 和 A',B',C' 都是共线点组,并设直线 AB' 和 $A'B$ 相交于点 M,直线 AC' 和 $A'C$ 相交于点 N,而 $BC' \parallel B'C$,则 $MN \parallel BC' \parallel B'C$(图 5.5).

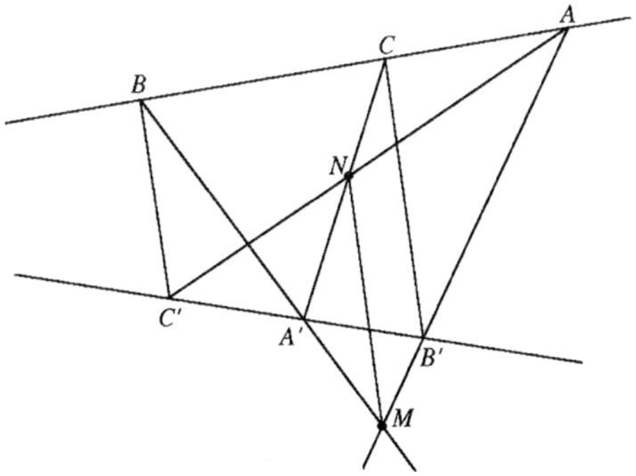

图 5.5

定理 5.2C 设 A, B, C 和 A', B', C' 都是共线点组，并设直线 $AB' \parallel A'B$，$AC' \parallel A'C$，则 $BC' \parallel B'C$（图 5.6）.

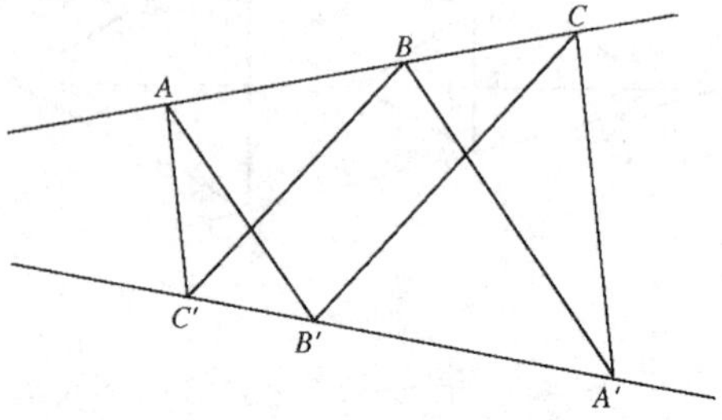

图 5.6

以上这 3 个定理在射影几何学中也可统一起来.

现在我们介绍一个工具，它可以把上面每组中的 3 个定理互相转化，这个工具就是两张相交平面之间的"中心投影".

设 π 和 π' 是两张相交的平面，取定不在 π 和 π' 上的一点 O. 规定一个对应 τ 如下：对 π 上的点 M，把它对应到直线 OM 和 π' 的交点 M'（图 5.7），我们把 τ 称为以 O 点为中心的 π 到 π' 上的**中心投影**.

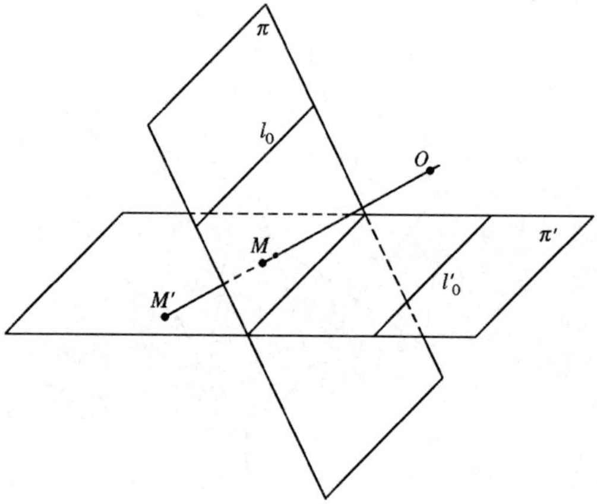

图 5.7

中心投影是有缺陷的. 事实上, 当直线 OM 和 π' 平行时就不会得到像点. 于是, 如果过 O 点作平行于 π' 的平面, 并设 l_0 是这个平面和 π 的交线, 则中心投影 τ 对于 l_0 上的点没有像点, 只有 $\pi\backslash l_0$①上的点才有像点. 中心投影也不映满 π'. 设 l_0' 是过点 O 且平行于 π 的平面和 π' 的交线, 则 l_0' 不在像集中. 即 τ 只是从 $\pi\backslash l_0$ 到 $\pi'\backslash l_0'$ 的映射, 容易看出, 它是 $\pi\backslash l_0$ 到 $\pi'\backslash l_0'$ 的一个一一对应.

中心投影也把共线点组变为共线点组. 事实上, 若 l 是 π 上的一条直线, l' 是 l 和 O 点决定的平面和 π' 的交线, 则 l 上的点(只要不在 l_0 上)的像都在 l' 上. 在这一点上它和仿射变换是相同的.

但是中心投影并不保持简单比, 设 A,B,C 是 π 上的三个共线点, 它们所在的直线不平行于 π 和 π' 的交线, 记 $A'=\tau(A)$, $B'=\tau(B)$, $C'=\tau(C)$, 则 A,B,C 所在的直线和 A',B',C' 所在的直线是相交的, 从而简单比 (A,B,C) 和 (A',B',C') 一定不相等(图 5.8).

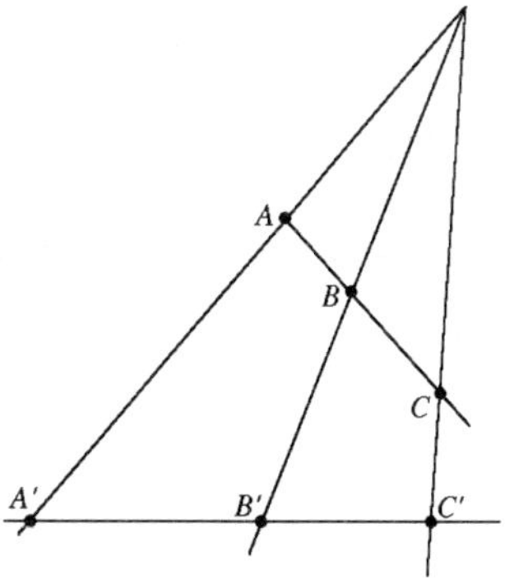

图 5.8

中心投影也不保持平行性. 如果 π 上两条相交直线 l_1 和 l_2 的交点 N 在 l_0 上, 则它们与 O 点决定的两张平面的交线 ON 平行于 π', 从而它们在中心投影下的像 l_1' 和 l_2' 都平行于 ON, 从而互相平行(线 l_1 和 l_2 的交点 N 在 l_0 上是 $l_1' /\!/ l_2'$ 的充分必要条件). 如果 π 上两条平行直线 l_1 和 l_2 不和 l_0 平行, 则它们与 O 点决定的两张平面的交线和 π' 相交, 设交点为 P, 则 l_1 和 l_2 在中心投影下的像相交于 P 点.

中心投影不保持平行性的这个特点正好可以被用到德扎格定

① 符号"\"表示集合的差; "$\pi\backslash l_0$"表示 π 上的不在 l_0 上的点的集合, 即 l_0 在 π 中的余集.

理的证明上.设想把图 5.1 画到 π 上,并且让 E 点和 F 点在 l_0 上,此时在中心投影下它映成的 π' 上的图形正好就是图 5.4(其中图 5.1 上的每个点投影为图 5.4 上带"′"的相同文字表示的点)所表示的情形,其中 $A_1'C_1' /\!/ A_2'C_2'$,$B_1'C_1' /\!/ B_2'C_2'$.于是,如果定理 5.1C 成立,就得到 $A_1'B_1' /\!/ A_2'B_2'$,于是 D 点也在 l_0 上,从而 D,E,F 三点共线.这样,中心投影就把定理 5.1A 转化为定理 5.1C,类似地用它也可以把 5.1A 转化为定理 5.1B(让 D 点在 l_0 上).这样,定理 5.1A,5.1B 和 5.1C 统一起来了.利用中心投影还可把定理 5.1A 转化成更多的形式.事实上,在把图 5.1 画到 π 上时,可选择任意一点或两个点画到 l_0 上,也可选择任意一条直线作为 l_0,不同的选择将得到不同的情形,比如"两个三角形的对应顶点的连线交于一点"可换为"两个三角形的对应顶点的连线互相平行"(见习题 5.1 的第 1 题).

同样的办法也可用到帕普斯定理上,请读者自己进行验证(见习题 5.1 的第 2 和第 3 题).

习 题 5.1

1. 考察在下列情况下,图 5.1 在中心投影下映成的 π' 上的图形,并且写出相应的命题.

(1) A_1 点和 A_2 点在 l_0 上;

(2) O 点和 D 点在 l_0 上.

2. 用中心投影法说明定理 5.2A,5.2B 和 5.2C 是互相等价的.

3. 再给出帕普斯定理(除了定理 5.2A,5.2B 和 5.2C 外)的两种情形.

4. 用中心投影法证明:

(1) 设直线 l 和 l' 相交在 Q 点,点 O 不在 l 和 l' 上.过 O 点的 3 条直线依次与 l 和 l' 相交于 $A,D;B,E;C,F$.设 AE 和 BD 线段相交于 M 点,BF 和 CE 相交于 N 点.证明 M,N,Q 共线(图 5.9)

(这是德扎格定理的一种特殊情况).

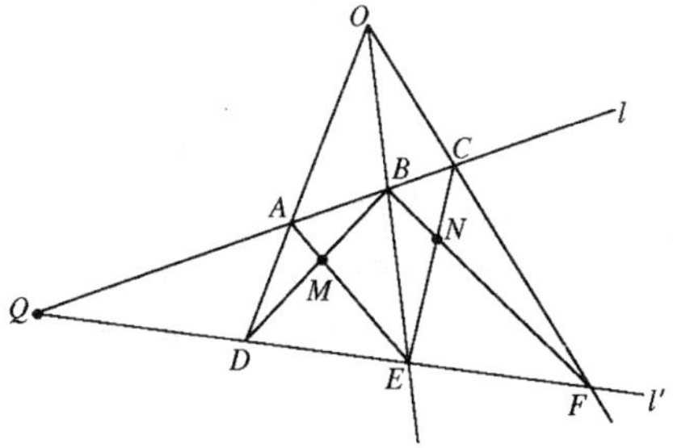

图 5.9

(2) 如果直线 l 和 l' 相交于点 Q,点 O_1,O_2 和 Q 共线. 过 O_1 的两条直线分别和 l 相交于 A_1,B_1,和 l' 相交于 A_1',B_1',过 O_2 的两条直线分别和 l 相交于 A_2,B_2,和 l' 相交于 A_2',B_2',设 A_1B_1' 和 $A_1'B_1$ 相交于点 G,A_2B_2' 和 $A_2'B_2$ 相交于点 H,证明 Q,G,H 共线(图 5.10).

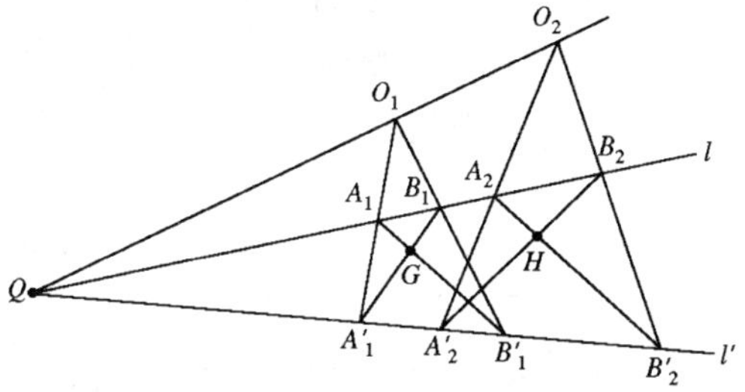

图 5.10

5. 利用上面第 4 题中的结论完成下面的作图:

(1) 在平面上有两条直线 l,l' 和它们外面的一点 M, l,l' 相交于一个不可达到的点 N(N 很远,或被障碍物阻隔),请只用直尺作过 M,N 的直线;

(2) 在平面上有两条平行直线 l,l' 和它们外面的一点 M,请只用直尺作过 M 并且与 l,l' 平行的直线.

§2 射影平面

用中心投影证明德扎格定理的方法是不能用仿射理论来解释的，因为中心投影不是仿射变换. 怎样把这种方法加以推广，使之成为一种一般性的方法呢？我们先要从分析中心投影 τ 入手. 前面已经说到它的缺陷，即 τ 只是从集合 $\pi\backslash l_0$ 到集合 $\pi'\backslash l_0'$ 的一个一一对应. 下面我们用将平面加以**扩大**的办法来改善中心投影(这种方法和透视图法相联系)，并由此产生了扩大平面和射影平面的概念，带动了射影几何学理论上的飞跃.

2.1 中心直线把与扩大平面

取定空间中的一点 O，把空间中所有经过 O 点的直线构成的集合称为以 O 点为中心的**中心直线把**，简称为"**把** O"，记作 $\mathscr{B}(O)$. 于是 π 到 π' 中心投影 τ 可以分解为两个映射的复合：设 i 为从 π 到 $\mathscr{B}(O)$ 的映射，它把 π 上的点 P 对应到直线 OP(称为 P 的射影)，j' 为从 $\mathscr{B}(O)$ 到 π' 的映射，它把 $\mathscr{B}(O)$ 中的直线 l 对应到 l 和 π' 的交点(称为 l 的**截影**)，则 $\tau=j'\circ i$. i 不是满射，$\mathscr{B}(O)$ 中凡是平行于 π 的直线不在其像集中；j' 不是定义在整个 $\mathscr{B}(O)$ 上的，$\mathscr{B}(O)$ 中和 π' 平行的直线与 π' 没有交点，因此 j' 在其上没有定义.

$\mathscr{B}(O)$ 中的直线完全由它的方向所决定，我们把直线的方向称为**线向**(区别于向量的方向. 它可以用一个非零向量来表示，但是相反方向的向量表示同一个线向). 于是 $\mathscr{B}(O)$ 中凡是线向平行于 π 的直线不在映射 i 的像集中，$\mathscr{B}(O)$ 中凡是线向平行于 π' 的直线不在映射 j' 的定义域中.

下面我们把 π(作为点集)加以扩大：把所有平行于 π 的线向作为新元素添加进来，称这个扩大了的集合为 π 的扩大平面，并记作 π_+. 因此 π_+ 是一个特殊的集合，它由两种不同性质的元素所构成：一部分是普通的点，即原来 π 上的点(这些元素构成 π_+ 的子集 π)；另一部分是平行于 π 的所有线向. 映射 i 现在可以扩大到 π_+ 上：让每个线向的射影规定为 $\mathscr{B}(O)$ 中由此线向决定的直线. 此时，$i: \pi_+ \to \mathscr{B}(O)$ 是一个一一对应的，把它称为**射影映射**(简称**射影**). 在射影映射之下，当点沿着平面 π 上的一条直线向着无穷远处(不论是两个方向中的哪个方向)跑去时，它的射影像的极限就是此直线的线向的射影像，因此常常把直线的线向称为它的**无穷远点**. 平面 π' 也可同样扩大为 π'_+，并规定 $\mathscr{B}(O)$ 中平行于 π' 的直线的截影为它的线向(是 π'_+ 的元素). 此时，$j': \mathscr{B}(O) \to \pi'_+$ 也是一一对应，称为**截影**. 这样，中心投影 $\tau = j' \circ i$ 就是 π_+ 到 π'_+ 的一个一一对应，但是它会把 π_+ 的某些普通点(即 l_0 上的点)变为 π'_+ 的线向，也会把 π_+ 的某些线向变为 π'_+ 的普通点. 事实上，除了 l_0 的线向之外的所有其他线向都变为普通点，而 l_0 的线向也在 π'_+ 上，中心投影把它变为自己(它是 π_+ 和 π'_+ 的一个公共点).

2.2 扩大平面和中心直线把上的"线"结构

扩大平面上有了无穷远点这一类特殊的元素后，平面上原来的许多几何概念不再有意义，或者需要改变. 这里我们先来说说直线(为了避免混淆，在扩大平面上暂时改称为"线")概念的改变. π_+ 上的"线"是 π_+ 的下面两种子集：

(1) π 上的原来的直线添加上它的无穷远点成为 π_+ 的"线"(下面称为普通线)；

(2) π_+ 的所有无穷远点构成的子集也看作 π_+ 的线，称为 π_+ 的"**无穷远线**".

普通线容易被接受，有的读者可能会对"所有无穷远点构成一条线"感到意外. 下面的事实会帮助你看出这个规定的合理性：在射影下，(2)和(1)中的每条"线"的像都恰好构成空间中以 O 为中心的一个中心直线束(即经过 O 点，并且在一张平面上的全体直线的集合)，π 上的一条直线 l 的像都在 l 与 O 点决定的平面上，但是要加上经过 O 点并且和 l 平行的直线才能构成中心直线束；所有无穷远点构成的“线”的像就是在经过 O 点并且平行于 π 的直线构成的那个中心直线束. 而在截影下，$\mathscr{B}(O)$中的每个中心直线束的像都是 π'_+上的“线”,其中有一个是无穷远线,其他都是普通线. 于是,在 π_+到 π'_+的中心投影 τ 之下，π_+的每条“线”恰好映成 π'_+的一条“线”，π'_+的每条“线”的原像也都是 π_+的“线”,从而中心投影 τ 诱导出从 π_+的“线”的集合到 π'_+的“线”集合的一个一一对应. 但是 π_+的“无穷远线”对应到 π'_+的一条普通“线”，π_+上有一条普通“线”对应到 π'_+的“无穷远线”.

在 $\mathscr{B}(O)$上,我们也规定“线”结构：**在同一中心直线束中的直线的集合称为 $\mathscr{B}(O)$中的一条“线”**. 于是 $\mathscr{B}(O)$中的“线”集合和经过 O 点的平面的集合有自然的一一对应关系,因此也可把经过 O 点的平面看作 $\mathscr{B}(O)$中的“线”.

现在,扩大平面和中心直线把上都有了“线”结构,并且射影和截影都是保持“线”结构的一一对应. 在中心直线把上的“线”不存在差别. 由此也可看出扩大平面上“线”结构的合理性.

下面,在提到扩大平面和中心直线把上的“线”时,不再带引号. 在中心直线把上,把原来意义的直线改称为点或元素. 读者在见到这些名词时应注意准确认定其意义.

2.3 点与线的关联关系

在扩大平面上,线与点的关系有了变化.

“两点决定一条线”仍然正确,但是内涵更加丰富了,除了两个普通点仍决定线(在通常意义下决定的直线加上无穷远点)外,一个普通点和一个无穷远点也决定一条线,两个无穷远点则决定的是无穷远线.

在扩大平面上,两条不同线的关系也简单了：**“任何两条不同**

的线都相交于一点”. 两条普通线如果按照原来的意义就是相交的,则它们的无穷远点不同,因此仍然只有一个交点;如果按照原来的意义是平行的,则它们有公共的无穷远点;一条普通线在它的无穷远点处和无穷远线相交.

线束的概念也发生了改变,不再分中心线束和平行线束,后者也是经过一点(即一个无穷远点)的线的集合.

现在,点与线的关系变得对称了.

在习惯上,点与线还有从属关系,即把线看作点的集合,点在线上看作一种属于关系. 但是如果把每个点与它决定的线束等同起来,那么也可说线属于点(即它决定的线束). 于是点和线的从属关系是互相的,以后我们改称为点和线的**关联关系**.

在扩大平面上,平行已失掉意义. 欧氏几何和仿射几何的许多概念不能在扩大平面上推广,如距离、夹角、简单比等等,它们既在中心投影下不再保持,也不能自然地引申到扩大平面上. 线段的概念也失去意义,因为沿着一条线从一点跑到另一点有两个途径. 虽然我们也谈扩大平面上的三角形,但是边、角、内部等等概念都已失去意义,只剩下三个不共线的顶点和三条不共点的线.

在扩大平面上只保留下了点与线的关联关系,以及在此基础上产生的点的共线关系和线的共点关系. 于是许多几何命题不再有意义,但是,如德扎格定理和帕普斯定理等的条件和结论都只涉及点线关联关系的命题,即可以放在扩大平面上来研究,并且不必再区别各种情形.

在射影几何学中,所研究的正是图形的只与点线关联关系相关的几何性质.

在中心直线把上看,点线的关联关系更加直观而明确,它就是通常意义下直线和平面的关系.

2.4 射影平面的定义

在结束本节之前,我们给出射影平面的一般定义.

定义 5.1 一个具有线结构的集合(即规定了它的哪些子集称为线)称为一个射影平面,如果存在从它到一个中心直线把的保持线结构的一一对应.

这里所说的"保持线结构",也就是"保持点线的关联关系".

这是一个形式上很抽象的描述性的定义,它并没有把射影平面规定为一个具体的几何实体.但是由这个定义知道,每个中心直线把都是射影平面,每个扩大平面也都是射影平面.除了这两大类射影平面外,还有许多形式各异的其他的射影平面,它们的具体形式分别适合不同研究领域的需要.虽然形式上是多样的,但是因为射影几何学中所关心的正是只涉及点线关联关系的问题,而不同的射影平面间有着保持点线的关联关系的一一对应,所以从射影几何学的角度来看,它们并无区别.对于初学者而言,不必去关心到底还有哪些不同形式的射影平面,在本章以后的讨论中,我们都以中心直线把和扩大平面作为具体的模型.

扩大平面和普通平面的自然的联系使得我们可以把射影平面作为普通平面在集合上的扩充,普通平面上图形可以放到射影平面上来看,射影几何学的许多结论就可应用到普通几何问题上去.由此看出,射影几何学和仿射几何学的密切联系.

中心直线把作为射影平面的基本模型,一方面它的各元素是没有区别的,另一方面它的直观性以及和普通空间的自然联系解除了射影平面的神秘性.

习 题 5.2

1. 设 S^2 是一个球面, P_1 是由 S^2 的每一对对径点(即直径的两个端点)为元素的集合,把在 S^2 的每个大圆上的那些对径点构成的 P_1 的子集称为 P_1 的"线".说明具有这样的线结构的集合 P_1 是一个射影平面.

2. 设 D^2 是一个圆盘(圆周及其所围的部分),规定集合 P_2 为:其元素包括 D^2 的全体内点和圆周上的每一对对径点. P_2 上规定“线”结构为：全体对径点是一条“线”；把 D^2 上每个以 D^2 的直径为长轴的半椭圆上的元素也构成“线”. 说明具有这样的线结构的集合 P_2 是一个射影平面.

§3 交　比

简单比是仿射几何学中的重要概念，但是它在中心投影下不保持不变，因此不能用到射影几何学中. 起到代替它的作用的是交比.

交比概念本来在普通的平面和空间中就可以引进，但是它被距离、夹角、简单比等概念所决定，因此在欧氏几何学和仿射几何学中，它没有独立的价值. 然而，这个概念可以推广到扩大平面和中心直线把上，并且它在射影、截影和中心投影下保持不变，从而成为射影几何学中的一个重要的数量形式的概念.

下面我们先介绍普通几何中的交比及其性质，然后建立扩大平面和中心直线把上的交比.

3.1 普通几何中的交比

设 $\boldsymbol{\alpha}_1,\boldsymbol{\alpha}_2,\boldsymbol{\alpha}_3,\boldsymbol{\alpha}_4$ 是空间中的 4 个共面的向量，但是它们两两不共线. 于是根据第一章的分解定理 1.1，$\boldsymbol{\alpha}_3,\boldsymbol{\alpha}_4$ 都有对 $\boldsymbol{\alpha}_1,\boldsymbol{\alpha}_2$ 的惟一分解式：

$$\boldsymbol{\alpha}_3 = s_1\boldsymbol{\alpha}_1 + t_1\boldsymbol{\alpha}_2, \tag{5.1}$$

$$\boldsymbol{\alpha}_4 = s_2\boldsymbol{\alpha}_1 + t_2\boldsymbol{\alpha}_2, \tag{5.2}$$

其中 s_1,t_1,s_2,t_2 都不等于 0. 把比值

$$\frac{s_2t_1}{s_1t_2} \tag{5.3}$$

称为这 4 个向量的**交比**，记作 $(\boldsymbol{\alpha}_1,\boldsymbol{\alpha}_2;\boldsymbol{\alpha}_3,\boldsymbol{\alpha}_4)$.

显然，交比的值和这 4 个向量的顺序有关，但是不同顺序的交比是互相决定的. 它们具有下面的规律：

(1) $(\boldsymbol{\alpha}_1,\boldsymbol{\alpha}_2;\boldsymbol{\alpha}_4,\boldsymbol{\alpha}_3)=(\boldsymbol{\alpha}_2,\boldsymbol{\alpha}_1;\boldsymbol{\alpha}_3,\boldsymbol{\alpha}_4)=(\boldsymbol{\alpha}_1,\boldsymbol{\alpha}_2;\boldsymbol{\alpha}_3,\boldsymbol{\alpha}_4)^{-1}$; (5.4)

(2) $(\boldsymbol{\alpha}_1,\boldsymbol{\alpha}_3;\boldsymbol{\alpha}_2,\boldsymbol{\alpha}_4)+(\boldsymbol{\alpha}_1,\boldsymbol{\alpha}_2;\boldsymbol{\alpha}_3,\boldsymbol{\alpha}_4)=1$; (5.5)

(3) $(\boldsymbol{\alpha}_3,\boldsymbol{\alpha}_4;\boldsymbol{\alpha}_1,\boldsymbol{\alpha}_2)=(\boldsymbol{\alpha}_1,\boldsymbol{\alpha}_2;\boldsymbol{\alpha}_3,\boldsymbol{\alpha}_4)$. (5.6)

(1)的验证是容易的,留给读者完成,下面我们先验证(2).

从(5.1)和(5.2)得到

$$\boldsymbol{\alpha}_2=-\frac{s_1}{t_1}\boldsymbol{\alpha}_1+\frac{1}{t_1}\boldsymbol{\alpha}_3,\quad \boldsymbol{\alpha}_4=\left(s_2-\frac{s_1t_2}{t_1}\right)\boldsymbol{\alpha}_1+\frac{t_2}{t_1}\boldsymbol{\alpha}_3,$$

于是

$$(\boldsymbol{\alpha}_1,\boldsymbol{\alpha}_3;\boldsymbol{\alpha}_2,\boldsymbol{\alpha}_4)=\frac{\frac{1}{t_1}\left(s_2-\frac{s_1t_2}{t_1}\right)}{-\frac{s_1t_2}{t_1^2}}=\frac{t_1s_2-s_1t_2}{-s_1t_2}$$
$$=1-(\boldsymbol{\alpha}_1,\boldsymbol{\alpha}_2;\boldsymbol{\alpha}_3,\boldsymbol{\alpha}_4).$$

移项得到(2).

再用(1)和(2)推出(3):

$$\begin{aligned}(\boldsymbol{\alpha}_3,\boldsymbol{\alpha}_4;\boldsymbol{\alpha}_1,\boldsymbol{\alpha}_2)&=1-(\boldsymbol{\alpha}_3,\boldsymbol{\alpha}_1;\boldsymbol{\alpha}_4,\boldsymbol{\alpha}_2)\\&=1-(\boldsymbol{\alpha}_1,\boldsymbol{\alpha}_3;\boldsymbol{\alpha}_2,\boldsymbol{\alpha}_4)\\&=(\boldsymbol{\alpha}_1,\boldsymbol{\alpha}_2;\boldsymbol{\alpha}_3,\boldsymbol{\alpha}_4).\end{aligned}$$

从(1),(2),(3)可以推出所有其他顺序的交比(共有 24 个不同的顺序).

命题 5.1 设 $\boldsymbol{\alpha}_1,\boldsymbol{\alpha}_2,\boldsymbol{\alpha}_3,\boldsymbol{\alpha}_4$ 是空间中两两不共线的 4 个共面的向量,k_1,k_2,k_3,k_4 是任意的 4 个非 0 常数,则

$$(k_1\boldsymbol{\alpha}_1,k_2\boldsymbol{\alpha}_2;k_3\boldsymbol{\alpha}_3,k_4\boldsymbol{\alpha}_4)=(\boldsymbol{\alpha}_1,\boldsymbol{\alpha}_2;\boldsymbol{\alpha}_3,\boldsymbol{\alpha}_4).$$

证明 只用分析每个 k_i 对 s_1,s_2,t_1,t_2 这 4 个数的影响,它恰好改变其中的两个数,并且这两个数分别出现在比式

$$\frac{s_2t_1}{s_1t_2}$$

的分子和分母上,从而它不改变比式的值.详细证明过程请读者自己完成. ▌

命题 5.1 说明 4 个向量的交比是由它们代表的 4 个线向所决

定的，从而可以规定 4 条共面直线的交比.

定义 5.2 设 l_1, l_2, l_3, l_4 是空间中 4 条平行于同一平面的直线，并且它们两两不平行，则规定它们的交比为：

$$(l_1, l_2; l_3, l_4) := (\boldsymbol{\alpha}_1, \boldsymbol{\alpha}_2; \boldsymbol{\alpha}_3, \boldsymbol{\alpha}_4),$$

其中 $\boldsymbol{\alpha}_i$ 是平行于 l_i 的任意非零向量，$i=1,2,3,4$.

这 4 条直线的不同顺序的交比也具有(5.4)，(5.5)，(5.6)所示的规律：

(1) $(l_1, l_2; l_4, l_3) = (l_2, l_1; l_3, l_4) = (l_1, l_2; l_3, l_4)^{-1}$;

(2) $(l_1, l_3; l_2, l_4) + (l_1, l_2; l_3, l_4) = 1$;

(3) $(l_3, l_4; l_1, l_2) = (l_1, l_2; l_3, l_4)$.

在直线作平移时它们的线向不变，因此交比不改变. 以后常用的是相交一点的 4 条共面直线的交比.

下面再规定共线 4 点的交比.

定义 5.3 设 A_1, A_2, A_3, A_4 是平面上共线的 4 个不同的点，规定 A_1, A_2, A_3, A_4 的交比为

$$(A_1, A_2; A_3, A_4) := \frac{(A_1, A_2, A_3)}{(A_1, A_2, A_4)}. \tag{5.7}$$

点的交比和线的交比有着密切的关系.

命题 5.2 (1) 设 l_1, l_2, l_3, l_4 是平面 π 上的经过点 P 的 4 条不同直线，l 是 π 上的不经过 P 点，并且和 l_1, l_2, l_3, l_4 都相交的直线，记 A_1, A_2, A_3, A_4 依次是它与 l_1, l_2, l_3, l_4 的交点(图 5.11)，则

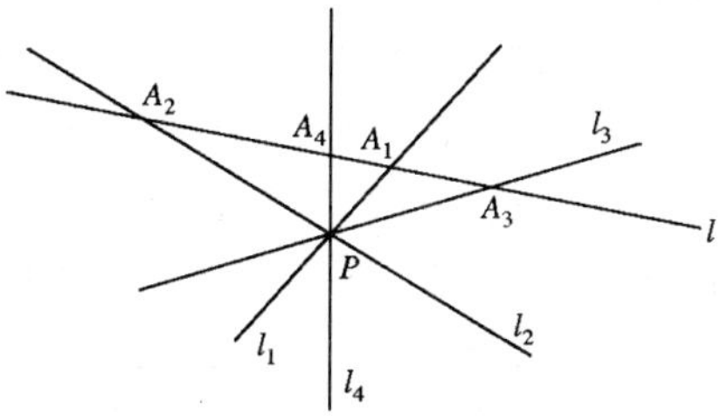

图 5.11

$$(l_1,l_2;l_3,l_4)=(A_1,A_2;A_3,A_4).$$

(2) 设 A_1,A_2,A_3,A_4 是共线的 4 个不同点，O 是与它们不共线的一点，它和 A_1,A_2,A_3,A_4 依次决定直线 l_1,l_2,l_3,l_4，则

$$(A_1,A_2;A_3,A_4)=(l_1,l_2;l_3,l_4).$$

证明 显然(1)和(2)是等价的，下面只证明(1)，为此只需证明

$$(l_1,l_2;l_3,l_4)=\frac{(A_1,A_2,A_3)}{(A_1,A_2,A_4)}.$$

按照线的交比的定义，

$$(l_1,l_2;l_3,l_4)=(\overrightarrow{PA_1},\overrightarrow{PA_2};\overrightarrow{PA_3},\overrightarrow{PA_4}).$$

设

$$\overrightarrow{PA_3}=s_1\overrightarrow{PA_1}+t_1\overrightarrow{PA_2},\quad \overrightarrow{PA_4}=s_2\overrightarrow{PA_1}+t_2\overrightarrow{PA_2},$$

则

$$(A_1,A_2,A_3)=\frac{t_1}{s_1},\quad (A_1,A_2,A_4)=\frac{t_2}{s_2},$$

于是

$$(l_1,l_2;l_3,l_4)=(\overrightarrow{PA_1},\overrightarrow{PA_2};\overrightarrow{PA_3},\overrightarrow{PA_4})=\frac{s_2t_1}{s_1t_2}$$

$$=\frac{(A_1,A_2,A_3)}{(A_1,A_2,A_4)}.\quad \blacksquare$$

我们把命题 5.2 所说明的事实称为**点线交比的协调性**.

从点线交比的协调性看出，这两种交比有相同的性质. 于是，共线 4 点在不同顺序下的交比也具有(5.4)，(5.5)，(5.6)所示的规律，这里不再一一写出(它们也可直接用定义验证).

共线 4 点的交比既然是用简单比规定的，于是它在仿射变换和仿射映射之下是保持不变的. 于是共面 4 直线的交比在仿射变换和仿射映射之下也保持不变.

用点线交比的协调性可以证明一些几何问题，这种方法称为交比法.

例 5.1 用交比法证明习题 5.1 的第 4 题的(1)(图 5.9).

证 设连结 M,N 的直线分别和 l,l' 相交于 Q_1,Q_2,与 B,E 的连线相交于 L,则本题所要证明的就是 $Q_1=Q_2$.

对交比$(M,N;L,Q_1)$利用点,线交比的协调性来转化:

$$\begin{aligned}(M,N;L,Q_1) &= (BF,BD;BE,l) = (F,D;E,Q)\\ &= (OF,OD;OE,OQ) = (C,A;B,Q)\\ &= (EC,EA;EB,l') = (M,N;L,Q_2).\end{aligned}$$

从而 $Q_1=Q_2$.(以上两个点连写表示它们决定的直线,如 BF 是 B 和 F 决定的线.) ▌

在普通的空间中还有共轴的 4 平面的交比.

命题 5.3 如果 π_1,π_2,π_3,π_4 是空间中 4 张都经过直线 l 的不同平面,π 是与 l 相交的平面. 记 l_1,l_2,l_3,l_4 依次是 π 和 π_1,π_2,π_3,π_4 的交线,则交比$(l_1,l_2;l_3,l_4)$和 π 的选择无关.

证明 设 π 和 π' 是两张都和 l 相交的平面,记 l_1,l_2,l_3,l_4 依次是平面 π 和 π_1,π_2,π_3,π_4 的交线, l_1',l_2',l_3',l_4' 依次是 π' 和 π_1,π_2,π_3,π_4 的交线.

如果 π 和 π' 平行,则 $l_i/\!/l_i'$, $i=1,2,3,4$,结果显然.

如果 π 和 π' 不平行,从 π 到 π' 的并且平行于 l 的平行投影把 l_i 变为 l_i', $i=1,2,3,4$. 平行投影是这两张平面之间的仿射映射,于是由共面 4 直线的交比在仿射映射之下保持不变得到结果. ▌

这个命题使得我们可以规定共轴 4 平面的交比.

定义 5.4 设 π_1,π_2,π_3,π_4 是空间中 4 张不同平面,它们都经过直线 l,取定一张与 l 相交的平面 π. 记 l_1,l_2,l_3,l_4 依次是 π 和 π_1,π_2,π_3,π_4 的交线,规定 π_1,π_2,π_3,π_4 的交比

$$(\pi_1,\pi_2;\pi_3,\pi_4) = (l_1,l_2;l_3,l_4).$$

共轴 4 平面在不同顺序下的交比也具有(5.4),(5.5),(5.6)所示的规律.

面线的交比也有协调性,请读者自己叙述其意义,并给出证明.

3.2 中心直线把和扩大平面上的交比

现在把交比的概念引进射影平面. 我们要建立的交比有两类：共线 4 点的交比和共点 4 线的交比.

实际上我们只在中心直线把和扩大平面上建立交比. 根据射影平面的意义,不难再把交比概念引入一般射影平面上. 不过在这里我们不进行对此概念的引入.

1. 中心直线把上的交比

在中心直线把上建立交比概念是十分自然的.

设 l_1,l_2,l_3,l_4 是中心直线把 $\mathscr{B}(O)$中的 4 个共线点,也就是普通空间中经过 O 点的 4 条共面的直线,于是可规定它们的交比也就是共面 4 线的交比,仍记作$(l_1,l_2;l_3,l_4)$.

设 π_1,π_2,π_3,π_4 是中心直线把 $\mathscr{B}(O)$的 4 条共点的线,也就是普通空间中 4 张共轴的平面,于是可规定它们的交比也就是共轴 4 平面的交比,仍记作$(\pi_1,\pi_2;\pi_3,\pi_4)$.

中心直线把上的这两类交比有协调性,即

(1) 设 l_1,l_2,l_3,l_4 是中心直线把 $\mathscr{B}(O)$的 4 个共"线"点, l 和它们不共线,并依次和它们决定"线"π_1,π_2,π_3,π_4,则

$$(l_1,l_2;l_3,l_4)=(\pi_1,\pi_2;\pi_3,\pi_4);$$

(2) 设 π_1,π_2,π_3,π_4 是中心直线把 $\mathscr{B}(O)$的 4 条共点"线", π 和它们不共点,并依次和它们相交于点 l_1,l_2,l_3,l_4,则

$$(\pi_1,\pi_2;\pi_3,\pi_4)=(l_1,l_2;l_3,l_4).$$

中心直线把上的交比和顺序的关系也具有(5.4),(5.5),(5.6)所示的规律.

2. 扩大平面上的交比

设 A_1,A_2,A_3,A_4 是扩大平面 π_+上的共线 4 点. 则有三种可能性：(1) 它们都是普通点;(2) 其中有一个为无穷远点;(3) 它们都是无穷远点. 在(1)的情形已经有交比$(A_1,A_2;A_3,A_4)$. 但是在(2)和(3)的情形就不能用普通几何中的交比来规定它们的交比

了. 我们必须另辟蹊径. 方法是用射影把它们变为中心直线把中的共"线"4 点, 用后者的交比规定它们的交比. 但是射影不是惟一的, 它由 O 点决定. 为此我们必须先说明 O 点的选择不会影响结果.

在下面的命题和定义中, 对于 π_+ 上的一点 A, 和空间中不在 π 上的点 O. 记 OA 是 A 的射影像, 即 O 和 A 决定的直线(当 A 是线向时, OA 是经过 O 点, 并且线向为 A 的直线).

命题 5.4 设 A_1, A_2, A_3, A_4 是扩大平面 π_+ 上的共"线"4 点. O 是空间中不在 π 上的点, 则交比 $(OA_1, OA_2; OA_3, OA_4)$ 和 O 点的选择无关.

证明 设 O 和 O' 是两个不在 π 上的点. 则空间保持 π 上的每一点不动, 并且把 O 变为 O' 的仿射变换把 OA_1, OA_2, OA_3, OA_4 依次变为 $O'A_1, O'A_2, O'A_3, O'A_4$, 于是交比

$$(OA_1, OA_2; OA_3, OA_4) = (O'A_1, O'A_2; O'A_3, O'A_4). \quad \blacksquare$$

有了这个命题, 我们可以作出下面的定义.

定义 5.5 设 A_1, A_2, A_3, A_4 是扩大平面 π_+ 上的共线 4 点. O 是空间中和 A_1, A_2, A_3, A_4 不共线的点, 则规定 A_1, A_2, A_3, A_4 的交比为

$$(A_1, A_2; A_3, A_4) := (OA_1, OA_2; OA_3, OA_4).$$

显然, 不同顺序的交比也具有(5.4), (5.5), (5.6)所示规律.

根据这个定义, 容易得出(习题 5.3 的第 2 题): 当 A_1, A_2, A_3, A_4 都是普通点时, 它们的交比就是普通几何中的交比, 从而可以用简单比表示:

$$(A_1, A_2; A_3, A_4) = \frac{(A_1, A_2, A_3)}{(A_1, A_2, A_4)}.$$

当 A_1, A_2, A_3, A_4 都是无穷远点(线向), 则 $(A_1, A_2; A_3, A_4)$ 就是这 4 个线向的交比.

下面讨论当 A_1, A_2, A_3, A_4 中有一个无穷远点时, 其交比和其中 3 个普通点的简单比的关系. 由于不同顺序的交比是互相决定

的，我们只给出 A_4 是无穷远点的情况（其他情况留作习题——习题 5.3 的第 3 题）. 此时向量 $\overrightarrow{A_1A_2}$ 平行于 OA_4，于是

$$(OA_1,OA_2;OA_3,OA_4)=(\overrightarrow{OA_1},\overrightarrow{OA_2};\overrightarrow{OA_3},\overrightarrow{A_1A_2}).$$

设 $\overrightarrow{OA_3}=s_1\overrightarrow{OA_1}+t_1\overrightarrow{OA_2}$，又有 $\overrightarrow{A_1A_2}=-\overrightarrow{OA_1}+\overrightarrow{OA_2}$，于是

$$(\overrightarrow{OA_1},\overrightarrow{OA_2};\overrightarrow{OA_3},\overrightarrow{A_1A_2})=-\frac{t_1}{s_1}=-(A_1,A_2,A_3).$$

即当 A_1,A_2,A_3 都是普通点，A_4 是无穷远点时，

$$(A_1,A_2;A_3,A_4)=-(A_1,A_2,A_3). \tag{5.8}$$

下面来规定扩大平面上的共点 4“线”的交比.

设 l_1,l_2,l_3,l_4 是扩大平面 π_+ 上的共点 P 的 4“线”. 则也有三种可能性：(1) P 是普通点；(2) P 是无穷远点，l_1,l_2,l_3,l_4 中有一条为无穷远线；(3) P 是无穷远点，l_1,l_2,l_3,l_4 都是普通线.

和规定扩大平面上的共线 4 点的交比时遇到的情形一样，在 P 是普通点时，l_1,l_2,l_3,l_4 都是普通线，可以用普通几何中的交比来规定它们的交比. 但是对另两种情形普通几何中没有相应的交比. 我们仍采用定义点的交比时所用的方法.

对于 π_+ 上的线 l 和空间中不在 π 上的点 O，记 Ol 是 O 和 l 决定的平面（当 l 是无穷远线时，Ol 是经过 O 点，平行于 π 的平面）.

命题 5.5 设 l_1,l_2,l_3,l_4 是扩大平面 π_+ 上的共点 4 线. O 是空间中不在 π 上的点，则交比 $(Ol_1,Ol_2;Ol_3,Ol_4)$ 和 O 点的选择无关.

证明 设 O 和 O' 是两个不在 π 上的点. 则空间的保持 π 上的每一点不动，并且把 O 变为 O' 的仿射变换使得 Ol_1,Ol_2,Ol_3,Ol_4 依次变为 $O'l_1,O'l_2,O'l_3,O'l_4$，于是交比

$$(Ol_1,Ol_2;Ol_3,Ol_4)=(O'l_1,O'l_2;O'l_3,O'l_4). \quad ▌$$

定义 5.6 设 l_1,l_2,l_3,l_4 是扩大平面 π_+ 上的共点 4 线. O 是空间中不在 π 上的点. 则规定 l_1,l_2,l_3,l_4 的交比为

$$(l_1,l_2;l_3,l_4):=(Ol_1,Ol_2;Ol_3,Ol_4).$$

显然，规律(5.4)，(5.5)，(5.6)对这个定义也是适用的.

当 l_1,l_2,l_3,l_4 都不是无穷远线时，$(l_1,l_2;l_3,l_4)$就是通常的交比.

扩大平面上的交比的定义方法蕴涵了：

命题 5.6 扩大平面和中心直线把之间的射影和截影保持交比不变，从而两个扩大平面之间的中心投影也保持交比不变.

并且，扩大平面上点与线的交比也是协调的.

3.3 调和点列和调和线束

下面的定义和讨论仍然是在中心直线把和扩大平面上进行的.

定义 5.7 如果共线四点的交比为-1，就称它们为**调和点列**；如果共点四线的交比为-1，就称它们为**调和线束**.

根据交比与顺序的关系，当 A_1,A_2,A_3,A_4 是调和点列时，A_2,A_1,A_3,A_4；A_1,A_2,A_4,A_3 以及 A_2,A_1,A_4,A_3 都是调和点列，即调和性与 A_1,A_2 的顺序和 A_3,A_4 的顺序都无关，是点组 A_1,A_2 和点组 A_3,A_4 的一种关系. 还可得出，当 A_1,A_2,A_3,A_4 是调和点列时，A_3,A_4,A_1,A_2 也是调和点列，即 A_1,A_2 和 A_3,A_4 的调和关系是对称的. 对调和线束，情况也完全一样.

给定共线的三个点 A_1,A_2,A_3，如果 A_1,A_2,A_3,A_4 是调和点列，则称 A_4 为 A_1,A_2,A_3 的第四调和点.

例 5.2 设 A_1,A_2,A_3 是扩大平面上共线的三个普通点，求它们的第四调和点.

解 如果 A_3 是 A_1,A_2 的中点，则$(A_1,A_2,A_3)=1$，则由公式(5.8)，当 A_4 是 A_1,A_2,A_3 所在线的无穷远点时，交比

$$(A_1,A_2;A_3,A_4)=-(A_1,A_2,A_3)=-1,$$

从而 A_1,A_2,A_3 的第四调和点就是它所决定的线的无穷远点.

如果 A_3 不是 A_1,A_2 的中点，则它们的第四调和点 A_4 也是普通点，它由

$$(A_1,A_2,A_4)=-(A_1,A_2,A_3)$$

决定. 图 5.12 给出了求第四调和点 A_4 的作图法.

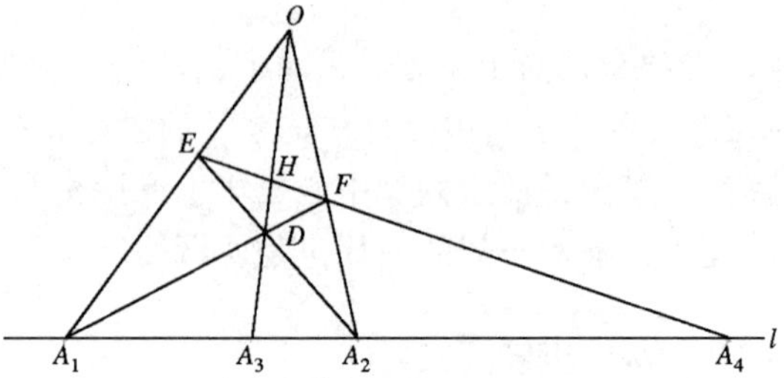

图 5.12

设 A_1,A_2,A_3 所在直线为 l,取不在 l 上的一点 O,在线段 OA_3 上取一点 D,设 E 是 DA_2 线和 OA_1 线的交点, F 是 DA_1 线和 OA_2 线的交点,则连结 E,F 的直线和 l 的交点 A_4 就是 A_1,A_2,A_3 的第四调和点的. 这个事实可以用 Ceva 定理和 Menelaus 定理(参见习题 1.1 的第 22,23 题)来证明,请读者自己完成. 下面我们用计算交比的方法来证明:

$$\begin{aligned}(A_1,A_2;A_3,A_4) &= (OA_1,OA_2;OA_3,OA_4) = (E,F;H,A_4)\\ &= (DE,DF;DH,DA_4) = (A_2,A_1;A_3,A_4)\\ &= (A_1,A_2;A_3,A_4)^{-1} \qquad (\text{用公式}(5.4)),\end{aligned}$$

于是$(A_1,A_2;A_3,A_4)^2=1$,显然$(A_1,A_2;A_3,A_4)\neq 1$,因此

$$(A_1,A_2;A_3,A_4)=-1.$$

习 题 5.3

1. 设 l_1,l_2,l_3,l_4 是共面但是两两不平行的 4 条直线, $(l_1,l_2;l_3,l_4)=k$,试求下列交比:

$$(l_4,l_3;l_2,l_1),\quad (l_4,l_2;l_3,l_1),\quad (l_1,l_4;l_3,l_2),$$
$$(l_2,l_3;l_4,l_1),\quad (l_4,l_1;l_2,l_3).$$

2. 设 A,B,C,D,E 是普通平面上共线的 5 个不同点,证明:

$$(A,B;C,D)(A,B;D,E) = (A,B;C,E).$$

3. 设 l_1,l_2,l_3,l_4 是普通平面 π 上的经过点 P 的 4 条不同直

线，假设 l 平行于 l_1,l_2,l_3,l_4 中的某一条，与 l_i 的交点（如果相交）仍记作 A_i（只有 3 个交点），试用这 3 个交点的简单比表示 $(l_1,l_2;l_3,l_4)$（分别就 l 平行于 l_1,l_2,l_3,l_4 的 4 种情形写出结果）.

4. 说明定义 5.5 中所规定的扩大平面上的交比满足：

(1) 当 A_1,A_2,A_3,A_4 都是普通点时，它们的交比就是普通几何中的交比；

(2) 当 A_1,A_2,A_3,A_4 都是无穷远点（线向），则 $(A_1,A_2;A_3,A_4)$ 就是这 4 个线向的交比.

5. 设 A_1,A_2,A_3,A_4 是扩大平面 π_+ 上的共线 4 点，并且在 A_1,A_2,A_3,A_4 中有一个无穷远点，请用简单比表示交比.

6. 设 $\boldsymbol{\alpha}_1,\boldsymbol{\alpha}_2,\boldsymbol{\alpha}_3,\boldsymbol{\alpha}_4$ 是空间中的 4 个共面，并且两两不共线的向量. 证明：

$$(\boldsymbol{\alpha}_1,\boldsymbol{\alpha}_2;\boldsymbol{\alpha}_3,\boldsymbol{\alpha}_4)=\frac{\sin\angle(\boldsymbol{\alpha}_1,\boldsymbol{\alpha}_3)\sin\angle(\boldsymbol{\alpha}_4,\boldsymbol{\alpha}_2)}{\sin\angle(\boldsymbol{\alpha}_3,\boldsymbol{\alpha}_2)\sin\angle(\boldsymbol{\alpha}_1,\boldsymbol{\alpha}_4)}.$$

（符号 $\angle(\boldsymbol{\alpha},\boldsymbol{\beta})$ 表示从 $\boldsymbol{\alpha}$ 旋转到 $\boldsymbol{\beta}$ 的角.）

7. 设在一个圆上取定 4 个不同点 A_1,A_2,A_3,A_4，证明：

(1) 任取圆上不同于这 4 点的点 B，交比 $(BA_1,BA_2;BA_3,BA_4)$ 是与 B 的选择无关的常数（记作 k）；

(2) 如果 $B=A_i$，则用圆在点 A_i 处的切线代替直线 BA_i，此时交比还是 k；

(3) 如果 B 不在圆上，则 $(BA_1,BA_2;BA_3,BA_4)\neq k$.

8. 在上题的假设下，如果 A_1A_2 是一条直径，并且 A_3A_4 与其垂直，则 $k=-1$.

9. 把第 7 题中的圆改为椭圆，证明同样的结果.

10. 证明：椭圆被它上面的 5 个点完全决定.

11. 设 l_1,l_2,l_3 是扩大平面上相交于点 P 的 3 条线.

(1) 如果 P 是一个普通点，试用作图法画出 l_1,l_2,l_3 的第四调和线 l_4；

(2) 如果 P 是一个无穷远点，l_1,l_2,l_3 都是普通线，试用作图

法画出 l_1,l_2,l_3 的第四调和线 l_4；

(3) 如果 l_3 是无穷远线，试用作图法画出 l_1,l_2,l_3 的第四调和线 l_4.

12. 设 l_1,l_2,l_3 是普通平面上相交于点 P 的 3 条线，l_4 是它们的第四调和线. 证明：l_3 与 l_4 垂直 $\Longleftrightarrow$ l_3 是 l_1,l_2 的分角线.

13. 设 A_1,A_2,A_3 是普通平面上共线的三个不同点，$(A_1,A_2,A_3)\neq 1$. 又设 l_1,l_2,l_3 是依次经过 A_1,A_2,A_3，并且与 A_1,A_2,A_3 所在直线 l 相交的 3 条平行直线. 取定 l_3 上的一点 D，并记 B 为直线 DA_2 与 l_1 的交点，C 为直线 DA_1 与 l_2 的交点. 证明：BC 与 l 的交点就是 A_1,A_2,A_3 的第四调和点.

14. 用作图法画出普通平面上相交于一点 P 的 3 条不同直线的第四调和线.

15. 用作图法画出普通平面上 3 条相互平行的不同直线的第四调和线.

§4 射影坐标系

为了用解析方法研究射影几何学中的问题，必须建立适当的坐标系. 坐标系的基本内涵是建立从几何学的对象(点、线或其他几何图形等等)到某种数量形式(即坐标)的对应关系. 但是坐标的数量形式是要随着几何对象的不同而改变的. 在仿射坐标系中，坐标是有序数组，而对于射影平面，有序数组不再适合，我们将采用**“三联比”**为坐标的数量形式. 三个不全为 0 的数 x,y,z 之间的比例关系称为一个三联比，记作

$$\langle x,y,z\rangle \text{ 或 } \left\langle\begin{matrix}x\\y\\z\end{matrix}\right\rangle.$$

(前者用来记线的坐标；后者用来记点的坐标，它也常写成$\langle(x,y,$

$z)^{\mathrm{T}}\rangle$.)当 x,y,z 同时乘一个不为 0 和 1 的数时,虽然它们每个数都在改变,但是它们的三联比不改变. 显然三联比这种数量形式适合于表现直线的线向和平面的倾向等几何概念. 当在空间中取好了一个仿射坐标系后,对于一条直线 l,取一个与它平行的非零向量 $\boldsymbol{\alpha}$,设 $\boldsymbol{\alpha}$ 的坐标是(x,y,z),则三联比$\langle x,y,z\rangle$与 $\boldsymbol{\alpha}$ 的选择无关,它正好表示了 l 的线向.

4.1 中心直线把上的射影坐标系

我们先在中心直线把上建立射影坐标系,是因为中心直线把和普通空间中的几何有着自然的联系. 正是通过这种联系,利用仿射理论来得到中心直线把上的射影坐标系.

设 $\mathscr{B}(O)$是一个中心直线把,则它的元素是空间中经过 O 点的直线,由线向所决定. 于是,当在空间中取定以 O 为原点的仿射标架$[O;\boldsymbol{e}_1,\boldsymbol{e}_2,\boldsymbol{e}_3]$(实际上起作用的只是三个不共面的向量 $\boldsymbol{e}_1,\boldsymbol{e}_2,\boldsymbol{e}_3$)后, $\mathscr{B}(O)$中的每个元素对应着一个三联比. 这样,我们就得到从 $\mathscr{B}(O)$到全部三联比的集合的一个映射

$$\mathscr{B}(O)\to\{\text{全部三联比的集合}\}.$$

不难看出这是一个一一对应,这种对应关系就是 $\mathscr{B}(O)$上的一个**射影坐标系**. 显然,如果上面的仿射标架$[O;\boldsymbol{e}_1,\boldsymbol{e}_2,\boldsymbol{e}_3]$中的每个坐标向量都乘上同一个不为 0 的数,所决定的射影坐标系是一样的.

上面的射影坐标系有一个明显的问题: 它依赖于普通空间的仿射标架. 对于射影平面来说这是一种外在因素,向量不是中心直线把上的概念,更不能引入到扩大平面和其他形式的射影平面中去. 我们需要建立用射影平面的内在因素来决定的射影坐标系.

定义 5.8 取定 $\mathscr{B}(O)$中的 4 个点 l_1,l_2,l_3,l_4,使得其中任何 3 个都不共线(称这样的点组为**一般位置点组**),再取定空间非零向量 $\boldsymbol{e}_4/\!/l_4$,于是 $\boldsymbol{e}_4$ 可分解为分别平行于 l_1,l_2,l_3 的 3 个向量 $\boldsymbol{e}_1,\boldsymbol{e}_2,\boldsymbol{e}_3$ 之和,即 $\boldsymbol{e}_1+\boldsymbol{e}_2+\boldsymbol{e}_3=\boldsymbol{e}_4$. 由于 l_1,l_2,l_3,l_4 是一般位置点组,容易看出, $\boldsymbol{e}_1,\boldsymbol{e}_2,\boldsymbol{e}_3$ 是不共面的. 于是得到一个仿射标架$[O;\boldsymbol{e}_1,\boldsymbol{e}_2,$

$\boldsymbol{e}_3$]，从而得到 $\mathscr{B}(O)$上的一个射影坐标系. 这个坐标系与 $\boldsymbol{e}_4$ 的选择无关(因为当 $\boldsymbol{e}_4$ 改变时，即乘上一个非 0 常数时，$\boldsymbol{e}_1,\boldsymbol{e}_2,\boldsymbol{e}_3$ 中的每个都乘上这个数)，也就是说，它完全由 l_1,l_2,l_3,l_4 所决定. 称此射影坐标系为**由 l_1,l_2,l_3,l_4 决定的射影坐标系**. 把 l_1,l_2,l_3,l_4 一起称为它的**射影标架**，记作$[l_1,l_2,l_3,l_4]$. l_1,l_2,l_3,l_4 称为这个射影坐标系的**基本点**，其中 l_4 称为**单位点**.

不难看出，在这个射影标架所决定的射影坐标系中，l_1,l_2,l_3,l_4 的射影坐标依次为

$$\begin{pmatrix}1\\0\\0\end{pmatrix},\quad \begin{pmatrix}0\\1\\0\end{pmatrix},\quad \begin{pmatrix}0\\0\\1\end{pmatrix},\quad \begin{pmatrix}1\\1\\1\end{pmatrix}.$$

当 $\mathscr{B}(O)$中取定射影标架$[l_1,l_2,l_3,l_4]$后，不仅它的点有射影坐标，它的线也有射影坐标. $\mathscr{B}(O)$中的线对应着空间中过 O 点的一张平面，它在上述仿射标架$[O;\boldsymbol{e}_1,\boldsymbol{e}_2,\boldsymbol{e}_3]$中有一般方程

$$ax+by+cz=0,$$

把三联比$\langle a,b,c\rangle$称为这条线关于射影标架$[l_1,l_2,l_3,l_4]$的射影坐标.

于是，当在 $\mathscr{B}(O)$中取定射影标架$[l_1,l_2,l_3,l_4]$后，所得到的射影坐标系是两个一一对应：

(1) $\mathscr{B}(O)$中的点集合到全部三联比集合的一一对应；

(2) $\mathscr{B}(O)$中的线集合到全部三联比集合的一一对应.

下列结论都是容易推出的：

(1) 如果一个点的坐标为 $\begin{pmatrix}x\\y\\z\end{pmatrix}$，一条线的坐标为$\langle a,b,c\rangle$，则它们关联的充分必要条件为 $ax+by+cz=0$；

(2) 如果三个点的坐标依次为

$$\begin{pmatrix} x_1 \\ y_1 \\ z_1 \end{pmatrix}, \quad \begin{pmatrix} x_2 \\ y_2 \\ z_2 \end{pmatrix}, \quad \begin{pmatrix} x_3 \\ y_3 \\ z_3 \end{pmatrix},$$

则这三个点共线的充分必要条件为

$$\begin{vmatrix} x_1 & x_2 & x_3 \\ y_1 & y_2 & y_3 \\ z_1 & z_2 & z_3 \end{vmatrix} = 0;$$

(3) 如果三条线的坐标依次为

$$\langle a_1, b_1, c_1 \rangle, \quad \langle a_2, b_2, c_2 \rangle, \quad \langle a_3, b_3, c_3 \rangle,$$

则这三条线共点的充分必要条件为

$$\begin{vmatrix} a_1 & b_1 & c_1 \\ a_2 & b_2 & c_2 \\ a_3 & b_3 & c_3 \end{vmatrix} = 0.$$

4.2 扩大平面上的射影坐标系

在扩大平面上建立射影坐标系的自然想法是通过它到某个中心直线把的射影这种一一对应来实现. 设 A_1, A_2, A_3, A_4 是扩大平面 π_+ 上处于一般位置的 4 点,则 π_+ 到一个中心直线把 $\mathscr{B}(O)$ 的射影把它们映为 $\mathscr{B}(O)$ 的处于一般位置的 4 点 l_1, l_2, l_3, l_4,以 $[l_1, l_2, l_3, l_4]$ 为标架给出一一对应 g: $\mathscr{B}(O) \to$ {全部三联比的集合},π_+ 到 $\mathscr{B}(O)$ 的射影 i 和这个一一对应的复合 $f = g \circ i$ 给出了 π_+ 到{全部三联比的集合}的一个一一对应,也就是 π_+ 上的一个射影坐标系. 这里出现的一个自然的问题是:这个射影坐标系是否和 O 点的选择无关? 这当然是我们希望看到的情形.

引理 设 f: $E^3 \to E^3$ 是一个空间仿射变换, $f(O) = O'$. l_1, l_2, l_3, l_4 是 $\mathscr{B}(O)$ 的处于一般位置的 4 个点,记 $l'_k = f(l_k)$, $k = 1, 2, 3, 4$. 则

(1) l_1', l_2', l_3', l_4' 也处于一般位置；

(2) $\forall\ l \in \mathscr{B}(O)$，$l$ 在$[l_1, l_2, l_3, l_4]$中的坐标和 $\mathscr{B}(O')$中 $f(l)$ 在$[l_1', l_2', l_3', l_4']$中的坐标相同.

证明 (1)的结论是显然的，只用证(2).

取定空间非零向量 $\boldsymbol{e}_k /\!/ l_k$，$k=1,2,3,4$，使得 $\boldsymbol{e}_4=\boldsymbol{e}_1+\boldsymbol{e}_2+\boldsymbol{e}_3$. 于是得到一个仿射标架$[O;\boldsymbol{e}_1,\boldsymbol{e}_2,\boldsymbol{e}_3]$，则 $\mathscr{B}(O)$的由$[l_1, l_2, l_3, l_4]$决定的射影坐标系就是用这个仿射标架给出的. 记

$$\boldsymbol{e}_k' = f(\boldsymbol{e}_k), \quad k = 1,2,3,4,$$

则 $\boldsymbol{e}_k' /\!/ l_k'$，并且 $\boldsymbol{e}_4'=\boldsymbol{e}_1'+\boldsymbol{e}_2'+\boldsymbol{e}_3'$，从而 $\mathscr{B}(O')$的由$[l_1', l_2', l_3', l_4']$决定的射影坐标系是由仿射标架$[O';\boldsymbol{e}_1',\boldsymbol{e}_2',\boldsymbol{e}_3']$给出. 设 $\boldsymbol{e} /\!/ l$，则 $f(\boldsymbol{e}) /\!/ f(l)$，并且 $\boldsymbol{e}$ 在$[O;\boldsymbol{e}_1,\boldsymbol{e}_2,\boldsymbol{e}_3]$的坐标与 $f(\boldsymbol{e})$在$[O';\boldsymbol{e}_1',\boldsymbol{e}_2',\boldsymbol{e}_3']$的坐标相同，从而 l 在$[l_1, l_2, l_3, l_4]$中的坐标和 $\mathscr{B}(O')$中 $f(l)$在$[l_1', l_2', l_3', l_4']$中的坐标相同. ▌

现在我们可以对上面提出的问题给出肯定的回答. 如果 O 和 O'是空间中不在 π 上的两个点. 作空间的仿射变换 f，使得 π 上的每一点都不动，$f(O)=O'$. 记 i, i'分别为 π_+ 到 $\mathscr{B}(O)$和 π_+ 到 $\mathscr{B}(O')$的射影，则对于 π_+上的每一点 P，$f(i(P))=i'(P)$. 记

$$l_k = i(A_k), \quad l_k' = i'(A_k), \quad k = 1,2,3,4.$$

于是 $l_k'=f(l_k)$，$k=1,2,3,4$，从而 $i(P)$在$[l_1, l_2, l_3, l_4]$中的坐标和 $i'(P)$在$[l_1', l_2', l_3', l_4']$中的坐标相同.

定义 5.9 设 A_1, A_2, A_3, A_4 是扩大平面 π_+上处于一般位置的 4 点，取 O 点不在 π 上，设 l_1, l_2, l_3, l_4 依次是 A_1, A_2, A_3, A_4 在射影 $i: \pi_+ \to \mathscr{B}(O)$下的像，规定 $\pi_+ \to$｛全部三联比的集合｝的一一对应如下：$\forall\ A \in \pi_+$，让 A 对应到 $i(A)$在$[l_1, l_2, l_3, l_4]$中的坐标. 称这个对应为 π_+上**由** A_1, A_2, A_3, A_4 **所决定的射影坐标系**. 称点组 A_1, A_2, A_3, A_4 为这个射影坐标系的**射影标架**，记作$[A_1, A_2, A_3, A_4]$. A_1, A_2, A_3, A_4 都称为这个射影坐标系的**基本点**，其中 A_4 称为**单位点**.

在 π_+上取定一个射影坐标系后，不仅点有坐标，线也有坐标，并且在中心直线把上射影坐标所具有的三个性质也都成立. 这些结论都是自然的，这里不再赘述.

扩大平面上射影坐标系定义的方式使得射影、截影和中心投影都是保持射影坐标不变的，即它们都把射影标架变为射影标架，并且对应点和线在对应的射影标架下的射影坐标相同.

4.3 扩大平面上的仿射-射影坐标系

在平面 π 上取定一个仿射坐标系 $I=[O_0;\boldsymbol{e}_1,\boldsymbol{e}_2]$，就可用它决定 π_+上的一个射影坐标系. 方法如下：记 A_1,A_2 分别是 I 的两个坐标向量 $\boldsymbol{e}_1,\boldsymbol{e}_2$ 所代表的无穷远点，D 是仿射坐标为(1,1)的普通点. 则 A_1,A_2,O_0,D 是扩大平面 π_+上处于一般位置的 4 点，决定了 π_+上的一个射影坐标系 J，称为由仿射坐标系 I 决定的**仿射-射影坐标系**. 常常以 I-J 来表示这个坐标系.

下面我们求在这个仿射-射影坐标系中点和线的坐标. 取定不在 π 上的点 O，设 l_1,l_2,l_3,l_4 依次是 A_1,A_2,O_0,D 在射影 $i: \pi_+\to\mathscr{B}(O)$下的像. 记 $\boldsymbol{e}_3=\overrightarrow{OO_0}$，$\boldsymbol{e}_4=\overrightarrow{OD}$. 则 $\boldsymbol{e}_4=\boldsymbol{e}_1+\boldsymbol{e}_2+\boldsymbol{e}_3$，从而由$[l_1,l_2,l_3,l_4]$决定的 $\mathscr{B}(O)$中的射影坐标系就是用仿射标架$[O;\boldsymbol{e}_1,\boldsymbol{e}_2,\boldsymbol{e}_3]$所规定的.

设 P 是 π_+上的普通点，它在 I 中的仿射坐标为(x,y)，则向量 $\overrightarrow{OP}$ 平行于 $\mathscr{B}(O)$中的元素 OP，并且

$$\overrightarrow{OP}=\overrightarrow{OO_0}+\overrightarrow{O_0P}=x\boldsymbol{e}_1+y\boldsymbol{e}_2+\boldsymbol{e}_3,$$

于是 P 在 J 中的射影坐标为$\langle(x,y,1)^{\mathrm{T}}\rangle$.

如果 P 是 π_+上的由非零向量 $\boldsymbol{\alpha}\,(x,y)$代表的无穷远点，则 $\boldsymbol{\alpha}$ 平行于 $\mathscr{B}(O)$中元素 OP，又

$$\boldsymbol{\alpha}=x\boldsymbol{e}_1+y\boldsymbol{e}_2,$$

于是 P 在 J 中的射影坐标为$\langle(x,y,0)^{\mathrm{T}}\rangle$.

这样，在仿射-射影坐标系中普通点和无穷远点在坐标上就有明显的区别：看第三个坐标是否为 0.

由点的坐标的情况，可以得到线的坐标. π 上的直线如果在 I 中的方程为

$$ax + by + c = 0,$$

则由它扩大成的 π_+ 的线在 J 中的射影坐标为 $\langle a, b, c\rangle$；无穷远线的坐标为 $\langle 0, 0, 1\rangle$. 请读者自己证明这些结论. 无穷远线和普通线也在坐标上明显区别了(看前两个坐标是否都为 0).

4.4 射影坐标的应用

和解析几何、仿射几何一样，射影坐标的引入使得射影几何学中的许多计算和证明问题可以通过坐标的方法来解决. 射影几何学中只涉及点的共线问题和线的共点问题，现在有了射影坐标后，这两个问题都可用计算三阶行列式来解决. 于是，仿射几何学中的那些复杂的证明题就可转化为计算问题了. 例如德扎格定理、帕普斯定理等都可以通过射影坐标的计算来验证，这实际上已变成计算问题了.

先给出点和线的射影坐标的计算中的一般规律.

设两点 P, Q 在一个射影坐标系中的射影坐标分别为

$$\left\langle\begin{matrix} x_1 \\ y_1 \\ z_1 \end{matrix}\right\rangle, \quad \left\langle\begin{matrix} x_2 \\ y_2 \\ z_2 \end{matrix}\right\rangle.$$

则它们决定的直线(记作 PQ)的坐标为

$$\left\langle \begin{vmatrix} y_1 & y_2 \\ z_1 & z_2 \end{vmatrix}, \begin{vmatrix} z_1 & z_2 \\ x_1 & x_2 \end{vmatrix}, \begin{vmatrix} x_1 & x_2 \\ y_1 & y_2 \end{vmatrix} \right\rangle,$$

直线 PQ 上的点的坐标的一般形式为

$$\left\langle \lambda \begin{bmatrix} x_1 \\ y_1 \\ z_1 \end{bmatrix} + \mu \begin{bmatrix} x_2 \\ y_2 \\ z_2 \end{bmatrix} \right\rangle,$$

其中 λ,μ 是不全为 0 的实数.

已知两条线的射影坐标,求它交点的坐标以及过交点的其他线的坐标的一般形式也有类似的结果,请读者自己写出.

例 5.3 设在一个射影坐标系中,共线 4 点 l_1,l_2,l_3,l_4 的坐标依次为

$$\left\langle\begin{matrix}1\\-2\\3\end{matrix}\right\rangle,\quad \left\langle\begin{matrix}2\\2\\1\end{matrix}\right\rangle,\quad \left\langle\begin{matrix}3\\0\\4\end{matrix}\right\rangle,\quad \left\langle\begin{matrix}5\\2\\5\end{matrix}\right\rangle,$$

求交比 $(l_1,l_2;l_3,l_4)$.

解 先在 $\mathscr{B}(O)$ 上来计算. 根据交比的定义,交比 $(l_1,l_2;l_3,l_4)$ 也就是 l_1,l_2,l_3,l_4 作为空间中的 4 条直线的交比. 在规定射影坐标系时所用到的仿射标架 $[O;\boldsymbol{e}_1,\boldsymbol{e}_2,\boldsymbol{e}_3]$ 中,设 $\boldsymbol{\alpha}_1,\boldsymbol{\alpha}_2,\boldsymbol{\alpha}_3,\boldsymbol{\alpha}_4$ 依次是以 $(1,-2,3),(2,2,1),(3,0,4),(5,2,5)$ 为坐标的向量. 则

$$(l_1,l_2;l_3,l_4)=(\boldsymbol{\alpha}_1,\boldsymbol{\alpha}_2;\boldsymbol{\alpha}_3,\boldsymbol{\alpha}_4).$$

解出 $\boldsymbol{\alpha}_3=\boldsymbol{\alpha}_1+\boldsymbol{\alpha}_2,\boldsymbol{\alpha}_4=\boldsymbol{\alpha}_1+2\boldsymbol{\alpha}_2$,于是

$$(l_1,l_2;l_3,l_4)=(\boldsymbol{\alpha}_1,\boldsymbol{\alpha}_2;\boldsymbol{\alpha}_3,\boldsymbol{\alpha}_4)=\frac{1}{2}.$$

从这个例子看出用射影坐标计算交比的方法:**把三联比变为普通三维向量,作分解求出交比**.

由于射影、截影和中心投影都是保持射影坐标和交比不变的,因此以上的计算方法也适用于扩大平面.

例 5.4 设在一个射影坐标系中,共线 3 点 l_1,l_2,l_3 的坐标依次为

$$\left\langle\begin{matrix}1\\2\\5\end{matrix}\right\rangle,\quad \left\langle\begin{matrix}1\\0\\3\end{matrix}\right\rangle,\quad \left\langle\begin{matrix}-1\\2\\-1\end{matrix}\right\rangle,$$

求点 l_4 使得 l_1,l_2,l_3,l_4 共线,并且交比 $(l_1,l_2;l_3,l_4)=5$.

解　点 l_4 的射影坐标一定有

$$\left\langle \lambda \begin{bmatrix} 1 \\ 2 \\ 5 \end{bmatrix} + \mu \begin{bmatrix} 1 \\ 0 \\ 3 \end{bmatrix} \right\rangle$$

的形式，只需要决定 λ,μ 的比例关系.

先求出 $(-1,2,-1)$ 对 $(1,2,5)$ 和 $(1,0,3)$ 的分解式

$$(-1,2,-1)=(1,2,5)-2(1,0,3),$$

于是 λ,μ 满足 $-\dfrac{2\lambda}{\mu}=5$，取 $\lambda=5$，则 $\mu=-2$，得到 l_4 的坐标为

$$\left\langle \begin{matrix} 3 \\ 10 \\ 19 \end{matrix} \right\rangle.$$

对于共点 4 线的交比也可以用同样的计算程序用射影坐标来计算(见习题 5.4 的第 3 题).

例 5.5　用射影坐标法证明德扎格定理.

证明　设直线 l_1,l_2,l_3 相交于点 P，$\triangle ABC$ 和 $\triangle A'B'C'$ 的顶点分别在这三条线上(图 5.13)，不妨假设 A,B,C 都不和 P 点重

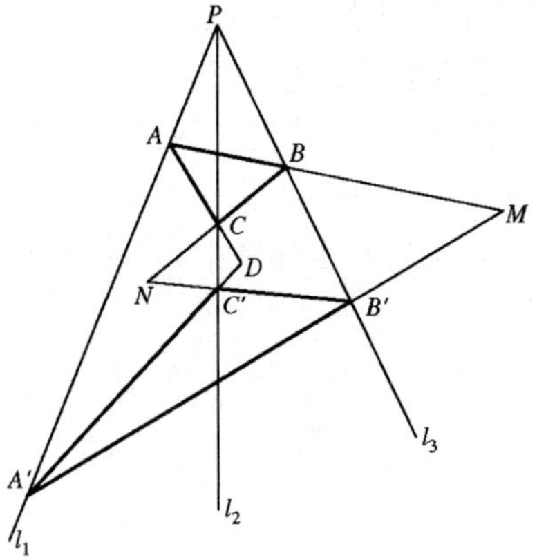

图　5.13

合(否则结论显然成立)，于是 A,B,C,P 是一般位置点组. 以 $[A,B,C,P]$ 为标架，建立射影坐标系. 下面列出各点和线的坐标：

$$A\begin{pmatrix}1\\0\\0\end{pmatrix},\quad B\begin{pmatrix}0\\1\\0\end{pmatrix},\quad C\begin{pmatrix}0\\0\\1\end{pmatrix},\quad P\begin{pmatrix}1\\1\\1\end{pmatrix},$$

$\triangle ABC$ 的三条边的坐标为

$$AB\langle 0,0,1\rangle,\quad BC\langle 1,0,0\rangle,\quad AC\langle 0,1,0\rangle.$$

由图 5.13 可知，点 A' 和 A 与 P 共线，可设点 A' 的坐标为 $\begin{pmatrix}x\\1\\1\end{pmatrix}$. 同理，设 B', C' 的坐标分别为 $\begin{pmatrix}1\\y\\1\end{pmatrix}$ 和 $\begin{pmatrix}1\\1\\z\end{pmatrix}$. 现在可求出 $\triangle A'B'C'$ 的三条边的坐标

$$A'B'\langle 1-y,1-x,xy-1\rangle,\quad B'C'\langle yz-1,1-z,1-y\rangle,$$
$$C'A'\langle 1-z,xz-1,1-x\rangle$$

AB 与 $A'B'$ 的交点 M, BC 与 $B'C'$ 的交点 N 以及 AC 与 $A'C'$ 的交点 D 依次有坐标

$$\begin{pmatrix}x-1\\1-y\\0\end{pmatrix},\quad \begin{pmatrix}0\\y-1\\1-z\end{pmatrix},\quad \begin{pmatrix}1-x\\0\\z-1\end{pmatrix}.$$

显然行列式

$$\begin{vmatrix}x-1 & 0 & 1-x\\ 1-y & y-1 & 0\\ 0 & 1-z & z-1\end{vmatrix}=0,$$

因此 M,N,D 共线.

例 5.6 用射影坐标法证明习题 5.1 的第 4 题的(1)(见图 5.9).

证明 以$[Q,A,E,O]$为射影标架,建立射影坐标系.下面列出各点的坐标:

$$Q\begin{pmatrix}1\\0\\0\end{pmatrix},\quad A\begin{pmatrix}0\\1\\0\end{pmatrix},\quad E\begin{pmatrix}0\\0\\1\end{pmatrix},\quad O\begin{pmatrix}1\\1\\1\end{pmatrix},\quad C\begin{pmatrix}1\\x\\0\end{pmatrix}$$

(利用Q,A,C共线).

即可求出各线的坐标:

$$l\langle 0,0,1\rangle,\quad l'\langle 0,1,0\rangle,\quad AO\langle 1,0,-1\rangle,\quad AE\langle 1,0,0\rangle,$$
$$EO\langle 1,-1,0\rangle,\quad CO\langle x,-1,1-x\rangle,\quad CE\langle x,-1,0\rangle.$$

求出B,D,F的坐标:

$$B\begin{pmatrix}1\\1\\0\end{pmatrix},\quad D\begin{pmatrix}1\\0\\1\end{pmatrix},\quad F\begin{pmatrix}x-1\\0\\x\end{pmatrix}.$$

求出对角线BD,BF的坐标:

$$BD\langle -1,1,1\rangle,\quad BF\langle x,-x,1-x\rangle.$$

最后求出M,N的坐标:

$$M\begin{pmatrix}0\\1\\-1\end{pmatrix},\quad N\begin{pmatrix}1\\x\\-x\end{pmatrix}.$$

显然Q,M,N三点坐标的行列式为

$$\begin{vmatrix}1 & 0 & 1\\0 & 1 & x\\0 & -1 & -x\end{vmatrix}=0,$$

因此Q,M,N这三个点共线.

4.5 对偶原理

对偶原理是射影几何学中的一个深刻而重要的思想.作为原

理，它不是论证的结果. 但是它的形式的抽象性使得初学者不容易领悟和接受. 为此我们到现在才介绍它.

我们前面已经看到，在射影平面上点和线的相互关系有完全的对称性，也就是说它们在逻辑上处于平等的地位. 把射影平面上点和线的这种平等的关系称为**对偶关系**.

如果把几何图形中的点换成线，线换成点，则得到另一种图形，我们把它称为原图形的**对偶图形**. 例如共线点列的对偶图形是共点线束；三角形的对偶图形是三边形，还是它自己.

对于射影几何学中的一个命题，如果把条件和结论中的点换成线，线换成点，则得到另一个命题，称为原命题的**对偶命题**.

例如，帕普斯定理的对偶命题为：

设 l_1,l_2,l_3 和 l_1',l_2',l_3' 都是共点线组. 记 A 是线 l_1 和 l_2' 的交点，A' 是 l_1' 和 l_2 的交点；B 是 l_1 和 l_3' 的交点，B' 是 l_1' 和 l_3 的交点；C 是 l_2 和 l_3' 的交点，C' 是 l_2' 和 l_3 的交点，则线 AA'，BB'，CC' 共点（见图 5.14）.

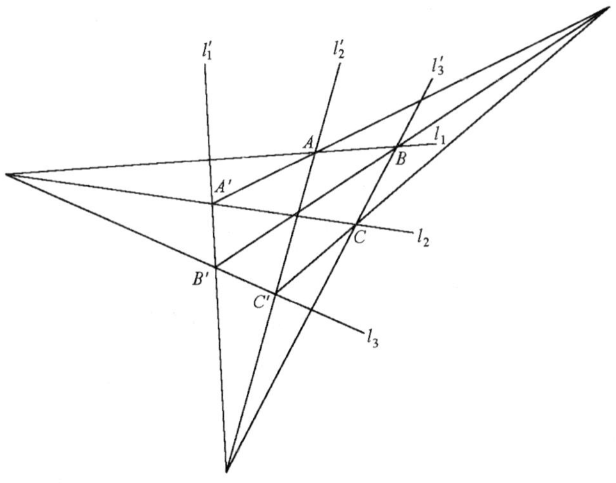

图 5.14

对偶原理 在射影几何学中，一个命题成立的充分必要条件是其对偶命题成立.

对偶原理的根据就是点线的对偶关系. 我们也可以从点与线的射影坐标在形式上的一致性，以及判别点的共线和线的共点在代数形式上的一致性去领悟. 这种一致性使得当用射影坐标来证明一个命题和证明它的对偶命题时，在代数上是完全一样的.

还有一个帮助理解对偶原理的事实是：存在射影平面上的点集到线集的保持关联关系的一一对应. 建立这种一一对应的方法很多，例如在中心直线把上，每个"点"即过把心的直线，它决定过把心的与它垂直的平面，即一"线"，这样得到的从中心直线把的"点"集到"线"集的映射 φ 就是一个一一对应关系，并且如果原来"点"P 和"线"l 关联，则"线"$\varphi(P)$和"点"$\varphi^{-1}(l)$也关联. 以后还可用非退化二次曲线的配极映射来建立这种一一对应.

当有了射影平面上的一个点集与线集之间的保持关联关系的一一对应 φ 后，对每个命题的条件和结论中的点用它的 φ 像替代，线用它的 φ^{-1}像替代；将叙述中的"共线"换成"共点"，"共点"换成"共线"，则即转换成一个新命题，它是原命题的对偶命题. 由于 φ 是保持关联关系的，因此这个新命题与原命题同时成立或同时不成立.

习 题 5.4

1. 平面 π 上有一个凸四边形 $ABCD$，在扩大平面 π_+ 上的射影坐标系$[A,B,C,D]$中，试求：

(1) 四边形 $ABCD$ 的各边及对角线所在线的射影坐标；

(2) 两条对角线的交点的射影坐标；

(3) AB 线与 CD 线的交点的射影坐标；AD 线与 BC 线的交点的射影坐标.

2. 在射影平面上有 4 点 A,B,C,D，在一个射影坐标系中，它们的射影坐标依次为：

$$\begin{pmatrix}3\\-4\\1\end{pmatrix},\quad \begin{pmatrix}2\\3\\1\end{pmatrix},\quad \begin{pmatrix}-4\\3\\1\end{pmatrix},\quad \begin{pmatrix}-1\\1\\0\end{pmatrix}.$$

(1) 求直线 AB,CD,AC,BD,AD,BC 的射影坐标；

(2) 判别这 4 点中，哪 3 点共线？

3. 试说明：射影平面上在取定的射影坐标系中，用射影坐标计算共线 4 点的交比的方法也适用于共点 4 线交比的计算.

4. 在一个射影平面上取定的射影坐标系中，共线 3 点 A,B,C 的射影坐标依次为

$$\begin{pmatrix}2\\5\\1\end{pmatrix},\quad \begin{pmatrix}0\\3\\1\end{pmatrix},\quad \begin{pmatrix}a\\-1\\-1\end{pmatrix},$$

求 a，并求点 D 的坐标，使得交比

$$(A,B;C,D)=5.$$

5. 在一个射影平面上取定的射影坐标系中，共线点组 l_1,l_2,l_3 的射影坐标依次为

$$\langle 1,4,1\rangle,\quad \langle 0,-1,t\rangle,\quad \langle 2,3,-3\rangle,$$

求 t，并求线 l_4 的坐标，使得交比

$$(l_1,l_2;l_3,l_4)=4.$$

6. 在射影平面上有 4 条直线 l_1,l_2,l_3,l_4，在一个射影坐标系中，它们的射影坐标依次为：

$$\langle 3,-4,1\rangle,\quad \langle 5,-1,2\rangle,\quad \langle 0,1,1\rangle,\quad \langle -1,1,0\rangle,$$

设 l_1,l_2 的交点为 A，l_3,l_4 的交点为 B，l 是 A,B 的连线.

(1) 求 l 的射影坐标；

(2) 计算 l_1,l_2,l 的第四调和线.

7. A,B,C,D 是射影平面上的 4 点，它们在射影坐标系 J 中的射影坐标依次为

$$\begin{pmatrix} 3 \\ -4 \\ 1 \end{pmatrix}, \quad \begin{pmatrix} 4 \\ -3 \\ -1 \end{pmatrix}, \quad \begin{pmatrix} 2 \\ 3 \\ 1 \end{pmatrix}, \quad \begin{pmatrix} 3 \\ 2 \\ 1 \end{pmatrix}.$$

(1) 求线 AB 和 CD 的交点 P 的坐标；

(2) 求 CD 线上的点 R,使得交比 $(C,D;P,R)=5$.

8. 设 $[A,B,C,D]$ 是射影平面上的一个射影坐标系，P 点在此坐标系中的坐标为 $\langle(3,-2,4)^{\mathrm{T}}\rangle$,求交比 $(PA,PB;PC,PD)$.

9. 用射影坐标法证明帕普斯定理.

10. 设 $A,B,C,Q_1,Q_2,Q_3,P_1,P_2,P_3$ 是射影平面上的 9 个不同点，A,B,Q_1,P_1 共线，B,C,Q_2,P_2 共线，C,A,Q_3,P_3 共线,记交比

$$(A,B;Q_1,P_1)=a, \quad (B,C;Q_2,P_2)=b, \quad (C,A;Q_3,P_3)=c.$$

(1) 如果三线 AQ_2,BQ_3,CQ_1 共点,证明：

$$P_1,P_2,P_3 \text{ 共线} \iff abc=-1;$$

(2) 如果三线 AQ_2,BQ_3,CQ_1 共点,证明：

$$\text{三线 } AP_2,BP_3,CP_1 \text{ 共点} \iff abc=1;$$

(3) 如果 Q_1,Q_2,Q_3 共线,证明：P_1,P_2,P_3 共线 $\iff abc=1$；

(4) 如果 Q_1,Q_2,Q_3 共线,证明：

$$\text{三线 } AP_2,BP_3,CP_1 \text{ 共点} \iff abc=-1.$$

11. 试写出德扎格定理的对偶命题.

12. 试写出习题 5.1 的第 4 题的(1)和(2)的对偶命题.

§5 射影坐标变换与射影变换

仿射几何学中有两种重要的变换：坐标变换和仿射变换,在射影几何学中同样有类似的两种变换.在射影几何学里对这两类变换的讨论当然有其本身的特殊之处,但是无论是问题的提出,还是讨论的方法,以及结论,都和仿射几何学中大致上平行.许多结

果还是由仿射几何学的结果演变来的，容易理解，也好记忆. 因此我们把这两块内容压缩在一节中来介绍.

5.1 射影坐标变换

下面讨论的问题是：在一个射影平面上的两个射影坐标系中，同一点(线)的射影坐标满足什么关系？

命题 5.7 设 J 和 J' 是同一射影平面上的两个射影坐标系，则

(1) 存在三阶可逆矩阵 $\boldsymbol{H}$，使得对每一点 P，有

$$\langle (x,y,z)^{\mathrm{T}} \rangle = \langle \boldsymbol{H}(x',y',z')^{\mathrm{T}} \rangle, \tag{5.9}$$

这里 $\langle (x,y,z)^{\mathrm{T}} \rangle$ 和 $\langle (x',y',z')^{\mathrm{T}} \rangle$ 分别是 P 在 J 和 J' 中的射影坐标.

(2) 对每一点 P 都满足上述关系式的矩阵虽然不是惟一的，但它们互相只差一个非 0 常数倍.

证明 只用在把 $\mathscr{B}(O)$ 上证明.

(1) 设 J 和 J' 这两个射影坐标系分别由仿射标架 $I[O;\boldsymbol{e}_1,\boldsymbol{e}_2,\boldsymbol{e}_3]$ 和 $I'[O;\boldsymbol{e}_1',\boldsymbol{e}_2',\boldsymbol{e}_3']$ 所决定，记 $\boldsymbol{H}$ 是 I 到 I' 的过渡矩阵. 设 $\langle (x,y,z)^{\mathrm{T}} \rangle$ 和 $\langle (x',y',z')^{\mathrm{T}} \rangle$ 分别是 P 在 J 和 J' 中的射影坐标，则向量

$$\boldsymbol{\alpha} = x\boldsymbol{e}_1 + y\boldsymbol{e}_2 + z\boldsymbol{e}_3, \quad \boldsymbol{\alpha}' = x'\boldsymbol{e}_1' + y'\boldsymbol{e}_2' + z'\boldsymbol{e}_3'$$

都平行于 P(它是过 O 点的直线！). 而 $\boldsymbol{\alpha}$ 和 $\boldsymbol{\alpha}'$ 在 I 中的坐标分别为 $(x,y,z)^{\mathrm{T}}$ 和 $\boldsymbol{H}(x',y',z')^{\mathrm{T}}$，它们相差非 0 常数倍，即

$$\langle (x,y,z)^{\mathrm{T}} \rangle = \langle \boldsymbol{H}(x',y',z')^{\mathrm{T}} \rangle.$$

(2) 记 J' 的射影标架为 $[P_1,P_2,P_3,P_4]$，取定 3 维(代数)向量

$$\boldsymbol{\alpha}_i = (x_i,y_i,z_i)^{\mathrm{T}}, \quad i=1,2,3,4,$$

使得 P_i 在 J 中的射影坐标为 $\langle (x_i,y_i,z_i)^{\mathrm{T}} \rangle$. 因为 P_1,P_2,P_3 不共线，所以 $\boldsymbol{\alpha}_1,\boldsymbol{\alpha}_2,\boldsymbol{\alpha}_3$ 线性无关，从而 $\boldsymbol{\alpha}_4$ 对它们有惟一分解式

$$\boldsymbol{\alpha}_4 = c_1\boldsymbol{\alpha}_1 + c_2\boldsymbol{\alpha}_2 + c_3\boldsymbol{\alpha}_3.$$

以 $c_1\boldsymbol{\alpha}_1, c_2\boldsymbol{\alpha}_2, c_3\boldsymbol{\alpha}_3$ 为列向量，构造 3 阶矩阵

$$\boldsymbol{H}_0 = (c_1\boldsymbol{\alpha}_1, c_2\boldsymbol{\alpha}_2, c_3\boldsymbol{\alpha}_3).$$

下面说明当 3 阶矩阵 $\boldsymbol{H}=(\boldsymbol{\eta}_1,\boldsymbol{\eta}_2,\boldsymbol{\eta}_3)$ 满足(1)中的要求时，它一定是 $\boldsymbol{H}_0$ 的非零常数倍，从而完成(2)的证明.

对 P_1 用(5.9)，得到

$$\langle (x_1,y_1,z_1)^{\mathrm{T}}\rangle = \langle \boldsymbol{H}(1,0,0)^{\mathrm{T}}\rangle = \langle \boldsymbol{\eta}_1\rangle,$$

从而 $\boldsymbol{\alpha}_1 /\!/ \boldsymbol{\eta}_1$. 同理，

$$\boldsymbol{\alpha}_2 /\!/ \boldsymbol{\eta}_2, \quad \boldsymbol{\alpha}_3 /\!/ \boldsymbol{\eta}_3, \quad \boldsymbol{\alpha}_4 /\!/ (\boldsymbol{\eta}_1+\boldsymbol{\eta}_2+\boldsymbol{\eta}_3).$$

设

$$\boldsymbol{\eta}_1 = \lambda_1\boldsymbol{\alpha}_1, \quad \boldsymbol{\eta}_2 = \lambda_2\boldsymbol{\alpha}_2, \quad \boldsymbol{\eta}_3 = \lambda_3\boldsymbol{\alpha}_3,$$
$$\boldsymbol{\alpha}_4 /\!/ (\boldsymbol{\eta}_1+\boldsymbol{\eta}_2+\boldsymbol{\eta}_3) = \lambda\boldsymbol{\alpha}_4,$$

则 λ_i 和 λ 都不为 0，并且

$$\begin{aligned}\lambda_1\boldsymbol{\alpha}_1 + \lambda_2\boldsymbol{\alpha}_2 + \lambda_3\boldsymbol{\alpha}_3 &= \boldsymbol{\eta}_1+\boldsymbol{\eta}_2+\boldsymbol{\eta}_3 = \lambda\boldsymbol{\alpha}_4 \\ &= \lambda(c_1\boldsymbol{\alpha}_1 + c_2\boldsymbol{\alpha}_2 + c_3\boldsymbol{\alpha}_3).\end{aligned}$$

再利用 $\boldsymbol{\alpha}_1,\boldsymbol{\alpha}_2,\boldsymbol{\alpha}_3$ 线性无关，得到 $\lambda_i=\lambda c_i$，$i=1,2,3$. 于是

$$\begin{aligned}\boldsymbol{H} &= (\boldsymbol{\eta}_1,\boldsymbol{\eta}_2,\boldsymbol{\eta}_3) = (\lambda c_1\boldsymbol{\alpha}_1, \lambda c_2\boldsymbol{\alpha}_2, \lambda c_3\boldsymbol{\alpha}_3) \\ &= \lambda(c_1\boldsymbol{\alpha}_1, c_2\boldsymbol{\alpha}_2, c_3\boldsymbol{\alpha}_3) = \lambda\boldsymbol{H}_0. \quad \blacksquare\end{aligned}$$

称满足上述要求的矩阵 $\boldsymbol{H}$ 为 J 到 J' 的**过渡矩阵**. 过渡矩阵虽然不是惟一的，但它互相只差一个非 0 常数倍.

请读者注意：在(2)的证明中，还给出了，当知道 J' 的基本点在 J 中的坐标的情况下，求 J 到 J' 的过渡矩阵的办法.

公式(5.9)称为从 J 到 J' 的**点的射影坐标变换公式**.

例 5.7 设 J 和 J' 是同一射影平面上的两个射影坐标系，已知 J' 的各基本点在 J 中的坐标依次为

$\langle(1,-1,2)^{\mathrm{T}}\rangle$，$\langle(2,0,1)^{\mathrm{T}}\rangle$，$\langle(-1,2,4)^{\mathrm{T}}\rangle$ 和 $\langle(1,-1,0)^{\mathrm{T}}\rangle$，

求 J 到 J' 的过渡矩阵.

解 记

$$\boldsymbol{\alpha}_1 = (1,-1,2)^{\mathrm{T}}, \quad \boldsymbol{\alpha}_2 = (2,0,1)^{\mathrm{T}},$$

$$\boldsymbol{\alpha}_3 = (-1,2,4)^{\mathrm{T}}, \quad \boldsymbol{\alpha}_4 = (1,-1,0)^{\mathrm{T}},$$

求出 $\boldsymbol{\alpha}_4$ 对 $\boldsymbol{\alpha}_1,\boldsymbol{\alpha}_2,\boldsymbol{\alpha}_3$ 的分解式

$$\boldsymbol{\alpha}_4 = \frac{7}{15}\boldsymbol{\alpha}_1 + \frac{2}{15}\boldsymbol{\alpha}_2 - \frac{4}{15}\boldsymbol{\alpha}_3,$$

于是

$$\left(\frac{7}{15}\boldsymbol{\alpha}_1,\frac{2}{15}\boldsymbol{\alpha}_2,\frac{4}{15}\boldsymbol{\alpha}_3\right) = \frac{1}{15}\begin{bmatrix} 7 & 4 & 4 \\ -7 & 0 & -8 \\ 14 & 2 & -16 \end{bmatrix}$$

是 J 到 J' 的过渡矩阵，$\begin{bmatrix} 7 & 4 & 4 \\ -7 & 0 & -8 \\ 14 & 2 & -16 \end{bmatrix}$ 也是 J 到 J' 的过渡矩阵.

下面讨论线的坐标变换规律. 设 $\boldsymbol{H}$ 为 J 到 J' 的过渡矩阵，线 l 在 J 中的坐标为 $\langle a,b,c\rangle$. 则当在 J' 中坐标为 $\langle (x',y',z')^{\mathrm{T}}\rangle$ 的点在 l 上的充分必要条件为

$$(a,b,c)\boldsymbol{H}(x',y',z')^{\mathrm{T}} = 0,$$

从而 $\langle (a,b,c)\boldsymbol{H}\rangle$ 就是 l 在 J' 中的坐标. 或者说，如果 l 在 J' 中的坐标为 $\langle a',b',c'\rangle$，则有

$$\langle a',b',c'\rangle = \langle (a,b,c)\boldsymbol{H}\rangle. \tag{5.10}$$

(5.10)称为从 J 到 J' 的**线的射影坐标变换公式**.

射影坐标变换的过渡矩阵也有仿射坐标变换的过渡矩阵所具有的性质：

如果 J_1,J_2,J_3 是同一射影平面上的三个射影坐标系，$\boldsymbol{H}_1$ 和 $\boldsymbol{H}_2$ 分别是 J_1 到 J_2 和 J_2 到 J_3 的过渡矩阵，则

(1) $\boldsymbol{H}_1\boldsymbol{H}_2$ 是 J_1 到 J_3 的过渡矩阵；

(2) $\boldsymbol{H}_1^{-1}$ 是 J_2 到 J_1 的过渡矩阵.

它们都是从仿射影坐标变换的过渡矩阵的相应性质得出来的.

5.2 射影映射和射影变换

定义 5.10 从一个射影平面到另一个射影平面的一个一一

对应,如果把共线点变为共线点,就称为一个**射影映射**;一个射影平面到自身的射影映射称为**射影变换**.

和仿射几何学中一样,不难证明,射影映射把不共线点变为不共线点,并且从而把线变为线.也就是说,射影映射保持线结构,它同时给出了点的一一对应和线的一一对应,并且保持点线关联关系.

按照定义,扩大平面到中心直线把的射影,以及中心直线把到扩大平面的截影都是射影映射,一个扩大平面到另一个扩大平面的中心投影也是射影映射.下面再列举出几类射影映射和射影变换:

(1) 空间的一个仿射变换 f 导出 $\mathscr{B}(O)$到 $\mathscr{B}(f(O))$的射影映射.显然 f 把经过 O 的直线变为经过 $f(O)$的直线,从而导出 $\mathscr{B}(O)$到 $\mathscr{B}(f(O))$的一个映射 σ, f 的可逆性说明 σ 是一一对应的;又 f 把平面变为平面,从而共面的直线的像仍然共面,即 σ 保持共线性.

(2) 扩大平面上的仿射-射影变换.设 f 是平面 π 上的一个仿射变换,则 f 决定扩大平面 π_+上的一个射影变换 σ 如下:如果 P 是普通点,则规定

$$\sigma(P) = f(P);$$

如果 P 是由 $\boldsymbol{\alpha}$ 决定的无穷远点,则规定 $\sigma(P)$为由 $f(\boldsymbol{\alpha})$决定的无穷远点.请读者自己验证 σ 是一一对应的,并且把共线点变为共线点,从而确实是 π_+上的一个射影变换.它把普通点变为普通点,无穷远点变为无穷远点.

如果扩大平面 π_+上的一个射影变换 σ 把普通点变为普通点,无穷远点变为无穷远点,则称为 π_+上的一个**仿射-射影变换**.

上面用仿射变换扩大得到的射影变换就是一个仿射-射影变换.反之,每个仿射-射影变换 σ 在 π 上的限制 $\sigma|\pi: \pi\to\pi$ 总是一个仿射变换,而 σ 就是仿射变换 $\sigma|\pi: \pi\to\pi$ 扩大而得到的射影变换.

(3) 当两个射影平面 P 和 P'上分别取定了射影坐标系 J,J'

后，规定映射 $\sigma: P \to P'$ 如下：对于射影平面 P 上的任意点 M，使得它的像点 $\sigma(M)$ 在 J' 中的坐标和 M 在 J 中的坐标是一样的. 容易看出，σ 是一个射影映射.

5.3 射影映射基本定理

定理 5.3（射影映射基本定理） 当在两个射影平面 P 和 P' 上各自取定了射影坐标系

$$J[A_1, A_2, A_3, A_4], \quad J'[A_1', A_2', A_3', A_4']$$

后，存在惟一射影映射 $\sigma: P \to P'$ 把 J 变为 J'，即

$$\sigma(A_i) = A_i', \quad i = 1,2,3,4.$$

证明 存在性在上面的(3)中已经说明. 证明惟一性之前先证明下面的引理.

引理 如果 J 和 J' 是扩大平面 π_+ 上分别由仿射标架为 $I[O; \boldsymbol{e}_1, \boldsymbol{e}_2]$ 和 $I'[O'; \boldsymbol{e}_1', \boldsymbol{e}_2']$ 决定的两个仿射-射影坐标系，σ 是一个把 J 变为 J' 的射影映射，则：

(1) σ 是仿射-射影变换；

(2) $\sigma|\pi$ 把 I 变为 I'；

(3) 这样的 σ 是惟一的.

证明 设 J 和 J' 的射影标架分别为 $[A_1, A_2, O, D]$ 和 $[A_1', A_2', O', D']$.

(1) $\sigma(A_i) = A_i'$，$i=1,2$，这里 A_1, A_2 是无穷远线上的两点，它们的 σ 像点 A_1', A_2' 也在无穷远线上，从而 σ 把 π_+ 上的无穷远线变为无穷远线. 这说明 σ 是一个仿射-射影变换.

(2) 记 $f = \sigma|\pi: \pi \to \pi$. 则 $f(O) = O'$，并且 $f(\boldsymbol{e}_i)$ 平行于 $\boldsymbol{e}_i'$，$i=1,2$. 设 $f(\boldsymbol{e}_i) = c_i\boldsymbol{e}_i'$，$i=1,2$. 由于 $f(D) = D'$，从而 $f(\overrightarrow{OD}) = \overrightarrow{O'D'}$，于是

$$c_1\boldsymbol{e}_1' + c_2\boldsymbol{e}_2' = f(\boldsymbol{e}_1 + \boldsymbol{e}_2) = f(\overrightarrow{OD}) = \overrightarrow{O'D'} = \boldsymbol{e}_1' + \boldsymbol{e}_2'.$$

从而 $c_1 = c_2 = 1$，$f(\boldsymbol{e}_i) = \boldsymbol{e}_i'$，$i=1,2$. 这即说明了 f 把 I 变为 I'.

(3) 由(2)得出. ▌

现在回到基本定理惟一性部分的证明,用反证法. 如果从 P 到 P' 有两个不同的射影映射 σ_1,σ_2,满足

$$\sigma_1(A_i)=\sigma_2(A_i)=A_i',\quad i=1,2,3,4.$$

设 J_0 和 J_0' 是扩大平面 π_+ 上的两个仿射-射影坐标系,记 σ 是 π_+ 到 P 的一个射影映射,它把 J_0 变为 J, σ' 是 P' 到 π_+ 的一个射影映射,它把 J' 变为 J_0',则 $\sigma'\circ\sigma_1\circ\sigma$ 和 $\sigma'\circ\sigma_2\circ\sigma$ 是 π_+ 上把 J_0 变为 J_0' 的两个不同的射影变换,这和引理的结论矛盾. ▌

5.4 射影变换公式和变换矩阵

设 σ 是射影平面上的一个射影变换, J 是一个射影坐标系. 下面讨论点 P 和它的像点 $\sigma(P)$ 在 J 中坐标之间的关系. 记 $J'=\sigma(J)$. 又设 $\boldsymbol{H}$ 为 J 到 J' 的过渡矩阵. 则如果 P 在 J 中的坐标为 $\langle(x,y,z)^{\mathrm{T}}\rangle$,那么 $\sigma(P)$ 在 J' 中的坐标也是 $\langle(x,y,z)^{\mathrm{T}}\rangle$. 于是根据坐标变换的公式, $\sigma(P)$ 在 J 中的坐标 $\langle(x',y',z')^{\mathrm{T}}\rangle$ 满足关系式

$$\langle(x',y',z')^{\mathrm{T}}\rangle=\langle\boldsymbol{H}(x,y,z)^{\mathrm{T}}\rangle.$$

设线 l 在 J 中的坐标为 $\langle a,b,c\rangle$,则 $\sigma(l)$ 在 J' 中的坐标也是 $\langle a,b,c\rangle$,于是 $\sigma(l)$ 在 J 中的坐标 $\langle a',b',c'\rangle$ 满足关系式

$$\langle a,b,c\rangle=\langle(a',b',c')\boldsymbol{H}\rangle.$$

上面两个公式分别称为射影变换 σ 在射影坐标系 J 中点和线的变换公式. 它们在形式上和坐标变换公式一样,但请注意,它们意义上的差别: 这两个公式中出现的坐标是点(或线)及其像在同一坐标系中的坐标(而不是同一点在不同坐标系中的坐标).

称公式中出现的矩阵 $\boldsymbol{H}$ 为 σ 在坐标系 J 中的**变换矩阵**,它也就是 J 到 $\sigma(J)$ 的过渡矩阵. 请注意,变换矩阵不仅和变换本身有关系,还和坐标系有关.

仿射变换的变换矩阵所具有的性质对于射影变换的变换矩阵也都是成立的,即有

(1) 如果 $\boldsymbol{G}$ 是射影变换 σ 在射影坐标系 J 中的变换矩阵,则 $\boldsymbol{G}^{-1}$是 σ^{-1}在 J 中的变换矩阵;

(2) 如果 $\boldsymbol{G}_1$ 和 $\boldsymbol{G}_2$ 分别是 σ_1 和 σ_2 在射影坐标系 J 中的变换矩阵,则 $\boldsymbol{G}_2\boldsymbol{G}_1$ 是 $\sigma_2\circ\sigma_1$ 在 J 中的变换矩阵;

(3) 如果 $\boldsymbol{G}$ 是射影变换 σ 在射影坐标系 J 中的变换矩阵, $\boldsymbol{H}$ 为 J 到 J'的过渡矩阵,则 σ 在 J'中的变换矩阵为 $\boldsymbol{H}^{-1}\boldsymbol{G}\boldsymbol{H}$.

这些性质的证明和仿射几何中类似,甚至可以用仿射几何中的相应性质推出,这里从略.

例 5.8 设 f 是平面 π 上的一个仿射变换,在仿射坐标系 $I[O;\boldsymbol{e}_1,\boldsymbol{e}_2]$中的变换公式为

$$\begin{cases}x' = a_{11}x + a_{12}y + b_1,\\ y' = a_{21}x + a_{22}y + b_2.\end{cases}$$

设 σ 是 f 决定的仿射-射影变换,求 σ 在 I 决定的仿射-射影坐标系 I-J 中的变换矩阵.

解 先求出 I-J 的基本点 A_1,A_2,O,D 在 σ 下的像点在 I-J 中的坐标. 设

$$f(\boldsymbol{e}_1) = a_{11}\boldsymbol{e}_1 + a_{21}\boldsymbol{e}_2,$$

因此 $\sigma(A_1)$在 I-J 中的坐标为$\langle(a_{11},a_{21},0)^{\mathrm{T}}\rangle$. 类似地, $\sigma(A_2)$在 I-J 中的坐标为$\langle(a_{12},a_{22},0)^{\mathrm{T}}\rangle$.

$f(O)$在 I 中的坐标为(b_1,b_2),因此 $f(O)$在 I-J 中的坐标为$\langle(b_1,b_2,1)^{\mathrm{T}}\rangle$.

$f(D)$在 I 中的坐标为$(a_{11}+a_{12}+b_1,a_{21}+a_{22}+b_2)$,因此 $f(D)$在 I-J 中的坐标为$\langle(a_{11}+a_{12}+b_1,a_{21}+a_{22}+b_2,1)^{\mathrm{T}}\rangle$.

利用命题 5.7 证明中所指出的方法,求出 J 到 $f(J)$的过渡矩阵为

$$\begin{bmatrix}a_{11} & a_{12} & b_1\\ a_{21} & a_{22} & b_2\\ 0 & 0 & 1\end{bmatrix},$$

它就是 σ 在仿射-射影坐标系 I-J 中的变换矩阵.

例 5.9 设一个射影平面上有两个射影坐标系 J_1 和 J_2,它们

的射影标架分别为

$$[A_1, A_2, A_3, A_4] \quad 和 \quad [B_1, B_2, B_3, B_4].$$

σ 是把 J_1 变为 J_2 的射影变换. 已知在某个射影坐标系 J 中，J_1 和 J_2 的基本点的坐标为：

$$A_1\begin{vmatrix}1\\0\\1\end{vmatrix}, \quad A_2\begin{vmatrix}2\\1\\1\end{vmatrix}, \quad A_3\begin{vmatrix}3\\-1\\0\end{vmatrix}, \quad A_4\begin{vmatrix}3\\5\\2\end{vmatrix},$$

$$B_1\begin{vmatrix}-1\\0\\3\end{vmatrix}, \quad B_2\begin{vmatrix}1\\1\\3\end{vmatrix}, \quad B_3\begin{vmatrix}2\\3\\8\end{vmatrix}, \quad B_4\begin{vmatrix}2\\1\\-2\end{vmatrix}.$$

(1) 求 σ 在射影坐标系 J 中的变换矩阵；

(2) 求 σ 在射影坐标系 J_1 中的变换矩阵.

解 设 σ_1 和 σ_2 分别是把 J 变为 J_1 和 J_2 的射影变换，则 $\sigma_2 = \sigma \circ \sigma_1$. 用命题 5.7 证明中所指出的方法，分别求出 J 到 J_1 和 J_2 的过渡矩阵 $\boldsymbol{G}_1$ 和 $\boldsymbol{G}_2$，

$$\boldsymbol{G}_1 = \begin{bmatrix}-2 & 8 & -3\\0 & 4 & 1\\-2 & 4 & 0\end{bmatrix}, \quad \boldsymbol{G}_2 = \begin{bmatrix}3 & -1 & 2\\0 & -1 & 3\\-9 & -3 & 8\end{bmatrix},$$

它们分别就是 σ_1 和 σ_2 在射影坐标系 J 中的变换矩阵.

(1) 因为 $\sigma = \sigma_2 \circ \sigma_1^{-1}$，所以 $\boldsymbol{G}_2\boldsymbol{G}_1^{-1}$ 是 σ 在射影坐标系 J 中的变换矩阵，求得

$$\boldsymbol{G}_2\boldsymbol{G}_1^{-1} = -\frac{1}{16}\begin{bmatrix}3 & -23 & 21\\13 & -9 & -13\\53 & 31 & -125\end{bmatrix},$$

则

$$\boldsymbol{G} = \begin{bmatrix}3 & -23 & 21\\13 & -9 & -13\\53 & 31 & -125\end{bmatrix}$$

也是 σ 在射影坐标系 J 中的一个变换矩阵.

(2) 按照定义，σ 在射影坐标系 J_1 中的变换矩阵就是 J_1 到 J_2 的过渡矩阵. 再根据过渡矩阵的性质，$\boldsymbol{G}_1^{-1}\boldsymbol{G}_2$ 就是 J_1 到 J_2 的过渡矩阵，求得

$$\boldsymbol{G}_1^{-1}\boldsymbol{G}_2=\frac{1}{16}\begin{bmatrix}96 & 22 & -58\\ 12 & -1 & 3\\ -48 & -12 & 36\end{bmatrix},$$

则

$$\boldsymbol{G}'=\begin{bmatrix}96 & 22 & -58\\ 12 & -1 & 3\\ -48 & -12 & 36\end{bmatrix}$$

是 σ 在射影坐标系 J_1 中的一个变换矩阵.

习　题　5.5

1. 设 J 和 J' 是同一射影平面上的两个射影坐标系，已知 J' 的各基本点在 J 中的坐标依次为

$\langle(4,-2,3)^{\mathrm{T}}\rangle$，$\langle(5,2,0)^{\mathrm{T}}\rangle$，$\langle(1,3,-2)^{\mathrm{T}}\rangle$，$\langle(1,1,0)^{\mathrm{T}}\rangle$.

(1) 求 J 到 J' 的过渡矩阵；

(2) 已知点在 J 中的坐标为 $\langle(1,1,-1)^{\mathrm{T}}\rangle$，求它在 J' 中的坐标；

(3) 已知点在 J' 中的坐标为 $\langle(1,-1,2)^{\mathrm{T}}\rangle$，求它在 J 中的坐标；

(4) 已知线在 J 中的坐标为 $\langle 2,0,-1\rangle$，求它在 J' 中的坐标；

(5) 已知线在 J' 中的坐标为 $\langle 0,1,-1\rangle$，求它在 J 中的坐标.

2. 在一个射影平面上给出两个射影坐标系 J 和 J'：

$$J=[A,B,C,D],\quad J'=[C,A,D,B],$$

求 J 到 J' 的过渡矩阵.

3. 在取定射影平面上给出一个射影坐标系

$$J=[A,B,C,D],$$

求依次把点

$$\langle(1,0,1)^{\mathrm{T}}\rangle,\quad \langle(2,0,1)^{\mathrm{T}}\rangle,\quad \langle(0,1,1)^{\mathrm{T}}\rangle,\quad \langle(0,2,1)^{\mathrm{T}}\rangle$$

变为 A,B,C,D 的射影变换在 J 中的变换矩阵.

4. 在射影坐标系 J 中,求依次把点

$$\langle(0,1,1)^{\mathrm{T}}\rangle,\quad \langle(1,0,1)^{\mathrm{T}}\rangle,\quad \langle(1,1,0)^{\mathrm{T}}\rangle$$

变为

$$\langle(1,0,0)^{\mathrm{T}}\rangle,\quad \langle(0,1,0)^{\mathrm{T}}\rangle,\quad \langle(0,0,1)^{\mathrm{T}}\rangle$$

的射影变换在 J 中的变换矩阵的一般形式.

5. 在射影坐标系 J 中,求依次把线

$$\langle 1,0,0\rangle,\quad \langle 0,1,0\rangle,\quad \langle 0,0,1\rangle$$

变为

$$\langle a_1,b_1,c_1\rangle,\quad \langle a_2,b_2,c_2\rangle,\quad \langle a_3,b_3,c_3\rangle$$

的射影变换在 J 中的变换矩阵的一般形式.

6. 已知一个射影变换在射影坐标系 J 中的变换矩阵为

$$\begin{bmatrix} 0 & 1 & 1 \\ -1 & 2 & 1 \\ -2 & 2 & 3 \end{bmatrix},$$

求它的不动点和不动线.

7. 设 $f: \pi_+ \to \pi_+$ 是扩大平面 π_+ 的一个射影变换,在下列条件下,判断它是不是仿射-射影变换,并说明理由.

(1) f 把 π 上一个平行四边形变为平行四边形;

(2) π 上有三个不共线的点是 f 的不动点.

8. 设 A,B,C,D 是平面 π 上一个平行四边形的 4 个顶点, A',B',C',D' 也在 π 上,并且 A',B',D' 不共线,

$$\overrightarrow{A'C'} = c\,\overrightarrow{A'B'} + d\,\overrightarrow{A'D'}.$$

(1) c,d 满足什么条件时扩大平面 π_+ 有一个射影变换 σ,它依次把 A,B,C,D 变为 A',B',C',D'?(说明理由)

(2) 要使 σ 是仿射-射影变换,还需要加什么条件?(说明理由)

§6 二次曲线的射影理论

6.1 射影平面上的二次曲线及其矩阵

类似于在欧氏几何学、仿射几何学中，图形在坐标系中都具有方程一样，当取定了射影坐标系后，射影平面上的图形也具有方程，即图形上的点的坐标所要满足的方程. 由于射影坐标是三联比的形式，相应的方程一定是齐次的形式，即如果(x,y,z)满足方程，则对于任何不为 0 的数 λ，$(\lambda x,\lambda y,\lambda z)$一定也满足该方程. 反之，一个齐次方程在取定了射影坐标系的射影平面上有图形，即该图形是以满足此齐次方程的三联比为坐标的全体点的集合. 例如一个一次齐次方程

$$ax+by+cz=0,$$

其图形就是以$\langle a,b,c\rangle$为坐标的线.

我们把一个二次齐次方程

$$a_{11}x^2+a_{22}y^2+a_{33}z^2+2a_{12}xy+2a_{13}xz+2a_{23}yz=0 \tag{5.11}$$

在一个射影坐标系中的图形 Γ 称为射影平面上的二次曲线.

首先来考察射影平面上的二次曲线和普通平面上的二次曲线的关系.

在扩大平面 π_+上的一个仿射-射影坐标系 I-J 中，我们来看二次齐次方程

$$a_{11}x^2+a_{22}y^2+a_{33}z^2+2a_{12}xy+2a_{13}xz+2a_{23}yz=0$$

的图形. 一个在 I 中的仿射坐标为(x,y)的普通点（它的射影坐标为 $\langle(x,y,1)^{\mathrm{T}}\rangle$）位于(5.11)的图形 Γ 上，也就是满足

$$a_{11}x^2+a_{22}y^2+2a_{12}xy+2a_{13}x+2a_{23}y+a_{33}=0. \tag{5.12}$$

当 a_{11},a_{22},a_{12}不全为 0 时，(5.12)是 π 上的一条普通二次曲线 Γ_0.

一个由仿射坐标为(x,y)非零向量所代表的无穷远点在(5.11)的图形上，也就是

$$a_{11}x^2+a_{22}y^2+2a_{12}xy=0,$$

即它代表了Γ_0的一个渐近方向. 于是(5.11)的图形Γ就是π上的普通二次曲线Γ_0再加上它的由渐近方向所代表的无穷远点. 由此可以看出，扩大平面上的二次曲线和普通平面上的二次曲线的密切联系.

但是扩大平面上的二次曲线并不全是由普通平面上的二次曲线"扩大"而得到的，还要包含一些其他情形. 例如当a_{11},a_{22},a_{12}全为0，但是a_{13},a_{23}不全为0时，(5.11)的图形由坐标为$\langle 2a_{13},2a_{23},a_{33}\rangle$的线和无穷远线构成；如果$a_{11},a_{22},a_{12},a_{13},a_{23}$全为0，$a_{33}$不为0时，(5.11)的图形就是无穷远线.

(5.11)式等号左边的二次齐次多项式可以用矩阵乘积的形式写出

$$\begin{aligned}&a_{11}x^2+a_{22}y^2+a_{33}z^2+2a_{12}xy+2a_{13}xz+2a_{23}yz\\&=(x,y,z)\begin{bmatrix}a_{11}&a_{12}&a_{13}\\a_{12}&a_{22}&a_{23}\\a_{13}&a_{23}&a_{33}\end{bmatrix}\begin{bmatrix}x\\y\\z\end{bmatrix}.\end{aligned}$$

记

$$\boldsymbol{X}=(x,y,z)^{\mathrm{T}},$$

$$\boldsymbol{A}=\begin{bmatrix}a_{11}&a_{12}&a_{13}\\a_{12}&a_{22}&a_{23}\\a_{13}&a_{23}&a_{33}\end{bmatrix},$$

则(5.11)可以简单地写成

$$\boldsymbol{X}^{\mathrm{T}}\boldsymbol{A}\boldsymbol{X}=0.$$

$\boldsymbol{A}$是一个对称矩阵，它和(5.11)式等号左边的多项式是互相决定的，我们称$\boldsymbol{A}$为Γ在J中的矩阵.

由于把(5.11)式等号左边的多项式乘上一个不为0的常数时，图形不变，由此当$\boldsymbol{A}$乘上一个不为0的常数时也是同一个二

次曲线的矩阵.因此,二次曲线(在同一个射影坐标系中)的矩阵不是惟一的,但是它们只是相差一个不为 0 的倍数.

引进二次曲线的矩阵的概念使得我们可以利用代数工具来研究二次曲线.但是,二次曲线的矩阵不仅和曲线本身有关,还和射影坐标系有关.

命题 5.8 如果 J 和 J'是同一个射影平面的两个射影坐标系,J 到 J'的过渡矩阵为 $\boldsymbol{H}$.又设 $\boldsymbol{A}$ 为二次曲线 Γ 在 J 中的矩阵,则 $\boldsymbol{H}^{\mathrm{T}}\boldsymbol{A}\boldsymbol{H}$ 为 Γ 在 J'中的矩阵.

证明 设射影平面上的一点 P 在 J'中的坐标为

$$\langle \boldsymbol{X}' \rangle = \begin{pmatrix} x \\ y \\ z \end{pmatrix},$$

则 P 在 J 中的坐标为

$$\langle \boldsymbol{X} \rangle = \langle \boldsymbol{H}\boldsymbol{X}' \rangle,$$

于是

$$\begin{aligned} P\ \text{在二次曲线上} &\Longleftrightarrow \boldsymbol{X}^{\mathrm{T}}\boldsymbol{A}\boldsymbol{X} = 0 \\ &\Longleftrightarrow \boldsymbol{X}'^{\mathrm{T}}\boldsymbol{H}^{\mathrm{T}}\boldsymbol{A}\boldsymbol{H}\boldsymbol{X}' = 0. \end{aligned}$$

这里 $\boldsymbol{H}^{\mathrm{T}}\boldsymbol{A}\boldsymbol{H}$ 是对称矩阵,因此它是二次曲线在 J'中的矩阵. ▌

6.2 二次曲线的射影分类

类似于仿射几何中对几何图形的仿射分类,可规定射影平面上的图形的射影分类.下面我们只讨论二次曲线的射影分类问题.

定义 5.11 设 Γ 和 Γ'是同一个射影平面上的两条二次曲线,如果存在一个射影变换 σ,使得

$$\sigma(\Gamma) = \Gamma',$$

则称 Γ 和 Γ' **射影等价**.

设 $\boldsymbol{A}$ 是 Γ 在一个射影坐标系 J 中的矩阵,$\Gamma'=\sigma(\Gamma)$.记

$$J' = \sigma(J),$$

则 $\boldsymbol{A}$ 也是 Γ' 在 J' 中的矩阵. 根据命题 5.8，$(\boldsymbol{H}^{-1})^{\mathrm{T}}\boldsymbol{A}\boldsymbol{H}^{-1}$是 Γ' 在 J 中的矩阵(这里 $\boldsymbol{H}$ 是 J 到 J' 的过渡矩阵). 由此我们得到用矩阵来判断二次曲线射影等价的法则.

命题 5.9 如果两条二次曲线 Γ_1 和 Γ_2 在某个射影坐标系中的矩阵分别为 $\boldsymbol{A}_1$ 和 $\boldsymbol{A}_2$,则 Γ_1 和 Γ_2 射影等价的充分必要条件为 $\boldsymbol{A}_1$ 和 $\pm\boldsymbol{A}_2$ 合同.

证明 根据上面的讨论，Γ_1 和 Γ_2 射影等价的充分必要条件为：存在不为 0 的常数 c,使得 $\boldsymbol{A}_1$ 和 $c\boldsymbol{A}_2$ 合同. 当 $c>0$ 时，$c\boldsymbol{A}_2$ 合同于 $\boldsymbol{A}_2$,当 $c<0$ 时，$c\boldsymbol{A}_2$ 合同于$-\boldsymbol{A}_2$. ▌

根据代数学的合同等价的理论,三阶实对称矩阵的合同等价类共有 10 个,它们可分别用下面 10 个矩阵代表：

(1) $\begin{bmatrix}1&0&0\\0&1&0\\0&0&1\end{bmatrix}$； (2) $\begin{bmatrix}1&0&0\\0&1&0\\0&0&-1\end{bmatrix}$；

(3) $\begin{bmatrix}1&0&0\\0&-1&0\\0&0&-1\end{bmatrix}$； (4) $\begin{bmatrix}-1&0&0\\0&-1&0\\0&0&-1\end{bmatrix}$；

(5) $\begin{bmatrix}1&0&0\\0&1&0\\0&0&0\end{bmatrix}$； (6) $\begin{bmatrix}1&0&0\\0&-1&0\\0&0&0\end{bmatrix}$；

(7) $\begin{bmatrix}-1&0&0\\0&-1&0\\0&0&0\end{bmatrix}$； (8) $\begin{bmatrix}1&0&0\\0&0&0\\0&0&0\end{bmatrix}$；

(9) $\begin{bmatrix}-1&0&0\\0&0&0\\0&0&0\end{bmatrix}$； (10) $\begin{bmatrix}0&0&0\\0&0&0\\0&0&0\end{bmatrix}$.

其中，(10)不是二次曲线的矩阵；(1)和(4)表示的二次曲线同类，图形是空集；(2)和(3)表示的二次曲线等价；(5)和(7)表示的二次曲线等价；(8)和(9)表示的二次曲线等价. 于是图形不是空集的二次曲线只有 4 个等价类型,它们的代表依次为：

$$x^2+y^2-z^2=0,\quad \text{圆锥曲线(或称非退化二次曲线)},$$
$$x^2+y^2=0,\quad \text{一点},$$
$$x^2-y^2=0,\quad \text{两条直线},$$
$$x^2=0,\quad \text{一条直线}.$$

请注意,椭圆、双曲线、抛物线(它们的矩阵都可逆),都属于圆锥曲线这个等价类,也就是说,在射影几何学中它们是等价的.下面我们来讨论圆锥曲线的射影理论.

6.3 两点关于圆锥曲线的共轭关系

从方程和图形都容易看出,在圆锥曲线上,是不存在整条线的.

从几何直观容易看出,不在一条圆锥曲线 Γ 上的点可以有两种情况:

(1) 过这个点的每一条线都和 Γ 相交于两个点,称这种点在 Γ 的内部;

(2) 存在过这个点的线,它和 Γ 没有交点,称这种点在 Γ 的外部.

现在设 Γ 是一条圆锥曲线, $\boldsymbol{A}$ 是它在射影坐标系 J 中的矩阵.点 P,Q 在 J 中的坐标分别为

$$\left\langle\begin{matrix}p_1\\p_2\\p_3\end{matrix}\right\rangle \quad \text{和} \quad \left\langle\begin{matrix}q_1\\q_2\\q_3\end{matrix}\right\rangle.$$

定义 5.12 如果

$$(p_1,p_2,p_3)\boldsymbol{A}\begin{bmatrix}q_1\\q_3\\q_2\end{bmatrix}=0, \tag{5.13}$$

则称 P,Q 关于 Γ **调和共轭**.

这个定义虽然是通过在一个射影坐标系 J 中 Γ 的矩阵 $\boldsymbol{A}$,以及点 P 和 Q 的坐标规定的,实际上调和共轭与射影坐标系的选择

无关，是由 Γ 和点 P,Q 所决定的. 设 J' 是另一个射影坐标系，$\boldsymbol{H}$ 是 J 到 J' 的过渡矩阵，则 $\boldsymbol{H}^{\mathrm{T}}\boldsymbol{A}\boldsymbol{H}$ 是 Γ 在 J' 中的矩阵，而 P,Q 在 J' 中的坐标分别为

$$\left\langle \boldsymbol{H}^{-1}\begin{bmatrix}p_1\\p_2\\p_3\end{bmatrix}\right\rangle \quad 和 \quad \left\langle \boldsymbol{H}^{-1}\begin{bmatrix}q_1\\q_2\\q_3\end{bmatrix}\right\rangle,$$

于是

$$(p_1,p_2,p_3)(\boldsymbol{H}^{-1})^{\mathrm{T}}\boldsymbol{H}^{\mathrm{T}}\boldsymbol{A}\boldsymbol{H}\boldsymbol{H}^{-1}\begin{bmatrix}q_1\\q_2\\q_3\end{bmatrix}=(p_1,p_2,p_3)\boldsymbol{A}\begin{bmatrix}q_1\\q_2\\q_3\end{bmatrix}.$$

即(5.13)式等号左边的算式的值与坐标系的选择无关.

根据定义 5.12，如果一个点与它自己关于 Γ 调和共轭，则该点在 Γ 上.

下面的命题表明了调和共轭的几何意义.

命题 5.10 如果两个不同点 P,Q 都不在 Γ 上，并且它们决定的线和 Γ 相交于两点 R,S，则 P,Q 关于 Γ 调和共轭的充分必要条件为 P,Q,R,S 为调和点列.

证明 设在射影坐标系 J 中，$\boldsymbol{A}$ 是 Γ 的矩阵. 点 P,Q 坐标分别为

$$\left\langle\begin{matrix}p_1\\p_2\\p_3\end{matrix}\right\rangle \quad 和 \quad \left\langle\begin{matrix}q_1\\q_2\\q_3\end{matrix}\right\rangle,$$

则 R,S 的坐标可分别表示为

$$\left\langle\begin{matrix}t_1p_1+q_1\\t_1p_2+q_2\\t_1p_3+q_3\end{matrix}\right\rangle \quad 和 \quad \left\langle\begin{matrix}t_2p_1+q_1\\t_2p_2+q_2\\t_2p_3+q_3\end{matrix}\right\rangle.$$

因为 R,S 都在 Γ 上，所以

$$(t_ip_1+q_1,t_ip_2+q_2,t_ip_3+q_3)\boldsymbol{A}\begin{bmatrix}t_ip_1+q_1\\t_ip_2+q_2\\t_ip_3+q_3\end{bmatrix}=0,\quad i=1,2,$$

即 t_1 和 t_2 是二次方程

$$(p_1,p_2,p_3)\boldsymbol{A}\begin{bmatrix}p_1\\p_3\\p_2\end{bmatrix}t^2+2(p_1,p_2,p_3)\boldsymbol{A}\begin{bmatrix}q_1\\q_3\\q_2\end{bmatrix}t$$

$$+(q_1,q_2,q_3)\boldsymbol{A}\begin{bmatrix}q_1\\q_3\\q_2\end{bmatrix}=0 \tag{5.14}$$

的两个解. 用射影坐标计算交比,得到 $(P,Q;R,S)=t_2/t_1$.

于是

$$P,Q\text{ 关于 }\Gamma\text{ 调和共轭}\iff(p_1,p_2,p_3)\boldsymbol{A}\begin{bmatrix}q_1\\q_3\\q_2\end{bmatrix}=0$$

$$\iff t_1+t_2=0$$

$$\iff (P,Q;R,S)=-1.\quad \blacksquare$$

如果 Γ 是扩大平面上的圆锥曲线,并且它在普通平面上的部分是一条中心型二次曲线(椭圆或双曲线),利用这个命题可以推出:中心与每个无穷远点都关于 Γ 调和共轭.

命题 5.11 圆锥曲线 Γ 上的两个不同点不会关于 Γ 调和共轭.

证明 设 P,Q 是 Γ 上的两个不同点,坐标分别为

$$\begin{pmatrix}p_1\\p_2\\p_3\end{pmatrix}\quad\text{和}\quad\begin{pmatrix}q_1\\q_2\\q_3\end{pmatrix}.$$

则 P,Q 决定的线上的点(除了 P 点外)的坐标可表示为

$$\begin{pmatrix} tp_1 + q_1 \\ tp_2 + q_2 \\ tp_3 + q_3 \end{pmatrix}$$

的形式，它在 Γ 上的条件是 t 是(5.14)的解. 由于 P,Q 在 Γ 上，(5.14)的二次项系数和常数项都是 0，于是一次项系数不为 0(否则 P,Q 决定的线在 Γ 上)，也就是

$$(p_1,p_2,p_3)\boldsymbol{A}\begin{bmatrix} q_1 \\ q_3 \\ q_2 \end{bmatrix} \neq 0,$$

即 P,Q 关于 Γ 不调和共轭. ▌

6.4 配极映射

当射影平面上取定了一条圆锥曲线 Γ 后，可以利用它规定这个射影平面的点集合到线集合的一个一一对应关系.

对于射影平面上的每个点 P，全部和 P 关于 Γ 调和共轭的点构成一条线，这一点容易用坐标看出：设 $\boldsymbol{A}$ 是 Γ 在射影坐标系 J 中的矩阵，点 P 在 J 中的坐标为

$$\begin{pmatrix} p_1 \\ p_2 \\ p_3 \end{pmatrix}.$$

则从调和共轭的定义可以看出，点 Q 和 P 关于 Γ 调和共轭，即 Q 在线 $\langle(p_1,p_3,p_3)\boldsymbol{A}\rangle$ 上. 也就是说，全部和 P 关于 Γ 调和共轭的点构成线 $\langle(p_1,p_3,p_3)\boldsymbol{A}\rangle$.

定义 5.13 称全部和 P 关于 Γ 调和共轭的点构成的线为 P 关于 Γ 的**极线**，记作 $\Gamma(P)$.

从点 P 到 $\Gamma(P)$ 的对应是射影平面的点集合到线集合的一个

映射. 从坐标容易看出，它是单一的；它也是满的，这也可以用坐标来看出：设 $\boldsymbol{A}$ 是 Γ 在射影坐标系 J 中的矩阵，线 l 在 J 中的坐标为 $\langle a,b,c\rangle$，则它就是坐标为

$$\left\langle \boldsymbol{A}^{-1}\begin{bmatrix}a\\b\\c\end{bmatrix}\right\rangle$$

的点的极线. 我们把这个点称为 l 关于 Γ 的**极点**.

于是，当在射影平面上取定了一条圆锥曲线 Γ 后，就有了这个射影平面的点集合到线集合的一个一一对应：点对应到它的极线，线对应到它的极点. 我们把这个一一对应称为由 Γ 决定的射影平面上的**配极映射**.

容易从定义看出以下几个事实：

(1) 点 P 在自己的极线 $\Gamma(P)$ 上 $\Longleftrightarrow P\in\Gamma$.

(2) 如果 $P\in\Gamma$，则 $\Gamma(P)$ 和 P 的交点只有 P 一个（命题 5.11).

(3) 点 P 在点 Q 的极线 $\Gamma(Q)$ 上的充分必要条件是点 Q 在点 P 的极线 $\Gamma(P)$ 上. 也就是说，配极映射这个一一对应是保持点线关联关系的.

配极映射有着深刻的理论意义（如用来解释对偶原理等），还可以用来深化对普通平面上的圆锥曲线的了解，它给了我们认识圆锥曲线某些概念的一个新的观察角度.

1. 共轭直径和方向的共轭

设 Γ_0 是普通平面 π 上的一条圆锥曲线，在 π 上的一个仿射坐标系 I 中，它的方程为

$$a_{11}x^2+a_{22}y^2+2a_{12}xy+2b_1x+2b_2y+c=0.$$

Γ_0 扩大为扩大平面上的圆锥曲线 Γ，则在由 I 决定的仿射-射影坐标系 I-J 中，Γ 的方程为

$$a_{11}x^2+a_{22}y^2+2a_{12}xy+2b_1xz+2b_2yz+cz^2=0.$$

于是 Γ 在 J 中的矩阵为

$$\boldsymbol{A}=\begin{bmatrix}a_{11} & a_{12} & b_1\\ a_{12} & a_{22} & b_2\\ b_1 & b_2 & c\end{bmatrix}.$$

设 π 上的一点 P 在 I 中的坐标为 (x_0,y_0)，则 P 在 J 中的射影坐标为 $\langle(x_0,y_0,1)^{\mathrm{T}}\rangle$，于是 $\Gamma(P)$ 在 J 中的射影坐标为

$$\begin{aligned}\langle(x_0,y_0,1)\boldsymbol{A}\rangle &= \langle a_{11}x_0+a_{12}y_0+b_1, a_{12}x_0+a_{22}y_0+b_2,\\ &\qquad b_1x_0+b_2y_0+c\rangle\\ &= \langle F_1(x_0,y_0), F_2(x_0,y_0), F_3(x_0,y_0)\rangle,\end{aligned}$$

这里 $F_i(x_0,y_0)$ 的意义见第三章.

如果 P 点不是 Γ_0 的中心，则 $\Gamma(P)$ 在 π 上的部分在 I 中的方程为

$$F_1(x_0,y_0)x+F_2(x_0,y_0)y+F_3(x_0,y_0)=0.$$

如果 P 点是 Γ_0 的中心，则 $F_1(x_0,y_0)$，$F_2(x_0,y_0)$ 都等于 0，因此 $\Gamma(P)$ 是无穷远线.

对于一个无穷远点 P，设它由在 I 中的坐标为 (m,n) 的向量所代表，P 在 J 中的射影坐标为 $\langle(m,n,0)^{\mathrm{T}}\rangle$，则 $\Gamma(P)$ 在 J 中的射影坐标为

$$\langle(m,n,0)\boldsymbol{A}\rangle=\langle a_{11}m+a_{12}n, a_{12}m+a_{22}n, b_1m+b_2n\rangle.$$

如果 (m,n) 不代表抛物线的渐近方向，即 $a_{11}m+a_{12}n$，$a_{12}m+a_{22}n$ 不全为 0，则 $\Gamma(P)$ 在 π 上的部分在 I 中的方程为

$$(a_{11}m+a_{12}n)x+(a_{12}m+a_{22}n)y+b_1m+b_2n=0,$$

即
$$mF_1(x,y)+nF_2(x,y)=0$$

也就是方向 (m,n) 的共轭直径.

如果 Γ_0 是抛物线，(m,n) 平行于它的渐近线，则 $a_{11}m+a_{12}n$，$a_{12}m+a_{22}n$ 全为 0，$\Gamma(P)$ 是无穷远直线.

两个非零向量 (m,n) 和 (m',n') 代表的无穷远点的射影坐标分别为 $\langle(m,n,0)^{\mathrm{T}}\rangle$，$\langle(m',n',0)^{\mathrm{T}}\rangle$，它们调和共轭

$$(m,n,0)\boldsymbol{A}(m',n',0)^{\mathrm{T}} = 0,$$

即
$$(m,n)\boldsymbol{A}_0(m',n')^{\mathrm{T}} = 0.$$

也就是(m,n)和(m',n')代表的方向互相共轭.

2. 圆锥曲线的切线

在射影理论中,切线的概念变得更加简单明了.

定义 5.14 在射影平面上,一条圆锥曲线 Γ 的切线就是和 Γ 只有一个公共点的线.

例如普通平面上的抛物线作为扩大平面上的圆锥曲线,凡是和对称轴平行的直线不是切线,因为它和抛物线除了有一个普通交点外,还有一个无穷远交点.而在扩大平面上的无穷远线是它的切线.双曲线的平行于渐近线(但不是渐近线)的直线也不是切线,因为它和双曲线也有两个交点:一个普通点和由该渐近方向代表的无穷远点.但是渐近线是切线,它和双曲线交于一个无穷远点.

如果点 P 在圆锥曲线 Γ 上,则过 P 有 Γ 的一条切线,它就是 P 的极线 $\Gamma(P)$.

如果点 P 在圆锥曲线 Γ 的内部,则过 P 没有 Γ 的切线.

如果点 P 在圆锥曲线 Γ 的外部,则过 P 有 Γ 的两条切线.设 P 的极线 $\Gamma(P)$和 Γ 相交于 Q_1,Q_2,则 Q_1,Q_2 处的切线都经过 P 点,即 $\Gamma(Q_1)$和 $\Gamma(Q_2)$是过 P 点的两条切线.

例 5.10 设 A,B,C,D 是圆锥曲线 Γ 上的 4 个不同点,记 E 是线 AB,CD 的交点, F 是线 AD,BC 的交点, G 是线 AC,BD 的交点(图 5.15),证明 E,F,G 两两关于 Γ 调和共轭.

证明 方法 1. 用射影坐标来验证.在射影坐标系$[A,B,C,D]$中, Γ 的方程为

$$axy + bxz + cyz = 0 \quad (a + b + c = 0)$$

(见习题 5.6 的第 1 题),于是 Γ 的矩阵为

$$\boldsymbol{A} = \begin{bmatrix} 0 & a & b \\ a & 0 & c \\ b & c & 0 \end{bmatrix}.$$

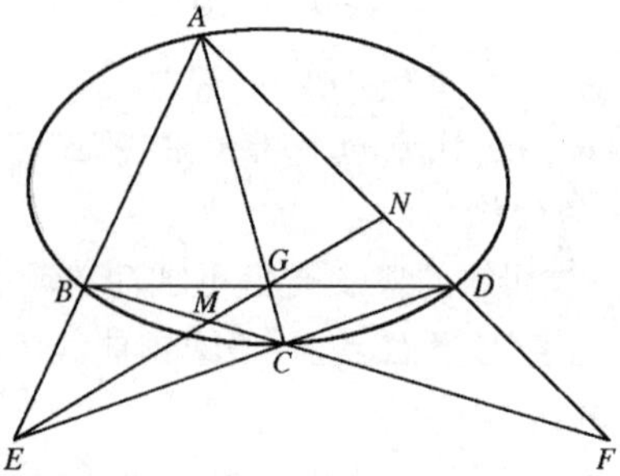

图 5.15

又容易计算出点的坐标：

$$E\langle(1,1,0)^{\mathrm{T}}\rangle,\quad F\langle(0,1,1)^{\mathrm{T}}\rangle,\quad G\langle(1,0,1)^{\mathrm{T}}\rangle,$$

则

$$\begin{aligned}(1,1,0)\boldsymbol{A}(0,1,1)^{\mathrm{T}} &= (1,1,0)\boldsymbol{A}(1,0,1)^{\mathrm{T}}\\ &= (0,1,1)\boldsymbol{A}(1,0,1)^{\mathrm{T}} = 0.\end{aligned}$$

根据定义，E,F,G 两两关于 Γ 调和共轭.

方法 2. 设线 EG 分别交 AD 和 BC 于 N 和 M，根据例 5.2 中求第四调和点的方法(图 5.12)，交比

$$(A,D;N,F) = (B,C;M,F) = -1.$$

从而 F 与 N 和 M 都关于 Γ 调和共轭，即线 $EG=\Gamma(F)$，因而 F 与 E 和 G 都关于 Γ 调和共轭.

同法可证 E 与 G 也关于 Γ 调和共轭.

这个例子的结论可用于极线、极点和切线的作图(习题 5.6 的第 7 题).

6.5 几个著名定理

定理 5.4（施泰纳(Steiner)定理） 如果一条圆锥曲线 Γ 上给定四个不同的点 A,B,C,D，则对 Γ 上的任意点 P，它与这四点连线的交比$(PA,PB;PC,PD)$是与 P 无关的常数(如果 P 就是 A,B,C,D 中的某一点，则连线用 Γ 在该点处的切线代替).

证明 由于交比在射影变换下不变，只须对圆证明此命题，这是§3的一个习题(习题5.3的第7题). ▌

推论 一条圆锥曲线由其上的5个不同点惟一决定.

命题 5.12 对于射影平面上任给的处于一般位置的5个点，存在惟一圆锥曲线通过它们.

证明 上面的推论已说明了惟一性，只须再证明存在性. 设 A,B,C,D,E 是射影平面上的5个处于一般位置的点. 建立射影坐标系 $[A,B,C,D]$. 设 E 的坐标为 $\langle(u,v,w)^{\mathrm{T}}\rangle$，则由 D 与 A,B,C,E 中的任意两点都不共线，可推出(请自己完成) u,v,w 都不为 0，并且两两不等. 由习题5.6的第1题的结果，在此坐标系中过 A,B,C,D 的二次曲线有形如

$$axy+bxz+cyz=0\quad(a+b+c=0),$$

即

$$ay(x-z)+bz(x-y)=0$$

的方程，只须令 $a=w(v-u)$，$b=v(u-w)$，此二次曲线就经过 E 点. 此时 $a,b,c=a+b$ 都不为 0，从而此二次曲线非退化. ▌

定理 5.5 (帕斯卡(Pascal)定理) 圆锥曲线的任一内接六边形(其顶点是两两不同的)的三对对边的交点共线.

证明 设 $ABCDEF$ 是圆锥曲线的一个内接六角形(图5.16)，按照点的顺序，它的3对对边为 AB 与 DE，CD 与 FA，BC 与 EF，它们的交点依次记为 P,Q,R，再记 G 是 AF 与 DE 的交点，H 是 CD 与 EF 的交点. 记 l 是 P,Q 所在的直线，要证明的是

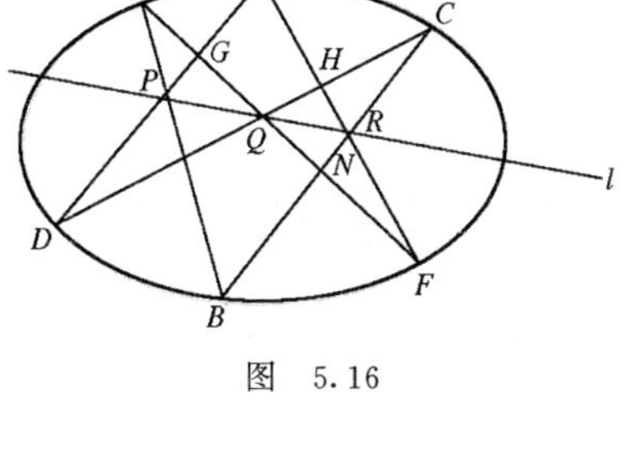

图 5.16

R 在 l 上. 也就是 BC 和 l 相交于 R. 为此,先设 BC 和 l 相交于 N,只用证明 $N=R$.

计算交比

$$\begin{aligned}(E,H;N,F) &= (QE,DC;l,AF) = (E,D;P,G) \\ &= (AE,AD;AB,AF) \\ &= (CE,CD;CB,CF)\ (\text{用了施泰纳定理}) \\ &= (E,H;R,F),\end{aligned}$$

于是

$$N = R. \quad \blacksquare$$

定理的证明看起来依赖于图 5.16 的具体画法. 事实上, A, B, C, D, E, F 这 6 个点在曲线上的位置可以是任意的,并且三对对边的交点也可以是无穷远点. 有兴趣的读者可以自己就各种不同情形进行考察.

A, B, C, D, E, F 这 6 个点不必两两不同,图 5.17 是 A, B 相同的情形,读者可仿效定理 5.5 的证明方法试着证明. 习题中还给出了另外一些有趣情形.

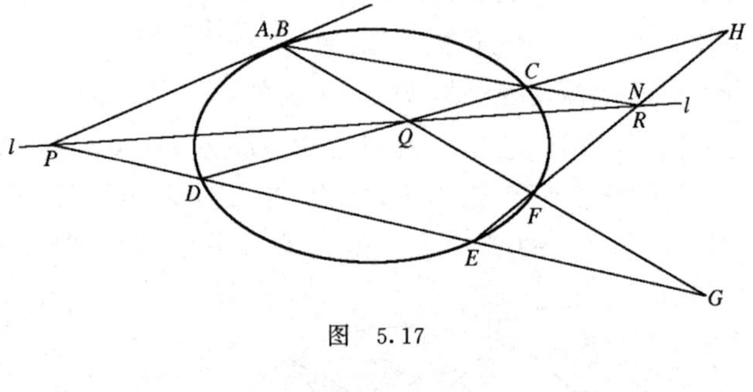

图 5.17

习 题 5.6

1. 如果二次曲线经过射影标架的 4 个基本点,则它的方程为

$$2a_{12}xy + 2a_{13}xz + 2a_{23}yz = 0$$

的形式,其中 $a_{12}+a_{13}+a_{23}=0$. 并且如果它是圆锥曲线,则 a_{12}, a_{13},

a_{23}都不为 0.

2. 求过射影标架的 4 个基本点和点$\langle(3,2,3)^{\mathrm{T}}\rangle$的二次曲线的方程.

3. 求过 5 个点$\langle(1,1,0)^{\mathrm{T}}\rangle$,$\langle(2,1,0)^{\mathrm{T}}\rangle$,$\langle(1,-1,1)^{\mathrm{T}}\rangle$,$\langle(0,1,-1)^{\mathrm{T}}\rangle$,$\langle(0,0,1)^{\mathrm{T}}\rangle$的二次曲线的方程.

4. 求过 3 个点 $A\langle(2,1,0)^{\mathrm{T}}\rangle$,$B\langle(0,2,1)^{\mathrm{T}}\rangle$,$C\langle(0,0,1)^{\mathrm{T}}\rangle$,并且在 A 和 B 处的切线分别为$\langle 1,-2,2\rangle$和$\langle 0,1,-2\rangle$的二次曲线的方程.

5. 设 Γ 是平面 π 上的一条中心型二次曲线, O 为中心,A,B 是 Γ 上的两个点,M 是它们的中点,N 是 Γ 在 A,B 处的两条切线的交点,证明 O,M,N 共线.

6. 设 Γ 是平面 π 上的一条圆锥曲线, A,B,C,D 是 Γ 上的 4 个点,使得 AB 平行于 CD. 记 M,N 分别是线段 AB,CD 的中点. 又设 Γ 在 A,B 处的切线相交于 P,Γ 在 C,D 处的切线相交于 Q,直线 AC,BD 相交于 S,直线 AD,BC 相交于 T,证明: P,Q,S,T 都和 M,N 共线.

7. 设 Γ 是平面 π 上的一条非退化二次曲线,用直尺作下列图形:

(1) 点 P 不在 Γ 上,作 P 的极线;

(2) 作线的极点;

(3) 点 Q 在 Γ 的外部,作经过 Q 的切线;

(4) 点 M 在 Γ 上,作 Γ 在 M 处的切线.

8. 证明: 如果一个椭圆的内接凸六边形有两对对边平行,则第三对对边也平行.

9. 对于圆锥曲线的任意一个内接三角形,作每个顶点处的切线与对边的交点,证明这 3 个交点共线.

10. 设 $ABCD$ 是圆锥曲线的一个内接四边形,记 M 是 A 和 C 处切线的交点, N 是 B 和 D 处切线的交点,P 是边 AB 和 CD 的交点,Q 是边 AD 和 BC 的交点,证明: M,N,P,Q 共线.

附录　行列式与矩阵

行列式与矩阵是在本课程中常用的线性代数工具. 下面列出本书涉及到的有关概念和结论，以供查找. 要进一步了解，请看线性代数的教材.

一、行列式

1. 形式

用 n^2 个数排列成的一个 n 行 n 列的表格，两边界以竖线，就成为一个 n **阶行列式**. 例如

$$\begin{vmatrix} 2 & 3 \\ 1 & -4 \end{vmatrix}, \qquad \begin{vmatrix} 4 & -2 & 7 \\ 3 & 5 & -6 \\ -1 & 1 & 2 \end{vmatrix}$$

分别是二阶行列式和三阶行列式. 本书中要用的主要是二或三阶行列式. 构成行列式的那些数称为它的元素，位于第 i 行和第 j 列的元素称为 (i,j) 位元素. 本书中用的行列式的元素都是实数.

2. 意义

行列式是一个算式，把它的元素按照一定的法则进行运算，得到的数值称为这个行列式的**值**. 根据本书需要，我们只介绍二和三阶行列式的值的计算法则.

求二阶和三阶行列式的值的计算公式：

$$\begin{vmatrix} a_{11} & a_{12} \\ a_{21} & a_{22} \end{vmatrix} = a_{11}a_{22} - a_{12}a_{21};$$

$$\begin{vmatrix} a_{11} & a_{12} & a_{13} \\ a_{21} & a_{22} & a_{23} \\ a_{31} & a_{32} & a_{33} \end{vmatrix} = a_{11}a_{22}a_{33} + a_{12}a_{23}a_{31} + a_{13}a_{21}a_{32}$$

$$-a_{13}a_{22}a_{31}-a_{11}a_{23}a_{32}-a_{12}a_{21}a_{33}.$$

3. 性质

用上面的公式计算三阶行列式计算量比较大,通常可用行列式的性质来减少计算量.下面介绍行列式的性质.

把 n 阶行列式的第 i 行和第 j 列划去后所得到的 $n-1$ 阶行列式称为(i,j)位元素 a_{ij} 的**余子式**,记作 $\boldsymbol{M}_{ij}$. 称 $\boldsymbol{A}_{ij}=(-1)^{i+j}\boldsymbol{M}_{ij}$ 为 a_{ij} 的**代数余子式**.

性质 1 行列式可对某一行(列)展开,即行列式的值等于该行(列)的各元素与其代数余子式乘积之和,即

$$\begin{aligned} n\text{ 阶行列式的值} &= \sum_{j=1}^{n} a_{ij}\boldsymbol{A}_{ij} \quad (\forall\ i)\ (\text{对第 } i \text{ 行的展开式}) \\ &= \sum_{i=1}^{n} a_{ij}\boldsymbol{A}_{ij} \quad (\forall\ j)\ (\text{对第 } j \text{ 列的展开式}). \end{aligned}$$

利用此性质,一个三阶行列式的计算可以转化为 3 个二阶行列式的计算. 同理,一个四阶行列式的计算可以转化为 4 个三阶行列式的计算. 以此类推,任何阶行列式的值都可用同样办法递推地降阶计算.

性质 2 把行列式转置(即行列互换),行列式值不变.

例如

$$\begin{vmatrix} a_{11} & a_{21} & a_{31} \\ a_{12} & a_{22} & a_{32} \\ a_{13} & a_{23} & a_{33} \end{vmatrix} = \begin{vmatrix} a_{11} & a_{12} & a_{13} \\ a_{21} & a_{22} & a_{23} \\ a_{31} & a_{32} & a_{33} \end{vmatrix}.$$

性质 3 某一行(列)的公因子可以提出.

例如

$$\begin{vmatrix} a_{11} & 3a_{12} & a_{13} \\ a_{21} & 3a_{22} & a_{23} \\ a_{31} & 3a_{32} & a_{33} \end{vmatrix} = 3\begin{vmatrix} a_{11} & a_{12} & a_{13} \\ a_{21} & a_{22} & a_{23} \\ a_{31} & a_{32} & a_{33} \end{vmatrix}.$$

性质 4 对一行或一列可分解,即如果某行(列)可分解为两行(列)之和,则原行列式等于两个行列式之和,这两个行列式即是把

原行列式的该行(列)分别换为分解的两行(列)所得到的行列式.

例如

$$\begin{vmatrix} a_{11} & a_{12} & a_{13} \\ a_{21} & a_{22} & a_{23} \\ b_{31}+c_{31} & b_{32}+c_{32} & b_{33}+c_{33} \end{vmatrix} = \begin{vmatrix} a_{11} & a_{12} & a_{13} \\ a_{21} & a_{22} & a_{23} \\ b_{31} & b_{32} & b_{33} \end{vmatrix} + \begin{vmatrix} a_{11} & a_{12} & a_{13} \\ a_{21} & a_{22} & a_{23} \\ c_{31} & c_{32} & c_{33} \end{vmatrix}.$$

性质 5 把两个行(列)的对应元素互换,行列式的值变号.

性质 6 如果存在一个常数 c,使得某一行(列)的元素是另一行(列)对应的元素的 c 倍,则行列式的值为 0.

性质 7 如果把一行(列)的元素的常数倍加到另一行(列)对应元素上,则行列式的值不变.

性质 8 某一行(列)的各元素与另一行(列)的对应元素的代数余子式乘积之和为 0.

例 1 计算第 286 页所示的三阶行列式.

解 (1) 按照求三阶行列式的值的计算公式有

$$\begin{vmatrix} 4 & -2 & 7 \\ 3 & 5 & -6 \\ -1 & 1 & 2 \end{vmatrix}$$

$$= 4\times5\times2+(-2)\times(-6)\times(-1)+7\times3\times1$$
$$-7\times5\times(-1)-4\times(-6)\times1-(-2)\times3\times2$$
$$=40-12+21+35+24+12=120.$$

(2) 用性质 1,

$$\begin{vmatrix} 4 & -2 & 7 \\ 3 & 5 & -6 \\ -1 & 1 & 2 \end{vmatrix} = 4\times\begin{vmatrix} 5 & -6 \\ 1 & 2 \end{vmatrix} - (-2)\times\begin{vmatrix} 3 & -6 \\ -1 & 2 \end{vmatrix}$$

$$+7\times\begin{vmatrix}3&5\\-1&1\end{vmatrix}\quad（对第一行展开）$$

$$=4\times16+2\times0+7\times8=120.$$

（此方法把公式中的 6 项分为 3 对先相加，由于利用了提出公因子，减少了计算量.）

(3) 先用性质 7，把第 1 列加到第 2 列上，再把第 1 列的 2 倍加到第 3 列上，得到

$$\begin{vmatrix}4&-2&7\\3&5&-6\\-1&1&2\end{vmatrix}=\begin{vmatrix}4&2&15\\3&8&0\\-1&0&0\end{vmatrix}$$

$$=(-1)\times\begin{vmatrix}2&15\\8&0\end{vmatrix}=120.$$

（其中第二个等号是用了性质 1，对第 3 行展开.）

显然方法(3)最简单. 把这种方法称为**化零降阶法**：先用性质 7 把一个 n 阶行列式的某行(列)变到只剩下一个元素不为 0，再用性质 1 对该行(列)展开，于是原行列式的值等于一个 $n-1$ 阶行列式的值的倍数. 如此继续，直到化为计算一个二阶行列式.

二、矩阵

1. 基本概念

矩阵是描写事物形态的数量形式的一种发展.

由 $m\times n$ 个数排列成的一个 m 行 n 列的表格，两侧以圆括号或方括号为界，就成为一个 $m\times n$ 型**矩阵**. 这些数称为它的元素，位于第 i 行第 j 列的数称为 (i,j) 位元素.

例如

$$\begin{bmatrix}a_{11}&a_{12}&a_{13}\\a_{21}&a_{22}&a_{23}\\a_{31}&a_{32}&a_{33}\end{bmatrix},\quad\begin{bmatrix}b_{11}&b_{12}&b_{13}\\b_{21}&b_{22}&b_{23}\end{bmatrix}$$

分别是 3×3 矩阵和 2×3 矩阵.

1×1 矩阵就是数,不用写括号了.

(a_1,a_2,a_3)和 $\begin{bmatrix} a_1 \\ a_2 \\ a_3 \end{bmatrix}$ 分别为 1×3 和 3×1 矩阵,在几何中,它们都可用来表示在某个坐标系中,坐标为 a_1,a_2,a_3 的向量.

元素全为 0 的矩阵称为**零矩阵**,通常就记作 0.

两个矩阵 $\boldsymbol{A}$ 和 $\boldsymbol{B}$ 相等(记作 $\boldsymbol{A}=\boldsymbol{B}$),是指它的行数相等,列数也相等(即它们的类型相同),并且对应的元素也都相等.

2. 矩阵的线性运算和转置

加(减)法 两个 $m\times n$ 的矩阵 $\boldsymbol{A}$ 和 $\boldsymbol{B}$ 可以相加(减),得到的和(差)仍是 $m\times n$ 矩阵,记作 $\boldsymbol{A}+\boldsymbol{B}(\boldsymbol{A}-\boldsymbol{B})$,法则为对应元素相加(减).

数乘 一个 $m\times n$ 的矩阵 $\boldsymbol{A}$ 与一个数 c 可以相乘,乘积仍为 $m\times n$ 的矩阵,记作 $c\boldsymbol{A}$,法则为 $\boldsymbol{A}$ 的每个元素乘以 c.

上述两种运算统称为**线性运算**,它们满足以下规律:

(1) 加法交换律:$\boldsymbol{A}+\boldsymbol{B}=\boldsymbol{B}+\boldsymbol{A}$;

(2) 加法结合律:$(\boldsymbol{A}+\boldsymbol{B})+\boldsymbol{C}=\boldsymbol{A}+(\boldsymbol{B}+\boldsymbol{C})$;

(3) 加乘分配律:$c(\boldsymbol{A}+\boldsymbol{B})=c\boldsymbol{A}+c\boldsymbol{B}$, $(c+d)\boldsymbol{A}=c\boldsymbol{A}+d\boldsymbol{A}$;

(4) 数乘结合律:$c(d)\boldsymbol{A}=(cd)\boldsymbol{A}$.

转置 把一个 $m\times n$ 的矩阵 $\boldsymbol{A}$ 的行和列互换,得到一个 $n\times m$ 的矩阵,称为 $\boldsymbol{A}$ 的转置,记作 $\boldsymbol{A}^{\mathrm{T}}$(或 $\boldsymbol{A}'$).

转置有以下规律:

(1) $(\boldsymbol{A}^{\mathrm{T}})^{\mathrm{T}}=\boldsymbol{A}$;

(2) $(\boldsymbol{A}+\boldsymbol{B})^{\mathrm{T}}=\boldsymbol{A}^{\mathrm{T}}+\boldsymbol{B}^{\mathrm{T}}$;

(3) $(c\boldsymbol{A})^{\mathrm{T}}=c(\boldsymbol{A}^{\mathrm{T}})$.

3. n 阶矩阵,单位矩阵和对称矩阵

行数和列数相等的矩阵称为方阵. 行数和列数都为 n 的方阵习惯上常叫做 n **阶矩阵**. 三阶矩阵和二阶矩阵是本书中用得最多的矩阵. 把 n 阶矩阵的左上角到右下角那条线上的元素称为它的

对角线上的元素，它们的特点是行标与列标相等.

下面几类特殊的 n 阶矩阵是本书中常出现的.

单位矩阵 对角阵上的元素都为 1，其他元素都为 0 的 n 阶矩阵，本书中记作 $\boldsymbol{E}$.

对角矩阵 对角线外的元素都为 0 的 n 阶矩阵.

对称矩阵 满足 $\boldsymbol{A}^{\mathrm{T}}=\boldsymbol{A}$ 的 n 阶矩阵，也即满足

$$a_{ij} = a_{ji} \quad (\forall\ i,j)$$

的 n 阶矩阵.

每个 n 阶矩阵 $\boldsymbol{A}$ 自然决定一个 n 阶行列式，记作 $|\boldsymbol{A}|$，称为 $\boldsymbol{A}$ 的行列式.

4. 矩阵的乘法

当矩阵 $\boldsymbol{A}$ 的列数和 $\boldsymbol{B}$ 的行数相等时，$\boldsymbol{A}$ 和 $\boldsymbol{B}$ 可以相乘，乘积记作 $\boldsymbol{AB}$. $\boldsymbol{AB}$ 的行数和 $\boldsymbol{A}$ 相等，列数和 $\boldsymbol{B}$ 相等. $\boldsymbol{AB}$ 的 (i,j) 元素等于 $\boldsymbol{A}$ 的第 i 行上的元素和 $\boldsymbol{B}$ 的第 j 列上的对应元素乘积之和.

例 2 $\boldsymbol{A} = \begin{bmatrix} a_{11} & a_{12} & a_{13} \\ a_{21} & a_{22} & a_{23} \\ a_{31} & a_{32} & a_{33} \end{bmatrix}$，$\boldsymbol{B} = \begin{bmatrix} b_1 \\ b_2 \\ b_3 \end{bmatrix}$，求 $\boldsymbol{AB}$.

解
$$\boldsymbol{AB}=\begin{bmatrix} b_1a_{11}+b_2a_{12}+b_3a_{13} \\ b_1a_{21}+b_2a_{22}+b_3a_{23} \\ b_1a_{31}+b_2a_{32}+b_3a_{33} \end{bmatrix}=b_1\begin{bmatrix} a_{11} \\ a_{21} \\ a_{31} \end{bmatrix}+b_2\begin{bmatrix} a_{12} \\ a_{22} \\ a_{32} \end{bmatrix}+b_3\begin{bmatrix} a_{13} \\ a_{23} \\ a_{33} \end{bmatrix}.$$

由定义容易看出，单位矩阵和任何矩阵相乘(只要可乘，不论左乘或右乘)还是原来那个矩阵. 即单位矩阵在乘法中确实起了单位的作用.

矩阵乘法适合以下法则：

(1) 加乘分配律：$\boldsymbol{A}(\boldsymbol{B}+\boldsymbol{C})=\boldsymbol{AB}+\boldsymbol{AC}$，$(\boldsymbol{A}+\boldsymbol{B})\boldsymbol{C}=\boldsymbol{AC}+\boldsymbol{BC}$；

(2) 数乘性质：$(c\boldsymbol{A})\boldsymbol{B}=c(\boldsymbol{AB})$；

(3) 结合律：$(\boldsymbol{AB})\boldsymbol{C}=\boldsymbol{A}(\boldsymbol{BC})$；

(4) $(\boldsymbol{AB})^{\mathrm{T}}=\boldsymbol{B}^{\mathrm{T}}\boldsymbol{A}^{\mathrm{T}}$.

例 3 $\boldsymbol{A}=\begin{bmatrix} a_{11} & a_{12} & a_{13} \\ a_{12} & a_{22} & a_{23} \\ a_{13} & a_{23} & a_{33} \end{bmatrix}$，$\boldsymbol{\alpha}=\begin{bmatrix} x \\ y \\ z \end{bmatrix}$，求 $\boldsymbol{\alpha}^{\mathrm{T}}\boldsymbol{A}\boldsymbol{\alpha}$.

解 $\boldsymbol{\alpha}^{\mathrm{T}}\boldsymbol{A}\boldsymbol{\alpha}$ 是 1 阶矩阵，即是一个数. 先把两个矩阵相乘，再和第三个相乘，根据结合律，次序任意. 具体运算如下：

$$\boldsymbol{\alpha}^{\mathrm{T}}\boldsymbol{A}\boldsymbol{\alpha}=\boldsymbol{\alpha}^{\mathrm{T}}\begin{bmatrix} xa_{11}+ya_{12}+za_{13} \\ xa_{12}+ya_{22}+za_{23} \\ xa_{13}+ya_{23}+za_{33} \end{bmatrix}$$

$$=a_{11}x^2+a_{22}y^2+a_{33}z^2+2a_{12}xy+2a_{13}xz+2yza_{23}.$$

n 阶矩阵乘积的**行列式性质**：两个 n 阶矩阵的乘积还是 n 阶矩阵，并且有性质：

$$|\boldsymbol{AB}|=|\boldsymbol{A}|\times|\boldsymbol{B}|.$$

5. 可逆矩阵

设 $\boldsymbol{A}$ 是 n 阶矩阵，如果存在 n 阶矩阵 $\boldsymbol{B}$，使得

$$\boldsymbol{AB}=\boldsymbol{E},\quad \boldsymbol{BA}=\boldsymbol{E},$$

则称 $\boldsymbol{A}$ 为**可逆矩阵**. 此时 $\boldsymbol{B}$ 是惟一的，称为 $\boldsymbol{A}$ 的**逆矩阵**，通常记作 $\boldsymbol{A}^{-1}$.

显然，当 $\boldsymbol{A}$ 为可逆矩阵时，$\boldsymbol{A}^{-1}$ 也可逆，并且

$$(\boldsymbol{A}^{-1})^{-1}=\boldsymbol{A}.$$

如果两个 n 阶矩阵 $\boldsymbol{A}$，$\boldsymbol{C}$ 都可逆，则 $\boldsymbol{AC}$ 也可逆，并且

$$(\boldsymbol{AC})^{-1}=\boldsymbol{C}^{-1}\boldsymbol{A}^{-1}.$$

关于 n 阶矩阵可逆性的判别，有以下结论：

(1) n 阶矩阵 $\boldsymbol{A}$ 可逆 $\Longleftrightarrow |\boldsymbol{A}|\neq 0$；

(2) 对两个 n 阶矩阵 $\boldsymbol{A}$ 和 $\boldsymbol{B}$，

$$\boldsymbol{AB}=\boldsymbol{E} \Longleftrightarrow \boldsymbol{BA}=\boldsymbol{E}.$$

于是，当两个 n 阶矩阵 $\boldsymbol{A}$ 和 $\boldsymbol{B}$ 满足 $\boldsymbol{AB}=\boldsymbol{E}$ 时，则它们都可逆，并且互为逆矩阵.

6. n 阶矩阵的相似与合同

设 $\boldsymbol{A}$ 与 $\boldsymbol{B}$ 是 n 阶矩阵.

(1) 如果存在可逆的 n 阶矩阵 $\boldsymbol{H}$,使得 $\boldsymbol{H}^{-1}\boldsymbol{A}\boldsymbol{H}=\boldsymbol{B}$,则称 $\boldsymbol{A}$ 与 $\boldsymbol{B}$ **相似**.

(2) 如果存在 n 阶可逆矩阵 $\boldsymbol{H}$,使得 $\boldsymbol{H}^{\mathrm{T}}\boldsymbol{A}\boldsymbol{H}=\boldsymbol{B}$,则称 $\boldsymbol{A}$ 与 $\boldsymbol{B}$ **合同**.

如果 $\boldsymbol{A}$ 与 $\boldsymbol{B}$ 合同,且 $\boldsymbol{A}$ 对称,则 $\boldsymbol{B}$ 也对称.

习题答案和提示

第 一 章

习 题 1.1

1. $\overrightarrow{AB}=\dfrac{\boldsymbol{\alpha}-\boldsymbol{\beta}}{2}$, $\overrightarrow{BC}=\dfrac{\boldsymbol{\beta}+\boldsymbol{\alpha}}{2}$.

2. $\overrightarrow{AB}=\dfrac{4\boldsymbol{\alpha}-2\boldsymbol{\beta}}{3}$, $\overrightarrow{AD}=\dfrac{4\boldsymbol{\beta}-2\boldsymbol{\alpha}}{3}$.

3. $\overrightarrow{AD}=\dfrac{\boldsymbol{\alpha}+\boldsymbol{\beta}}{2}$, $\overrightarrow{BE}=\dfrac{\boldsymbol{\beta}}{2}-\boldsymbol{\alpha}$, $\overrightarrow{CF}=\dfrac{\boldsymbol{\alpha}}{2}-\boldsymbol{\beta}$.

4. (1) $\overrightarrow{AE}=\dfrac{3\overrightarrow{AB}}{4}+\dfrac{\overrightarrow{AD}}{2}$, $\overrightarrow{AF}=\dfrac{\overrightarrow{AB}}{4}+\overrightarrow{AD}$.

(2) $\overrightarrow{AB}=\dfrac{4(2\overrightarrow{AE}-\overrightarrow{AF})}{5}$, $\overrightarrow{AC}=\dfrac{2(\overrightarrow{AE}+2\overrightarrow{AF})}{5}$, $\overrightarrow{BC}=\dfrac{2(4\overrightarrow{AF}-3\overrightarrow{AE})}{5}$,

$\overrightarrow{BD}=2(\overrightarrow{AF}-\overrightarrow{AE})$.

5. $\overrightarrow{CD}=\boldsymbol{\beta}-\boldsymbol{\alpha}$, $\overrightarrow{CE}=\boldsymbol{\beta}-2\boldsymbol{\alpha}$.

7. (1) **提示**：先任意取一点 P，M 就是使得

$$\overrightarrow{PM}=\frac{\overrightarrow{PA_1}+\overrightarrow{PA_2}+\cdots+\overrightarrow{PA_n}}{n}$$

的点.

14. **提示**：取定一点 O，证明：对于任何一一对应 f，

$$\overrightarrow{A_1f(A_1)}+\overrightarrow{A_2f(A_2)}+\cdots+\overrightarrow{A_nf(A_n)}$$
$$=\overrightarrow{A_1O}+\overrightarrow{A_2O}+\cdots+\overrightarrow{A_nO}+\overrightarrow{OB_1}+\overrightarrow{OB_2}+\cdots+\overrightarrow{OB_n}.$$

19. $(E,F,G)=\dfrac{3}{2}$, $(A,D,G)=\dfrac{8}{7}$.

20. $(A,D,O)=1$, $(B,C,D)=2$,

$(C,A,E)=\dfrac{3}{2}$, $(B,E,O)=5$.

21. $(A,E,D)=\dfrac{\mu+\nu}{\lambda}$, $(B,C,E)=\dfrac{\nu}{\mu}$.

习 题 1.2

1. $Q\left(\frac{5}{6},\frac{5}{6}\right)$，$P\left(\frac{1}{5},\frac{4}{5}\right)$，$\overrightarrow{PQ}\left(\frac{19}{30},\frac{1}{30}\right)$.

2. $B\left(\frac{4}{3},-\frac{2}{3}\right)$，$D\left(-\frac{2}{3},\frac{4}{3}\right)$，$C\left(\frac{2}{3},\frac{2}{3}\right)$.

3. $A\left(-\frac{2}{7},-\frac{6}{7}\right)$，$B\left(\frac{10}{7},-\frac{12}{7}\right)$，$D\left(-\frac{4}{7},\frac{2}{7}\right)$.

4. (1) $A(0,0)$，$B(1,0)$，$C(2,1)$，$D(2,2)$，$E(1,2)$，$F(0,1)$；

(2) $\overrightarrow{AB}\left(\frac{2}{3},-\frac{1}{3}\right)$，$\overrightarrow{AF}\left(-\frac{1}{3},\frac{2}{3}\right)$.

5. $\left(\frac{1}{3},\frac{1}{3},\frac{1}{3}\right)$. **6.** $(10,0,3)$.

10. $a=6$，$b=4$，$(A,B,C)=-\frac{3}{4}$.

习 题 1.3

1. $|3\boldsymbol{\alpha}+2\boldsymbol{\beta}|=\sqrt{133}$，$|2\boldsymbol{\alpha}-5\boldsymbol{\beta}|=\sqrt{76}=2\sqrt{19}$，

$(3\boldsymbol{\alpha}+2\boldsymbol{\beta})\cdot(2\boldsymbol{\alpha}-5\boldsymbol{\beta})=-19$.

2. $|AP|=\sqrt{3}$，$|AQ|=\frac{1}{3}\sqrt{15+2\sqrt{3}}$，

$\overrightarrow{AP}\cdot\overrightarrow{AQ}=\frac{1}{6}(13+\sqrt{3})$.

3. $|AD|=\frac{1}{3}\sqrt{25+12\sqrt{2}}$.

4. 内投影$\left(\frac{1}{2},\frac{1}{2}\right)$，外投影$\left(-\frac{3}{2},\frac{3}{2}\right)$.

5. $\boldsymbol{\alpha}_1=\left(\frac{3}{7},\frac{6}{7},\frac{12}{7}\right)$；$\boldsymbol{\alpha}_2=\left(\frac{4}{7},-\frac{6}{7},\frac{2}{7}\right)$.

6. (1)成立，另外3个一般不成立；(2)和(3)分别加条件 $\boldsymbol{\alpha}$ 与 $\boldsymbol{\beta}$ 平行；

(4)加条件 $\boldsymbol{\alpha}$ 与 $\boldsymbol{\gamma}$ 平行.

7. 不能.

13. (1) **提示**：把左式中的各个向量都用 $\overrightarrow{AB}$，$\overrightarrow{AC}$，$\overrightarrow{AD}$ 表示.

14. 用第13题的结果.

习 题 1.4

1. 左，右，左，右. **2.** $2\sqrt{221}$. **3.** $(16,4,16)$.

8. 不能.　　**9.** 能.　　**10.** 不能,加条件 $\boldsymbol{\alpha}\,/\!/\,\boldsymbol{\beta}$.

11. **提示**:不妨设 $\boldsymbol{\alpha},\boldsymbol{\beta},\boldsymbol{\gamma}$ 都是单位向量,此时向量 $\boldsymbol{\alpha}+\boldsymbol{\beta}$,$\boldsymbol{\alpha}\times\boldsymbol{\beta}$ 和 $\boldsymbol{\gamma}$ 共面,又 $\boldsymbol{\alpha}+\boldsymbol{\beta}$ 与 $\boldsymbol{\alpha}\times\boldsymbol{\beta}$ 垂直. $\arcsin\dfrac{\sqrt{3}}{3}$.

习　题　1.5

3. $\boldsymbol{\xi}=\dfrac{\boldsymbol{\gamma}\times\boldsymbol{\beta}}{|\boldsymbol{\beta}|^2}+\dfrac{c-\dfrac{(\boldsymbol{\alpha},\boldsymbol{\gamma},\boldsymbol{\beta})}{|\boldsymbol{\beta}|^2}}{\boldsymbol{\alpha}\cdot\boldsymbol{\beta}}\boldsymbol{\beta}$.　　**4.** $\dfrac{16}{3}$.

5. (1) -20;　(2) 36;　(3) $4\sqrt{2}$.

6. (1) 是;　(2) 否;　(3) 是.

13. **提示**:$\boldsymbol{\alpha}\times\boldsymbol{\beta}+\boldsymbol{\beta}\times\boldsymbol{\gamma}+\boldsymbol{\gamma}\times\boldsymbol{\alpha}=(\boldsymbol{\alpha}-\boldsymbol{\gamma})\times(\boldsymbol{\beta}-\boldsymbol{\gamma})$.

14. **提示**:对等式左边的每一项用拉格朗日恒等式.

第　二　章

习　题　2.1

1. (1) $(x-1)^2+y^2+(z-2)^2=25$;

(2) $(x-1)^2+(y+3)^2+(z-5)^2=3$;

(3) $\left(x-\dfrac{11}{4}\right)^2+(y-2)^2+\left(z-\dfrac{7}{4}\right)^2=\dfrac{37}{8}$;

(4) $(x-1)^2+(y-1)^2+(z-4)^2=41$;

(5) $(x+3)^2+(y-3)^2+(z-3)^2=9$ 和 $(x+5)^2+(y-5)^2+(z-5)^2=25$.

2. (1) 是,$(-1,2,-2)$,3;　　(2) 是,$(4,1,-2)$,5;

(3) 不是,图形是空集;

(4) 不是,图形是一点 $(-2,-1,-6)$.

3. $a^2+b^2+c^2>d$.

4. **提示**:(1) $x^2+y^2+z^2=5$;　(2) $x^2+y^2+z^2=y$;

(3) 两式相减得 $x^2+y^2+z^2=2$.

5. (1) 圆周;　(2) 圆周.

6. (1) ① $\left(\sqrt{2},\dfrac{\pi}{4},1\right)$,$\left(\sqrt{3},\dfrac{\pi}{4},\arccos\dfrac{\sqrt{3}}{3}\right)$;

② $\left(2,\dfrac{3\pi}{2},1\right)$,$\left(\sqrt{5},\dfrac{3\pi}{2},\arccos\dfrac{\sqrt{5}}{5}\right)$;

③ $(0,\varphi,1)$，$(1,\varphi,0)$.（φ可取$[0,2\pi)$中任意角.）

(2) ① $\left(-\frac{\sqrt{2}}{4},-\frac{\sqrt{6}}{4},\frac{\sqrt{2}}{2}\right)$，$\left(\frac{\sqrt{2}}{2},\frac{4\pi}{3},\frac{\sqrt{2}}{2}\right)$；

② $\left(-\frac{\sqrt{6}}{2},\frac{\sqrt{6}}{2},1\right)$，$\left(\sqrt{3},\frac{3\pi}{4},1\right)$；

③ $\left(-\frac{\sqrt{2}}{4}a,\frac{\sqrt{6}}{4}a,-\frac{\sqrt{2}}{2}a\right)$，$\left(\frac{\sqrt{2}}{2}a,120°,-\frac{\sqrt{2}}{2}a\right)$.

(3) ① $(1,\sqrt{3},-2)$，$(2\sqrt{2},60°,135°)$；

② $(-\sqrt{2},-\sqrt{2},5)$，$\left(\sqrt{29},225°,\arccos\frac{5}{\sqrt{29}}\right)$.

7. (1) $x^2+y^2=1$，圆柱面；

(2) $4\leqslant x^2+y^2+z^2\leqslant 16$，两个同心球面所夹部分；

(3) $x^2+y^2=2y$，圆柱面；

(4) $x^2+y^2+z^2=4z$，球面.

习　题　2.2

1. (1) 加条件：这三点不共线；

(2) 加条件：点不在直线上；

(3) 加条件：它们不是异面直线；

(4) 加条件：联结这两点的线段和直线不平行.

2. (1) $3x+4y+3z-10=0$；

(2) $19x-13y-11z+3=0$；

(3) $20x-12y+z+18=0$；　　(4) $2x-3y+z-4=0$.

3. (1) $4x+2y+3z=0$；　　(2) $z+3=0$；

(3) $z=0$；　(4) $3y+z+1=0$；　(5) $x+y=0$.

5. (1)和(2)都是两张相交平面.

6. (1) 平行；(2) 相交；(3) 重合.

7. (1) 不是；(2) 不是；(3) 是.

8. -2.　　**10.** $\frac{D_1-D_3}{D_3-D_2}$.

11. $Ax+By+Cz+\frac{D_1+D_2}{2}=0$.

12. $6x-4y+10z-2=0$ 和 $6x-4y+10z-14=0$.

习 题 2.3

1. (1) $\frac{x-2}{1}=\frac{y+1}{0}=\frac{z-3}{3}$; (2) $\frac{x-2}{0}=\frac{y+1}{2}=\frac{z-3}{-1}$.

2. (1) $\frac{x-1}{3}=\frac{y}{-2}=\frac{z}{1}$; (2) $\frac{x-\frac{1}{3}}{1}=\frac{y+1}{-9}=\frac{z-1}{12}$.

3. (1) 平行,直线不在平面上;

(2) 直线在平面上; (3) 相交于$(-1,2,-1)$;

(4) 相交于$(12,-5,-1)$; (5) 直线在平面上;

(6) 直线在平面上.

4. (1) $-x+2y+1=0$; (2) $x+2y-3z=0$;

(3) $x+y+2z-3=0$; (4) $10x+11y+17z-25=0$;

(5) $4x+5y+5z-7=0$; (6) $6x-2y+3z-17=0$.

5. (1) $9x+3y+5z=0$; (2) $21x+14z-3=0$.

6. (1) 相交; (2) 异面; (3) 重合.

7. $a=2$, $b=7$, $s=-12$, $t=-1$.

8. (1) $\begin{cases}x-3y+z+4=0,\\5x-y+3z+4=0;\end{cases}$ (2) $\begin{cases}2x-3y+5z+41=0,\\x-y-z-17=0;\end{cases}$

(3) $\begin{cases}12x-3y-4z-1=0,\\3x+10y-5z-15=0.\end{cases}$

9. (1) $33x+6y+z+13=0$; (2) $\begin{cases}x-4y+7z-1=0,\\6x-y-4z+4=0.\end{cases}$

10. (1) $\begin{cases}x-z=0,\\9x-5y+z=0;\end{cases}$ (2) $x-z=0$.

11. **证明思路**:设平面 π_i 为 $A_ix+B_iy+C_iz+D_i=0$.

(1) $l_1 /\!/ l_2 \Longleftrightarrow l_1 /\!/ \pi_3$ 并且 $l_1 /\!/ \pi_4$.

(2) 不妨设 l_1 和 π_3 不平行,相交于点(x_0,y_0,z_0),则

$$A_ix_0+B_iy_0+C_iz_0+D_i=0,\quad i=1,2,3,$$

而 $A_4x_0+B_4y_0+C_4z_0+D_4\neq 0$. 计算出 4 阶行列式等于

$$(A_4x_0+B_4y_0+C_4z_0+D_4)\begin{vmatrix}A_1 & B_1 & C_1\\A_2 & B_2 & C_2\\A_3 & B_3 & C_3\end{vmatrix}\neq 0.$$

(3) 只须再证明共面,即可推出行列式等于 0.

12. $4x^2-9y^2+6x-45y-36z-144=0$.

13. (2) $t=0$;　　(3) $x^2+y^2-z^2-1=0$.

习 题 2.4

1. (1) $3x+3y+z-3=0$;　　(2) $3x-y-z-6=0$;

(3) $x-2y+z+3=0$;

(4) $-16x+14y+11z+65=0$.

3. (1) $\dfrac{x-3}{3}=\dfrac{y+2}{2}=\dfrac{z-1}{-3}$;　　(2) $\begin{cases}-x+2y+4z+11=0,\\2x+y-3=0;\end{cases}$

(3) $\begin{cases}18x+8y-3z-11=0,\\2x-3y+4z+7=0.\end{cases}$

4. (1) $\dfrac{3\sqrt{2}}{10}$;　　(2) $\sqrt{2}$.

5. 2.　　**6.** $\dfrac{40}{21}$.

7. (1) $\arccos\dfrac{13}{30}$;　　(2) $\dfrac{\pi}{2}$;　　(3) $\arccos\dfrac{2\sqrt{22}}{11}$;

(4) $\arcsin\dfrac{2\sqrt{14}}{21}$;　　(5) $\arcsin\dfrac{\sqrt{70}}{14}$;

(6) ① $\arcsin\dfrac{2\sqrt{170}}{170}$,　　② $\arccos\dfrac{31\sqrt{986}}{986}$.

8. $t=3$, $d=\dfrac{16\sqrt{5}}{15}$.

9. $4x-4y-2z-21=0$ 和 $4x-4y-2z+15=0$.

10. $x+3y=0$ 和 $3x-y=0$.

11. $23x+8y-25z+23=0$ 和 $5x+20y+11z+47=0$.

12. (1) $\dfrac{\sqrt{1012}}{11}$;　　(2) $\dfrac{19\sqrt{113}}{113}$.

13. (1) $2\sqrt{3}$;　　(2) $\dfrac{3\sqrt{41}}{41}$;　　(3) $\dfrac{\sqrt{6}}{6}$.

14. (1) $\dfrac{3\sqrt{122}}{122}$, $\begin{cases}45x-2y-17z-45=0,\\23x-20y+13z=0;\end{cases}$

(2) $\dfrac{2}{3}$, $\begin{cases}x+y+4z-1=0,\\x-2y-2z+3=0.\end{cases}$

习 题 2.5

1. (1) $2x^2+2y^2-5z^2-58z-169=0$;

(2) $3x^2+3z^2+4xy-8xz-4yz-8x-4y+8z+5=0$;

(3) $(x-3)^2+y^2+z^2-4=0$;

(4) $x^4+y^4+z^4+2x^2y^2+2x^2z^2+2y^2z^2-26x^2+10y^2-26z^2+25=0$;

(5) $y=x^2+z^2+4$;

(6) $y^2+z^2=x^4+8x^2+16$;

(7) $y^2-(x^2+z^2)^3=0$.

3. $x^2+z^2=1$, $|y|\leqslant 1$.

4. (1) $36x^2+36y^2-13z^2-2z-25=0$;

(2) $x^2+y^2-\left(\dfrac{1}{a^2}+\dfrac{1}{c^2}\right)z^2+\left(\dfrac{2b}{a}+\dfrac{2d}{c}\right)z-\dfrac{b^2}{a^2}-\dfrac{d^2}{c^2}=0$.

5. (1) $\dfrac{x^2}{5}+\dfrac{y^2}{4}+\dfrac{z^2}{4}=1$;

(2) $x^2+y^2+z^2=4$.

6. 作空间直角坐标系,以 π 为 xy 平面,并且使得 M 的坐标为(0,0,4).

(1) $x^2+y^2-8z+16=0$;

(2) $x^2+y^2-8z^2-8z+16=0$.

7. (1) $5x^2+5y^2+2z^2+2xy+4xz-4yz+4x-4y+4z-1=0$;

(2) $13x^2+10y^2+5z^2-4xy-6xz-12yz-14x+28y-14z-105=0$;

(3) $5x^2+5y^2+2z^2+2xy-4xz+4yz-22x-14y+4z-5=0$;

(4) $x^2+y^2+z^2-xy-xz-yz+3y-3z=0$.

8. $x^2+y^2+z^2-xy-xz-yz-3y+3z-3=0$.

9. $x^2+4y^2+3z^2+2\sqrt{3}\,xz-4=0$ 和 $x^2+4y^2+3z^2-2\sqrt{3}\,xz-4=0$.

10. (1) $x^2+y^2-5z^2-4xy+8xz+8yz+2x+2y-16z-2=0$;

(2) $11x^2+11y^2+23z^2-32xy+16xz+16yz-54x-108z+135=0$;

(3) $51x^2+51y^2+12z^2+104xy+52xz+52yz-50x-54y-24z+10=0$;

(4) $4x^2+y^2+z^2+4xy-4xz+8yz=0$.

11. 如果线段 M_1M_2 垂直于 l,并且 M_1,M_2 到 l 的距离相等,则有无穷多个;
如果线段 M_1M_2 垂直于 l,并且 M_1,M_2 到 l 的距离不相等,则没有;
如果线段 M_1M_2 不垂直于 l,并且 M_1,M_2 到 l 的距离相等,则有 1 个;
如果线段 M_1M_2 不垂直于 l,并且 M_1,M_2 到 l 的距离不相等,则有 2 个.

12. $(x-1)^2=(y+2)^2+(z-3)^2$ 和 $(x-4)^2=4(y+2)^2+4(z-3)^2$.

13. $a=0, x^2+4y^2+z^2-6xz+4x-8y+4z=0$.

14. (1) $z=\sin x$;　　(2) $z=y^2$;

(3) $2x^2+2y^2+2xy-1=0$;　　(4) $(x-z)^2+(y+z)^2=3$;

(5) $(x+z-2)^2+y^2=4$;

(6) $(x+2z)^2-10(x+2z)+25y^2=0$.

15. $y^2+z^2+2yz-x-4y-2z+3=0$.

16. **提示**：作非零向量 $\boldsymbol{u}(a,b,c)$，使得 $aa_i+bb_i+cc_i=0$，$i=1,2$，则曲线由平行于 $\boldsymbol{u}$ 的直线构成.

17. (1) $4x^2-y^2-z^2=0$;　　(2) $x^2+y^2-3z^2=0$;

(3) $8x^2+3(2y-z)^2-4(z-2)^2=0$;

(4) $9[x^2+y^2+(z-2)^2]-4(x+y+z-2)^2=0$.

习　题　2.6

2. $\dfrac{x^2}{9}+\dfrac{y^2}{16}+\dfrac{z^2}{36}=1$.

3. (1) $\dfrac{x^2}{4}+\dfrac{y^2}{9}=\dfrac{5z}{36}$;　　(2) $x^2-\dfrac{y^2}{4}=2z$;

(3) $2x^2-3z^2-12y=0$.

4. (1) $\dfrac{x^2}{4}+\dfrac{y^2}{9}-z^2=1$;　　(2) $\dfrac{x^2}{4}+\dfrac{y^2}{16}+\dfrac{z^2}{4}=1$;

(3) $\dfrac{x^2}{3}+\dfrac{y^2}{6}-\dfrac{z^2}{4}=-1$.

6. 是经过 y 轴的两张平面，它们是 $c^2x\pm a\sqrt{b^2-c^2}z=0$.

7. $k<c$：椭球面；　　$k=c$：椭圆柱面；

$c<k<b$：单叶双曲面；　　$k=b$：双曲柱面；

$b<k<a$：双叶双曲面；　　$k\geqslant a$：空集.

8. $k<b$：椭圆抛物面；　　$k=b$：抛物柱面；

$b<k<a$：双曲抛物面；　　$k\geqslant a$：椭圆抛物面.

习　题　2.7

1. $\begin{cases}2x-z=0,\\ y+3=0\end{cases}$ 和 $\begin{cases}4y+3z=0,\\ x-2=0.\end{cases}$

3. $\begin{cases} x^2-\dfrac{y^2}{9}=8, \\ z=4. \end{cases}$ 5. $-\dfrac{x^2}{9}+\dfrac{y^2}{4}=2z.$

7. 当这三条直线平行于同一平面时是马鞍面,否则是单叶双曲面.

8. (5) 一对相互垂直的平面;

(6) 单叶双曲面.

9. $x^2+y^2+2xy-xz-yz-x-2y+z=0$,马鞍面.

10. $3y^2-5z^2+4xy-6x-16y+5z+36=0$,单叶双曲面.

11. $2x^2-2z^2+xy+yz+8x+6y+14z+6=0$,马鞍面.

第 三 章

习 题 3.1

1. 过渡矩阵为 $\begin{bmatrix} -1 & -1 & -1 \\ 1 & 0 & 0 \\ 0 & 1 & 0 \end{bmatrix}$,

点的坐标变换公式为 $\begin{cases} x=-x'-y'-z'+1, \\ y=x', \\ z=y'. \end{cases}$

2. $\begin{cases} x=2x'+2y'-1, \\ y=-2x'-y'+1; \end{cases}$ $\begin{cases} x=2x'+2y', \\ y=-2x'-y'. \end{cases}$

3. (1) 都是 $\begin{cases} x=\dfrac{1}{2}x'+\dfrac{1}{2}z', \\ y=\dfrac{1}{2}x'+\dfrac{1}{2}y', \\ z=\dfrac{1}{2}y'+\dfrac{1}{2}z'. \end{cases}$

(2) 点的坐标为:$A(1,-1,1)$,$B(1,1,-1)$,$C(-1,1,1)$;直线方程为:

$$AB:\ \frac{x'-1}{0}=\frac{y'+1}{-1}=\frac{z'-1}{1},$$

$$BC:\ \frac{x'-1}{1}=\frac{y'-1}{0}=\frac{z'+1}{-1},$$

$$AC:\ \frac{x'-1}{1}=\frac{y'+1}{-1}=\frac{z'-1}{0}.$$

(3) DE: $\dfrac{x-\frac{1}{2}}{1}=\dfrac{y-\frac{1}{2}}{0}=\dfrac{z}{-1}$, DF: $\dfrac{x}{-1}=\dfrac{y-\frac{1}{2}}{1}=\dfrac{z-\frac{1}{2}}{0}$,

DF: $\dfrac{x-\frac{1}{2}}{0}=\dfrac{y-\frac{1}{2}}{1}=\dfrac{z}{-1}$.

4. $\begin{bmatrix} 0 & -1 & -1 \\ 3 & 0 & -1 \\ 3 & -1 & 0 \end{bmatrix}$.

5. (1) $\begin{cases} x=3x'+y'-z'-2, \\ y=-\left(\dfrac{3}{2}\right)x'-\left(\dfrac{1}{2}\right)y'+\left(\dfrac{1}{4}\right)z'+2, \\ z=-\left(\dfrac{5}{2}\right)x'-\left(\dfrac{1}{2}\right)y'+\left(\dfrac{3}{4}\right)z'+1; \end{cases}$

(2) $14x'+6y'-7z'+16=0$; (3) $\dfrac{x'}{-4}=\dfrac{y'-4}{13}=\dfrac{z'}{-2}$.

6. (1) $\begin{cases} x=-\left(\dfrac{3}{5}\right)x'+\left(\dfrac{4}{5}\right)y'-3, \\ y=-\left(\dfrac{4}{5}\right)x'-\left(\dfrac{3}{5}\right)y'; \end{cases}$

(2) $5x'-18y'+20=0$.

7. (1) $\begin{cases} x=-\left(\dfrac{4}{5}\right)x'+\left(\dfrac{3}{5}\right)y'+1, \\ y=-\left(\dfrac{3}{5}\right)x'-\left(\dfrac{4}{5}\right)y'+2; \end{cases}$

(2) $36x'^2+29y'^2-24x'y'-120x'-10y'-55=0$.

8. $\begin{cases} x=\left(\dfrac{5}{13}\right)x'-\left(\dfrac{12}{13}\right)y'+\dfrac{37}{13}, \\ y=\left(\dfrac{12}{13}\right)x'+\left(\dfrac{5}{13}\right)y'-\dfrac{62}{13}. \end{cases}$

9. $5x^2+5y^2+6xy+2x-2y-7=0$.

10. $x^2+y^2+xy+2x+y-2=0$.

11. $3y^2+4xy-8x-12y=0$.

12. $x^2+y^2-2xy+4x+12y-44=0$.

13. $\begin{cases} x=\left(\dfrac{2}{3}\right)x'+\left(\dfrac{2}{3}\right)y'-\left(\dfrac{1}{3}\right)z', \\ y=-\left(\dfrac{1}{3}\right)x'+\left(\dfrac{2}{3}\right)y'+\left(\dfrac{2}{3}\right)z', \\ z=\left(\dfrac{2}{3}\right)x'-\left(\dfrac{1}{3}\right)y'+\left(\dfrac{2}{3}\right)z'. \end{cases}$

14. 设 A_i 的坐标为(x_i, y_i, z_i),则

$$\begin{bmatrix} \dfrac{x_1}{|\overrightarrow{OA_1}|} & \dfrac{y_1}{|\overrightarrow{OA_1}|} & \dfrac{z_1}{|\overrightarrow{OA_1}|} \\ \dfrac{x_2}{|\overrightarrow{OA_2}|} & \dfrac{y_2}{|\overrightarrow{OA_2}|} & \dfrac{z_2}{|\overrightarrow{OA_2}|} \\ \dfrac{x_3}{|\overrightarrow{OA_3}|} & \dfrac{y_3}{|\overrightarrow{OA_3}|} & \dfrac{z_3}{|\overrightarrow{OA_3}|} \end{bmatrix}$$

是正交矩阵.又

$$\frac{1}{|\overrightarrow{OA_i}|^2} = \frac{x_i^2}{a^2}|\overrightarrow{OA_i}|^2 + \frac{y_i^2}{b^2}|\overrightarrow{OA_i}|^2 + \frac{z_i^2}{c^2}|\overrightarrow{OA_i}|^2, \quad i = 1,2,3,$$

于是

$$\begin{aligned} &\frac{1}{|\overrightarrow{OA_1}|^2} + \frac{1}{|\overrightarrow{OA_2}|^2} + \frac{1}{|\overrightarrow{OA_3}|^2} \\ &\quad = \frac{x_1^2}{a^2}|\overrightarrow{OA_1}|^2 + \frac{y_1^2}{b^2}|\overrightarrow{OA_1}|^2 + \frac{z_1^2}{c^2}|\overrightarrow{OA_1}|^2 + \frac{x_2^2}{a^2}|\overrightarrow{OA_2}|^2 \\ &\qquad + \frac{y_2^2}{b^2}|\overrightarrow{OA_2}|^2 + \frac{z_2^2}{c^2}|\overrightarrow{OA_2}|^2 + \frac{x_3^2}{a^2}|\overrightarrow{OA_3}|^2 \\ &\qquad + \frac{y_3^2}{b^2}|\overrightarrow{OA_3}|^2 + \frac{z_3^2}{c^2}|\overrightarrow{OA_3}|^2 \\ &\quad = \frac{1}{a^2}\left(\frac{x_1^2}{|\overrightarrow{OA_1}|^2} + \frac{x_2^2}{|\overrightarrow{OA_2}|^2} + \frac{x_3^2}{|\overrightarrow{OA_3}|^2}\right) \\ &\qquad + \frac{1}{b^2}\left(\frac{y_1^2}{|\overrightarrow{OA_1}|^2} + \frac{y_2^2}{|\overrightarrow{OA_2}|^2} + \frac{y_3^2}{|\overrightarrow{OA_3}|^2}\right) \\ &\qquad \cdot \frac{1}{c^2}\left(\frac{z_1^2}{|\overrightarrow{OA_1}|^2} + \frac{z_2^2}{|\overrightarrow{OA_2}|^2} + \frac{z_3^2}{|\overrightarrow{OA_3}|^2}\right) \\ &\quad = \frac{1}{a^2} + \frac{1}{b^2} + \frac{1}{c^2}. \end{aligned}$$

15. **提示**:利用正交矩阵的性质.

16. **提示**:利用第 15 题的结果.

习　题　3.2

1. 新坐标系的原点为(1,1),坐标向量不变.

2. (1) 马鞍面;

(2) 马鞍面.

5. 椭圆,双曲线,抛物线,两条平行直线,两条相交直线.

6. 双曲线,抛物线,两条相交直线,一条直线.

7. 椭圆时,椭圆抛物面； 双曲线时,马鞍面；
抛物线时,抛物柱面.

11. $2x^2+5y^2-4xy-27x-3y+4=0$.

习 题 3.3

1. (1) 双曲线； (2) 抛物线； (3) 椭圆； (4) 一条直线；
(5) 双曲线； (6) 空集； (7) 两条平行直线.

2. $a<4$ 并且 $c=1$ 时为一对相交直线. $a=4$ 并且 $c<1$ 时为两条平行直线.

3. (1) $t<\frac{1}{2}$时为空集；$t=\frac{1}{2}$时为一点；$t=1$ 时为抛物线；$t>\frac{1}{2}$ 但是 $t\neq 1$ 时为椭圆.

(2) $I_1=5$, $I_2=-4t(t+2)$, $I_3=8(t+2)(t+1)(t-1)$:

$t<-2$ 时, $I_2<0,I_3\neq 0$,双曲线；

$t=-2$ 时, $I_2=0,I_3=0,k_1>0$,空集；

$-2<t<-1$ 时, $I_2>0,I_3>0$,空集；

$t=-1$ 时, $I_2>0,I_3=0$,一点；

$-1<t<0$ 时, $I_2>0,I_3<0$,椭圆；

$t=0$ 时, $I_2=0,I_3\neq 0$,抛物线；

$0<t<1$ 时, $I_2<0,I_3\neq 0$,双曲线；

$t=1$ 时, $I_2<0,I_3=0$,两条相交直线；

$t>1$ 时, $I_2<0,I_3\neq 0$,双曲线.

6 和 7. **提示**:利用直角坐标变换保持不变量的性质,只须用对标准方程证明.

习 题 3.4

1. 中心为$\left(-\frac{11}{5},\frac{4}{5}\right)$；渐近方向:$(1+\sqrt{5},1)$和$(1-\sqrt{5},1)$;渐近线:

$$5x-5(1+\sqrt{5})y+15+4\sqrt{5}=0,$$

$$5x-5(1-\sqrt{5})y+15-4\sqrt{5}=0.$$

(2) 中心为$\left(-\frac{5}{4},\frac{3}{8}\right)$.

(3) 渐近方向：(1,1)；开口朝向：(−1,−1).

(4) 渐近方向：(1,−1).

(5) 中心为(−2,−2)；渐近方向：(2,5)和(2,1)；渐近线：

$$5x-2y+6=0,\quad x-2y-2=0.$$

(6) 中心为(9,3)；渐近方向：(1,0)和(5,4)；渐近线：

$$y-3=0,\quad 4x-5y-21=0.$$

(7) 中心为(7,−16).

(8) 中心为(1,−1).

(9) 中心为(0,−1)；渐近方向：(1,−1)和(3,−5)；渐近线：

$$x+y+1=0,\quad 5x+3y+3=0.$$

(10) 渐近方向：(1,−2)；开口朝向：(−1,2).

2. $s\neq 9$ 时有一个中心；$s=9$ 而 $t\neq 9$ 时没有中心；$s=9$ 而 $t=9$ 时为线心曲线.

$s<9$ 时有两个渐近方向；$s=9$ 时有一个渐近方向；$s>9$ 时没有渐近方向.

t 的值不影响有无渐近方向.

3. $2xy-2x-8=0$.

5. $x^2+y^2+xy+2x+y-2=0$.

6. $8y^2+6xy-12x-6y+1=0$.

9. $4x+11y=0$，$15x+5y+29=0$.

10. (2) ① $4x+5y-4=0$；　② $x-3y+1=0$；　③ $x-3=0$.

14. **提示**：在直角坐标系中，对标准方程证明.

设一对共轭半径的端点坐标为(x_1,y_1)，(x_2,y_2)，则$\begin{bmatrix}\frac{x_1}{a} & \frac{y_1}{b}\\ \frac{x_2}{a} & \frac{y_2}{b}\end{bmatrix}$是正交矩阵.

15. (1) $\dfrac{x_0x}{a^2}+\dfrac{y_0y}{b^2}=1$；　(2) $\dfrac{x_0x}{a^2}-\dfrac{y_0y}{b^2}=1$；

(3) $px-y_0y+px_0=0$；　(4) $9x+10y-28=0$；

(5) $x-2y=0$；　(6) $x+y-2=0$.

16. (1) 两个切点为(1,1)，(−4,3)；相应的切线方程分别为

$$x+4y-5=0,\quad x+4y-8=0.$$

(2) 两个切点为(1,0)，$\left(\frac{3}{11},\frac{12}{11}\right)$；切线方程分别为：$y=0, 11y-12=0$.

(3) 两个切点为(0,0)，$\left(-\frac{6}{11},\frac{2}{11}\right)$；切线方程分别为

$$x+y=0,\quad 11x+11y+4=0.$$

17. $4x^2+y^2+4xy-10x+7y-6=0$.

18. **提示**：讨论 $M_0(x_0,y_0)$使得(3.21)有两个互相垂直的解的条件.

19. $(x+2)^2+(y-1)^2=30$.

22. 一个以中心为圆心的圆,去掉它和渐近线的 4 个交点.

24. Γ 的方程为 $x^2+y^2-6xy-52x+28y+168=0$，(3，-3)处的切线为 $7x-y-24=0$.

习 题 3.5

1. (1) $x-2y-3=0$，$2x+y+1=0$；

(2) $3x+y-2=0$，$x-3y=0$；

(3) $2x+2y-3=0$；

(4) $x+y-1=0$，$x-y+3=0$；

(5) $5x-15y-8=0$.

4. $x^2+y^2-6xy-26x+14y+42=0$.

5. $a=1$；I'的两个坐标向量在 I 中的坐标分别为：$\left(\frac{\sqrt{5}}{5},\frac{2\sqrt{5}}{5}\right)$和 $\left(-\frac{2\sqrt{5}}{5},\frac{\sqrt{5}}{5}\right)$，$I'$的顶点在 I 中的坐标为$\left(\frac{11}{10},\frac{19}{20}\right)$，$c=\frac{\sqrt{5}}{8}$.

第 四 章

习 题 4.1

4. **提示**：先证明引理：在旋转下，直线变为直线，并且它与原直线的夹角为转角.

(1) 平移量为 $\overrightarrow{O_1r_2(O_1)}$；

(2) 转角为 $\theta_1+\theta_2$，中心由作图求出如下：

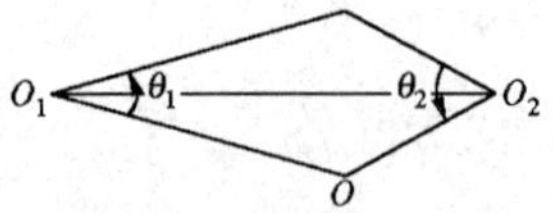

(θ_1与θ_2同向时)

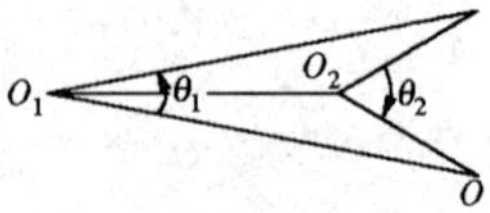

(θ_1与θ_2反向时)

5. 可交换的为(1),(2),(5);不可交换的为(3),(4),(6).

6. 当 l_1 和 l_2 平行时为平移,不平行时为旋转.

7. (1) 滑反射; (2) 反射;

(3) 只要平移量不垂直于 l,就是滑反射.

8. (1) $h\circ\eta=\eta\circ h$ 是反射,反射轴垂直于 l,过 O;

(2) $\mathrm{id},h,\eta,\eta\circ h$.

9. 2 个. **10.** 2 个.

习 题 4.2

1. (1) **方法 1 提示**:用惟一性.利用位似变换和保距变换的复合构造出一个相似变换,使得它在该三角形上和 f 一样.

方法 2 提示:用命题 4.5 的引理 1 所用的方法.

(2)$\Longrightarrow$(1) (条件(2)推出条件(1),下同).

(3)$\Longrightarrow$(2).

(4) **提示**:用命题 4.5 的引理 1 所用的方法.

(5)$\Longrightarrow$(1).

3. **提示**:证明一个等价的结论:A 和 B 在 l 的异侧$\Longleftrightarrow f(A)$和 $f(B)$在 l 的异侧.

4. **提示**:同上题.

5. (2) **提示**:用第 3 题的结果.

6. **提示**:取定一个圆,它的像为椭圆,可用正压缩变为圆.

11. 上下底长度之比相等.

14. 斜压缩:σ=压缩系数. 滑反射和错切:$\sigma=1$.

相似:相似比的平方.

习 题 4.3

2. $\begin{cases} x'=x, \\ y'=ky. \end{cases}$

4. (1) $\begin{cases} x'=x-2y-1, \\ y'=-x+y; \end{cases}$ (2) $\begin{cases} x'=7x+10y+9, \\ y'=-5x-7y-4; \end{cases}$

(3) $\begin{cases} x'=-3x-4y+10, \\ y'=2x+3y-7. \end{cases}$

5. (1) $x^2-10x+2y+21=0$;

(2) $10x^2+y^2-6xy-2x+2y+1=0$.

6. $\begin{cases} x'=-2x+2y+1, \\ y'=-8x+3y. \end{cases}$

7. $x^2-y^2=a$.

8. (1) 压缩系数不为 1 时，压缩轴和平行于压缩方向的每一条直线；

(2) 平行于平移量的每一条直线；

(3) 反射轴和与之垂直的每一条直线.

9. (2) 任取一点 P，则满足 $\overrightarrow{PQ}=\dfrac{\overrightarrow{Pf(P)}}{1-\lambda}$ 的 Q 是不动点；

(3) **提示**：就 λ 是否等于 1 分别讨论.

11. (1) $x+y=0$，$2x-y=0$；

(2) $3x+4y-3=0$，$x-y-1=0$；

(3) $x+y-1=0$.

12. (1) 不动点 $(3,-4)$，特征向量 $(1,-2)$，$(1,1)$；

(2) 10； (3) $\begin{cases} x'=2x, \\ y'=5y \end{cases}$ 或 $\begin{cases} x'=5x, \\ y'=2y. \end{cases}$

13. (1) $4x-y=0$，$x-y-\dfrac{3}{2}=0$； (2) $\begin{cases} x'=3x, \\ y'=6y \end{cases}$ 或 $\begin{cases} x'=6y, \\ y'=3x. \end{cases}$

14. $\begin{cases} x'=5x+6y-5, \\ y'=-5x-8y+12. \end{cases}$

17. (1) 旋转，中心为 $\left(\dfrac{3+\sqrt{3}}{2},\dfrac{3\sqrt{3}-1}{2}\right)$；

(2) 反射，轴为 $x-5y+13=0$；

(3) 滑反射，轴为 $x+3y-4=0$.

18. (1) $\begin{cases} x'=4x-2y+1, \\ y'=9x+18y-10; \end{cases}$ (2) $\begin{cases} x'=-8x-8y+1, \\ y'=6x+8y+1; \end{cases}$

(3) $\begin{cases} x'=x-4y-8, \\ y'=-6x+3y-2. \end{cases}$

19. (1) $\begin{cases} x'=x+ty+b, \\ y'=-3y+c \end{cases}$ (其中的 b,c,t 满足 $tc+4b\neq 0$)；

(2) $y-\frac{c}{4}=0$.

习 题 4.4

1. **提示**：只须对等边三角形证明.

2,3,5,6,7,8 等题只须对圆证明.

4. **提示**：设 AB,AD 和双曲线的同一支相切，切点分别为 P,Q，作仿射变换 f，使得 $|f(A)f(B)|=|f(A)f(D)|$.

10. **提示**：作仿射变换 f，使得 $f(A)f(B)$ 与 $f(C)f(D)$ 垂直.

11. **提示**：必要性. 作仿射变换，把内切椭圆变为圆.

充分性. 作仿射变换 f，使得

$$|f(A)f(D)|=|f(A)f(F)|,\quad |f(B)f(D)|=|f(B)f(E)|,$$

此时 $|f(C)f(E)|=|f(C)f(F)|$，从而 $f(D),f(E),f(F)$ 是 $\triangle f(A)f(B)f(C)$ 的内切圆与各边的切点.

13. **提示**：只须把直角坐标系中，对 $xy=1$ 的图像证明.

习 题 4.5

4. **提示**：只须对球面证明.

第 五 章

习 题 5.3

1. $(l_4,l_3;l_2,l_1)=k$，$(l_4,l_2;l_3,l_1)=1-k$，

$$(l_1,l_4;l_3,l_2)=(l_2,l_3;l_4,l_1)=(l_4,l_1;l_2,l_3)=\frac{k}{k-1}.$$

3. $l/\!/l_4$ 时，$(l_1,l_2;l_3,l_4)=-(A_1,A_2,A_3)$；

$l/\!/l_3$ 时，$(l_1,l_2;l_3,l_4)=-(A_1,A_2,A_4)^{-1}$；

$l/\!/l_2$ 时，$(l_1,l_2;l_3,l_4)=1+(A_1,A_3,A_4)^{-1}$；

$l/\!/l_4$ 时，$(l_1,l_2;l_3,l_4)=\frac{(A_2,A_3,A_4)}{[1+(A_2,A_3,A_4)]}$.

5. A_1 是无穷远点时，$(A_1,A_2,A_3,A_4)=\frac{(A_2,A_3,A_4)}{[1+(A_2,A_3,A_4)]}$；

A_2 是无穷远点时，$(A_1,A_2,A_3,A_4)=1+(A_1,A_3,A_4)^{-1}$；

A_3 是无穷远点时，$(A_1,A_2,A_3,A_4)=-(A_1,A_2,A_4)^{-1}$；

A_4 是无穷远点时，$(A_1,A_2,A_3,A_4)=-(A_1,A_2,A_3)$.

6. **提示**：先证明引理：如果 $\boldsymbol{\alpha}_1,\boldsymbol{\alpha}_2,\boldsymbol{\alpha}$ 是共面而两两不共线的 3 个单位向量，则

$$\boldsymbol{\alpha}=(\sin\angle(\boldsymbol{\alpha},\boldsymbol{\alpha}_2))\boldsymbol{\alpha}_1+(\sin\angle(\boldsymbol{\alpha}_1,\boldsymbol{\alpha}))\boldsymbol{\alpha}_2.$$

9. **提示**：用交比在仿射变换下的不变性和第 7 题的结论.

10. 用第 9 题的结论.

习 题 5.4

1. (1) $AB\langle 0,0,1\rangle$，$BC\langle 1,0,0\rangle$，$CD\langle 1,-1,0\rangle$，$AD\langle 0,1,-1\rangle$，$AC\langle 0,1,0\rangle$，$BD\langle 1,0,-1\rangle$；

(2) $\langle(1,0,1)^{\mathrm{T}}\rangle$；

(3) AB 与 CD 的交点$\langle(1,1,0)^{\mathrm{T}}\rangle$，$AD$ 与 BC 的交点$\langle(0,1,1)^{\mathrm{T}}\rangle$.

2. (1) $AB\langle 7,1,-17\rangle$，$BC\langle 0,1,-3\rangle$，$CD\langle 1,1,1\rangle$，$AD\langle 1,1,1\rangle$，$AC\langle 1,1,1\rangle$，$BD\langle 1,1,-5\rangle$；

(2) A,C,D.

3. **提示**：用一条线和这四条线相交得四点，四线的交比等于四点的交比，从而化为四点的交比的计算.

4. $a=2$，D 的坐标为$\langle(10,19,3)^{\mathrm{T}}\rangle$.

5. $t=-1$，l_4 的坐标为$\langle 8,27,3\rangle$.

6. (1) l 的坐标为$\langle 8,-5,3\rangle$；

(2) l_1,l_2,l 的第四调和线的坐标为$\langle 2,3,1\rangle$.

7. $P\langle(1,-1,0)^{\mathrm{T}}\rangle$，$R\langle(7,13,4)^{\mathrm{T}}\rangle$.

8. $-\dfrac{1}{9}$.

习 题 5.5

1. (1) $\begin{bmatrix} 8 & -10 & 3 \\ -4 & -4 & 9 \\ 6 & 0 & -6 \end{bmatrix}$；　　(2) $\langle(7,8,6)^{\mathrm{T}}\rangle$；

(3) $\langle(4,3,-1)^{\mathrm{T}}\rangle$；　　(4) $\langle 5,-10,6\rangle$；

(5) $\langle -1,1,2\rangle$.

2. $\begin{bmatrix} 0 & -1 & 1 \\ 0 & 0 & 1 \\ -1 & 0 & 1 \end{bmatrix}$.

3. $\begin{bmatrix} 1 & 2 & -2 \\ 2 & 2 & -2 \\ 0 & 1 & 0 \end{bmatrix}$.

4. $\begin{bmatrix} a & -a & -a \\ b & -b & b \\ c & c & -c \end{bmatrix}$, a,b,c 都不为 0.

5. $\begin{bmatrix} a_1 & b_1 & c_1 \\ a_2 & b_2 & c_2 \\ a_3 & b_3 & c_3 \end{bmatrix}^{-1} \begin{bmatrix} x & 0 & 0 \\ 0 & y & 0 \\ 0 & 0 & z \end{bmatrix}$, x,y,z 都不为 0.

6. 不动点：$\langle (c_1+c_2,c_1,c_2)^{\mathrm{T}} \rangle$ (c_1,c_2 不都为 0)和$\langle (1,1,2)^{\mathrm{T}} \rangle$；

   不动线：$\langle 2c_1,2c_2,-c_1-c_2 \rangle$ (c_1,c_2 不都为 0)和$\langle 1,-1,-1 \rangle$.

7. (1) 是；　(2) 不一定是.

8. (1) $c+d\neq 1$,并且 c,d 都不为 0；

   (2) $c=d=1$.

习　题　5.6

2. $xy-yz=0$.

3. $x^2+2y^2-3xy-4xz+2yz=0$.

4. $x^2-4y^2+8yz=0$.

北京大学出版社数学重点教材书目

1. 北京大学数学教学系列丛书

书　　名	编著者	定价（元）
高等代数简明教程（上、下）（北京市精品教材）（教育部"十五"规划教材）	蓝以中	32.00
实变函数与泛函分析	郭懋正	20.00
复分析导引	李　忠	15.00
黎曼几何引论（上册）	陈维桓　李兴校	24.00
黎曼几何引论（下册）	陈维桓　李兴校	16.00
金融数学引论	吴　岚	18.00
寿险精算基础	杨静平	17.00
二阶抛物型偏微分方程	陈亚浙	16.00
普通统计学（北京市精品教材）	谢衷洁	18.00
数字信号处理（北京市精品教材）	程乾生	20.00
抽样调查（北京市精品教材）	孙山泽	13.50
测度论与概率论基础（北京市精品教材）	程士宏	15.00
应用时间序列分析（北京市精品教材）	何书元	16.00

2. 大学生基础课教材

书　　名	编著者	定价（元）
数学分析新讲（第一册）（第二册）（第三册）	张筑生	44.50
数学分析解题指南	林源渠　方企勤	20.00
高等数学简明教程（第一册）（教育部 2002 优秀教材一等奖）	李　忠等	13.50
高等数学简明教程（第二册）（获奖同第一册）	李　忠等	15.00
高等数学简明教程（第三册）（获奖同第一册）	李　忠等	14.00
高等数学（物理类）（第一册）（第二册）（第三册）	文　丽等	50.00
高等数学（生化医农类）上册（修订版）	周建莹等	13.50

书　　名	编著者	定价(元)
高等数学(生化医农类)下册(修订版)	张锦炎等	13.50
高等数学解题指南	周建莹　李正元	25.00
高等数学解题指导——概念、方法与技巧(工科类)	李静主编	19.00
大学文科基础数学(第一册)(第二册)	姚孟臣	27.50
数学的思想、方法和应用(修订版)(北京市精品教材)(教育部"九五"重点教材)	张顺燕	24.00
简明线性代数(理工、师范、财经类)	丘维声	16.00
线性代数解题指南(理工、师范、财经类)	丘维声	15.00
解析几何(第二版)	丘维声	15.00
解析几何(教育部"九五"重点教材)	尤承业	15.00
微分几何初步(95 教育部优秀教材一等奖)	陈维桓	12.00
基础拓扑学讲义	尤承业	13.50
初等数论(第二版)(95 教育部优秀教材二等奖)	潘承洞　潘承彪	25.00
简明数论	潘承洞　潘承彪	14.50
实变函数论(教育部"九五"重点教材)	周民强	16.00
复变函数教程	方企勤	13.50
傅里叶分析及其应用	潘文杰	13.00
泛函分析讲义(上册)(91 国优教材)	张恭庆等	11.00
泛函分析讲义(下册)(91 国优教材)	张恭庆等	12.00
数值线性代数(教育部 2002 优秀教材二等奖)	徐树方等	13.00
现代数值计算方法	肖筱南等	15.00
数学模型讲义(教育部"九五"重点教材,获二等奖)	雷功炎	15.00
新编概率论与数理统计	肖筱南等	19.00
概率论与数理统计解题指导(工科类)	李寿梅等	13.00

邮购说明　读者如购买北京大学出版社出版的数学重点教材,请将书款(另加 15%的邮挂费)汇至:北京大学出版社北大书店王艳春同志收,邮政编码:100871,联系电话:(010)62752015。款到立即用挂号邮书。

北京大学出版社展示厅

2003 年 7 月